은폐된 진실, 금지된 지식

UFO와 그림자정부, 그리고 지구의 운명

HIDDEN TRUTH FORBIDDEN KNOWLEDGE
by Dr. Steven Greer

Copyright ⓒ Dr. Steven Greer
All rights reserved.
Korean translation rights ⓒ 2012 CandyBook
Korean translation rights are arranged with Crossing Point, Inc.
through Amo Agency, Seoul, Korea.

이 책의 한국어판 저작권은 아모 에이전시를 통해 저작권자와 독점 계약한 맛있는책에 있습니다. 신 저작권법에 의해 한국 내에서 보호를 받는 저작물이므로 무단 전재와 무단 복제를 금합니다.

은폐된 진실,
UFO와 그림자정부, 그리고 지구의 운명
금지된 지식

스티븐 M. 그리어 MD 지음 | 박병오 옮김

맛있는책

이 책을 우리들의 아이들 모두에게,
그리고 우주의 평화 속에서 살아가는
지속 가능한 문명을
이 지구 위에 세우는 데 바칩니다.

"한국의 무척 지적이고 깨어 있는 분들이 이 책을 읽게 되어서 매우 기쁩니다. 이제 세상 모든 사람들이 우리가 혼자가 아니라는 것과, 인류의 일원으로서 우리의 운명은 우주의 평화 속에 별들을 여행하는 것이라는 진실을 알 때가 되었습니다. 한국의 모든 친구들에게 축복을 보냅니다."

― 스티븐 M. 그리어 MD

"I am very excited that the highly intelligent and conscious people of Korea can now read Hidden Truth- Forbidden Knowledge. It is time for all those who live on Earth to know the Truth that we are not alone and that as a people our destiny is to travel among the stars in Universal Peace. Blessings to all of our Korean friends."

― Steven M. Greer MD

추천의 글

"UFO 현상뿐 아니라 이를 덮으려는 어두운 권력에 맞서온 놀라운 리더십"

행성 지구 위에 사는 우리의 행동은 자기 파괴로 치닫고 있다. 핵전쟁의 위협, 화학적·생물학적 환경파괴, 지구기후변화, 지상과 우주공간에서의 전쟁무기 확산, 기업들의 탐욕, 그리고 미국 정부의 총체적인 정실(情實) 인사와 부실관리, 방만한 군 예산과 침략행위, 문화적 타락, 두려움과 무지의 확산, 생명을 구하는 기술에 대한 억압, 부의 불공평한 분배와 가난을 보면, 우리가 아직 여기에 살아 있다는 것이 신기한 일이다. 그것도 가까스로 말이다.

우리에게 희망은 있을까? 내 생각에 우리는 그저 노력할 뿐이다. 그리고 우리가 노력하고 있다면, 어디서 그 대답을 찾을 수 있을까? 검색창에 '스티븐 그리어Steven Greer'라고 쳐보라.

거의 20년 전 노스캐롤라이나 주 아덴Arden의 유니티Unity 교회에서 했던 내 강의에서 그를 처음 만났다. 프린스턴 대학과 '과학응용국제협

의회Science Applications International Corporation, SAIC'의 주류 우주과학자라는 경력을 뒤로하고, 그때 나는 서구 과학의 답답함과 기대로부터 스스로 자유로워지기 시작했다. 또한 동료 과학자들 대부분이 외면하던 UFO 현상과 외계존재에 대한 연구에 몰입하고 있었다. 이제 나는 이 주제들에 대해 자유롭게 탐구하고 표현하게 되었다.

스티브도 그랬다. UFO와 외계존재를 경험하는 뛰어난 응급의학과 의사 그리어와 나는 처음 만나자마자 밤늦게까지 이야기를 나눴다. 우리는 둘 다 외계존재들이 실제로 방문하고 있을 뿐만 아니라, 인간이 초래한 지구적 위기를 극복하는 데 그들이 도움을 주기도 한다는 사실을 우리가 이해하기 시작했다는 생각을 나누게 되었다. 그 뒤로 스티브는 UFO 현상 자체뿐만 아니라 이를 덮으려는 미국 정부와 기업의 어두운 구석에 대한 의문들을 꿰뚫어가는 데 놀라운 리더십을 발휘했다. 결국 닥터 그리어는 자신이 지구적 변화를 이끄는 용감하고 정열적인 전사임을 사람들에게 거듭 보여주었다.

우선 그는 '외계지적생명체연구센터Center for the Study of Extraterrestrial Intelligence, CSETI'를 설립하면서, 인간과 지구 밖 문명 사이의 외교사절단이라는 개념을 도입하였는데, 이것은 공상과학소설에 나오는 이야기가 아니다. UFO가 자주 출몰하는 세계의 많은 장소들을 탐사하면서, 그의 일행은 빛과 소리와 시각화를 사용하는 그가 만든 용어 '제5종 근접조우Close Encounters of the Fifth Kind'(줄여서 CE5)를 이용해 외계비행선을 유도하곤 했다. 이에 관심을 가진 일반인들을 대상으로 하는 워크숍이 계속 열리고 있다.

그는 '디스클로저 프로젝트Disclosure Project'의 일환으로 100명이 넘는 미국 정부의 UFO 및 외계존재 관련 증인들의 증언을 비디오와 DVD에 담는 힘든 작업에 착수했고, 이것은 2001년 5월 워싱턴 D.C.에 있는 내셔널 프레스 클럽에서의 공개행사로 그 결실을 맺었다. 이 일을 계기로 정부와 언론이 지켜온 비밀과, 외계방문자들로부터 얻은 마이크로 전자장치, 반(反)중력 추진기술, 영점에너지zero point energy 또는 '프리'에너지free-energy와 같은 기술들의 획득에 관한 길고도 부도덕한 역사에 한 획을 긋게 되었다. 이러한 대대적인 은폐공작은 1947년 7월 뉴멕시코 주 로즈웰Roswell 근처에 UFO가 추락한 이래로 거의 60년 동안 계속되어왔는데, 이 사건은 미국 공군이 주장하는 것처럼 풍선에 의해 일어난 일이 단연코 아니다. 그런 거짓말은 무지한 사람들이나 권력자들, 그리고 그들의 피실험자들에게나 통한다.

닥터 그리어의 선구적인 비밀 공개 작업으로 우리는 결국 외계존재와의 접촉에 관한 내용들에 깊이와 신뢰성이 있다는 것은 물론, 이에 대한 은폐공작 자체에 대해 더 많이 알게 되었는데, 이를테면 네바다 주의 저 악명 높은 그룸레이크Groom Lake 근처와 다른 여러 곳에서 벌어지는 '초극비' 연구가 그런 것들이다.

스티븐 그리어는 스스로를 '미합중국'인 것처럼 여기는 그 세력들에 맞서는 영적인 전사라 불릴 만하다. 아메리카 제국의 몰락을 지켜보고 있는 우리들에게 이들은 너무도 명백한 많은 이유들로 법의 심판을 받아야만 하는 범죄자들이다. 닥터 그리어는 그 누구보다도 UFO와 외계존재들에 대한 가장 확실한 증거를 내보였고, 그것을 받아들이는 것은 나머지 우리들의 몫이다. 이 책은 자서전적인 관점에서 방대한 양의 새로운 증거들을 보여주고 있다. 이것은 지구에서 가장 강력한 나라에서 우리를 부여잡은 폭압에 굴하지 않는 한 용감한 영혼이 들려주는 우리 시대 최대 미스터리의 폭로에 관한 이야기다.

중요하게도, 이 책은 우리를 방문하는 이 외계문명들이 온화한 성격을 가졌다고 묘사하고 있는데, 그들은 우리의 상황에 대해 연민을 갖고 있으면서도 직접 개입하지는 않는다. 이것을 '프라임 디렉티브Prime

Directive'(외계의 다른 문명에 간섭하지 않는다는 우주연방의 최고법령. - 역주)(이하 각주는 모두 역주임)라고 부르는데 이 용어는 영화 「스타트렉Star Trek」에 의해 알려졌다. 1945년 미국이 히로시마와 나가사키의 끔찍한 파괴를 초래하며 핵시대의 문을 연 이후로, UFO의 목격과 접촉, 그리고 그들로부터 기술이전이 이루어져온 것을 진지하게 생각할 필요가 있다. 장거리 원자폭탄 폭격기들이 로즈웰에 배치되어 있었고, 폭탄은 로스앨러모스Los Alamos에서 제조되었으며, 첫 번째 핵실험이 알라마고도Alamagordo에서, 폭탄을 장착하고 날아갈 미사일 실험은 화이트샌즈White Sands에서 이루어졌는데, 이 모두가 군산 복합체militaryindustrial complex의 연결점인 뉴멕시코 주에 있다. 1947년 UFO가 추락한 로즈웰 사건도 그곳에서 일어났다는 것이 우연의 일치일 뿐일까? 어느 연민 어린 외계종족이 다른 곳의 군사시설과 핵무기시설들에 해왔던 것처럼, 핵기술에 대한 공포가 그들을 이 지역으로 뛰어들게 하지 않았을까 하는 의문이 든다. 아마도 그들은 무책임한 인간들에 의해 벌어질지도 모를 참상을 원하지 않으며, 그것을 막기 위해 도움을 주는 것이리라.

우리 지구인들은 가능한 모든 도움을 필요로 하면서도, 왜 모든 문화적 편견들을 내려놓고 놀라움에 경탄하며 이 현상을 받아들이려고 하지 않을까? 지식을 확장하고 정치적인 행동을 취할 때에만 우리는 필요한 변화를 이루어내게 되며, 이것이 바로 닥터 그리어가 잘 해내고 있는 일이다.

여러 가지 방법으로 UFO 현상은 신비스러운 방문자들에 대해서보다는 우리 자신에 대해 더 많은 이야기를 해주며, 닥터 그리어의 말에 귀를 기울여보면, 우리 앞에 그들이 들고 있는 거울은 놀라우면서도 희망적이다. 예를 들자면, 그가 설립한 '공간에너지획득시스템Space Energy Access Systems, Inc., SEAS'은 세상에 청정하고 값싸고 집중화되지 않은 혁신적이고 새로운 에너지기술을 발명가들에게 제공하여, 석유, 석탄, 그리고 원자력의 시대를 마감하고 우리가 초래한 오염과 기후변화를 사실상 끝내게 하도록 지원한다. 우리의 '신에너지운동New Energy Movement'도 막강한 기득권 세력들이 억누르는 새로운 에너지기술들에 관한 연구개발의 중요성을 지지하는 데 SEAS와 여러 기관들과 긴밀하게 협력하고 있다.

닥터 그리어를 처음 만났던 날 저녁, 그 교회 목사인 채드 오쉬어Chad O'Shea가 자동차에 붙이는 스티커를 하나 주었다. 이렇게 쓰여 있었다. "진리가 그대를 자유롭게 하리라. 그러나 먼저 그대를 분통 터지게 하리라." 우리가 이 절망적인 상황들을 모르는 체하지 말고, 팔을 걷어붙이고 나서 해결책을 찾아 나선다면, 한 문명으로서 우리는 새로운 기회를 갖게 될 것이다.

이 용기 있는 일은 유순한 사람들의 몫이 아니다. 많은 첨단 과학자들이 협박당하고, 살해되고, 아니면 온갖 흑색선전과 인신공격에 시달려왔다. 닥터 그리어도 우리 모두를 위해 이 모든 일들을 견뎌냈다.

이 책은 여러분이 앞으로 읽게 될 책들 중에서 가장 중요한 책이 될 것이다. 이것은 초월적인 진실들로 가득할 뿐만 아니라, 지상의 폭압으로부터 평화롭고 지속 가능한 우주공동체로 그 패러다임을 바꾸기 위한 행동을 촉구하는 외침이다.

아폴로 우주비행사
브라이언 오리어리Brian O'Leary 박사

서문

우리가 혼자가 아니라는 사실을 세상에 알리기 위해!

2004년 4월, 토머스 제퍼슨Thomas Jefferson의 옛집 몬티첼로Monticello에서 그리 멀지 않은 버지니아 주 앨버말 카운티Albermarle County의 시골집에 25명 정도의 사람들이 모였다. 이 모임의 목적은 일주일에 걸쳐 내 인생의 일대기를 사람들과 나누기 위해서였다.

이 책은 그 모임의 결과다.

사실 이 책을 내놓으면서 꽤나 걱정스럽다. 솔직히 말해 여기에는 믿기지 않는 경험과 사건들이 담겨 있다. 여기서 구술했던 내용의 녹취록을 읽는 것만으로도 눈물겹고 감정적으로 힘겨웠다. 그리고 내용의 많은 부분이 나를 개인적으로 공격하는 데 이용되리라는 것도 알고 있다.

그러나 이제는 모든 사람들이 알아야 할 때가 왔다. 정신없이 바쁜 응급실 책임자였던 의사가, 우리는 혼자가 아니라는 사실을 세상에 알리기 위해 모든 경력을 포기하게 된 이유가 뭘까? 어린 시절부터 겪어온 어떤 경험을 통해 우주의 다른 문명들과 우주의식에 대해 알게 되고, 인류를 기다리는 놀라운 미래를 엿보게 되었을까? 오염과 가난과 전쟁으로부터 자유로워지는 새 세상을 가져다줄 새로운 에너지와 추진기술이란 무엇일까? 마음, 공간, 시간, 그리고 물질이 하나로 만나는 그 접점은 무엇일까? 그리고 진보한 문명은 이것을 기술적으로 어떻게 이용할까? 지구 위에서 다음 50만 년 동안 이어질 인류문명의 청사진은 어떤 모습이며, 또 우리는 어떻게 그런 시대로 옮겨가게 될까? 필사적으로 비밀을 유지하면서 꽁꽁 싸놓은 블랙박스가 안전하기만을 여전히 기도하는 정부의 수장들, '미국 중앙정보국Central Intelligence Agency, CIA' 관련자들, 억만장자들, 그리고 비밀정보원들을 만나면서 나는 무엇을 알아냈고 경험했을까? 이 은폐된 진실과 금지된 지식을 비밀로 지키는 사람들은 도대체 누구이며, 그리고 가장 중요하게는 그들이 왜 그러는 것일까?

이 책은 이 모든 대답들을, 그리고 그 이상을 밝히고 있다. 이것은 나만의 '폭로'인 셈이다. 디스클로저 프로젝트를 시작하고 이끌어온 나는, 우리의 작업을 지지하는 수백만의 사람들이 내가 어떻게 여기까지 왔는지, 그리고 무엇을 찾아냈는지를 알아야 할 때가 되었다고 느낀다.

나는 일반 독자들이 이 모두를 받아들이거나, 아니면 일부라도 받아들이리라고 기대하지 않는다. 사실 아무것도 기대하지 않는다. 내가 알아낸 것은 진실이며, 또 이것은 진실을 공유하고자 하는 나의 진심 어린 노력이다. 독자들이 여기에서 어떤 의미라도 찾아내기를 온 마음으로 희망한다.

몇 해 전 어느 국방부 고위급 장군과의 만남은 사안의 중대성을 보여준다. 당시 국방부의 중요 정보계통 책임자였던 이 장군은 나에게 UFO 문제에 관해 자신과 직원들에게 브리핑해달라고 했다. 우리 측의 군사고문과 내가 장군의 응접실에서 기다릴 때, 서류를 들여다보던 한 여직원이 호기심 가득한 눈으로 우리를 쳐다보았다. 마침내 그녀는 내가 그리어인지 물었고, 나는 그렇다고 대답했다. 그녀는 자신들이 이 브리핑을 몹시 기대하고 있으며, 그곳에 참석하기 위해 동료들끼리 제비뽑기를 했노라고 설명했다! 보아하니, 그 사무실에서 한 명의 직원만 참석하도록 한 모양이었다.

우리는 장군의 회의실로 안내받았고 브리핑이 진행되는 도중 그가 말했다. "좋아요, 나는 선생의 말이 진실이라고 믿지만, 내 정보국 채널들을 통해 알아보니 뭐라도 말해줄 사람이 아무도 없어요! 사실 내가 가진 건 이게 다예요!" 장군은 일어나서 책장으로 가더니 작은 ET 인형을 집어 모두가 보도록 높이 들고는 말했다. "웃기는 얘기지만, 내가 기껏 알아본 건 이게 전부란 말입니다."

나는 CIA 국장과 여러 고위관료들도 이 문제에 대해 조사해봤지만 비슷한 경험을 했을 뿐이라고 설명해주었다.

이 고위급 장군은 내게 충격적이고도 무척이나 인상적인 개인사를 이야기했다. 그가 어렸을 때, 그의 아버지는 어느 부패한 기업과 정부 안에서 아주 충격적인 음모를 알아냈지만, 아무도 그에게 귀를 기울이지 않았다. 엄청나게 중요한 문제였는데도 불구하고, 이 장군마저 아버지가 괴짜라고만 생각했다고 한다. 결국 그의 아버지는 이 문제로 자살하고야 말았다(아니면 자살을 가장한 타살이었든지). 장군이 말했다. "나도 국방부의 이 자리에 올라오고 나서야 그 양반이 옳았다는 것을 알게 됐어요!"

이 장군은 국방부 고위직으로서 진실을 직면하게 될 때까지, 자신의 아버지마저 믿지 못했다. 그러니 여러분이 나를 믿으리라 기대할 수 있겠는가? 내 최선의 일은 내가 아는 진실을 나누는 일이고 나머지는 오로지 독자들에게 달렸다.

이 책은 글로 쓴 책이 아니라 2004년 봄 우리 농장에서 구술한 45시간 분량의 내용을 녹취해 편집한 것일 뿐이다. 따라서 편집과정에서 생긴 실수들은 너그럽게 보아주길 부탁드린다. 이 책은 하나의 구술 역사로서, 서술체로 옮겨 편집한 것으로 보면 되겠다.

1991년에서 1995년 사이 나는 일기를 썼고, 테이프로부터 녹취한 1995년까지의 일기 분량은 2000쪽이 넘는다. 거의 반세기 동안의 경험들을 다루고 있는 이 책에는 분명 그 기간 동안 얻은 것들 중에서, 주요 사건들과 중요한 교훈들만을 담을 수밖에 없다. '그림자정부' 내부 인사들과 수천 번의 비밀스러운 접촉을 통해 알게 된 정보들을 이 책에 다 담을 수는 없다는 말이다.

이들 비밀조직원들의 많은 이름들은 가명이거나 이니셜만 적었다. 그렇지만 여러 곳의 안전한 장소들에 있는 원본 녹음테이프와 녹취록에는, 이 불법적이고 은밀한 활동들에 관여하는 모든 사람들의 이름과 기업들과 조직들이 기록되어 있고, 필요할 경우 추후에 공개하려고 한다.

또한 이 책은 앞서 출판된 내 두 권의 책에 있는 내용들을 중복하거나 요약하지는 않았다. 더 많은 정보들을 원한다면 《외계와의 접촉Extraterrestrial Contact》에 실린 많은 사례들과 '외계지적생명체연구센터 CSETI'의 외계존재와의 접촉경험들을 참고하길 바란다. 거의 600페이지에 달하는 《디스클로저Disclosure》에는 정부의 극비 프로젝트들과 사건들에 대해 60명 이상의 증인들이 증언하는 정부 문서들과 녹취 기록들을 실었다. 이 책들은 www.DisclosureProject.org에서 구할 수 있다.

이제 인류역사의 한 장이 끝나고 새로운 장이 열릴 시간이 되었다. 과연 지금 우리에게는 수천 년 동안 지구 위에 지속될 우주의 평화, 깨달음, 그리고 진정한 하이테크 문명이 보장되는 새로운 세상을 받아들일 용기가 있는 것일까? 인류를 우주전쟁과 지구 파괴, 그리고 환경재앙과 문화적 광기로 끌어들이려 하는 시대를 역행하는 세력들은, 다른 사람들의 용기 있는 행동을 통해, 완전히 새로운 존재 방식을 갖도록 바뀌어야만 한다.

이제 여러분도 알아야 할 때가 되었다. 그리고 우리 모두가 행동해야 할 때가 되었다. 인류를 기다리는 멋진 미래를 갈구하는 사람들의 집단적인 행동으로써만, 눈앞에 닥친 파괴의 심연을 뛰어넘어 깨달음과 평화의 우주문명들 속에 우리의 세상을 위한 자리를 마련할 수 있기 때문이다.

스티븐 M. 그리어, M.D.
버지니아 주 앨버말 카운티에서

| 저자 주(註) |

이 이야기는 세 부분으로 이루어졌다. 그 첫 번째는 어려서부터 1990년까지의 성년 초기 사이에 있었던 일들이다. 두 번째는 그 뒤부터 지금까지의 기간을 다룬다. 이 기간 동안 우리는 CSETI, 디스클로저 프로젝트, 그리고 공간에너지획득시스템 SEAS을 설립했다. 마지막 부분은 미래에 대한 내용으로, 인류에 대한 약속이 실현되는 다음 50만 년 동안 이어질 시간을 내다보게 된다.

이 책을 읽는 데 참고가 될 몇 가지 중요한 통계자료를 함께 나누고 싶다. 1980년 지구촌에서는 천연두가 사라졌다. 세계보건기구는 2006년이 끝날 때쯤 우리가 아프리카와 아시아의 마지막 오지 마을들에까지 손길을 뻗어 소아마비를 지구 위에서 사라지게 하리라고 예측했다. 이런 성과는 지구촌 가족의 일원으로서 우리 모두에게 큰 성취감을 안겨주는 일임에 틀림없다. 그러나 나에게 이런 업적들이 기쁜 소식이기에는 아직 이르다. 왜일까? 슬픈 일이지만, 여러분이 이 책의 1장을 읽을 즈음이면(약 15분 뒤에), 다음의 일들이 벌어지기 때문이다. 250명의 어린이들이 굶어 죽고, 15명이 에이즈로, 31명이 말라리아로, 50명이 결핵으로 죽게 된다.

아마도 이런 사실이 외계존재들, CSETI, 또는 디스클로저 프로젝트와 어떻게 관련되느냐고 의아해할지도 모른다. 이 모든 사실들이 통제와 권력과 종교적 이념, 그리고 탐욕과 연결된다. 우리는 천연두와 소아마비, 그리고 위에서 언급한 질병들은 물론 지구촌을 괴롭히는 많은 질병들로 인한 고통을 줄여주는 기술이 이미 오래 전부터 존재했음을 알고 있다. 우리는 소중한 자연자원들을 고갈시키지 않고도 풍부한 에너지를 세상에 공급할 수 있는 기술들이 이미 존재함을 알고 있다. 불행하게도 이 기술들을 손에 쥔 사람들은 그것을 우리와 공유하지 않았다.

여러분을 침울하게 하려고 이런 말을 하는 것이 아니라, 현실이기 때문이다. 하지만 바꿀 수 있는 현실이다. 이 책을 읽어나가면서 이 기술들과 관련된 바로 그 사람들의 일부에서 변화가, 평화로운 세상을 만들 수 있고 또 만들게 될 변화들이 이미 시작되었음을 알게 될 것이다.

CONTENTS

추천의 글 ··· 7

서문 ··· 12

CHAPTER 1
열일곱 살 시절의 임사체험 ··· 23

CHAPTER 2
우주와 하나인 상태로 들어가다 ·· 33

CHAPTER 3
날조된 UFO 사건들 ··· 50

CHAPTER 4
꿈에서 미리 본 그녀와의 결혼 ·· 60

CHAPTER 5
용서와 믿음으로 찾아낸 영성 ·· 64

CHAPTER 6
인류와 외계생명체는 하나 ··· 70

CHAPTER 7
세계 평화에서 우주 평화로 ········· 81

CHAPTER 8
다음 50만 년을 위한 새벽 ········· 89

CHAPTER 9
대통령의 목숨을 구한 직관 ········· 96

CHAPTER 10
우주선에서 태양계를 바라보다 ········· 108

CHAPTER 11
비밀조직으로부터의 유혹 ········· 122

CHAPTER 12
외계존재의 응답, 크랍 써클 ········· 128

CHAPTER 13
소설보다 믿기 힘든 진실들 ········· 136

CHAPTER 14
그림자정부의 대중조작 ········· 148

CHAPTER 15
CIA 국장과의 만남 ········· 159

CHAPTER 16
미국 대통령 위의 권력 ········· 167

CHAPTER 17
암살당한 케네디와 협박당한 카터 ········· 180

CHAPTER 18
공포스러운 아스트랄체 공격 ········· 194

CHAPTER 19
할리우드와 거대 미디어의 타락 ········· 201

CHAPTER 20
인간 의식을 조종하는 전자시스템 ········· 218

CONTENTS

CHAPTER 21
전자기 공격으로 암에 걸리다 ·················· 231

CHAPTER 22
SF영화보다 신비한 만남 ························ 238

CHAPTER 23
아름답고 평화로운 임종 ························ 247

CHAPTER 24
납치극 연출 기술, 스테이지크래프트 ········ 261

CHAPTER 25
진실로부터 배제된 사람들 ······················ 267

CHAPTER 26
"절대, 절대, 절대 포기하지 마세요." ········ 277

CHAPTER 27
신성한 존재의 보호를 받다 ···················· 285

CHAPTER 28
내셔널 프레스 클럽에서의 폭로 ·············· 291

CHAPTER 29
핵심 내부자의 증언 ······························ 303

CHAPTER 30
아마겟돈을 광신하는 이익집단 ················ 325

CHAPTER 31
정교분리는 환상일 뿐이다 ······················ 335

CHAPTER 32
무대 뒤에서 일어나고 있는 일들 ············· 342

CHAPTER 33
늦어도 50년 안에 이루어질 일들 ············ 356

CHAPTER 34
외계존재는 우리를 지켜보고 있다 ············ 366

CHAPTER 35
창조의 순간을 엿보는 명상법 ·················· 378

CHAPTER 36
외계존재와의 접촉 프로토콜 5단계 ·················· 389

CHAPTER 37
물방울과 바다는 하나 ·················· 395

CHAPTER 38
외계비행선을 움직이는 원리 ·················· 406

CHAPTER 39
극도로 진화한 외계문명들 ·················· 414

CHAPTER 40
자각몽으로 본 미래 지구의 재앙 ·················· 424

CHAPTER 41
지구문명의 재편과 미래 청사진 ·················· 435

CHAPTER 42
육체란 영적 진화를 위한 초고속도로 ·················· 446

CHAPTER 43
진정한 아카식 레코드 ·················· 456

CHAPTER 44
위대한 주기와 지구의 운명 ·················· 461

CHAPTER 45
지구와 인류를 위한 신성한 계획 ·················· 467

CHAPTER 46
집단명상 : 지구를 위한 기도 ·················· 470

감사의 글 ·················· 476

옮긴이의 글 ·················· 477

CHAPTER 1

열일곱 살 시절의 임사체험

그날 이후 내가 그 우주선과 연결되어 있다는 느낌이 계속되었다. 그 뒤 몇 주 동안 겪은 일들로 인해 그 느낌은 더욱 강해졌다. 그때 나는 이어지는 자각몽(自覺夢) 속에서 지구에 속하지 않은 존재들과 만나는 경험을 했다. 어린아이였을 뿐인 나는 이런 경험을 '대수롭지 않게' 받아들였다. 친구들과 함께 외계비행선을 목격했던 사건의 자연스러운 결과인 듯했다.

"이 행사에 홀로만 룸Holloman room을 내드리겠습니다. 그 정도 크기면 충분하실 겁니다."

"아뇨, 볼룸이 필요한데요."

"하지만 그 방은 아주 크고 중요한 행사가 아니면 사용 못 합니다."

"이게 아주 크고 중요한 행사가 될 겁니다!"

"농담이시죠?"

"아니요, 볼룸 전부가 필요해요!"

"그렇지만 레이건 대통령이나 와야 그 방이 꽉 찰 건데요!"

"그냥 내주세요."

"알겠습니다. 제 말을 듣지 않으시니……. 그렇게 해드리겠습니다."

문제의 방은 워싱턴 D.C.의 내셔널 프레스 클럽에 있는 볼룸이다. 내가 직원과 벌였던 실랑이는 2001년 5월 9일 당일에 충분히 그럴 만했던 것으로 드러났다. 그녀는 약속을 지켰고, 내 본능은 제대로 들어맞았다! 그 방은 정부, 군, 정보기관, 기업과 과학기관들로부터 온 21명의 증인들의 증언을 듣기 위해 모인 22대의 텔레비전 카메라와 많은 저널리스트들로 입추의 여지가 없었다.

증인들은 앞으로 나와서 '외계비행선extraterrestrial vehicles, ETV'(UFO라고도 부름)과 외계생명체들에 대한 경험들을 이야기했다. 두 시간이 넘는 증언에 이어, 외계비행선과 UFO와의 접촉과 이 과정에서 얻은 대부분 알려지지 않은 소득들, 곧 외계 지적생명체와의 교류를 통해 첨단 에너지와 추진기술들을 얻었다는 내용에 대한 사실 확인이 진행되었다. 이 정보는 대중에 공개되지 않은 채 오랫동안 감춰져왔던 것이다.

이 행사를 시작으로 디스클로저 프로젝트가 출범하게 되었는데, CSETI가 여러 해 동안 기울인 노력의 결실이었다. 이 일은 노스캐롤라이나 주 애쉬빌Asheville에 살던 응급실 의사에서, 세상에 알려지길 갈구하는 교훈을 배달하는, 생각지도 못했던 새로운 역할로 옮겨갔던 내 여정에서도 획기적이었다. 노스캐롤라이나 주 샤롯Charlotte의 거리에서 뛰놀던 아홉 살짜리 아이가 어느 날 우연히 찾아낸 자갈투성이 길을 따라 모험을 시작했던 때에서 한 걸음 더 나아간 것이었다.

1965년의 어느 화창한 오후, 평범하기 그지없는 장난꾸러기 아이들이 밖에서 이리저리 돌아다니고 있었다. 우리는 전형적인 남부 아이들이었고, 무언가를 만들거나 관찰하거나 집에 가져갈 만한 신기한 것을 찾아다니고 있었다. 우리가 알아차리지 못하는 사이에 갑자기 남서쪽 하늘에 빛나는 은빛 타원형 비행체가 나타났다. 분명 비행기나 헬리콥터는 아니었다. 그것은 이음새가 전혀 없었고 아무런 소리도 나지 않았으며, 우리가 아는 그 무엇과도 달랐다. 잠시 허공을 맴돌던 물체는 순식간에 사라져버렸다.

우리는 이것이 정말이지 예삿일이 아니라고 느꼈다. 하지만 예상대로 가족들은 애들의 공상일 뿐이라며 웃어넘겼다. 그러나 친구들과 나는 그것이 평범한 비행체가 아님을 알고 있었다. 이 일이 내가 '외계비행선'을 만난 첫 경험이었는데, 이 용어는 미국 '국가안보국National Security Agency, NSA'에서 보통 UFO라고 하는 외계비행물체들을 부르는 데 사용한다.

그날 이후 내가 그 우주선과 연결되어 있다는 느낌이 계속되었다. 그 뒤 몇 주 동안 겪은 일들로 인해 그 느낌은 더욱 강해졌다. 그때 나는 이어지는 자각몽(自覺夢, lucid dream) 속에서 지구에 속하지 않은 존재들과 만나는 경험을 했다. 그냥 어린아이였을 뿐인 나는 이런 경험을 '대수롭지 않게' 받아들였다. 친구들과 함께 외계비행선을 목격했던 사건의 자연스러운 결과인 듯했다. 나는 그때 눈으로 보는 세상 너머의 것을 인식하고 받아들이도록 외계존재들이 내게 영향을 미치고 있었다고 믿는다. 그때 나는 아이로서의 순진함 덕에 아무런 선입견 없이 외계비행선을 보게 되었을 것인데, 비웃음이 두려워 불과 몇 년 전까지도 이에 대해 공개적으로 말할 수 없었다.

이 초기 경험이 내 삶을 바꾸어놓았다. 그때가 분명 진실에 대한 호기심이 싹튼 시기였고, 성장해가면서 진실에 대한 호기심은 점점 커져만 갔다.

그 뒤로 몇 년 동안 다른 외계존재를 직접 목격하지는 못했지만, 이 주제에 대한 관심과 호기심은 강렬해졌다. 20세쯤까지 나는 「트루True」, 「아거시Argosy」와 「라이프Life」 같은 잡지들에 나온 관련 기사들과 UFO와의 접촉을 다룬 책들을 수집했는데, 그 양이 옷장을 꽉 채울 정도였다! 다른 행성에서 온 사람들에 대해 알아간다는 것은 나를 매료시키기에 충분했고, 밤하늘을 올려다볼 때마다 나는 마음 가득 경이로움과 기쁨을 느꼈다. 두려운 생각은 전혀 없었고 마치 집에 있는 것처럼 편안하기만 했다. 내게는 외계생명체가 존재한다는 것이 이해되었고, 혹은 외계생명체가 존재한다는 것은 '당연한' 기정사실이고, 이 외계존재들이 지구 위에서 이뤄지는 우리 진화의 노정을 알고 있다는 생각이 들었다. 창조의 거대한 확장에 익숙해지는 이 느낌은 취학 전이던 내게도 늘 기쁨과 평화로움을 주었다. 자연 속에 있을 때면, 나는 일상적 존재 너머의 깨어 있고 신성한 무언가를 감지하게 되었다. 거기에는 마치 어깨에 누군가 손을 얹는 것처럼 항상 무언가가 있어서, 하늘을 바라보거나 밖에서 놀 때면 열리곤 했던 신비한 현존이라는 깨달음을 지각하도록 나를 이끌어주었다고 믿는다. 페르시아 격언에 '신을 사랑하는 가장 좋은 방법은 그의 창조물을 사랑하는 것이다.'라는 말이 있다. 나는 이처럼 아주 순수하고 근원적인 방식으로 축복을 받았다.

이는 삶을 바라보는 색다른 관점이었는데, 마찬가지로 독특했던 내 어린 시절의 자연스러운 결과인 듯하다. 나는 아주 별난 남부의 가정에서 자랐다. 어머니는 스칼렛 오하라Scarlett O'Hara와 영화 「허쉬, 허쉬, 스윗 샤롯Hush, Hush, Sweet Charlotte」에 나오는 베티 데이비스Bette Davis를 섞어놓은 모습에, 「사랑하는 어머니Mommy Dearest」* 에 나오는 조안 크로포드Joan Crawford의 느낌을 더한 분이었고, 아버지는 체로키Cherokee족 할머니의 피를 이어받아 반은 북미 아메리카 원주민이었다.

그러나 우리 가족은 아주 많은 문제를 안

* 양어머니인 영화배우 조안 크로포드의 이중인격을 다룬 크리스티나 크로포드(Christina Crawford)의 자서전 내용을 담은 영화.

고 있었다. 힘든 환경에서 자란 아이들은 대개 두 가지 길 중에서 하나를 택하게 된다. 자기 파괴적 습관과 중독에 빠지거나 자살로 치닫기도 하지만, 반대로 의미 있고 생산적으로 살아가기에 충분한 내면의 힘을 찾아내기도 한다. 나는 신의 은총과 눈에 보이는 세계와 보이지 않는 세계의 개입으로 후자의 길을 택했다.

사실 우리 집보다 충격적이고 엉망인 가정환경은 본 적이 없다. 대부분의 사람들은 이런 성장배경을 모르고, 나를 성공한 의사, 유명인사로 생각하면서(가끔 유별나기는 하지만!), 관습적이고 평범하게 자랐으리라고 여긴다.

청년기에 나는 쌍둥이 여동생과 함께 영화 「사랑하는 어머니」를 보러 간 적이 있다. 나중에 성인이 된 우리는 서로 마주 보며 말했다. "와, 그때가 우리 어린 시절 최고의 날이었을 거야!" 사람들은 이 말을 듣고 깜짝 놀란다. 부모님의 알코올 중독과 그에 뒤따르던 집안 분위기로 인해, 우리는 방치되고 학대받으면서 살았다. 취학 전이었던 나는 주변에 아무것도 없을 때면 담뱃재와 모래와 흙을 집어 먹곤 했다. 이제 나는 의사로서 그것이 적어도 몸에 필요한 약간의 미네랄을 섭취하는 행동, 다시 말해 몸이 생존을 위해 요구하는 본능적인 행동이었음을 알게 되었다. 나는 자주 심하게 아팠고, 특히 겨울마다 끔찍한 폐렴과 기관지염으로 앓아누웠다. 내 폐에는 지금도 그 병치레의 흔적이 남아 있다.

그러나 축복은 보통 가혹한 시련을 거치면서 드러난다. 이런 도전들 덕분에 나는 강인해졌다! 나를 주저앉게 했을 수도 있었던 어릴 적부터의 쓰라린 고통들은, 그것들로 인해 내가 강한 생존자가 될 수 있었음을 알아차리자 사라져버렸다. 고등학교에 진학했을 때, 나는 내 운명의 주인이 되어 운명을 바꾸어놓겠다고 맹세했다. 그리고 그렇게 했다.

그런 나날들을 겪어가면서 나는 실질적으로 홀로 서게 되었고 나만의 아파트도 생겼다. 매일 밤 1시까지 레스토랑에서 일을 하고, 아침 6시에 일어나 자전거를 타고 도시를 가로질러 학교에 갔다. 평균 A학점을 유지하기 위해 노력했고, 학교 우등생단체의 회원이 되어 여러 가지 학교활동에 참여했다.

가족에 대한 책임감이 생겨나 세 여동생들에게까지 확대되었다. 나는 무심결에 동생들을 '내 딸들'이라고 부르고는 했고, 그들을 보호하고 돌보려는 본능이 무척 강했다. 좋지 않은 역할 모델이었던 부모님에게서는 어떻게 살면 안 되는지를 배웠다. 이 고난과 도전들은 사람은 누구나 스스로의 미래를 만들어간다는 것, 인간의 의지로 출생, 가난, 학대, 또는 그 어떤 고난이 가져다준 한계들도 뛰어넘을 수 있다는 사실을 깨닫게 해주었다.

1960년대 후반에서 1970년대 초반 사이 많은 10대들이 열광했던 대중문화에 빠져들기에는 내 고등학교 생활이 너무 바빴다. 대부분의 중산층 가정 아이들에게는 당연했던 사치들을 나는 거들떠보지도 않았고, 머릿속엔 기본적 생존을 위한 것들로만 가득했다. 마약과 술로 흥청거리는 일은 어림도 없었다!

대신 나는 고대 인도의 성스러운 경전인 베다Vedas를 읽고 산스크리트(梵語)를 공부하기 시작했다. 혼자서 명상과 초월에 대해 배워나갔는데, 내 정신을 편안하게 해주는 데 안성맞춤이었다. 나는 정형화된 종교의 구속으로부터 자유로운 상태에서 자랐다. 어릴 때 부모님은 나를 교회로 끌고 가지 않았다(사실 그분들은 철저한 무신론자였다). 제도적인 교리에 집착하지 않았으므로 관습적인 종교전통에서 자란 이들이 편안하게 느끼는 안전지대 밖에 있다고나 할 사상들에 대해 열려 있게 되었다. 그 결과 외부의 가르침 없이도 자연스럽게 명상체험과 더 높은 의식의 영역으로 빠져들게 되었다. 독서와 직접 체험으로부터 독자적인 기도와 명상을 배웠다. 학교에서 환경과 평화에 관련된 활동에 참여했던 것과 아울러, 이런 추구는 내게 새로운 차원의 경험과 의식의 성장을 가져다 주었다. 이때가 지금은 내가 '의식의 비국소성nonlocality of consciousness'이라고 부르는 경험이 스스로 드러난 시기다. 시간이 남을 때면 나는 교외로 자전거를 몰고 나가 이 경험을 탐구하기를 즐겼다.

들판에 누워 내 안에서 저절로 떠오르는 기법들을 연습하곤 했다. 누운 채로 샤롯의 다른 지역을 관찰하거나 지구의 다른 곳을 보거나, 또는 우주로 나가 지구를 생생하게 보고 있었다. 이런 일이 일상화되었다. 내 나이 15세에 아름답고도 멈출 수 없는, 그 어떤 종류의 종교전통과도 관계없는 어떤 힘이 내 안에서 솟아나오고 있었다. 그것은 온전히 내면으로부터 드러났다.

그 뒤인 1973년 어느 봄날 나는 왼쪽 허벅지를 다쳤다. 그때 나는 샤롯에서 노스캐롤라이나 해안에 있는 보초도(堡礁島)까지 자전거로 320킬로미터 정도를 달리는 여행을 계획하고 있었다. 부상을 무시하고 하루 안에 그 거리를 주파하고 샤롯의 내 작은 원룸 아파트로 돌아오는 계획을 강행했다. 다리의 부상 부위가 끔찍하게 감염됐고 감염은 온몸에 퍼졌다.

몹시 아팠다! 이 일이 생기기 직전까지 일과 학교생활로 몸을 너무 혹사했기 때문이었다. 그때는 가난하기까지 했으므로 병원에 가는 것은 꿈도 꿀 수 없었다. 지금은 의사로서 그때 어떤 일이 일어났는지를 안다. 혈관에 염증이 생겨서 아주 높은 고열이 따르는 패혈증이었다. 여기에 골격근마저 망가져서 신장에 무리를 주고 있었다. 이 증상들 모두가 치명적일 수 있는 것들이었고, 나는 빠르게 무너져가고 있었다. 17세 청년이 혼자서 전화도 없이, 상황의 심각성을 완전히 이해하지도 못하면서, 스스로 몸을 추스르려 하고 있었다. 그러다가 임사체험이 일어났고,

난데없이 나 자신이 몸에서 빠져나오고 있었다.

나는 우주의 어느 깊은 곳으로 갔고, 그곳에서 이미 편안함을 느꼈다. 그때 나는 지금은 '신 의식God consciousness'이라 이해하는 것을 경험했고, 거기서 나라는 개성은 눈부시고 무한하며 순수한 '마음Mind'에 녹아들면서 희미해져갔다. 그곳에 이원성은 없었다. 그 존재 상태에서는 통상적인 시간감각이 사라졌으므로 그것이 영원히 계속되는 것만 같았다. 나는 모든 창조물과 우주의 광대함을 보고 있었고, 그것은 이루 말로 다하지 못할 정도로 아름다웠다. 두려움은 없었고 무한한 자각awareness과 기쁨, 그리고 끝없는 완전한 창조에 대한 지각만이 있었다.

이윽고 수많은 별들 가운데서 두 개의 찬란하게 빛나는 불빛들이 다가왔다. 지금은 그들이 신의 화신인 아바타Avatar들임을 이해한다. 그들은 인간화되었다거나 인간중심적으로 생각할 존재들이 아니었고, 반짝이는 빛의 점들로 나타난 순수하고 의식을 가진 에너지였다. 이들은 우리 시대의 쌍둥이 아바타들이다.

이 아바타들이 다가오자 나는 그들과 하나인 상태가 되었다. 믿기 어려울 만큼 아름다운 상태였다. 그러고는 언어를 초월한, 언어 이전의 형식으로 지식이 흘러 들어왔다. 이것은 마치 우리가 '사과'라고 말할 때, 이 단어에는 아스트랄astral(빛의 형태)적인 실재 사과의 심상image이 들어 있는 것과도 같다. 또 그 의식적인 심상 속에는 사과의 정수인 사과 자체의 순수한 '관념 형태idea form'가 들어 있다. 이것이 정보가 내게 전달된 방법이었다.

이 신과의 합일 상태가 얼마나 지속되었는지는 모른다. 나는 그 아름다움에 매혹되어 있는 동시에 엄청나게 압도당해 있었다.

이 만남은 더 선형적인 형태의 대화로 이어졌다. 한 아바타가 말했다. "그대는 우리와 함께 가도 되고 지상으로 돌아가도 됩니다." 내 마음은 이렇게 물었다. "그렇다면 당신의 뜻은 무엇입니까?" 그 존재가 대답했다. "우리는 그대가 지상으로 돌아가 다른 일들을 하길 바랍니다." 그 수준에 있으면서 지상으로 돌아가는 데에는 아무런 관심이 없었으므로 나는 이 말을 듣고 시무룩해졌다. 장소가 사라져버린 곳에서 그런 의식 상태로 남아 있으면 아주 행복했으리라. 그러나 신성한 의지를 받아들이는 것이 곧 지고의 인간의지임을 알고는 대답했다. "알겠습니다."

그와 동시에 나는 그들의 실재와, 존재하는 지극히 고귀한 천상의 존재들과, 신과 창조물과 신성이 하나임을 받아들였다. 그리고 '무한한 마음unbounded Mind'과 창조물이 완전하고 완벽하게 하나가 되는 것을 경험했다. 그런 다음 반쯤 의식을 잃은 상태로 순식간에 몸으로 돌아왔다.

몸으로 돌아왔지만, 몸의 감각이 작동하고 있었음에도, 모든 신경중추들과 의식적으로 연결하지 못할 만큼 내가 오랫동안 떠나 있었음이 틀림없었다. 그때 작은 아파트 창밖으로 가로등 불빛에 반짝이며 바람결에 흔들리던 단풍나무가 마치 오늘 일인 양 생생히 기억난다. 하지만 몸이 움직여지지 않았다! 이런 생각이 들었다. '아, 이런. 이 엉망진창 마비된 몸으로 다시 돌아와 버렸군.' 그때는 심각한 감염 때문에 몸이 손상되어 마비된 줄로만 생각했다.

(나중에서야 그것이 일시적 현상임을 알게 되었다. 이제는 오랫동안 임사체험을 겪고 난 다음에는 육체와 다시 연결하는 데 시간이 좀 걸린다는 것을 알고 있다.)

살려고 하는 내 의지를 지켜보기 위해 그 방 안에 와 있는 어떤 존재가 느껴졌다. 조금 놀라웠지만, 지상에 남기 위해 의지력을 사용하도록 나를 독려했던 것이었으리라. 그곳에는 내가 다시 돌아오도록 끌어당기는 듯한 힘이 있었다. 그래서 몸을 떠났다가 다시 돌아와 보고 싶었다. 나는 육체에 남아 있으면서 빛의 아스트랄체astral body와 의식체conscious body

를 육체와 결합하는 의지를 연습해야만 했다. 그리고 여섯 번쯤의 시도 끝에 몸에 남게 되었다. 그리고 완전히 깨어나서 몸을 움직일 수 있게 되었다.

영국인들이 쓰는 말처럼 나는 정말로 '넋이 나가버렸다$_{gob\text{-}smacked}$'! 이 경험으로 인해 내 인생은 완전히 바뀌었다. 신성한 존재라느니 사후에 의식을 가지고 존재하느니 하는, 말도 안 된다고 배워온 그런 일이 사실이 되었다. 지금의 나는 직접 경험을 근거로 그런 주장이 틀렸음을 안다. 신은 존재하며 그의 메신저들 또한 존재한다. 나에게는 모든 것이 전과 같지 않았다. 죽음을 두려워할 필요가 없으며, 사실 죽음이란 존재하지 않고, 단지 하나의 상태에서 다른 상태로 옮겨갈 뿐임을 알게 되었다.

침대에서 일어나 세상에 다시 적응하면서, 나는 이 놀라운 지복의 상태, 우주적 자각의 무한함이 내 안에 여전히 깨어 있는 높은 의식의 심원한 상태에 머물렀다. 벽으로 둘러싸인 방 안에 있으면서 나는 동시에 무한하게 인식하고 있었다. 신비주의자들은 이를 우주의식이라고 부르는데, 나는 그 뒤로 이러한 수준을 계속 경험하게 되었다.

흥미롭게도 내 감염된 다리는 저절로 나았다. 의사에게 진찰을 받거나 항생제를 투약하지 않았는데도 말이다.

CHAPTER 2

우주와 하나인 상태로 들어가다

> 한순간 내가 우주선으로 옮겨졌다는 것을 알았다. 우리는 우주공간 가운데 앉아 있었다. 우주선이 완전히 반투명 상태가 됐던 것이 생각난다. 마치 우주선 전체가 광섬유로 만들어진 듯 주위에 아무것도 없이 내가 우주공간에 떠 있는 것처럼 느껴졌고, 우주선의 윤곽은 사라져버렸다. 모든 방향으로 우주공간이 보였다. 나는 외계존재들과 거기 머물렀다.

    18세 생일 무렵 나는 초월명상 또는 TM이라 부르는 명상기법을 배우고 있었다. 당시에 나는 의지대로 높은 수준의 의식을 경험하게 해주는 방법이라면 무엇이든 배울 준비가 돼 있었다. 나에게 초월명상코스는 높은 의식 수준으로 가는 이정표와도 같았다.

    나는 의식절차만 빼면 초월명상이 단순한 과정임을 빠르게 알아차렸다. 초월명상은 의식적이고 선형적인 사고를 초월하여 무한한 자각으로 옮겨가기 위해 만트라mantra* 또는 소리를 사용한다. 교사의 곁에 앉아서 우리는 이 기법을 시작했다. 이어진 일이 그에게는 특별했겠지만 내게는 평범했다. 나는 완전한 초월

> *힌두교나 불교 전통에서 비밀스러운 힘을 갖고 있다고 여기는 신성한 말, 소리, 음절

의식 상태인 삼매경에 들어갔다. 다시 한 번 우주의식 수준에 들어간 것이었다. 우주의식 수준에 들어가는 일은 무척이나 아름다웠고, 임사체험을 거치면서 통로가 이미 열려 있는 나에게 이 기법은 아주 쉽게 효과를 가져왔다. 나중에 교사는 나를 바라보며 말했다.

"당신은 그곳에 갔군요. 그렇죠?"

"예."

"처음인가요?"

"글쎄요, 이번이 처음인지는 잘 모르겠는데요, 하지만 선생님과는 처음입니다!" 그 뒤로 나는 의지대로 우주의식을 경험하는 법을 연습하기 시작했다. 이것은 세상과 내 자신에 대한 훨씬 더 놀라운 시야를 열어주었다. 나는 이제 인간에 의해 때 묻지 않은 지구와 자연과 신성의 아주 순수한 상태에 다시 연결되게 되었다. 그때 나는 어렸을 때 지녔던 그런 자각의 순수함과 천진무구함을 다시 찾아내고 있기는 했지만, 그것을 더 온전히 이해하고 있었다. 그해 여름에 노스캐롤라이나 주 부운Boone에 있는 애팔래치아Appalachia 주립대학교에 들어갔다. 이 대학을 선택한 것은 순전히 깊은 친밀감을 느끼던 블루리지Blue Ridge 산맥의 야생 환경 때문이었고, 나는 그런 야생의 환경을 사랑했다. 나는 이 느낌이 내 핏속에 흐르는 체로키와의 유전적 연결 때문이라고 믿는다.

나는 날씨에 상관없이 자연 속의 영적인 순례자처럼 가능한 모든 순간들을 이 산속에서 보내고 싶었다. 나는 새롭게 얻은 명상기법을 연습하고 신성과 연결되는 경험을 지속하는 일에 열중했다. 기도는커녕 신과 교감하는 경험에 대해 아무것도 모르는 가정에서 자란 내가, 성인이 될 무렵에는 우주의식을 경험하고 있었다. 이 모든 것을 혼자 찾아낸 것이다.

내가 종교적인 훈육 없이 자랐던 환경은 뜻밖의 좋은 결과를 가져다주었다. 아주 드문 경우를 빼면, 종교성과 영성 사이에는 상반관계가 성립하는 것 같다. 종교로부터 멀리 떨어져 있었기 때문에, 나는 윤색된 교리들의 무더기에 빠지지 않고 단순하게 진리를 탐구할 수 있었다.

그해 가을 내게 일어난 일은 6개월쯤 전에 경험했던 임사체험이 놀랄 만큼 증폭된 사건이었다. 나는 부운의 시가지보다 1,500미터쯤 더 높은 리치스Rich's 산에 올랐다. 산꼭대기에는 자갈길이 끝나는 곳에 산불감시탑이 있었다. 눈부시게 맑은 오후, 나는 그곳에서 일몰을 보기로 했다. 때맞춰 해 질 무렵에 도착한 뒤 명상을 하기 위해 앉았다.

명상을 시작하기 전 나는 문득 남서쪽을 보았고 그곳에서 외계비행선 하나를 목격했다. 멀리 떨어져 있었지만 아홉 살 때 보았던 것과 같아 보였다. 무슨 이유에선지 그 순간의 내 반응은 이랬다. '또 그들이네.' 그리고 그것에 대해 더 이상 아무런 생각도 하지 않았고, 그들이 그곳에 있다는 사실만을 받아들였다. 비행선은 어릴 때 보았던 것처럼 그냥 사라져버렸다.

나는 명상을 시작했고 '무한한 마음' 안에서 아름답고도 깊은 경험을 했다. 시간이 지난 뒤에 눈을 뜨자 주위는 이미 어두워졌고 별들이 빛나고 있었다. 청명하고 건조한 날씨에 그 높이에서 은하수와 헤아릴 수 없이 많은 별들을 바라보는 일을 상상해보라! 그곳에서 내 것이 아닌 어떤 생각이 문득 내게로 들어왔다. '신이 만드신 이 아름다운 우주를 보라.'

이와 동시에 내가 죽었을 때 경험했던 바로 그 의식 상태, 활짝 깨어 있으면서도 신 의식인 상태, 모든 창조물과 하나인 상태로 들어갔고, 여전히 산 위에 서서 그것을 바라보고 있었다. 장엄한 순간이었다.

산을 내려오기 시작했을 때, 산의 가장자리에서 빛나는 불빛이 보였고 거기에 누군가가 있음을 느꼈다. 순간 내 오른쪽에 누군가가 나타나서 어깨를 건드렸는데 그 손길에 꽤 힘이 있었다. 고개를 돌려본 순간 내 모든 머리카락이 거꾸로 섰다! 외계생명체였다!

'대체 내게 뭘 원하는 거야?' 어린애처럼 유치하게도 내 첫 생각은 이랬다. 인정하기는 정말 싫지만, 놀란 나는 땅바닥에 웅크리고 올려다보았고 그는 돌아다보고 있었다. 남성이었다. 그는 무척 평화로웠고 전혀 위협적이지 않았으며, 마치 사슴처럼 아름다운 눈을 갖고 있었다.

한순간 내가 우주선으로 옮겨졌다는 것을 알았다. 우리는 우주공간 가운데 앉아 있었다. 우주선이 완전히 반투명 상태가 됐던 것이 생각난다. 마치 우주선 전체가 광섬유로 만들어진 듯 주위에 아무것도 없이 내가 우주공간에 떠 있는 것처럼 느껴졌고, 우주선의 윤곽은 사라져버렸다. 모든 방향으로 우주공간이 보였다.

나는 외계존재들과 거기 머물렀는데, 그들은 키가 90에서 120센티미터 정도였고 모두의 눈은 그윽했다. 우리가 하나의 목적을 위해 함께 있음을 알게 되었는데, 그것은 함께 명상하는 것이었다. 그들은 우주의식을 경험하고 있는 인간과 접촉하여 그들과 함께하기를 원했기 때문에 내게 관심을 가졌다. 나는 인간에게 우주의식을 경험하는 상태가 어떤 것인지를 알려주었다. 우리는 우주의식 경험을 서로 나눴는데, 외계존재와의 접촉에 대해 항간에 떠도는 이야기들과는 전적으로 다른 놀라운 만남이었다.

그것은 우리에게 익숙한 일상과는 다른 영역의 시간과 공간과 상대성을 가진 더없이 비국소적nonlocal인 경험이었다. 이 의식 상태에서는 초(秒), 시간, 년(年)과 같은 개념들이 더 이상 아무 의미가 없다. 시간과 공간을 초월해 있기 때문이다. 이 무한한 영속성이 바로 마음의 본질이자, 우리 모두 안에 깨어 있는 자아다.

함께 있는 동안 우리는 인류가 그들과 연락할 수 있는 신호를 만들었다. 이로써 외계존재와의 제5종 근접조우* 방식인 CE5 호출신호가 사실상 처음으로 만들어지게 되었다. 우리는 외계존재들과 그들의 전자장치에 신호를 보내기 위해 빛과 소리는 물론 비국소적 의식과 집중되고 일관된 의념을 사용했다. 이때가 1973년 10월, 제4차 중동전쟁**이 한창이던 때였다.

외계존재들은 우리가 서로를 파괴하는 짓을 멈추고 조화롭게 공존하는 평화로운 문명을 만들기를 바라는 것이 분명했다. 인류에게는 이 목표를 위해 사절이 되어 일할 사람들이 필요했다. 그래서 내가 이 일을 하겠노라고, 그리고 내 동료 인간들도 이것을 배우도록 돕겠노라고 제안했다. 그 이상은 없으며, 단지 그뿐이었다.

다시 한순간에 나는 '정상적인' 의식 상태로 돌아왔고 산불감시탑 근처의 자갈길에, 아까 있던 지점에서 좀 아래쪽이긴 했지만 여전히 능선 위에 있었다. '세상에, 놀라운 일이었어.' 하고 생각했다. 외계존재들과 하나가 된 경험에는 한 가지 중요한 교훈이 담겨 있었다. 바로 지금 이 순간 우리가 의식을 가지고 깨어있는 마음이 신성한 존재의 마음과, 그리고 모든 존재들의 마음과 같다는 사실 말이다.

우주의 모든 마음들이 바로 하나라고 했던 에르빈 슈뢰딩거Erwin Schrödinger가 절대로 옳았다. 우주에는 하나의 의식하는 마음conscious mind만 있으며, 우리가 바로 그것이다. 따라서 우주에는 오직 하나의 사람들 one people만 있으며, 우리가 바로 그들이다. '외계인'도 없고 인간도 없고, 분리됨이 없이 완전하며 하나로 이어져 의식하는 생명이 있을 뿐이며, 그리고 우리 모두는 그 일부다.

* 앨런 하이넥은 160미터 이내의 거리에서 UFO를 목격하는 경우를 근접조우라 하고 그 유형을 세 가지로 분류하였다. 제1종은 불빛을 포함한 하나 이상의 미확인 비행물체를 목격한 경우, 제2종은 UFO로부터 열, 지역적 피해, 기억상실, TV · 라디오의 전파 장애 같은 물리적 영향을 받는 경우, 제3종은 UFO 목격과 함께 "살아 있는 존재"를 관측한 경우이다. 여기에 제4종과 제5종이 덧붙여졌는데, 제4종은 인간이 UFO에 의해 납치된 경우이고, 제5종은 의도적인 상황에서 외계생명과 양방향으로 접촉하는 경우이다.

** 유대교 속죄일에 이집트와 시리아가 이스라엘을 공격하여 일어난 전쟁으로, 욤 키푸르(Yom Kippur) 전쟁이라 부른다.

수피Sufi의 가르침이 떠오른다. "그대 안에 우주가 들어 있을진대 그대 자신을 작고 연약한 모습으로 생각하려는가?" 이것은 수사적인 질문이다. 우리는 이 작고 연약한 모습이 전부인 존재가 아니다. 우주 전체가 우리 안에 들어 있다. 그리고 이것이 바로 내가 외계존재들을 만나 경험한 내용이다.

지구 평화 – 우주의 평화는 생각할 필요도 없이 – 를 위한 유일한 기회는 우리 인간들 사이에 아무런 차이도 없음을 이해하는 데 있다는 점을 그들은 알고 있다. 우리가 어떻게 생겼느냐는 문제가 아니다. 지구에만도 다양한 모습의 사람들이 존재하지 않는가! 정말로 중요한 것은, 어느 특정 순간에 우리가 그것에 열려 있든 그렇지 않든, 우리 모두에게는 무한하고 영원하며 항상 존재하는 동일한 하나의 의식의 빛이 깃들어 있다는 사실이다. 이것이 우리들 서로 사이, 그리고 우리가 우주와 맺는 관계의 토대가 된다. 이야말로 지속적이고 항구적이며, 절대적이고 가장 순수한 형태로 나와 외계존재들이 경험한 것이었다. 형언할 수 없을 만큼 아름다운 일이었다. 또 두려워할 필요가 전혀 없었다.

18세에 불과한 내 나이는 아무 문제가 되지 않았다. 그들은 나이, 인종, 가계혈통 또는 빈부와 같은 것에는 관심을 두지 않았다. 오히려 내가 투명하게 진리를 볼 만큼 충분히 순수했고 세상의 물질성에 젖지 않았다는 사실에 관심을 가졌다. 나는 여러 세대에 걸쳐 인류가 배웠던 다양한 문화의 가르침 속에 담긴 우주적 측면을 알아볼 수 있었다. 진리는 하나이며 언어가 다를지라도 그 가르침은 같기 때문이다. 그날 우리가 함께 나눈 경험은 우리 각자의 사람들이 서로에게, 그리고 우주의 무한한 자각에 연결될 뿐만 아니라, 우주의 다른 문명들과도 연결될 수 있음을 증명해주었다 – 단지 우리가 깨어 있다는 사실만 이해한다면 말이다. 바로 지금 이 글을 읽으면서 여러분이 깨어 있다면, 이 글을 읽는 여러분 모두의 깨어 있음awakeness은 하나다. 나뉘지 않는다. 우리는 그것을 자신만의 에고ego와 지성으로 나누지만, 사실 자각의 빛은 모든 존재, 모든 별 속에서 똑같다. 그리고 우주 전체에는 이 똑같은 존재의 빛이 퍼져 있다. 이 거대한 자각의 태양이 뿜는 빛은 모든 사람에게서 반사되고 굴절되지만 여전히 하나다. 따라서 우리가 그것으로 돌아가고 또 경험한다면, 어떤 생명 형태들이라고 할지라도 생경하거나 비정상적이거나 또는 외계의 것으로 보이지 않게 된다. 실제로 그들은 그렇지 않기 때문이다.

그렇게 '하나의 우주 – 하나의 사람들'이라는 CSETI의 개념을 마음에 품게 되었다. 정말로 이 우주에는 하나의 사람들만 있으며, 우리가 바로 그들이다. 오직 하나의 의식 있는 존재가 우리 모두 안에서 빛나고 있다. 아무리 애를 써도 그것을 나눌 수는 없다. 나누고 싶을지도 모르지만, 그것은 언제나 하나다. 늘 단일하며 언제나 완전하다. 여기 지구에 와 있는 외계존재들은 이 사실을 이해하고 있다. 비국소성을 이해하지 않고서는 우주공간을 그렇게 여행하는 것이 불가능하기 때문이다. 이 비국소성을 이해하기 위해서는 고도의 지식과 깨달음이 필요하다.

진실한 의미에서 자비심과 평화를 위한 토대는 우리 모두가 하나라는 현실에서 찾아진다. 모두가 하나임을 경험하지 못한 지성주의는 고립되고, 결코 지속될 수 없다. 나는 아직 어린 나이에 세상의 문제는 본질적으로 영적인 문제이며, 따라서 그 해결책 역시 영적인 것이어야 함을 깨닫게 되었다. 그것은 틀림없는 사실이었다.

나는 별빛이 쏟아지는 아름다운 밤하늘 아래 그 산에 다시 돌아와 있었고, 다른 놀라운 일이 나를 기다리고 있었다. 나는 자갈길을 100미터쯤 내려와 있었는데 산을 내려가기 시작하자, 마치 달 위를 걷는 것처럼 거의 무중력 상태가 되었다!

내 걸음은 한 번에 5미터에서 10미터를 뛰었다! 걷기보다는 둥둥 떠 있는 것에 가까웠다. 나를 둘러싼 이상한 자성(磁性)의 반중력적인 힘이 내 몸을 가볍게 해주었다. 상상이 아니라 정말로 내 육체는 가벼웠다.

나는 종달새처럼 행복했다! 외계비행선에서의 경험을 하고 막 돌아와서는 이제 '통, 통, 통' 하며 불가능한 거리를 한 걸음에 튀듯이 내려가고 있었다. 믿기 어려울 만큼 행복했다. 시가지가 가까워지자 그 현상은 점차 사라졌고 내 몸무게는 정상으로 돌아왔.

부운의 작은 시가지에 들어서자 그곳은 마치 핵전쟁이 휩쓸고 간 것처럼 무척이나 황량해보였다! 밤 9시나 10시쯤 됐을 거라고 생각했는데, 그 시간에는 가게들 모두가 문을 열고 있어야 했다. 부운은 노스캐롤라이나 산맥에 있는 작은 대학촌이라는 사실을 기억하기 바란다. 혼자 생각했다. '세상에 무슨 일이 생긴 거야? 설마 중동전쟁이 잘못돼서 핵전쟁으로 번진 걸 너무 늦게 안 걸까?' 하지만 시간을 확인해보니 새벽 1시에 가까워지고 있었다! 내 우주적 경험은 서너 시간 동안이나 계속되었던 것이다!

이 놀라웠던 밤이 지난 뒤 나는 외계존재들에게 배우고 그들과 나누었던 모든 것을 연습하기로 했다. 매일 밤 잠들기 전에 누운 채로 명상 상태로 들어갔다. 나는 '무한한 자각' 상태에 들어가서 '의식하는 마음'의 느낌을 내 주위로 확장시켜 방을 가득 채웠고, 그것이 바로 편재(遍在)라는 것을 알게 되었다. 나는 '자각'이 편재하는 느낌을 더욱 확장시켜 우주로 나가서 별들과 우주공간을 보면서 그것이 깨어 있다는 느낌으로 충만했다. 나는 그 깨어 있음과 하나였고, 깨어 있음은 그곳 우주공간에 나를 머물게 했다.

나는 외계존재들에게 내 존재를 알리기 위해 무선 송신처럼 생각을 보냈다. 조금 유치하긴 했지만 이렇게 말했다. "나를 기억할지 모르겠지만, 내 이름은 스티브예요. 난 여기 있어요. 내가 있는 곳을 알려줄게요." 그러면서 우리가 CE5 호출을 위해 발전시킨 프로토콜(통신규약)을 시작했다.

이처럼 고양된 의식 상태에서 텅 빈 우주공간 대신 지구를 바라보면서 그들에게 내 위치를 보여주었다.

먼저 그들에게 우리의 은하계를 보여주고 다시 확대해서 우리 태양계의 태양과 지구를 보여주었다. 그리고 지구와 북미를 확대해서 보여주고, 다시 미국 동부와 애팔래치아 산맥을 보여주었다. 또다시 노스캐롤라이나 주의 부운에 있는 건물의 내 정확한 위치를 보여주었다. 그렇게 하고 나서 잠들었다.

여러 달 동안 내가 겪은 경험들은 정말 대단했다. 1973년 10월 이후로 애팔래치아 산맥 주위에서 유례없이 UFO 목격담이 유행하기 시작했다. 이것은 우리가 우주선에서 함께 만들고 동의했던 그 방법이 실제로 작동하는지 알아보기 위한 베타테스트의 일환이었다. 물론 그 방법은 유효했다. 신문에는 산 위를 선회하는 거대한 우주선을 목격한 산림감시원들에 관한 기사며, 남쪽의 샤이닝락Shinning Rock 야생보호구역에 착륙한 우주선, 린빌Linville 협곡 상공에 나타난 우주선 이야기 말고도 여기, 저기, 모든 곳에서 목격된 UFO 기사들이 보도되었다.

이 작업을 계속해나가던 나는 어느 날 지역신문에서 노스캐롤라이나 주의 모건톤Morganton 외곽도로 근처에서 차를 몰던 한 젊은이 이야기를 읽을 수 있었다. 그곳이라면 내가 있던 곳에서 외계비행선으로 불과 몇 초밖에 걸리지 않는 거리였다. 나와 모습이 많이 닮은 이 청년이 몰던 차가 갑자기 멈춰 섰다. 길가에는 우주선 하나가 떠 있었고 차창 밖에는 외계존재가 다가와 있었다! 청년은 놀라서 기겁을 했다.

그들은 나에게 간접적으로 "알고 있나요, 우리는 약속을 지키고 있어요."라고 말하고 싶어 하는 것처럼 보였다. 나는 생각했다. '난 지금 여기서 불장난을 하고 있어. 이것으로 무얼 해야 할지 알기까지는 이제 충분한 것 같아.'

나는 아주 오랫동안 이 일을 아무에게도 말하지 않았다. 하지만 사람들은 왜 내가 탄탄한 의사경력과 그것에 딸려오는 한 해 25만 달러의 수입을 포기했는지 이해할 필요가 있다. 그것은 내가 진실이라고 아는 것을 알리기 위해서였다. 분명코 '그저 이론에 불과한 것' 때문이 아니었다!

잠을 자면서도 나는 이 외계존재들과 일종의 대화를 계속했다. 내 방 친구는 몇 달 동안을 늦은 밤까지 깨어 있었는데, 내가 잠자면서 나지막이 혼자 중얼거리곤 했다고 나중에서야 털어놓았다.

"너 자다가 말하던데 이 세상 말이 아니었어." 나는 생각했다. '세상에, 그럴 리가. 어쩌다가 그들의 언어에 연결되는 의식 상태로 들어갔나봐.' 그는 아주 분명히 들었다고 했다. "틀림없어, 그것은 지구 상의 언어가 아니야."

그 뒤로 나는 외계존재들과 경험한 이 프로토콜을, 사용할 분명한 이유가 생길 때까지는 조용히 혼자만 알고서 말하지 않는 편이 현명하리라고 굳게 결심했다.

1974년 나는 부운의 오래된 대학을 떠나서 아이오와 주 마하리쉬 Maharishi 국제대학교의 명상교사과정에 들어갔다. 이 훈련과정 동안의 경험은 정말 특별했는데, 그 이유 하나는 내가 그 집단의 제도적, 교리적 측면들로부터 독립적으로 머물렀기 때문이었다. 하지만 그곳에서는 어마어마한 분량의 심오한 지식들이 논의되고 있었다.

나는 베다와 산스크리트를 공부하는 데 심취했다. 의식과 우주적 자각에 대한 경험을 분명하게 설명하는 베다 지식의 양에 나는 엄청난 감명을 받았다. 이 경험으로 나는 의식의 높은 차원을 개발하는 데 전적으로 몰두할 수 있는 시간과 장소를 갖게 되었다.

내가 심취했던 가장 심오한 것들 가운데 하나는 우주론의 전개였다. 우주론에 대해서는 설교적인 가르침보다는, 아스트랄 영역 또는 인과론적 사고causal thought 영역들과 빛의 영역들을 포괄하는 직접 체험으로부터 배울 수 있었다. 일단 창조의 구조를 이해하고 그것을 세부적으로 경험하기 시작하면, 어떻게 사람들이 미래에 대한 꿈을 꾸고, 육체가 공중에 뜬다거나, 사라졌다가 다른 곳에 나타날 수 있는지를 모두 이해하게 된다. 전설로 여겨왔거나 기적이라고 부르는 사건들에 대해 우리가 들었던 모든 것들이 더 많이 이해된다. 기적이라 여겨지는 이런 일들은 의식을 지닌 인간들이라면 누구나 완벽하게 얻을 수 있는 것이다. 모든 존재들이 어느 날엔가는 이런 일들을 경험할 것이다. 이 능력은 우리의 타고난 권리인데, 인간에게만 국한되지는 않고, 우주의 모든 의식을 가진 존재들에게도 해당된다. 우리 모두는 신의 자녀들이며 이 모든 선물들과 지고의 상태들이 한 사람 한 사람마다에 다 들어 있다.

그해에 나는 '무한한 존재infinite Being'를 이 세상에서 경험하기 시작했다. 바위를 보면 그것에도 순수한 의식이 깃들어 있음을 알았다. 바위속에는 에너지와 주파수가 빛의 형태로 들어 있는데, 이 아스트랄 형태가 바위에 물리적 구조와 결정질의 형태를 부여한다. 또 그 아스트랄 형태 안에는 바위라는 관념idea이 있고, 이 관념에는 모든 것들을 창조한 '시원적 생각primal thought'이 존재한다. 그리고 이 안에는 순수하고 고요한 '의식하는 마음'이 있다. 사실 삼라만상이란 오직 순수한 의식의 자각conscious awareness일 뿐인데, 이것은 다양한 형태와 다양한 방법으로 계속 변화하고 공명하며 움직이고 있다.

이에 대한 많은 지식들은 경험을 통해 깨달아야 한다. 좋은 소식은 모든 사람들이 생애의 어느 때인가 이런 종류의 통합과 하나임oneness을 경험한 적이 있다는 것이다. 그것을 기억해내기만 하면 된다. 나는 여러분이 기억해내도록 돕기 위해 그것을 묘사하려고 애쓰고 있다. 영성의 세계에 대한 정보가 철저히 결여된 채로 자란 내가 이것을 해냈다면, 그 누구인들 못 할까!

이 모든 것들이 풀려나오기 시작하자, 나는 몇 년 동안 명상과 의식을 더 높이 끌어올리는 법을 가르치는 일에 전념했다. 그러는 동안 뉴욕의 캐츠킬Catskills에서 열린 심화과정에 참가했다. 수행기간 동안 나는 정진하였고 아주 아름답고 고요한 상태 속에서 하루에 몇 시간씩을 명상으로 보냈다.

내가 어릴 때부터 가지고 있었지만 그때 막 발현되기 시작하던, 육안으로는 보이지 않는 것들을 의식 속에서 보는 능력이 깨어나기 시작했다. 복도를 걸어가면서 나는 모퉁이 너머에 무엇이 있는지 보려고 시도하곤 했다. 거의 항상 거기 무엇이 있는지 또는 누가 오는지를 볼 수 있었다. 바로 맞힐 때까지는 추측하려고 하지 않았다. 그 일은 마치 의식의 평온한 상태에 머물면서 실제로 그것을 보고 있는 것과 같았다.

그런 다음에는 공간적으로 멀리 떨어진 지점에서 일어나는 일들과 시간적으로 떨어진 다음 날 또는 다음 주에 일어날 일들을 보려고 시도했다. 이 연습을 대단히 많이 했다. 나에게는 잠자리에 들어서 멀리 떨어진 장소나 사건을 보고 다음 날 무슨 일이 일어날지를 아는 것이 일상적인 일이 되었다.

의식의 편재성을 이해한다면 전혀 신비한 일이 아니다. 의식은 편재하기 때문에 시간이나 공간의 제약을 뛰어넘는다. 이 말은 이 의식 상태에 들어가게 되면 시간과 공간의 결합을 깨부수게 된다는 뜻이다. 그렇게 하면 자신이 보게 '되리라고' 생각지도 않았던 것들을 볼 수 있음을 알게 된다. 시간과 공간은 흔적도 없이 사라지고 자유롭게 정말로 보게 된다.

이 수행기간 동안의 어느 날 베다에서 싯디siddhis(또는 영적인 힘)라고 부르는 것에 대해 의문이 들었다. 싯디가 육체에 할 수 있는 일을 시험해보는 것도 흥미롭겠다는 생각이 들었다. 그리고 우리 모두가 의식이며, 우리 몸이 실제로는 자각의 빛으로 가득 차 있다면, 우리는 과연 어떤 능력들을 가지고 있을까를 생각하기 시작했다. 우리는 정말로 어느 정도까지 성취할 수 있을까? 어느 날 나는 엄청나게 행복하고 기쁘고 평화로운 상태였다. 더할 나위 없이 아름답고 맑은 봄날에 산책을 하고 있었다. 대지와 자연에 흠뻑 젖어 있던 그 순간은 그다음 일어날 일의 전주곡이었다.

우리가 머물던 장원 뒤편의 들녘을 걷다가, 아무런 노력이나 생각도 하지 않는데도 내가 저절로 공중에 떠올랐다. 1973년 10월 외계존재들을 만난 뒤 산을 튀어서 내려갔던 오래전 경험이 생각났다. 이번에는 위쪽으로 똑바로 7, 80센티미터 정도를 떠올랐다.

목적지를 향해 걸어가는 대신, 나는 그곳에 바로 서서 공중에 떠 있었다. 순간 내 이성이 끼어들어 외쳤다. "세상에, 웬일이야. 어떻게 이럴 수 있지?" 그러자 나는 다시 땅으로 내려왔다. 내 이성과 에고가 그것을 멈춰버린 것이다!

이 일로 내가 배운 교훈 하나는 그런 특별한 경험을 하는 데는 믿음과 함께 어느 정도의 은총이 필요하다는 것이었다. 종교적인 믿음 그 자체가 아니라, 확신 또는 그런 잠재력이 내재함을 아는 것을 말한다. 이것은 자아와 에고, 지성을 초월한다. 우리가 자신을 자유롭게 맡겨두면 믿기지 않는 일들이 이루어진다. 만일 그 특별한 경험이 자유롭게 흘러가는 데 실패한다면, 우리가 그것을 멈췄기 때문이다. 궁극적으로 누구의 내면에나 있는 신의 힘을 인정하고 받아들이면 된다.

이 경험으로 우리는 어떤 잠재력이라도 갖고 있으며, 누구라도 그것들을 발전시킬 수 있다는 사실이 더욱 분명해졌다. 우리는 그런 일들이 일상이 되고 또 '일반적인 것'으로 받아들여지게 될 시대로 들어서고 있다.

다양한 영적/종교적 집단에 속한 사람들은 가끔 이 수준의 경험이나 지식들을 도달하기 힘든 특별한 것쯤으로 여겨서, 그런 능력을 얻은 사람들을 받들어 모시는 경향이 있다. 그렇지 않다. 그리고 이 점을 이해하는 것이 정말 중요하다. 사실 모든 사람의 타고난 권리로 이해되어야 하는 무언가를 숭배하는 일은 자연과 인간의 잠재력을 무시하는 행위인 것이다.

1975년 나는 명상 강사가 되기 위해 친구 몇 명과 함께 프랑스 마리팀 알프스Maritime Alps에 있는 이졸라Isola에 갔다. 이 특별한 기간 동안 신 의식과의 합일이라 부를 만한 의식의 높은 수준을 수없이 경험했다.

하루는 2년 전 노스캐롤라이나 산맥에서 있었던 일을 생각하면서, 그때와 같은 특별한 일이 또 일어날지가 궁금해졌다. 그래서 나는 호텔 방에서 1973년 그 우주선에서 함께 만들었던 프로토콜을 시작했다.

나는 무한의식 상태로 들어갔고 의식을 확장시켜 알프스의 산들 너머로, 우주로, 우리 태양계로 뻗어나갔다. 우주공간의 광대함을 보면서 이 우주선들과 거기 타고 있는 존재들에게 말했다. "나는 스티브입니다. 나를 기억할지 모르지만 우린 2년 전에 만났었죠. 지금 나는 프랑스 마리팀 알프스 위의 이졸라에 있어요."

그러면서 나는 그들에게 아름다운 우리의 나선형 은하계와, 태양과 행성을 가진 태양계, 그리고 지구를 보여주었다. 다시 유럽과 프랑스 마리팀 알프스를 확대하고는 마침내 호텔 단지의 우리 위치를 보여주고는 말했다. "올 수 있다면 와주세요." 이 과정은 20여 분 동안의 집중된 의식 속에서 이루어졌다.

나중에 점심식사를 한 뒤 몇몇 친구들과 나는 호텔 근처 산으로 하이킹을 가기로 했다. 대략 오후 1시쯤이었다. 나는 수정처럼 맑은 알프스의 하늘을 올려다보다가 거대하고 아름다운 사면체 형태의 우주선이 햇빛 속에 빛나는 것을 보았다. 그것은 뚜렷했고 완전히 물질화되어서, 우리 쪽으로 소리 없이 내려오고 있었다.

외계우주선과의 내 경험에 대해 알고 있던 한 친구가 숨을 몰아쉬며 물었다.

"세상에. 스티브, 네가 이리로 불렀어? 오, 이런, 믿을 수가 없어."

"그래, 그랬지. 내가 말했던 그 프로토콜로 불렀어."

"이런, 왜 미리 경고를 안 한 거야?!"

우리 일행 가운데 몇 명이 두려워하는 기색을 보이자, 우주선은 다가오기를 멈추고 떠 있더니 조용히 물러났다. 이윽고 거대한 우주선은 완전히 '비물질화'되더니 우리의 시공간에서 사라져버렸다. 나는 그녀를 돌아보며 미소 지었다.

"좋아, 그 프로토콜이 제대로 작동하는 것 같아."

"제발 다음에는 내게 알려줘. 그걸 하기 전에 미리 경고 좀 해달라고!"

대답 대신 나는 배꼽을 잡고 웃었다!

이 일로 사실 우리는 외계존재들과 접촉할 수 있으며 다른 사람들도 함께 경험할 수 있음을 알게 되었다. 내가 여럿이서 함께 외계비행선을 본 것은 아홉 살 때 이후로 그때가 처음이었다. 이런 경우가 바로 한 사람이 우주선을 초대해서 그들이 오고, 여러 사람이 함께 목격하게 되는 진정한 CE5였다. 분명히 그 프로토콜은 유효했다. 나는 사람들이 이것을 배워야 할 거라고 느끼기 시작했는데, 이런 일이 가능함을 모든 이들이 알아야 하기 때문이었다. 하지만 시간이 지나면서 다시 의문이 생기기 시작했다. 무언가 이런 특이한 일이 일어날 때 사람들의 마음에는 항상 의심이 일기 시작한다! 그로부터 얼마 뒤 나는 훈련과정에 있던 한 친구와 노스캐롤라이나 산맥이 있는 블로잉락Blowing Rock 외곽에서 살고 있었다. 우리는 함께 명상 지도자가 되었었다.

1977년의 늦가을 어느 날, 나는 그 프로토콜을 다시 시험해보기로 했다. 그날 밤 침대에 앉아 명상에 잠겼다. 확장된 의식 상태에 들어가 우주로 확장됨을 느꼈고, 의식의 빛으로 가득 차 있는 우주공간의 충만함과 무한함을 보면서, 그 빛 속에서 외계의 사람들을 보고서 그들에게 또 말했다. "나는 스티브입니다."

그러나 너무 많은 시간이 흘러서 그들이 기억하지 못할 거라고 생각했던 나는 이렇게 말했다. "내 이름은 스티븐 그리어이고, 1955년 6월 28일 노스캐롤라이나 주 샤롯에서 태어났어요." 이어서 내 이력 전부를 간략하게 말해주었다! 그들에게 샤롯을 보여주었고, 내가 있는 곳으로 어떻게 오면 되는지 보여주었다. 우주공간에서 그들은 샤롯으로 갔다가, 거기서 북쪽으로 160킬로미터 정도 떨어진 노스캐롤라이나 산맥으로 오면 되었다. 명상이 끝난 뒤 나는 잠이 들었다.

오전 1시에서 4시 사이의 꼭두새벽에 나는 갑자기 잠에서 깨었다. 그곳 창밖에는 아름다운 청백색 우주선이 10미터 정도의 높이에 떠 있었다. 그리고 우주선에 타고 있는 존재들의 의식이 내 방 안으로 곧바로 투사되고 있었다! 아주 또렷했다.

우리가 살던 곳은 산과 초원과 고요함으로 완전히 둘러싸인 외진 곳이었다. 그리고 여기 이 우주선이 내 방 창문 바로 앞에서 조용히 떠 있다! 갑자기 잠에서 깬 내 친구가 벌떡 일어나 내 방으로 뛰어들며 외쳤다.

"저거 봤어?"

나는 조금 소극적으로 대답했다. "봤어."

"이런 세상에! 우리 집 창밖에 우주선이 있잖아!"

"맞아, 나도 알아. 내가 초대했다고나 할까."

그는 정말이지 혼란스러워 보였다.

"젠장, 내게 말 안 하고 절대로 또 그러지 마! 너 정말 놀라게 했다고!"

눈에는 보이지 않았지만 마치 의식이 투사된 것처럼 우주선에서 방 안으로 한 지적인 존재가 와 있음을 그 친구도 느꼈다.

우리는 거실로 갔고 우주선은 집의 외벽을 따라서 그랜드파더

Grandfather 산이 보이는 큰 창까지 우리를 따라왔다. 내 생각에 그때 그들이 내 친구의 두려움을 느꼈고, 우주선은 집에서 조용히 물러나 골짜기 쪽으로 가더니, 휙 소리를 내며 빠른 속도로 그랜드파더 산을 넘어 하늘로 사라져 버렸다.

바로 그다음 날 라디오와 뉴스에서는 노스캐롤라이나 주 샤롯에 있는 더글러스Douglas 공군기지의 레이더에 두 대의 우주선이 포착되었다는 소식이 보도되었다. 스누피Snoopy라고 부르는 경찰 헬리콥터가 그들을 추적했다. 나는 우주선들이 집중적으로 목격된 곳이 바로 내가 태어나고 자란 곳, 내가 의식으로 그들에게 보여준 그 장소라는 것을 듣고 놀라서 할 말을 잃었다.

그중 한 대는 경찰 헬리콥터와 이스턴 항공사Eastern Airlines의 비행기와도 아주 가까이에 있었다. 이 일은 항공관제소에 의해 모두 기록되었고, CE5를 확인해주는 사건이었다.

나중에, 그 사건에 관한 '미연방항공국Federal Aviation Administration, FAA'의 오디오 테이프를 입수한 한 남자가 그것을 내게도 넘겨줬다. (이것은 CSETI 기록보관소에 보관되어 있다.) 녹취록에 따르면 우주선 한 대는 그냥 사라져 버렸고, 다른 한 대는 북서쪽을 향해 날아가는 것이 추적되었다 – 그 방향은 내가 있던 산 쪽이었다. 그리고 내 창 밖에 나타났던 것이다.

이 일은 흥미로웠던 초기 CE5의 일례로서, 또 다른 목격자 – 내 불행한 친구 – 가 있었을 뿐만 아니라 레이더에도 잡혔고, 민간항공기 조종사가 목격했으며, 경찰 헬리콥터가 추격했다.

솔직히 나는 이 사건의 정확함에 놀랐고 일말의 불안감마저 느끼고는 이렇게 생각했다. '와, 이거 진짠데! 제대로 된 프로그램을 만들 때까지는 더 하면 안 되겠어.' 정말로 나는 그것을 1977년부터 1990년, CSETI를 만들 때까지 다시는 하지 않았다.

CHAPTER 3

날조된 UFO 사건들

외계존재들에 대한 의문을 둘러싼 거대하고도 정교한 허위정보 유포 활동이 전 세계적으로 진행되고 있음을 이해하는 것이 아주 중요하다. 대중에게 제공되는 정보와 심상들의 90퍼센트 이상이 두려움을 주기 위해 의도적으로 선택된 것들로서, 사람들로 하여금 외계에 관한 것이라면 무엇이든 증오하게 만든다. 이 주제를 다루는 영화, TV 쇼와 책들이 이 사실을 증명한다.

이 젊은 시절의 경험들은 진보한 외계문명의 성격에 대해 중요한 사실을 이해하게 해주었다 – 진보한 외계문명은 자연적인 진화단계에 따라 선택적인 비적성(非敵性)을 가졌다. 바꿔 말하면, 그들의 높은 의식 수준은 불화나 갈등과는 양립하지 않는다. 그렇지 않았다면 놀라울 정도로 발달된 기술로 인해 그들은 이미 오래전에 서로를 파괴했을 것이다.

모두가 하나라는 자각이 없다면, 서로 간의 차이는 불안, 두려움, 적대감과 폭력의 원인이 된다. 수천 년 인류역사가 바로 그 증거다.

지금 인류의 상태만 보아도 알 수 있다. 다양한 종교와 인종과 국가 사이에 팽배한 적개심과 불신은 전 지구적으로 전쟁을 낳고 또 그 자취마다 고통을 남기고 있다. 차이와 분리의 의식을 버리지 않는다면 평화는 없다.

인류는 지금 교차점에 서 있다. 우리는 무지와 전쟁과 대립으로 지구와 그 주민들을 계속 파괴해가거나, 아니면 우리가 본래 하나라는 사실을 자각하여 영적인 깨달음과 사회적 성숙에 도달하게 될 것이다. 우리가 본래 하나라는 사실을 자각하지 못한다면 강력한 기술들이 무지와 미신, 분쟁에 흠뻑 젖어 있는 사람들의 손안에 계속 남아 있게 될 것이다. 그러나 그 같은 상황은 자비의 진정한 원천인 하나임의 상태와는 공존할 수가 없다. 붓다가 말했듯이 우리가 하나임을 실감한다면 절대로 다른 이에게 폭력을 휘두를 수 없을 것이다.

내가 앞서 말했던 외계존재와의 만남을 경험한 사람들 중에는 같은 자극임에도 불구하고 극심한 공포로 반응하는 이들이 있다. 내 방의 창밖과 알프스의 산 위에 우주선이 나타났던 경우처럼 말이다. 하지만 임사체험을 겪은 나는 그들에게 아무런 두려움 없이 접근하게 되었다. 죽음이란 없다. 왜 두려워하는가?

외계존재들에 대한 의문을 둘러싼 거대하고도 정교한 허위정보 유포활동이 전 세계적으로 진행되고 있음을 이해하는 것이 아주 중요하다 – 대중에게 제공되는 그들에 대한 정보와 심상들의 90퍼센트 이상이 두려움을 주기 위해 의도적으로 선택된 것들로서, 사람들로 하여금 외계에 관한 것이라면 무엇이든 증오하게 만든다. 이 주제를 다루는 영화, TV 쇼와 책들이 이 사실을 증명한다. 누군가 이 말도 안 되는 내용을 믿게 된다면, 그 사람은 미국의 다른 모든 사람들이 한밤중에 외계인들에게 납치되어 고문당한다고 생각하게 될 것이다! 이것은 전혀 사실이 아니다. 그러나 두려움과 공포, 흔한 의심들을 파는 사람들은 겁에 질리고 잘못된 정보에 중독된 대중들로부터 이익을 취한다.

조작된 UFO 사건들을 연출하는 어둠의 집단이 조종하는 비밀 준군사활동이 있음을 우리는 알고 있다. 이것은 추측이 아니다. 우리는 계획적으로 사람들을 '납치'해서 그들이 정말로 외계인과 만났다는 환상을 지어내게 하는 일에 참여했던 많은 군 내부의 정보제공자들과 면담한 바 있다.

'UFO 산업'에는 권력 있고 부유한 이익집단들이 자금을 지원하는 수백만 달러 규모의 납치문화가 있다 – 여기에는 유럽의 어느 왕족들과 미국의 산업체들이 관련돼 있다. 대중화되는 이야기들은 매우 계획적으로 선별된다. 만일 외계인의 납치를 사실로 받아들이는 집단과 연구자들에게 내가 말한 내용을 이야기하면 이내 쫓겨나고 만다. 그들은 조작된 외계인과의 접촉을 경험한 사람들의 끔찍한 이야기만을 골라내는데, 이런 접촉들은 실상 심리적 세뇌를 위해 군사적으로 연출되는 것들이다. 이것으로 인류와 외계의 사람들 사이에 분리라는 씨앗을 뿌림으로써, 미래의 스타워즈에 쓰일 예산을 지지하게 될 것이다.

한 집단을 다른 집단과 구분하는 것은 참으로 용의주도한 계획의 일부이다. 또 이를 위해서는 위협을 주어야 하고, 가상의 '적'을 악마처럼 만들어야 한다. 따라서 UFO와 외계존재들에 관해 유포되는 대부분의 정보는 의도된 특정 결과를 얻기 위해 방첩기관과 심리전술 조직, 허위정보 집단에 의해 고안된다.

우선 단순하게 생각해도 그런 이야기들 대부분은 정밀한 조사과정을 거치지 않는 탓에 신빙성이 없다. 다음으로, 내 생각에 그것들은 스타워즈시스템을 구축하기 위해 필요한 두려움이라는 사회적 토대를 만들기 위한 것이다. 다른 이도 아닌 베르너 폰 브라운Werner von Braun* 이 우리를 돕는 그의 수제자 캐럴 로진Carol Rosin 박사에게 그 정확한 진상을 말해준 적이 있었다. 우주공간에 무기들이 배치될 텐데, 이를 위해서는 외계에서 오는 모든 것들을 두

* 1912~1977. 제2차 세계대전 때 독일의 로켓 개발과 냉전시대 미국의 우주 개발에 핵심적인 역할을 했던 독일계 미국인으로, '미국 우주선 공학의 아버지'로 불린다.

려워하게 할 사람들의 심리적 결속이 필요하다는 것이었다. 그래야 장차 – 지금 군산업계의 천문학적 규모의 노다지를 즐기고 있는 사람들이 자신들의 기만술이 충분히 효과 있었다고 판단할 무렵 – 그들은 영화 「인디펜던스 데이Independence Day」에 나오는 대사처럼 '외계인의 엉덩이를 걷어차 버리기' 위해 세계가 하나로 뭉쳐야만 한다고 선포할 수 있는 것이다.

맞서 싸워야 할 외계로부터의 위협이라는 그릇된 생각으로 사람들을 몰아가서 얻게 되는 재정적 이익에 비교하면, 냉전과 지금 일어나는 모든 일들*은 아무것도 아니라는 사실을 명심하기 바란다. 미국과 서방 국가들로부터 군사작전을 위한 자금을 끝없이 뽑아내는 대신, 가상의 '위협'은 '백지수표' 또는 정부예산의 안정적인 지원을 보장할 만큼 충분한 외계혐오증을 만들어낼 것이다 – 그것도 국가 안전과 세계 평화를 지킨다는 이름으로. 많이 들어본 듯하지 않은가?

나는 그런 일들을 다루는 조직 내부의 많은 군사관계자들과 만났기에 이와 같은 분석을 할 수 있다. 나는 이 일이 최소한 1950년대부터 진행되어온 어젠다agenda라는 것을 구체적으로 들었다. 이 조직은 여러 집단들 중에서도 록히드마틴Lockheed Martin, 노스롭Northrop, 과학응용국제협의회SAIC, 이시스템즈ESystems, 이지앤지EG&G와 미트리코퍼레이션Mitre Corporation 같은 회사들이 컨소시엄으로 만든 '외계복제비행선alien reproduction vehicles, ARV'**이라고 부르는 것을 사용했다. 여러 가지 강력한 전자무기시스템과 '프로그램화된 생명체programmed life forms'들과 함께, 이것은 적어도 50년대부터 사용해온 인간이 만든 반(反)중력 장치들이다. 또 이 생명체들은 생물학적, 인공적 생명체로서, 흔히 '그레이(또는 회색 종족)'라고 부르는 존재들과 무척 비슷하게 만들어졌다 – '그레이'들은 우

* 적성국가 또는 테러지원국의 출현과 테러리즘과의 전쟁과 같은 상황을 말한다.

** 분해공학으로 외계 UFO를 연구하여 인간이 만든 비행체

주로부터 온 것이 아니다. 그들은 몇몇 시설들에서 만들어지는데, 그 하나가 뉴멕시코 주 둘세Dulce 근처의 포코너스four corners* 구역에 있다.

이것은 거짓 '외계인의 위협'을 만들기 위한 합작의 노력이다. 이와는 다른 이야기를 하고 나서는 사람들은 블랙리스트에 올라서 강의도 못 하고, 책의 형태나 다른 여러 경로들을 통해서도 대중들과 소통하지 못하게 된다. 하지만 「인디펜던스 데이」 같은 영화나 외계인 납치에 관한 책들처럼 겁을 주는 정보를 만들어내는 사람들은 대규모 출판과 영화제작 계약과 함께 많은 돈을 선불로 받게 된다. 이런 일은 틀림없이 계획된 것이다.

권력 엘리트들은 그런 두려운 이야기들이 대중의식 속에 뿌려지고 진실이 묻히기를 바란다. 나는 미국과 유럽에서 납치 추종자들에게 돈을 대는 사람들과 만난 적이 있다. 이런 거짓 납치극을 저지르는 군관계자들과 면담한 것 말고도, 다름 아닌 바로 유럽 왕족의 어느 세도가가 자신이 이런 일에 자금을 대고 있다고 개인적으로 말해준 적도 있었다. 그는 이런 놀랄 만한 이야기들이 퍼져나가서 '사악한 외계인들'이 존재하며 그들에 맞서 싸워야 함을 세상이 알아야 한다고 생각하고 있었다.

그는 심지어 아담과 이브 이래 모든 중요한 지구적 문제가 이 악독한 외계인들의 음모 때문이라고까지 생각하고 있었다. 그는 정말로 그렇게 믿고 있었다! 그는 또 교황청 안의 민감한 우익단체인 오푸스 데이회Opus Dei**와, 이 프로그램들을 운용하는 어느 내부 비밀조직의 중요한 후원자이기도 하다. 설상가상으로 그가 이 분야의 특출한 어느 작가 – 이름은 밝히지 않겠다 – 에 대한 지원을 끊어버린 이유가 바로 그 작가의 이야기들이 충분히 놀랍지 않았기 때문이라고 했다. 이 작가는

* 유타, 콜로라도, 애리조나, 뉴멕시코의 4개 주 모서리가 만나는 곳

** 일반인으로서 사도 활동을 하는 가톨릭 신자의 모임.

인간과 외계존재들의 관계를 지나치게 긍정적으로 묘사했고, 그 후원자는 가장 무서운 이야기들이 대중에게 유포되기만을 바랐던 것이다!

이들 납치 추종 조직들의 한 대표는 내게 털어놓기를, 만일 누군가 끔찍한 외계인 납치의 분위기와는 다른 경험을 가진 사람이 그들의 모임에 참석하면, 그를 쫓아낼 거라고 했다. 따라서 이것은 스스로 숨어내는 사기성이 짙은 과정이다.

이 잘나가는 조직은 날조된 '외계인과의 만남'을 용케들 꾸려나가고 있다. 그렇게 이 납치사건들은 특정 연구자들에게 건네지고 이들은 다시 영화나 다큐멘터리와 책으로 그것을 옮기는 거래를 하게 된다. 그리고 이 일은 수익성이 좋다. 이것은 특히 지구 밖으로부터의 가상의 위협에 맞서도록 대중들을 결집시키기 위해 고안된 심리전의 일환으로 이루어지고 있으며, 그렇게 해서 이미 무성하게 퍼진 그 사기극을 영속화하고 확대시키고 있는 것이다.

'그림자정부'의 내부에는 종말론을 신봉하는 골수집단이 있는데, 이들은 세상의 종말에 사로잡힌 나머지 세상이 한 번의 자아이질적egoalien * 대재앙으로 끝장나버리는 모습을 보고 싶어 한다 – 바로 그리스도Jesus Christ의 재림을 앞당기기 위해서! 이것이 그들의 어젠다이다. 다시 말해, 그들은 예수의 재림을 위해 세상이 가장 끔찍한 상황에 빠져야 한다는 생각에 집착하면서, 상황이 무르익기만을 학수고대하고 있다. 이것은 그야말로 광기일 뿐이다. 이 정도로 지나친 종교적 맹신과 광신주의와 함께, 숭배적인 비밀이 엄청난 권력과 결탁되면, 그 결과는 예상대로 충격적이다.

*심리학 용어로서 고통과 스트레스로부터 생기는 신경증의 유형이지만, 자신의 인지와 사고 과정에 문제가 있음을 스스로 지각하는 상태이다. 여기에서는 세상의 종말을 원하지는 않지만 그리스도의 재림을 위해서는 불가피하다고 여기는 상황을 말한다.

몇 년 전 나는 UN 사무총장의 아내 부트로스갈리BoutrosGhali 여사와 '뉴욕의 100인' 가운데 몇 명과 함께 뉴욕의 어느 모임에 참석한 적이 있다. 한 여성이 내게 다가와서 말했다. "저는 UFO와 납치에 관한 책을 26권이나 읽었어요." 내가 말했다. "그런가요? 죄송한 말씀이지만, 그렇다면 당신은 단 한 권만 읽은 사람보다 26배나 더 많은 허위정보와 허무맹랑한 소리들에 당신의 의식을 빼앗긴 거군요." 그녀가 나를 좋게 보리라고는 생각하지 않았지만, 그것이 진실이었다.

나는 몇 명의 고위 군관계자와 부트로스갈리 여사 같은 분들, 그리고 그 밖의 몇 사람들과 내 생각을 나누었다. 그들의 첫 반응은 "그것이 사실일 리가 없다."가 아니라 그럴 수도 있다는 생각에 몸서리쳐진다는 것이었다.

사람들은 다른 행성들이 거쳐 간 과정에 비해 인류가 잘 가고 있는지 그렇지 않은지를 자주 묻는다. 내 생각에는 서로 다른 사람들에게는 각기 모든 가능성과 경험들이 열려 있다. 나는 분쟁과 전쟁을 전혀 겪지 않은 외계문명들도 있다고 이해한다. 또한 우리와 같은 길을 거쳐 교훈을 배우고 평화로운 세상으로 진화한 문명들도 있으리라고 본다.

어느 문명이든 영성으로부터 멀어질수록 더욱 폭력적으로 되게 마련이다. 여기서 나는 종교적 독실함이 아닌 진정한 영성을 말하고 있다. 지금 '종교'가 가고 있는 길은 대부분 본래의 의도가 왜곡되고 인위적으로 각색된 것이다.

만일 어느 문명이 지능과 기술은 엄청나게 발달하면서 동시에 그 본유의 영성으로부터 멀어져간다면, 분쟁은 불가피하다. 지구는 지금 그러한 역학관계를 정리하려 하는 중이다. 또한 우리는 지금까지 그 일을 끔찍할 정도로 잘 해내지 못했다.

외계존재들은 지금 우리가 처해 있는 이 격동의 과도기에 따르는 위험을 인식하고 있는 것이 맞다. 나는 이 전환기를 인류가 어린아이에서 어른으로 커가는 과정으로 비유하는데, 지금 인류는 청소년기에 정체되어 있다. 우리는 혼란스럽고 반항적이며 발을 딛고 올라설 곳을 찾고 있지만, 아직 성숙하지는 못했다. 그리고 불행하게도 우리 중의 일부는 마치 수류탄을 손에 쥐고 안전핀을 뽑고 있는 사춘기 소년과도 같다.

상황이 이럴진대, 지금 인류와 세상의 상황을 냉정한 눈으로 바라본다면, 또한 외계문명의 입장이 되어 우리를 바라본다면, 걱정스러운 것이 당연함을 알게 된다. 또한 이런 이유 때문에 우리가 우주공간을 무기화하려고 시도했던 노력들을 저지하고 날개를 꺾은 외계존재들의 행동이 이해가 된다 - 디스클로저 프로젝트의 많은 증인들에 의하면 그런 일들이 실제로 일어났었다.

외계존재들의 그런 행동이 적대적인 것으로 간주될 수도 있다. 그러나 대신 나는 그것을 자비심에 의한 깨달은 행동으로 본다. 그들은 우리가 우리 자신에게뿐만 아니라 다른 문명들에게도 위협이 될 수 있음을 알고 있다. 안타깝게도 기술의 발달은 우리의 영적, 사회적 진화의 속도를 앞질러서, 솔직히 우리 인류는 우주적으로 위험한 존재가 되어버렸다.

우리가 살고 있는 이 시대는 상당히 무르익었지만 우리는 별로 성장하지 못했다. 우리의 퇴보적 행동이 가져온 더없이 심각한 결과들을 미리 막기 위해 충분히 방향을 바꾸지 않았다. 자신이 이해할 수 없거나 통제하지 못하는 것이면 무조건 헐뜯는 우리 성향에 외계기술이 결합된다면, 그 결과 아주 위험한 상황이 생기게 된다.

그래서 이 외계문명들은 아주 면밀하게 지구를 관찰하고 있다. 많은 군 관계 증인들이 이 외계비행선들이 대륙간탄도미사일의 격납고와 발사시설, 무기저장시설, 무기제조시설, 우주발사시설을 감시하고 있다고 언급한 내용을 나는 조금도 의심치 않는다. 그들은 이 무기들이 사용되어서는 안 되며 그들이 우리 행동을 지켜보고 있음을 분명히 해두고 싶어 한다. 만일 우리가 완전히 자제력을 잃어버린다면, 최악의 시나리오가 전개되는 일을 막기 위해 그들이 개입하게 될 것이다.

우리는 지금 우리가 지구에 지운 짐을 지구 스스로 떨어낼 수밖에 없는 한계점을 향해 다가가고 있다 - 만일 우리 자신이 그 짐을 치워주지 않는다면 말이다. 이 일을 바로잡으려면 앞으로도 두 세대의 시간이 걸리지만, 지금 이대로라면 우리가 과연 앞으로 50년을 더 살아갈 수 있을까? 생각하면 등골이 오싹해진다.

1991년 UFO와 첨단 에너지시스템에 관련된 극비 프로젝트들을 운영하는 많은 사람들이 나에게 접촉해왔다. 그들은 '하나임'의 개념과 우리의 문명, 그리고 우주의식과 외계존재들의 경험에 관한 나의 초창기 글을 읽어본 사람들이었다. 그들은 이 글들에 실린 정보들을 그들 내부의 사람들과 공유하는 것이 중요함을 강조했다. 이 사람들은 CIA, 록히드, 맥도넬더글러스McDonnell Douglas, 그리고 이와 비슷한 조직들에서 전화를 걸어왔다. 내가 쓴 모든 글들은 우선적으로 이쪽 사람들을 염두에 두고 쓴 것들이다.

수많은 사람들은 그저 평화롭게 살기를 원한다. 그들은 다른 사람들을 해치는 일에 아무런 관심도 없다. 정신병적으로 폭력적이고 남을 통제하는 사람들은 극소수에 불과하다. 지금도 계속 불붙고 있는 증오와 분쟁의 불길들은 그것이 이 폭력적인 집단들에게 이익이 되기 때문에 고의적으로 댕겨지고 있는 것이다.

일반 사람들은 이런 정보에 대해 알고 싶어 하는 강렬한 욕구들을 갖고 있다. 그들에게는 알 필요가 있고, 알 권리가 있으며, 행동할 책임이 있다. 그들이 의지를 행사한다면 이 비밀집단들이 자행할 최악의 전횡은 막을 수 있기 때문이다. 그러나 이 위험한 집단 내부에 있는 일부 조직들의 바꾸기 힘든 견고함과 포악함은, 영적인 시각의 접근으로만 누그러뜨릴 수 있다.

이것이 지금까지 내가 자리에 앉아서 무언가를 쓸 때, 그것이 가장 필요한 사람들을 우선적으로 고려하여 썼던 이유다. 지구 위의 대부분의 사람들은 단순히 평화롭게 함께 살고, 다양한 문화를 즐기며, 기술들을 누리고 살면서 진화하고, 아이들을 키워 대학에 보내면서 그저 멋진 삶을 살고 싶어 할 것이다.

세계 인구의 대다수가 위험을 감수하면서까지 어리석은 짓을 하고 싶어 하지는 않는다. 시대에 역행하는 시각을 가진 사람들은 비교적 소수에 불과하다. 그들은 백미러를 들여다보면서 미래를 본다고 착각하고 있다. 그래서 우리가 해온 일은 그들의 눈이 앞을 향하도록 돌려놓는 것이었다.

막강하기 그지없는 이들 산업과 군대와 종교적 이익집단들마저도 교육시킬 수 있다고 보는 시각이 중요하다.

지구가 우리에게 말을 걸어오고, 지구 위의 숱한 생명체들이 주의를 주고, 산들이 눈물 흘리고, 극지의 만년빙이 녹아내리고, 외계존재들이 경고를 계속했음에도 불구하고 우리는 지난 50년을 허비해버렸다. 지난 50년 동안 주의를 기울이지 못했다. 우리는 귀 기울여야 하고 행동해야 한다 – 바로 지금.

이들 비밀프로젝트들을 운영하는 사람들은 교육시킬 수 있고 배울 수 있으며 성장할 수 있고, 이 정보를 듣고서 너무 늦기 전에 자신들의 패러다임을 바꿀 수 있는 의식을 가진 존재들이다. 우리는 명상과 기도를 하는 동안 그들에 대한 적개심과 불안 대신 그들이 변화하고 깨달음을 얻기를 기원해야만 한다.

CHAPTER 4

꿈에서 미리 본 그녀와의 결혼

나는 그녀가 꿈에서 만났던 사람이라는 것을 알고 기뻤다. 하지만 처음 만나는 사람에게 가서, "저기요, 꿈속에서 당신을 만났었는데 우리 결혼하도록 되어 있습니다!"라고 말하지는 못한다. 우리는 만나서 한 시간 반 정도 이야기를 나누었는데, 마치 서로 잘 알던 사람들인 것만 같았다. 그러나 여전히 내 꿈에 대해 말하지는 못했다.

1978년 1월 나는 이스라엘로 갔는데, 처음에는 10일 정도 머물 계획이었다. 그러나 하이파Haifa의 마운트카멜Mount Carmel에 있는 바하이교Baha'i* 본부에서 일하느라 결국 3년을 머물게 되었다. 지극히 성스러운 장소에 머무는 일은 멋지고도 흥미로운 경험이었다. 이 지역을 샅샅이 여행하면서 나는 이 작은 곳에 온 영적인 스승들의 현존을 느꼈다. 그리고 동시에 모든 바위 바위마다 분쟁의 혈흔이 낭자해 있음을 느꼈다.

그것은 이상스럽게도 양극단의 것이 섞여 있는 듯한 느낌이었다. 그리스도나 모세, 아

> *페르시아인 바하올라 (Baha'u'llah)가 19세기 중엽에 전한 가르침으로 모든 종교는 그 신성한 근원에서 하나이며 인류는 하나임을 강조한다. 그의 사후에 아들 압둘바하 (Abdu'lBaha)가 바하이 공동체를 이끌었다.

브라함, 또는 무함마드나 바하올라Baha'u'llah나 바압Bab*과 같은 아주 고귀한 예언자들이 현현해 있으면서도, 동시에 믿기 어려울 정도로 원시적인 적대감과 광신의 흔적이 함께 남아 있었다. 그러나 예언자들은 항상 가장 어두운 시대에 가장 어두운 곳에 오고는 한다.

 여러 해 동안 나는 밤에 잠을 자면서 다음 날이나 다음 달 또는 미래의 어느 시점에 일어날 일들을 보게 되었다. 이 일은 점점 더 강렬하게 일어났고, 의식의 높은 수준을 더 많이 경험하게 되었다. 그해 겨울 나는 마운트카멜의 지중해가 내려다보이는 한 아파트에서 살고 있었다. 어느 밤 꿈속에서 윤곽은 있지만 벽이 없는 어떤 공간 속에 있었는데 매우 밝은 곳이었다. 그때 내가 살던 곳 가까이에는 바하이교를 이끌었던 압둘바하Abdu'lBaha의 유적이 있었다. 그는 무척 온화하고, 지혜로웠으며, 상냥하고, 사랑스러웠다고 알려진, 사람으로서는 완전한 경지의 깨달음을 얻은 인물이었다. 그가 이 꿈속에서 내게 오더니 한 여성을 소개해주었다. "이 사람이 우리가 그대와 결혼하기를 바라는 여성입니다." 그는 이어서 그녀에 대해 자세히 이야기해주면서 말했다. "그녀는 멀리서 와서 이곳을 들렀다가 떠날 테지만, 그대는 이곳 이스라엘에서 결혼하게 될 것입니다. 그녀는 그대보다 연상이지만 아무런 문제가 되지 않을 것입니다." 그런 뒤 이 여성과 나는 서로 소개받았고 나는 그녀가 어떻게 생겼고 어떤 옷을 입었는지 정확하게 보았다.

 이 꿈은 사오일 동안 밤마다 계속되었다. 22세의 나이로 여기 이스라엘에서, 결혼이라는 것에 대해서는 정말 아무 생각도 없던 내가 그런 꿈을 꾸다니! 그러나 영적인 가르침에 이런 말이 있다. 아무리 좋은 것이라도 택하지 않으면 소용없다고. 그래서 생각했다. '좋아, 이 사람을 찾

*바하올라의 출현을 미리 알렸던 바하이교의 선지자.

아봐야 할 것 같아.' 한두 달이 지나고 나는 사원 안의 압둘바하가 묻힌 정원에 있었다. 그때 사원의 문으로 에밀리Emily가 들어왔다. 나는 그녀가 꿈에서 만났던 사람이라는 것을 알고 기뻤다. 하지만 처음 만나는 사람에게 가서, "저기요, 꿈속에서 당신을 만났었는데 우린 결혼하도록 되어 있습니다!"라고 말하지는 못한다. 우리는 만나서 한 시간 반 정도 이야기를 나누었는데, 마치 서로 잘 알던 사람들인 것만 같았다. 그러나 여전히 내 꿈에 대해 말하지는 못했다.

그녀는 컨벤션 때문에 그곳에 왔는데, 마지막 날 다시 그곳에 온 그녀를 잠깐 다시 보았다. 관리인들은 그 아름다운 정원과 사원으로 들어가는 문을 막 닫으려 했고, 그녀는 들어가서 기도를 하고 싶어 했다. 그녀에게 말해주었다. "서둘러야 할 겁니다. 막 문을 닫으려는 참이거든요." 그렇게 해서 그녀는 돌아갔고 그 여행에서는 다시 만나지 못했다.

나중에 나는 사원으로 가서 기도하면서 신께 말했다. "이 사람이 정말 당신이 나와 결혼하기를 원하시는 사람이라면, 그녀는 제게 오게 될 것입니다. 그 전에는 그 꿈에 대해 결코 말하지도 않겠으며 그녀를 만나려고도 않겠습니다." 에밀리는 휴가 동안에 런던에 사는 어머니를 만나러 갔다. 그곳에 도착해서 그녀는 나에게 편지를 쓰고 싶은 이상한 충동을 느꼈지만, 내 성씨도 모르고 있었다! 그녀가 아는 내 이름은 '스티브'뿐이었다. 그녀와 함께 여행하던 누군가가 우연히 내 이름 모두를 알게 되었고, 그녀는 이스라엘의 바하이교 본부를 통해 내게 편지를 보내왔다.

에밀리는 나와의 만남이 무척 즐거웠다고 했다. 바로 내가 기다렸던 말이었다. 나는 평범하고 다정한 어투로 그녀에게 첫 편지를 썼다. 두 번째 편지에서 나는 우리가 어떻게 만나게 되었고 꿈에서 압둘바하가 뭐라고 말했는지 모든 이야기를 해주었다. 그녀의 답장은 이랬다. "좋아요, 이것이 신성한 뜻이라면 그렇게 해야겠죠."

우리는 일 년 내내 편지를 주고받았다. 1979년 6월, 에밀리는 짐을 모두 정리했다. 우리는 시애틀 공항에서 만나 10일 동안 알래스카로 여행을 떠났고, 그때 결혼하기로 결정했다. 그리고 1979년 8월, 우리는 이스라엘 마운트카멜에서 결혼했다! 올해(2006년)는 우리가 결혼한 지 27년이 되는 해다. 어떤 결혼은 정말로 천국에서 이루어진다!

이 이야기를 사람들에게 말하는 이유는 많은 이들이 이러한 안내를 받고 있지만 안내를 잘 받아들이지 않기 때문이다. 그것은 흔히 말도 안 되는 것처럼 보인다. 그러나 그 안내가 맞는 것이라면, 항상 이성적으로 이해해야 할 필요는 없다. 우리는 정말 멋진 시간들을 함께했고, 멋진 결혼을 했으며 예쁜 네 아이를 갖게 되었다. 독자들이 앞으로 읽게 될 모든 일들을 우리는 함께했고, 나는 지금 그녀를 그 어느 때보다도 더 사랑한다!

에밀리는 우리 결혼식에서 입을 옷으로 금실로 수놓은 아름다운 비단 사리를 골랐다. 그녀는 그 옷이 꿈에서 나를 소개받았을 때 입었던 옷이라는 것을 몰랐다. 내가 그 옷을 보았을 때 말했다. "바로 그 옷 맞아요."

우리의 첫딸은 마운트카멜에서 태어났고, 우리의 첫 결혼기념일에 집으로 데려왔다. 그래서 우리는 카멜Carmel이라는 이름을 지어주었다.

카멜이 태어난 뒤, 우리는 미국으로 돌아왔고 나는 의대에 들어갔다. 나는 응급의학을 전공하게 되었는데, 그것이 무척 도전적이기도 했을 뿐만 아니라 현대의학의 과학과 기술을 가장 잘 적용할 수 있는 분야라고 생각했기 때문이었다. 그 기간 동안 나는 명상과 전일적인 건강을 다루는 운영 프로그램에 관여했다. 우리는 '샴발라 인스티튜트Shambhala Institute'를 만들어서 전일적 건강과 치유에 관한 프로그램을 제공했다.

몇 년 동안 나는 에밀리와 함께 네 아이들을 키우면서 응급의학학회 회장직을 맡았고 응급실에서 일했다. 그리고 CSETI와 디스클로저 프로젝트를 설립했다. 얼마나 바쁜 인생이었던가!

CHAPTER 5

용서와 믿음으로 찾아낸 영성

나는 사제와 위계질서 또는 구루 또는 아쉬람의 세계로 빠지고 마는 영성의 덫과 정형성에 끌리지 않은 대신, 정직하고 직접적이며 명쾌하고 단순한 영성에서 찾아지는 그 진정한 영성에 더 매력을 느꼈다. 내가 그런 태도에 머물렀기 때문에, 내 어린 시절 환경이 가져왔을 결과와는 전혀 다른 용서와 사랑의 행동을 선택하도록 내 가슴이 열렸다.

청소년기에 내가 배운 가장 큰 교훈의 하나는 바로 용서였다. 용서가 중요한 이유는, 세상이 처해 있는 상황을 거시적으로 심사숙고해 보면 결국엔 정말로 모든 문제가 개인적 문제로 귀착되기 때문이다. 곧, 우리 자신의 삶이라는 소우주는 사회의 모습으로 드러나며, 우리 모두는 우주적 공명기로 작동하고 있다. 나는 신성하고 성스러운 존재들이 실제로 존재하며, 사랑과 용서로서 현현하고 있음을 알게 됐다.

그래서 내가 가장 먼저 했던 일은 바로 어릴 때 내 부모님이 우리에게 한 일들 용서하기였다. 잊지는 못하지만 용서할 수는 있다. 용서를 하면 부정적인 것들을 떠나보내기 때문에 엄청난 내면의 평화와 에너지가 해방된다. 용서와 사랑의 행동은 영적인 성취를 표현하는 지고의 방법 중의 하나다.

나는 용서와 사랑을 위해서는 진정으로 자신을 버려야 함을 깨달았다. 이것은 자신을 초월하는 것이다. 청소년기의 눈으로 세상을 바라보면서, 세상 대부분의 문제들이 바로 이기심에서 비롯됨을 보았다. 압둘바하의 멋진 말이 있다. "사랑이 있으면 그 무엇도 큰 문제가 되지 못하며, 시간은 항상 있다." 나는 진정으로 이것을 믿는다. 이야말로 지구에 사는 우리가 배워야 하는 것이다.

나는 아무것도 없는 상태에서 나 자신의 영성을 찾아내야만 했다. 그야말로 백지 상태였다. 임사체험 때 나는, 번갯불을 내던지며 우리를 심판하고, 죄의 무게에 따라 우리를 지옥으로 던지기도 하는, 수염이 덥수룩한 화난 노인네가 기다리는 진주로 만든 문 앞으로 간 적이 없다.

미리 말했지만, 나의 첫 번째 도전들 가운데 하나는 나와 가장 가까운 사람들을 용서하는 일이었다. 우리는 용서하는 법을 배워야 한다. 우리가 가는 길을 바꿔야 한다고 목소리를 높일지라도, 나는 우리를 이 지경에 밀어 넣은 사람들에 대한 앙갚음을 원하지 않기 때문이다. 그들은 교육되어야 하고 필요하다면 저지되어야 한다.

하지만 그러한 행동들도 사랑 없이, 그리고 무엇이 필요한지에 대한 생각 없이 이루어지기도 한다. 그것은 용서가 전제되어야 한다. 나는 지금 그것을 계속 연습하고 있다. 우리가 자신이 완벽한 척하기 위해 이 행성 위에 존재하는 것은 아니라고 생각한다. 어느 독일 작가는 이렇게 말했다. "천사인 척하려는 사람은 짐승처럼 행동하게 되어 있다."

가장 무서운 광신자들은 스스로 연단 위에 올라서는 사람들이다. 우리가 영적이고 성스러운 속성들을 세상에 비치기 시작할지라도, 우리 자신으로 있고 진실하며 인간적인 모습으로 남는 것이 좋다. 완벽하려고 할 필요는 없다.

고귀한 예언자나 신성의 현신인 아바타가 아니고서는 지구 행성 위에서 아무도 완벽하지 않다. 또 지금 지구에는 그런 존재가 아무도 없고 지난 100년 동안 없었으며, 다음 1,000년 동안에도 없을 것이다.

위대한 예언자나 신의 현신은 아주 드물다. 사실 그들은 우리와는 종species이 다르다. 그들은 완전히 깨달은 인간의 수준보다도 더 높은 위치에 있다. 달리 말하면, 우리는 인간으로서 가장 높은 수준까지 진화하더라도 그 위치까지는 오르지 못한다. 그들은 계통이 다르고 수준이 다르다. 그래서 그들의 존재가 그토록 소중하고 강력하면서도, 또 특별한 것이다. 때문에 그런 수준에 오르지 못했으면서 그렇다고 주장하는 것은 가장 좋지 않은 일의 하나다. 우리는 기껏해야 그 신성으로부터 뿜어져 나오는 빛을 반사할 뿐이다.

우리 모두는 상대적으로 불완전하며, 완전함의 다양한 수준을 드러내려고 여기에 있다. 그리고 무엇보다 그 이상의 것은 아무것도 주장해서는 안 된다. 자신이 그 너머에 도달했노라고 주장하는 사람들은 사기꾼들이다. 이젠 그만 좀 하시라. 나는 그들이 누군지 관심 없다. 우리는 있는 그대로의 자신으로 존재하고 또 어디쯤에 왔는지를 앎으로써만 진화할 수 있다.

내가 자란 남부지역은 정말이지 독특해서, 나는 그곳에서의 매 순간들을 사랑했고 내게도 딱 맞았다! 내가 자라던 1950년대 후반과 1960년대에 그곳은 이름 그대로 '올드사우스Old South'였고 지금도 그렇다. 그곳에는 내가 알던 멋진 흑인 여성들이 있었는데 그들은 내게 와서 말하곤 했다. "오, 너는 오래된 영혼이구나." 그들은 나를 바라보며 내 미래에 관한 이야기들을 해주었다. 그것은 전혀 꾸밈없고, 고결하며 멋진 이야기들이었다.

우리는 그런 사람들을 세상 어디에서나 만나는데, 사원이나 대성당이나 아쉬람에는 별로 없겠지만, 이런 곳이 아닌 다른 곳에서는 만나게 된다. 아이일 때 나는 이 지혜롭고 현명한 사람들에 의해 내게 주어진 것들을 알게 되었다. 이런 일들이 내가 네다섯 살이던 때부터 일어났다. 나는 사제와 위계질서 또는 구루 또는 아쉬람의 세계로 빠지고 마는 영성의 덫과 정형성에 끌리지 않은 대신, 정직하고 직접적이며 명쾌하고 단순한 영성에서 찾아지는 그 진정한 영성에 더 매력을 느꼈다. 내가 그런 태도에 머물렀기 때문에, 내 어린 시절 환경이 가져왔을 결과와는 전혀 다른 용서와 사랑의 행동을 선택하도록 내 가슴이 열렸다.

나는 여기서 우리가 스스로 허용하기만 하면, 자신의 한계를 초월할 수 있음을 배웠다. 우리는 자기만의 현실을 창조하기 위해 자유의지를 훈련해야 한다. 돌이켜보건대 이것이 내 초년 20년 동안의 큰 교훈이었다. 나는 어떤 의미에서는 놀라운 경험들을 했고, 비록 역경과 고통의 호된 시련 속이었지만 그런 경험들이 허락된 복 받은 사람이었다. 말로 하기는 쉽지만, 헤쳐나가기란 쉽지 않다. 지상에서의 삶이 쉽지만은 않은 것이다. 이곳에는 완전함과 불완전함이 함께 있으며, 여기 있는 동안 가능한 한 많은 선한 자질들과 완전함을 드러내는 것이 우리의 임무다.

나는 내 삶을 물리적으로 재창조해야 했다. 나는 자라면서 병치레를 많이 했다. 나는 몸과 마음과 영혼과 가슴을 바꿔놓아야 했다. 그 일은 마치 샤먼이 되는 과정과도 같았다. 의지를 단련하고 내 한계들도 초월하면서 걸어가는 길이었다.

이것을 믿음faith이라 부르기도 하겠지만, 어떤 신념체계나 교리처럼 대부분의 종교인들이 생각하는 그런 믿음은 아니다. 나에게 진실한 믿음이란 아직 보이지도 않고 온전히 알지도 못하는 것들에 대한 앎과 확신이다. 그리고 아직 우리의 가슴과 영혼에는 분명 이 믿음이 존재한다.

나는 믿음과 비전을 통해 실현되고 드러나는 능력을 찾아냈으며 나에게 일어나는 경이로운 일들을 보았다.

한 예를 들면, 명상기법을 배운 뒤 대학에 있을 때 기도의 힘을 시험하기 시작했다. 나는 기숙사에 살았고 거기에는 항상 술에 취해 있는 정말 위험한 길을 가는 친구들이 있었다. 매년 이런 친구들 가운데 몇 명은 술을 마시고 부운과 블로잉락을 오가는 위험한 이차선 도로를 운전하다가 생을 마감하기도 했다.

어느 오후 나는 기숙사 방에 앉아서 명상을 하고 있었다. 나는 이 친구들이 취해서 떠들썩하게 들어오는 소리를 들었다. 그래서 아무런 주저함이나 부정적인 생각 없이 성스러운 의식 상태로 들어갔다 - 나는 판단하지 않았고 단지 그 상태에 들어가서 그들을 보고 있었다. 마음속으로 기숙사 현관을 들어서고 있는 그들을 보았다. 나는 그들 주위를 신성한 빛으로 둘렀고 그들에 대한 용서를 청했다. 그들이 깨어나서 이런 식으로 스스로를 해치는 짓을 그만두게 해달라고 요청했다. 5분쯤 지났을까, 방문을 두드리는 소리가 났다. 그들은 거기 완전히 술이 깬 모습으로 서 있었고, 나를 통해 더 위대한 뭔가에게 용서를 구하고 있었다. 이 일은 그들에게 획기적인 사건이었고, 그들이 술 마시는 모습을 다시는 보지 못했다!

이 일이 있던 해에 나는 똑같은 일이 동물에게도 일어난다는 것과 동양인들이 정령과 자연에너지라고 불렀던 뭔가와도 연결될 수 있음을 알았다. 나는 기숙사 뒤편에 있는 거대한 원시림 속의 나무 아래 앉아 명상하곤 했다.

하루는 거대하고 오래된 솔송나무에 기대 명상하고 있을 때 누군가가 나를 보고 있다는 느낌이 들었다. 천천히 눈을 뜬 나는 기쁘게도 내 주위로 동물들이 반원을 그리고 모여 있는 모습을 보았다. 그곳에는 새 두 마리와 다람쥐, 얼룩다람쥐, 그리고 너구리 한 마리씩이 반원을 이루고 있었다. 마치 싯다르타의 이야기처럼 들리겠지만 실제로 일어난 일이다. 이 동물들은 평화롭게 나를 바라보고 있었고 깊은 고요와 지복의 상태에 있는 것만 같았다.

우리 내면에는 놀라운 신성의 영이 깃들어 있긴 하지만, 우리는 그것에 대해 알아야 하고, 실천해야 하며 우리 삶 속에서 확인해야 한다. 그렇게 하면 엄청난 일들이 가능하게 된다. 나에게 믿음이란 이런 것이다 – 그런 것처럼 행동하면 그런 것이다. 또, 그런 것처럼 행동할 때 그렇게 될 것이다. 결과적으로 이것은 내려놓는 연습이자, '위대한 영the great Spirit'에게 자아를 내주는 연습이다.

CHAPTER 6

인류와 외계생명체는 하나

공간과 시간과 물질주의를 초월하는 이 의식 상태를 경험하는 능력을 갖게 되면, 지구 위의 다른 문화권에서 온 사람 또는 다른 행성이나 다른 영역에서 온 사람을 만날 수 있고, 그들을 '다른 사람'으로 보는 대신 나와 '같은 사람'으로 보게 된다. '다름'의 의식은 무지에 뿌리를 두기 때문이다. 다름은 무지이지만, 하나임은 깨달음이다.

수피 전통에는 제자에게 물 위를 걷는 법을 가르치는 스승 이야기가 있다. 제자는 물가에 서서 생각했다. '나는 물보다 무거워. 물에 빠져 죽게 될 거야.' 앞서 물 위를 걷던 스승이 돌아보며 말했다. "너 자신을 잊어라. 그리고 물 위로 걸어라."

이것은 이런 일들을 영적으로 성취하기 위해 우리가 찾아내야 하는 은총이다. 나는 이것을 '실행하는 은총'이라 부른다. 우리는 그것을 찾아서 실행으로 옮기고 그렇게 되도록 해야 한다.

여러분은 그것이 가능함을 가슴속으로부터 알아야 한다. 일반적인 신념으로 어떤 것을 믿지 말고 말이다. "그렇게 될 것이다."라고 말하고 실행하면 된다. 하지만 그것이 우리의 에고 덕분에 되는 것이 아니라,

우리 안에 있는 위대한 '마음'으로부터 되는 것이다.

이것은 하나의 역설임을 깨닫기 바란다 – 한편으로 우리 개성이란 그것을 통해 무한함이 드러나고 표현되는 수단과도 같다. 일단 이것을 이해하면 개성은 영혼의 확실한 도구가 된다는 개념을 이해하게 된다. 따라서 한편으로는 그런 일이 일어나게 하려면 개성이 있어야 한다. 다른 한편으로는 더 커다란 신성한 존재가 빛을 내뿜어 이런 일들이 일어날 수 있도록 자아로부터 충분히 자유로워져야만 한다. 그러면 '그것'은 일어난다.

나는 눈에 보이지 않는 영역으로부터의 도움으로 이런 것을 스스로 많이 찾아냈기 때문에 험난했던 청소년기를 살아남을 수 있었다. 그러지 않았다면 틀림없이 나이 스물에 죽었을 것이다. 나와 비슷한 상황에서 청소년기를 보낸 대부분의 사람들은 약물중독자나 범죄자가 되었을 것이다. 나는 이렇게 인생을 바꿀 수 있도록 해준 '위대한 영', '신성한 존재'로부터의 안내와 보호와 영감에 감사하며, 어떻게든 그것에 마음을 열도록 의지를 내었음에 감사한다. 내가 '그것'에 마음을 열었을 때 '그것'은 한꺼번에 밀려들어 왔다. 그것은 나를 위해 고스란히 거기 있었다. 그리고 우리 모두를 위해 언제나 거기에 있다.

나는 사람들에게 이렇게 말한다. "여러분이 '그것'에 마음을 열 준비가 되자마자, 그것은 거기 있습니다." 그리고 그것은 어떤 목적을 갖고 있다. 여러분이 응급의학과에서 생명을 살리는 일을 하고 있거나, 항공기 조종사이거나, 또는 목수라도 상관없다. 무한의 '신성한 마음'은 항상 우리들 안에 내재해 있다. 단지 그것을 알고 마음을 활짝 열고 그것이 일하도록 놔두기만 하면 된다. 집착을 내려놓고 '그것'이 저절로 일어나도록 놔두어야 한다.

내가 이스라엘에 있는 동안, 줄담배를 피우는 골초에다 알코올 중독자였던 아버지가 심하게 편찮으시게 되었다. 아버지도 제2차 세계대전 당시 태평양의 군도에서 일본군과 육박전을 벌인 데서 온 극심한 '외상후스트레스장애'에 시달렸음을 이제는 안다. 어느 날, 가족으로부터 아버지의 오른쪽 폐에 수술 불가능한 골프공 크기의 종양이 있다는 소식을 들었다. 이것이 1978년 전후였는데, 효과를 거두리라고 생각하지는 않았지만 의료진은 어쨌든 화학요법을 시도하고 있었다. 의사들은 아버지가 6주 정도 생존하실 거라고 했고, 그래서 나는 장례를 계획하고 미국에 돌아와야 했다. 아버지를 뵙고 물었다. "이렇게 돌아가시기를 바라세요?" 아버지가 대답하셨다. "아니다, 준비가 아직 안 되었단다." 그래서 나는 아버지께 명상과 기도를 가르쳐드렸다. 아버지는 물론 1916년에 태어난 그 세대가 얼마나 철저한 무신론자이며 냉혹했었는지를 이해할 필요가 있다. 하지만 아버지는 이렇게 말씀하셨다. "이거 한번 해보련다." 나는 몇 권의 책을 드렸고 개인적으로 명상과 시각화와 내면의 마음으로 치유하는 방법을 가르쳐드렸다.

먼저 마음을 모으고, 자아를 초월해 있고 진정한 힘이 있는, 신성 그 자체인 깊고 고요한 의식 상태로 들어간다. 이것은 에고를 초월한 상태다. 그 상태에서 시각화를 한다. 그래서 내가 '신의 인자the God factor' 또는 '신성한 영의 인자divine spirit factor'라고 부르는 것을 불러온다.

아버지에게 이렇게 가르쳐드렸다. "그냥 하세요, 아버지. 생명이 달린 문제니까요. 그것을 믿으시든 안 믿으시든, 그냥 믿으시는 것처럼 하세요." 그리고 아버지는 그렇게 하셨다.

나는 이스라엘로 돌아갔고, 마운트카멜의 아름다운 바하이 사원에 가곤 했다. 날마다 점심 무렵이면 그곳에 가서 아버지께 가르쳐드린 것과 같은 시각화를 했다. 그리고 아버지의 치유를 위해 기도했다.

몇 주가 지나 아버지는 다시 주치의에게 갔다. (우리는 묘지를 골랐고, 아버지가 동의하시리라는 것을 알고 있었다.) 의사는 엑스레이 사진을 몇 장들여다보더니, 갑자기 "세상에, 이럴 수가!"를 연발했다. 커다란 종양이 사라져버렸던 것이다. '기적적인' 자연치유가 일어난 것이다.

아버지는 몇 년을 더 사시다가 울혈성 심부전과 흡연으로 인한 폐기종으로 돌아가셨다. 아버지가 돌아가시기 전, 아마도 열두 살쯤에 샤롯의 집 뒤뜰에서 아버지와 함께 앉아 있던 기억이 떠올랐다. 그때 아버지는 말씀하셨다. "애야, 나는 정말 오래 살고 싶지가 않구나. 그저 너희들이 모두 자라서 집을 떠날 때까지만 살고 싶단다." (이 말씀을 하실 때 아버지는 꽤 취하신 상태였다.)

아버지에게 폐암이 생겼을 때, 여동생은 여전히 그 집에 살고 있었다. 그리고 그 애가 떠난 해 아버지는 돌아가셨다. 나는 여동생에게 말했다. "우리는 자신의 현실을 만들게 돼." 아버지는 스스로 인생의 대본을 쓰셨던 것이다. 아버지를 돌아가시게 했어야 할 암은 그러지 못했지만, 아버지는 자신의 인생을 완전히 포기했고 아이들이 자라서 모두 떠나자마자 돌아가셨다. 아버지는 당신이 하신 말씀을 의식적으로는 기억하진 못하셨음이 확실하지만, 정확히 당신이 하고자 했던 대로 하셨다.

그러므로 우리는 자신이 누구냐에 상관없이, 스스로 생각하는 자신보다도 훨씬 더 강하다. 그리고 우리는 자신의 삶을 창조한다.

같은 기간 동안, 나는 정신적으로 원거리에 있는 사람들을 방문할 수 있음을 알게 되었다. 지금은 많은 사람들이 "그건 아스트랄적으로 여행한다는 뜻이네요."라고 말한다. 나는 십대에 이미 아스트랄 여행을 했지만 이건 달랐다!

내가 배운 것은 육체로부터 아스트랄체를 분리할 필요가 없고, 단지 각자에게 모든 창조물이 들어 있음만 알면 되는 것이었다. 우리는 진정 모든 창조물의 양자적 홀로그램이다. "그대 안에 우주가 들어 있을진대 그대 자신을 작고 연약한 모습으로 생각하려는가?"라고 말할 때, 이 수

사적인 질문은 심오한 진리를 보여준다. 모든 것이 깨어 있는 마음 안에 이미 내재되어 있음을 말이다.

영적인 방법으로 다른 사람을 만나는 비교적 초보적인 방법은 아스트랄체를 투사(유체이탈)하는 것인데, 이것은 아스트랄체가 육체와 분리되어 날아가는 방법이다. 하지만 더 수준 높고 단순하며 안전한 방법은 이 모든 것이 내 안에 들어 있음을 깨닫는 것이다.

깨어 있음의 초월적 상태인 비국소적 의식 수준으로 들어감으로써, 공간과 시간상의 모든 지점에 접근할 수 있다. 그리고 섬세하게 의지를 사용하여 그것을 경험하게 되면, 우리는 활짝 열려서 다른 장소에 있는 사랑하는 사람을 만날 수 있다. 이것이 내가 사용하는 방법이다.

이스라엘로 떠나기 바로 직전, 나는 이것을 스스로 경험했다. 내게는 폐암으로 위중했던 고모가 계셨다. 고모는 우리를 잘 돌봐준 몇 안 되는 가족이어서, 나는 늘 그녀를 아주 친밀하게 느꼈다. 고모는 언제나 상냥했고 친절했던 것으로 기억난다. 그녀의 이름은 아이린$_{Irene}$이었다.

고모가 돌아가시던 날, 자다가 깨었는데 고모가 거기 와 계셨다. 고모는 암으로 위중했던 70대 할머니가 아니라 40세 정도로 보였다. 고모는 환했고 아름다웠다. 고모가 뭐라고 말씀하셨는지는 기억나지 않지만, 그저 아름답고 사랑스러운 현존으로 와서 작별인사를 하셨다. 다음 날 쌍둥이 여동생이 전화를 걸어왔을 때 이 일을 말해주었다. 동생은 "고모가 돌아가셔서 전화했어."라고 말했다. 나는 물었다. "몇 시쯤?" 놀랍게도 고모가 내게 나타나신 시각은 돌아가신 때와 정확히 일치했다.

이렇게 우리는 위대한 영과 하나임으로 항상 서로 연결되어 있다. 이것을 깨닫는 것은 아름다운 일이다. 깨닫게 되면 우리는 시간과 공간은 전혀 장애가 되지 않음을 실감하게 되기 때문이다.

언젠가 친구와 애리조나의 석화림(石化林)에서 야영했던 때가 기억난다. 아내 에밀리는 노스캐롤라이나의 집에 돌아와 있었다. 갑자기 그녀가 나와 연락하고 싶어 하는 것을 느꼈지만 내가 있는 곳은 전화 통화도 안 되는 야생지대였다. 그래서 나는 보름달 아래 누워서 명상했고 합일의식의 상태에 들어갔다.

나는 평화로운 의식 상태로 확장해 들어갔고 우리 집 침실에 있는 아내 에밀리를 보았다. 아내는 꿈을 잘 기억하지 못하는 사람이다. 나는 에밀리가 잠들어 있음을 알았고, 침실로 가서 그녀의 영혼과 연결되었다. 나는 아내에게 내가 어디에 있는지, 무얼 하고 있는지를 정확하게 보여주었다. 에밀리가 정말로 나를 필요로 할 때면 거기 있겠노라고, 그리고 우리는 언제나 함께이며, 영 안에서 하나라는 메시지를 그녀에게 보냈다.

며칠 후 내가 야생지대에서 나왔을 때 에밀리에게 전화했다. 아내는 이렇게 말했다. "내가 꾼 이 생생한 꿈을 믿지 못할 거예요! 당신이 여기 있었는데……." 그리고 우리가 야영한 곳을 정확하게 묘사했다! 그리고 "당신이 이렇게 말했어요……."라며 내가 그녀에게 주었던 메시지를 재현해 냈다. 그것은 아름다운 자각이었고 그녀와 나를 안심시켜주었다. 이 일로 우리가 무엇을 할 수 있는지를 알게 되었고, 우리는 절대로 혼자가 아니며 결코 헤어지지 않는다는 사실을 알게 되었다 – 절대로 분리는 없다.

우리가 분리라는 상자의 뚜껑을 열기로 하는 순간, 우리는 그 열쇠를 갖게 된다. 열쇠는 바로 우리 안에 있는 깨어 있는 마음과 그것을 사용하려는 의지다. 우리는 두터운 믿음을 가져야 한다. 유명한 베다 교사였던 요가난다Yogananda는 사람들이 결코 성장하지 못하는 이유가 바로 영적인 무기력함과 영적인 모험심의 부족이라고 말한 적이 있다.

이런 경험이 일단 풀려나오기 시작하면 그것이 가능하다고 말하게 되며, 확신이 늘게 된다. 그러면 그것을 더 자주 하게 되고 따라서 점점 더 강력해진다. 긍정적인 되먹임 고리feedback loop가 만들어지는 것이다. 이것은 마치 언덕을 굴러 내려가는 눈덩이와도 같다. 가속도가 붙으면 한계를 뛰어넘게 된다!

언젠가 우리의 결혼기념일에 에밀리와 나는 코스타리카에 갔고 태평양 해안의 어느 호텔에 묵었다. 어느 날 밤, 우리가 잠들었을 때 놀라운 일이 일어났다.

에밀리가 한밤중에 잠에서 깨어 내 쪽을 보았을 때, 그녀는 내 몸에서 은회색의 형체가 떠오르더니 호텔 창밖으로 날아가 사라지는 광경을 보았다. 그녀는 이렇게 생각했다. '어머 세상에! 난 여기 코스타리카에 남겨졌고, 집에는 네 아이들이 있는데, 스티브가 죽었어!'

그때 나는 일생 동안 수시로 꾸곤 했던 날아가는 꿈을 꾸던 중이었다. 나는 정글과 해안 위를 날고 있었다. 한밤중이었지만, 나는 영적인 눈으로 보고 있었으므로 바다와 정글의 멋진 모습을 대낮처럼 보고 있었다. 그렇지만 태양으로부터 오는 빛과는 대조적으로 모든 것들이 스스로의 빛을 내뿜고 있었다. 나는 가장 아름답고 생생한 색깔들과 빛을 보았다. 그것은 그때까지 내가 본 것들 중에 가장 아름다운 것이었다. 나는 완벽한 자유와 행복감 속에서 날아다니고 있었다.

갑자기 그 비행이 끝났고, 다시 침실로 돌아온 나는 막 꿈에서 깨어난 것이라 생각했다. 그리고 나를 보고 있는 에밀리의 눈길이 느껴졌다. 그녀의 눈은 접시처럼 동그래져 있었다! 에밀리가 외쳤다.

"하느님 감사합니다. 돌아왔군요!"

"돌아왔다고요? 어디 갔었는데요?"

"당신은 떠났었어요."

"난 아무 짓도 안했어요. 여기서 자고 있었잖아요."

"아니, 당신이 몸을 떠나는 걸 봤다고요!"

에밀리는 자신이 본 것을 설명해주었다. 그 일을 계기로 생생하고 멋진 꿈들의 많은 것이 영혼이 여행하는 경험임을 알게 되었다. 에밀리는 보통 때는 이런 형이상학적 경험을 하지 않는다. 에밀리는 지구 어머니의 전형과도 같은 사람이며 지상에서의 매 순간을 사랑한다! 그러나 에밀리는 내 영혼이 날아가는 모습을 실제로 보았는데, 그녀 마음의 필터들이 꺼져 있는 이완 상태에 있었던 것 같다. 그래서 내 영혼이 몸에서 날아오르는 광경을 실제로 보았을 것이다. 에밀리는 내가 지구의 심오하고도 영적인 아름다움을 즐기기 위해 떠나는 순간을 목격한 것이다.

나는 '신성한 존재'가 이곳에 베풀어놓은 창조라는 문을 열고 신성을 처음 찾아냈다. 물론 신성의 지고한 표현은 우리를 둘러싼 지구와 하늘이다. 이는 퍽이나 아메리카 원주민다운 사고방식인데, 체로키와 카토바Catawba족의 피를 가진 나는 이 지구를 깊이 사랑한다.

이것은 지금 내가 하는 일과도 아주 관계가 깊다. 자연과 영Spirit을 향한 사랑과 열정은 나를 움직이는 힘이다. 내가 보고 있는 미래의 지구와 지구의 자녀들의 모습이 내게 힘을 준다. 나는 미래를 보고 있으며 그 같은 미래가 가능함을 안다.

앞서도 말했듯이 신을 사랑하는 가장 좋은 방법은 그의 창조물들을 사랑하는 것이라는 말이 있다. 나는 이 말의 뜻을 이렇게 생각한다. 신과 '지고의 존재'의 내적 본질인 성스럽고도 '무한한 마음'이 있다. 그러나 모든 창조물 또한 무한하며, 그것은 신이 입고 있는 옷이다. 창조물들은 동일한 하나가 겉으로 드러난 표현들이므로, 모든 창조물들은 하나, 완전한 하나다.

하늘과 별들을 올려다보던 아이일 때, 나는 빈 허공을 보지 않았다. 나는 기쁨을 보았고 깨어 있는 현존을 느꼈다. 나는 자연과 창조물들에 표현된 신성한 존재를 느꼈다. 이제 과학자가 되었지만 나는 여전히 그렇게 본다. 이러한 시각은 꽃에 대한 생화학적 관점과도 부딪치지 않는다 - 그것이 유전학이든, 물리학이든, 전자기학이든, 양자물리학이든, 끈 이론이든, 그것이 생화학, 분자학, 해부학, 생리학이든, 얼마나 믿기 어려울 만큼 놀랍고 특별하게 이 모든 것들이 하나로 뭉쳐 있는지를 보면, 그것은 모두 놀라운 하나의 의식을 가지고 살아 있는 '존재'의 표현일 뿐이다. 모든 것들이 물질 또는 공간 또는 시간 또는 에너지로 모습을 바꾸며 공명하고 움직이고 있는 신의 드러난 몸인 것이다.

따라서 우주만물은 창조자에게로 가는 문이다. 월트 휘트먼Walt Whitman은 이것을 분명히 이해했고, 소로Henry Thoreau와 에머슨Ralph Emerson도 그랬다. 자연은 위대한 스승이다. 우리는 어머니 지구의 자궁으로부터 나왔고, 이것은 무한한 신성의 외적인 발현이다. 이 무한함은 우리 안에 있고 모든 것에 깃들어 있지만, 서로 나뉘지 않았다 - 영원히 그 완벽한 전일성 속에 있다. 모든 것들이 그 속에 있고 서로 완벽하게 연결되어 있다. 이것은 완벽한 양자 홀로그램이다.

여기서 질문이 하나 생긴다. 이 모든 경험들을 하나의 메타주제meta-theme로 요약할 수 있을까? 아주 크고도 초월적인 이 주제는 바로 형언할 수 없는 하나임이다. 바로 '하나임'.

공간과 시간과 물질주의를 초월하는 이 의식 상태를 경험하는 능력을 갖게 되면, 지구 위의 다른 문화권에서 온 사람 또는 다른 행성이나 다른 영역에서 온 사람을 만날 수 있고, 그들을 '다른 사람'으로 보는 대신 나와 '같은 사람'으로 보게 된다. 이것은 아주 중요한데, '다름otherness'의 의식은 무지에 뿌리를 두기 때문이다. 다름은 무지이지만, 하나임은 깨달음이다.

모든 존재들이 바로 우리처럼 깨어 있고 의식이 있음을 보게 되면, 그들과 하나임을 경험하는 일이 가능하다. 그들의 지능, 신체, 감정의 깊이, 또는 지식의 양이 얼마나 다른가에 관계없이 '하나임'은 사실이다. 우리가 보통 중요하게 생각하며 구분의 잣대로 삼는 이 모든 것들은 정말이지 덧없다. 그들이 깨어 있고, 우리가 '무한한 마음'의 초월적인 가치를 보는 바로 그 상태의 의식을 그들도 경험하고 있음을 우리가 본다면, 그들을 '외계인'이나 '다른 존재'로는 보지 않을 것이다. 우리가 짐바브웨나 사우디아라비아에서 온 사람에 대해 말할 때나, 알파켄타우리Alpha Centauri에서 온 사람에 대해 말할 때나 이것은 진실이다. 그것은 정말 문제가 되지 않는다. 왜냐하면 그들도 우리 자신의 보편적 특성인 깨어 있음으로 현실을 경험하는 또 다른 지각 있고 의식을 가진 존재들이기 때문이다.

만일 이러한 하나임의 상태를 경험할 수 있다면, 첫째, 소통할 수 있다 – 이것은 아주 중요한 것이다. 둘째, 그 무엇도 두려워할 필요가 없음을 느끼게 될 것이다. 셋째, 그 무엇과도 갈등을 일으킬 필요가 없음을 알게 될 것이다. 서로 다름은 전혀 본질적이지 않으며 중요하지도 않기 때문이다.

모든 종교의 창시자들이 한데 모여 함께 멋진 시간을 보낸다면, 아마도 그들 사이에는 아무런 차이도 없을 것이다. 문제를 일으키는 원인은 이기주의, 물질주의, 국수주의, 무지, 증오와 어리석음으로부터 인간이 만들어 놓은 구분들이다. '하나임'의 경험은 이 시대가 요구하는 필수적 경험이다.

그래서 내가 이러한 의식 상태를 경험하면서 얻은 메타주제는 바로 하나임이다. 이것은 다음 50만 년 동안의 메타주제이기도 하며, 이때는 이 하나임의 수준이 더욱 성장하게 될 것이다. 그리고 여기에서 완벽한 조화와 평화와 깨달음이 자라난다.

우리는 이것을 주변의 모든 것에서 보고 있다. 세상은 더욱 통합되고, 연결돼가고 있다. 외계에 관한 가장 도전적인 질문 가운데 하나는 인류가 우주적 존재가 되려면, 그리고 우리와 같은 의식을 갖고 있지만 인간이 아닌 생명체들과 평화로운 관계를 맺으려면, 어느 수준의 하나임에 도달해야 하는가 하는 것이다.

우리는 인간이 우주로 나아가기 시작하고, 외계문명들이 우리를 방문하고 있다는 사실에 눈뜨고, 인류가 하나가 되는 것으로는 충분하지 않음을 깨닫는 우주적인 순간에 살고 있다. 우리는 그것마저도 초월하여 마음의 우주적 측면을 이해하고, 의식하는 마음 - 깨어 있음 그 자체 - 은 보편적인 하나라는 것과, 비록 지적 수준과 모습이 다르고, 지식의 축적량이 다를지라도, 다른 행성에서 온 생명체의 깨어 있음은 우리의 깨어 있음과 하나라는 사실을 이해하는 수준으로 나아가야만 할 것이다. 달라 보이는 모든 모습은 진짜 본질적인 것이 아니다.

지금 나는 우주적 영성이 필요하다는 말을 하고 있다. 우리는 세계의 평화뿐만 아니라 우주의 평화가 요청되는 시대를 살고 있다. 영혼과 의식하는 마음의 우주적, 보편적 본성을 완전하게 자각함으로써만 평화를 실현할 수 있는 바로 그런 시대다. 그렇지 않다면 우리는 이렇게 말할 것이다. "좋아요, 인류는 모두가 하나인데, 그리고 인류는 평화를 이룰 수 있는데, 저 밖에는 또 다른 사람들이 있어요. 우리가 그들과 어떻게 해야 하죠?"

진실은 이렇다 - 이 생명체들은 우리 모두에게서 빛을 뿜는, 내면의 깨어 있음과 똑같은 의식을 갖고 깨어 있다. 이들의 깨어 있는 의식과 우리의 깨어 있는 의식 사이에는 아무런 차이도 없다. 절대로.

이것을 이해하면 모든 두려움이 사라진다 - 그러한 의식 상태에 있게 되면 영원히 불멸하는 상태에 있게 된다. 시간의 한계 밖에 있기 때문이다. 또한 공간의 제약을 받지 않기에 무한하다. 따라서 이러한 의식 상태야말로 세계의 평화와 우주의 평화를 이루게 해주는 가장 안전한 통로다. 이런 이유로 지금 세상의 근본적인 도전과제가 바로 영적인 문제인 것이다.

CHAPTER 7

세계 평화에서 우주 평화로

기억하기 바란다. 우주가 우리 안에 들어 있으며 우리는 놀라운 힘을 갖고 있다는 것을. 나뿐만 아니라, 여러분도, 그리고 모든 사람들이 같은 힘을 갖고 있으며, 필요할 때 우리는 이 '고차원의 힘'을 뭔가 놀라운 일을 이루기 위해 불러낼 수 있다. 자신을 오롯이 내던지려는 뜻을 품고 이러한 지식도 가졌다면, 우리는 이른바 영혼의 전사가 되는 길로 들어선다.

우리는 지금 우주적인 순간에 있다. 지금 인류는 비록 비밀프로그램이기는 하지만 지구 밖의 별들을 여행할 수 있는 수단을 갖고 있다. 따라서 우리는 인간중심적 영성에서 진정한 우주적 영성으로 진화해야만 한다. 그렇게 하지 않으면, 우리는 인간 운명의 다음 수준으로 진화하지 못할 것이다.

어떤 이들은 말한다. "이건 무리한 요구 아닌가요. 우리는 아직도 여기서 서로를 두들겨 패고 있어요. 게다가 지금 지구 밖 다른 곳에서 오는 생명체들과의 관계를 어떻게든 해결해야 한다고요." 하지만 이렇게 생각해보자. 우리 인류가 우주에서 혼자가 아님을 알게 되면, 인간들은 -모든 인간들은- 서로를 무척 가까운 친척처럼 여기게 될 것이다. 그렇다면 다른 문명들을 이해하는 문제 해결을 위해, 우리는 영성에 대한 인간중심적 시야를 초월하여 우주적 영성으로 진화해가야 할 것이다. 이것은 사실 더없이 긍정적인 발전이다. 이러한 도전을 통해 우리 인류는 그동안 우리를 오도해온 '분리'라는 그릇된 신념으로 인해 아주 오랫동안 잃어버렸던 더 크고 진정한 영성을 발현시키는 방향으로 나아갈 것이다.

진실은 아무런 분리도 없다는 것이다. 나는 많은 북미 아메리카 원주민들을 만났는데, 그들은 자기 조상들이 유럽인들과 처음 만났을 때 놀라워했던 일 가운데 하나가 바로 서구인들이 깊은 분리감 속에 살고 있다는 점이었다고 말한다. 아메리카 원주민들은 그런 생각을 아주 이상하게 여겼다. 지금도 '꿈의 시대dream time'*에 대한 이야기를 간직하고 있는 오스트레일리아 원주민들은 분리란 없다는 사실을 알고 있었다. 그들에게는 별들, 만물의 무한성, 다른 사람과 다른 세계, 그리고 그들 서로와의 일체감이 있었다. 분리된 방법으로 사는 그만큼 우리는 고통스럽다. 그리고 존재하는 모든 것들과 하나라는 우리 내면의 느낌으로 사는 만큼 고통에서 자유로워진다.

*오스트레일리아 원주민들이 지금도 그 혼이 살아 있다고 믿는 신성한 조상들이 만물을 창조하던 때.

내가 반복적으로 계속 보고 있는 본질적인 주제가 있다. 그것은 비국소적, 우주적 마음의 경험에 뿌리를 두는 우주가 하나임에 대한 경험이다. 세계의 평화로는 충분하지 않게 될 것이다 — 이제는 우주의 평화를 위한 시간이다. 그 길밖에 없다. 우주의 평화가 없으면 인류의 미래도 있을 수 없다.

우리는 지금 그런 시대를 살고 있고, 그것이 바로 다가오는 시대의 도전이 될 것이다. 우리는 자신이 우주적이고 깨어 있는 존재임을 알아야 하고, 이 토대 위에서 우주의 평화가 구현된다. 처음에는 지적으로 접근할 수 있겠지만, 결국은 직접 체험해야 한다.

지금 우리는 보편적인 교육과 글을 읽을 수 있는 보편적 능력으로 인해 지구 행성의 시민 개개인에게 인류의 모든 지식이 개방되어야 마땅한 시대에 살고 있다. 그리고 지식이 자유롭게 흐르는 것을 막거나 틀어쥐려 하는 사람들은 그냥 물러나 비켜서 있을 필요가 있다.

우리는 정직해져야 한다. 한때 1,000명 가운데 한 명만이 글을 읽을 수 있었던 시대가 있었다. 성직자들은 서기 역할을 했고, 영적인 가르침에 담긴 내용을 읽고 대중에게 전했다.

하지만 대다수 사람들이 글을 읽을 수 있는 보편적 교육의 시대에는 이럴 필요가 없다. 그러니 가르침을 읽고 영적인 공동체 안에서 함께 모여 그것을 나누라. 그렇지만 누군가를 구루나 사제로 추앙할 필요는 없다. 그렇게 하면 오히려 영적인 발전에 해롭다. 그들이 뉴에이지 구루들이든, 예복을 입고 자신을 통해 신의 용서를 얻으라고 하는 사람들이든 아무 상관이 없다. 내가 보기에는 모두 해로운 과거의 유산들일 뿐이다.

그것을 나누고 가르치는 사람들이 다 거짓말쟁이라고 주장하는 것은 아니다. 영적인 지식을 오도하면서 스스로를 마지막 결정권자, 특별한 사제라고 부르는 그런 사람들을 말하는 것이다. 그런 시대는 이제 끝났다. 우리는 영적인 지식의 전파를 촉진하는 사람들을 제외하고, 지구 위의 그 누구도 사제, 랍비, 물라mullah* 또는 구루를 필요로 하지 않을 적어도 100~150년간의 기간에 접어들어 있다.

결국에는 모든 사람들이 진실에 눈뜨게 될 테지만, 대중을 영적으로 아동화하기infantilization는 실로 아주 견고한 관습이 되어 있다. 영적인 아동화는 깨달음이나 영적인 지식에 대한 접근이 갖가지 필터들이나 통제점들을 거쳐 이루

*이슬람의 율법학자.

어지는 상황을 의미한다. 그리고 대부분의 사람들이 능동적으로 지식을 취하기보다는 아이처럼 행동하고 있다. 학습된 행동의 한 유형인 이런 행동은 버려야 한다. 이것은 영적인 상호의존codependency인 것이다.

물론 영적인 정보를 나누고 가르치며 그것을 한 세대에서 다음 세대로 전해주는 역할을 하는 사람들도 있다. 그러나 내가 말하는 것은 계급과 권력과 통제드라마와 유착된 영적 의존의 사고방식이다. 유감스럽게도 이 영적 상호의존은 사람들로 하여금 모든 것을 이끌어주는 누군가가 없이는 스스로의 힘으로는 진리를 배우지도 경험하지도 못한다고 느끼게 만든다는 점에서 너무도 강력하다.

내 인생의 초년기에서 긍정적이었던 것 한 가지는 정규교육을 거의 받지 않고도, 그것을 이끌어주는 누군가가 없이도, 이러한 진리들을 배우고 깨달음을 경험할 수 있다는 사실을 배웠다는 점이다.

우리 사회의 새로운 제사장들이 되어버린 편협한 과학자들의 고집은 종교의 편협한 교리와 같은 수준이거나 오히려 그 이상이다. 과학자는 과학자이기 전에 인간이라는 점을 기억하기 바란다. 그래서 과학자들도 인간의 모든 결함과 약점을 갖고 있다. 하버드 대학 교수가 박사학위를 갖고 있다 해서, 사제들이 가진 자기 확대 욕구와 이기주의 같은 약점들이 그(녀)에게는 없음을 의미하지는 않는다. 과학자들 또한 진리를 추구하는 과정에서 그들에게 주입된 신념체계를 지키느라 광신적이고 교리적으로 되기도 한다.

세상에서 오늘날 우리가 직면하는 대부분의 문제들은, 그것이 영적이고 종교적인 것이든 또는 과학적, 정치적, 경제적인 것이든 간에, 모두 진리를 추구하기보다는 자신만의 신념체계와 낡은 것들에 대한 집착을 버리지 못하기 때문에 생긴다. 이것은 과학자에게도 분명한 진실이다. 주류 과학계가 자기들의 신념체계와 들어맞지 않는다는 이유로 세상을 위한 엄청난 돌파구들을 거부한 사례는 셀 수 없이 많다.

그래서 나는 사람들에게 말한다. "신념belief은 아주 조금만, 믿음faith은 많이 가져야 합니다." 무한한 믿음은 가져도 되지만 우리가 부여잡은 특정 신념들은 최소화할 필요가 있다. 그렇지 않으면 사람들은 과학적인 것이든 종교적인 것이든 세뇌된 교리에 빠지게 된다. 그래서 맹신적이고 자기중심적으로 그것에 매달리게 되는 것이다. 그리고 이렇게 되는 순간 진리를 찾는 일은 물 건너가는 것이다.

우리에게는 진정으로 겸손하고 보편적인 영성이 필요하다. 우리는 진리 탐구를 멈추지 말아야 한다. 그리고 만약 다음번에 우리 앞에 열리는 문이, 조금 전까지 우리가 가졌던 확신과 신념들의 일부를 파기하는 것이라면, 그렇게 해야 한다. 여러분이 의사나 과학자나 영적인 일을 하는 사람이거나 아니면 경제학자이거나에 관계없이, 진실을 알고자 하는 간절함에 집중하는 대신 하나의 관념에 집착하는 사고방식은 진리를 찾는 데 장애가 된다.

개인적으로 말해두고 싶은 것은, 무척 다행스럽게도 내가 의과 대학에 들어가기에 앞서, 보다 넓은 패러다임을 갖고 의학을 공부하기 위해 명상, 건강과 식이요법을 공부했다는 점이다. 덕분에 나는 세뇌당하지 않고 의학과 과학 분야에서 좋은 것만을 취하게 되었다.

세상의 메타시스템에 사로잡혀버리는 일이 모든 전문직업과 모든 분야에서 일어난다. 이것은 사람들이 현재 상태의 지식과 최고 상태의 지식을 혼동하기 때문에 일어난다. 그리고 이 최고 상태의 지식은 '신성한 존재' 말고는 그 누구도 갖고 있지 않다. 하지만 일부 사람들은 자기 분야의 지식을 토대로 자신이 모든 지식을 안다고 생각한다. 진실은 이렇다. 알아야 할 대부분의 것들은 누구에게도 알려진 적이 없었고, 앞으로도 그럴 것이다.

그래서 나는 과학이나 종교계의 제사장들이 빠지게 되는 위험을 피하는 유일한 방법은, 진리를 향한 진정한 헌신과 자기 신념조차 바꾸겠다는 의지라고 생각한다. 고정되고 절대적인 것은 아주 드물고, 그 밖의 모든 것이 상대적이다. 이것이 우리가 사는 세상의 본질이다. 우리 세상은 상대계다. 고정되고 절대적이어야 하는 것은 거의 없다.

지구에 있는 모든 영적 전통의 핵심적 가르침들을 연구해보면, 그들은 신의 현존, 용서와 사랑의 아름다움, 그리고 이 커다란 영적 주제들에 대해 모두 일치한다. 그 가르침들은 모두 보편적이다. 서로 다른 부분이 있다면 사회적 문제에 대한 가르침과 이런저런 문화적 성향의 차이일 뿐인데, 이런 것들은 정말 덧없는 것들이자 각각의 영적 전통에 따라 변화하며 전혀 중요하지도 않다.

어떤 부분에서 여러분은 아주 정통파적인 성향을 갖기도 할 텐데, 그것이 여러분을 위해 잘 쓰인다면 괜찮다. 그러나 그것이 영적 전통들에 대한 모든 지식의 시작과 끝이라고 생각하지는 말아달라. 그렇지 않다. 계속해서 확실한 진리의 범주에 들어가도 되는 지식이란 거의 없다. 그 밖의 대부분은 아직 평가되어야 하고 진화의 단계에 있어야 할 것들이다.

그러나 우리는 그렇게 훈련되지 않았다. 우리의 교육시스템은 – 종교든 과학이든 간에 – 우리를 경직시키게끔 만들어져 있으며, 그렇게 해서 광신을 낳는다. 이런 교육시스템은 경직된 신념체계를 이용해 이득을 얻는 사람들이 무슨 수를 써서라도 지키려 하는 하나의 영토가 된다. 과학 분야에는 아무리 많은 증거를 코앞에 가져다줘도 "그것이 사실일 리가 없다."라고 말하는 사람들이 있는 것이 사실이다.

우리 프로젝트의 과학고문인 로더Loder 박사에게는 뉴햄프셔 대학에 한 동료가 있는데, 이 사람은 새로운 에너지 장치를 줘서 그가 시험해보고 작동됨을 확인한다 해도 그것을 믿지 않겠다고 말했고, 그것이 과학적 상식으로는 '불가능하기' 때문에 여전히 믿지 않겠다고 한다고 했다!

따라서 과학이란 것도 일부 종교적 극단주의자들이 집착하는 광신적 신앙체계만큼이나 비극적인 광신적 신념체계가 되어버린다. 그리고 결국은 이 모두가 우리 사회에 고통을 준다.

내가 명상 강사가 되기 위해 가 있던 마하리쉬 국제대학에서의 일을 이야기하고 싶다. 나는 그곳에서 의식의 높은 수준을 적용하는 실험을 하고 있었다. 어느 날 나는 명상을 하다가 마음의 눈으로 같은 반에 있는 젊은 여성을 보았고, 내 방으로 오도록 그녀를 초대했다. 영적인 주제들을 토론하고 나서 함께 명상할 생각이었다.

갑자기 마음의 눈으로 그녀를 보게 된 것이다. 나는 깊고 고요한 명상 상태에 들어 있었는데, 그녀가 자신의 기숙사를 나서서 캠퍼스를 돌아다니다가 계단을 오르는 모습을 보았고, 그 뒤 내 방문을 두드리는 소리가 들렸다. 이 일로 나는 무척 놀랐는데, 실제로 내가 그것을 생생한 색깔로 보고 있었다는 점만 빼면 거의 꿈과 같았기 때문이다. 나는 문을 열고 말했다.

"아, 당신이네요."

"어머, 저라는 걸 아셨어요?"

"실은, 당신이 오는 걸 봤습니다."

그것은 수정처럼 투명하게 보였었다.

16세에서 20세 사이에, 나는 하루에 여러 번이 아니더라도, 그리고 어떤 때는 계속적으로 매일 이런 종류의 일을 경험하기 시작했다. 그리고 나는 이 능력을 CSETI와 디스클로저 프로젝트를 설립하고 많은 정보원들과 증인들을 찾아내서 확보하는 데도 사용했다. 그들의 일부는 먼저 나를 찾기도 하지만, 나도 그들을 찾거나 내게 끌어오기도 한다. 이에 대해서는 나중에 더 말하기로 하자. 정말로 신기한 일들이다.

기억하기 바란다 - 우주가 우리 안에 들어 있으며 우리는 놀라운 힘을 갖고 있다는 것을. 나뿐만 아니라, 여러분도, 그리고 모든 사람들이 같은 힘을 갖고 있으며, 필요할 때 우리는 이 '고차원의 힘'을 뭔가 놀라운 일을 이루기 위해 불러낼 수 있다.

자신을 오롯이 내던지려는 뜻을 품고 이러한 지식도 가졌다면, 우리는 어떤 위험도 무릅쓰고 필요한 일을 하고자 하는 이른바 영혼의 전사가 되는 길로 들어선다. 이때 우리에게는 아무런 두려움도 없다.

나는 이 기간이 나중에 해야 할 일을 위해 나를 준비시켰으며, 그것이 내가 여기 존재하는 목적의 일부였다고 믿는다. 내가 임사체험 때 들었던 "그대는 우리와 함께 가도 되고 지상으로 돌아가도 됩니다."라는 말과 함께 그 '영'이 내가 돌아가기를 원한다고 했던 말을 생각해보면, 나는 이 일을 하도록 되어 있었음을 항상 느낀다. 그때 나는 이리로 다시 돌아오지 않고, 그 의식 수준에서 지고한 천상의 존재들과 함께 머물기를 선택할 수도 있었다. 그리 내키지는 않았지만 나는 지고한 존재들의 의지를 따르기로 선택했었다. 처음에 말했듯이 지상으로 되돌아오는 일은 좀 실망스러웠다. 내 어린 시절의 가혹한 환경과 위독한 몸을 생각하면 나는 정말이지 이 세상에 돌아오고 싶지 않았다. 그러나 받아들였다.

변화는 인간의 자유의지를 통해서만 현실로 나타난다. 이것은 우리 이야기이기도 하다. 1980년에서 1990년 사이에 이런 일들을 명백하게 알고 있으면서도, 나는 결혼을 했고 8년 동안 네 아이를 갖게 되었으며, 의사가 되어 수련의과정을 이수하고 의료 활동을 시작했다. 숨 돌릴 틈이 없었다. 하지만 이 교훈들을 잊지는 않았다. 나는 그때가 가족을 이루고 이 일을 하기 위한 경력과 능력을 쌓기 위한 시간들이었음을 알고 있었다.

CHAPTER 8

다음 50만 년을 위한 새벽

안타깝게도 우리 시대에는 영성이 소극적인 태도와 동일시된다. 이것은 아주 위험한 현상이다. 왜냐하면 이런 경향은 영성 지향적이고 멋지기는 하지만, 한편으로 너무나 소극적이고 무기력한 사람들을 양산하기 위해 고안된 선전이거나 세뇌작업의 결과이기 때문이다. 이런 소극적인 태도는 미친개들이 세상을 완전히 휘젓고 다닐 기회를 제공한다.

우리는 그저 소극적으로 물러나서, 폭력적인 정치가들이 지구를 함부로 대하고 약탈하며 수백만의 사람들을 죽이도록 놔두어서는 안 된다. 애리조나의 육군정보국Army Intelligence 본부인 포트 후아추카Fort Huachuca에서 온 특수요원과 대화하다가 이렇게 물은 적이 있다. "어느 시점에서 필요한 모든 수단을 동원해 히틀러와 그 내부조직을 제지하는 게 적절했을까요?" 이 질문에 대한 나 자신의 생각은 '가능한 한 가장 일찍'이다.

우리들의 일부에는 광견병에 걸린 개들이 있다. 또 그들의 일부는 이성이나 영적인 깨달음을 결코 받아들이지 않을 것이다. 그러면 우리는 과연 이렇게 말할까? "아, 그렇다면 우린 아무것도 할 수 없네요."라고? 물론 자기방어의 권리는 보편적인 것이다.

나는 분명 평화주의자의 입장만을 고수하는 사람은 아니다. 나는 평화를 믿으며, 고도의 영적 능력을 사용하는 것이 가능함을 믿지만, 궁극적으로는 완전히 정신이 나가서 제멋대로인 사람이 있다면 과감히 개입해서 선량한 사람들을 보호해야 한다고 생각한다. 어떤 의미에서 우리는 집단적 광기가 횡행하는 사회에 살고 있다. 이런 사회는 미친 사회다. 이것을 바로잡기 위해서는 규율과 결단력 있는 행동이 필요하다.

하지만 앙갚음하거나 화를 내서는 안 된다. 아이를 훈육할 때처럼 올바른 이성을 가지고 그 일을 해야 한다. 아이를 야단칠 때, 우리는 복수심이나 분노로 그렇게 하지는 않는다. 아이들을 교화하고 그들의 깨달음과 미래를 위해 야단을 치는 것이다.

아이들을 키우면서 우리 부부에게는 큰 기대와 단호한 규율이 있었다. 우리는 관대하지 않았다. 가끔 아이들은 우리가 너무 엄하다고 생각했지만, 자라면서 가치관과 규율과 사랑으로 길러주었음을 감사해했다. 나는 이런 가족철학이 사회에서도 같은 식으로 적용된다는 점을 말하고 싶다. 다정다감하면서도 어떤 상황에는 개입해서 훈육하고 그릇된 행동에 빠지지 않도록 할 수도 있고, 아니면 광견병에 걸린 개가 평화로운 양 떼를 이리저리 흩어놓는 상황을 못 본 척할 수도 있다.

지혜가 필요하다. 우리가 사는 세상에서는 사람들이 비현실적인 뉴에이지적 영성과 평화주의 아니면, "우리 대 그들, 이해 안 되는 사람들은 모두 없애자."라는 전통적인 사고방식의 양극단으로 나뉘어 있다. 어느 방식으로도 세상을 바로잡지 못한다. 우리가 지금 사는 시간에 대해 바로 인식해야 한다. 그리고 우리가 사는 시간은 완벽한 세상의 시간이 아니다 – 아직은.

문자 그대로 '아담'과 함께 시작된 40만 년의 주기가 있었는데, 그는 이 주기에 나타난 첫 번째 아바타였다. 이 주기는 1800년대 중후반에 끝났다.

　여기서 다시 시작된 50만 년의 새로운 주기는 우주적 평화, 인간과 우주생명과의 하나됨, 그리고 결과적으로 지구 위에 진정으로 깨달은 문명이 세워지는 시기다. 이것은 우선 더 이상의 대규모 전쟁과 분쟁이 사라지는 정치적인 평화를 거쳐 평화가 지속되는 기간이 될 것이다. 그러나 이 시대는 다시 위대한 평화의 시대를 낳을 것이다 - 지구 전체와 모든 사람이 영적인 하나임 속에서 성장하게 되는 깨달음의 평화가 이 시대에 도래할 것이다. 지구는 특별한 깨달음의 행성 가운데 하나가 될 것이며, 전 우주에 그렇게 알려질 것이다.

　따라서 지금의 상황이 아무리 심각해 보일지라도, 우리가 머물 곳은 아니다! 그리고 지금과 같은 상황이 더 오래 지속되지는 않게 된다. 새로운 시간 - 새로운 시대 - 으로 옮겨가는 이 변화는 지난 150년 동안 진행되어왔다. 하지만 50만 년이라는 긴 시간을 생각하면, 우리는 이제 동트는 새벽녘에 있을 뿐이다. 하나의 주기가 끝나고 다른 주기가 시작될 때는 극도로 혼란스러운 시간이 생긴다. 그래서 우리는 지금까지 기록된 역사를 통틀어 가장 혼란스러운 시기를 살고 있다. 하지만 이러한 혼란마저도 지구의 새로운 현실에 길을 비켜줄 것이다.

　100년 전 지구에 살았던 사람들에게는 세계 평화에 대한 지식과 영적인 수용력이 주어져 있었다. 상호 소통의 수단이 거기 있었고 '신성한 의지'와 '신성한 계획'이 거기 있었다. 그러나 인간들은 행동하지 않는 쪽을 선택했다. 행동하는 데 실패했으므로 그것은 이뤄지지 않았다.

　그러므로 이것은 우리의 선택이다. 또 우리는 지금 그 결과로 인한 파문을 겪으면서 살아가고 있다. 그것은 바로 지금, 이 순간, 우리의 선택이다. 우리는 집단적으로, 개인적으로 모두 선택하고 있다. 또한 그 자유의지의 총합이 우리가 오늘날 보고 있는 세상을 낳았다.

내가 이해하기로, 1800년대 중후반에 일어났던 사건은 한 우주적인 아바타가 나타났다가 그 기간 동안에 사라졌다는 사실이다. 다시 말해, 그 위대한 영인 아바타는 다음 50만 년을 위해 나타나서 영적으로 새로운 세상을 창조한 뒤 다시 사라졌다. 창조의 가장 순수한 영역에서 정보와 지식, 그리고 이 새로운 시대에 필요한 수단들이 모두 만들어졌다. 그것들은 모두 지금 여기에 있다 – 보면 알게 될 것이다! 인간인 우리는 그것을 보고, 깨닫고, 드러내야 한다. 지금 우리는 나머지 물을 길어 날라야 하는 사람들이다. 바다는 이미 거기 있지만, 물은 여전히 필요한 곳으로 보내져야 하며, 우리는 그 물을 날라줘야 하는 사람들이다.

실제로 지금은 놀라운 시간이다. 그리고 나는 대부분의 사람들이 우리가 사는 이 시간에 대해 아무것도 알지 못하리라고 확신한다. 그들이 기다리는 일은 이미 일어났다. 성경은 '한밤의 도둑'에 대한 이야기를 한다. 이것은 이 새로운 세상이 영적으로 창조되고, 이러한 지식이 나타날 것이며 – 그것도 마치 도둑과도 같이 – 그가 떠날 때까지 아무도 모르리라고 한 것이다. 그 말은 정말로 진실이다.

나는 그들이 기다리는 많은 사건들이 백미러 속의 100년 또는 150년 전에 있었던 일들이라고 말하고 있다. 그리고 대부분의 종교적, 정치적, 그리고 여러 지도자들은 뒤만 바라보고 있다. 그들은 이미 일어난 무언가를 기다리고 있다. 따라서 어떤 의미에서는 지구와 그 위의 모든 사람들은 정체 상태에 머물러 있는데, 그것은 대부분 무지에 사로잡혀왔기 때문이다. 무지를 고치는 유일한 방법은 지식을 서로 나누는 것이다.

앞에서도 말했듯이, 문제들의 하나는 멋진 사람들은 심각한 결함을 갖고 있다는 점이다. 그들이 멋지다는 결함 말이다. 멋진 사람들은 멋지다는 이유 때문에 날뛰는 늑대와 미친개들의 제물이 된다. 그러므로 우리는 투명한 영성과 진실한 지식, 그리고 진정한 용기가 하나로 결합되어야 하는 시간에 살고 있다.

안타깝게도 우리 시대에는 영성이 소극적인 태도와 동일시된다. 이것은 아주 위험한 현상이다. 왜냐하면 이런 경향은 영성 지향적이고 멋지기는 하지만, 한편으로 너무나 소극적이고 무기력한 사람들을 양산하기 위해 고안된 선전이거나 세뇌작업의 결과이기 때문이다. 이런 소극적인 태도는 미친개들이 세상을 완전히 휘젓고 다닐 기회를 제공한다.

간디나 마틴 루터 킹 주니어와 같은 사람들도 우리 모두처럼 결점을 가진 인간이었지만, 그들은 영성 지향적이었고 자신의 확신에 대한 용기가 있었으며, 그리고 행동했다. 그들은 위협받았고 위험을 감수했으며 결국 죽임을 당했다.

나는 거의 모든 강의 때마다 이런 질문을 받는다. "두렵지 않으세요?" 그러면 나는 이렇게 대답한다. "이것을 이해해야 합니다. 응급실 의사로서 저는 헤아릴 수 없이 많은 사람들이 아주 사소한 문제 때문에 죽는 상황을 봤습니다."

언젠가 두 명의 고등학교 소년이 심폐가 멈춘 상태로 응급실에 도착했고, 우리는 소생술을 시도했다. 이 사건은 한 소년이 상대방 여자 친구의 몸을 만졌고 그들은 칼을 꺼내 들고 서로의 장과 심장에 자상을 입힌 사건이다. 나는 사람들이 겁쟁이로 매도당하지 않으려고 앞에 나섰다가, 또는 그 문제가 무언지를 이해한다면 그야말로 덧없고 사소할 뿐인 일로 죽는 경우들을 보아왔다.

나는 비밀프로젝트들에 관련되어 있는 사람들 일부에게 딱 잘라 말했다. "나를 없애고 싶어요? 그렇게 하세요."

나는 어쨌든 빌려 온 시간을 살고 있다. 나는 임상적으로 죽었던 17세 이후의 모든 것들이 하나의 선물이라고 생각한다.

세상에는 자신의 임무를 이해하고 끝까지 해보려고 하는 사람들이 필요하다. 지금 우리가 사는 이 시간은 사람들이 균형을 잡도록 주어진 시험기간이다 - 음과 양, 남성과 여성의 속성 같은 것들 말이다. 우리는 영적이고 다정한 사람들을 능동적이고 적극적이며 훈련된 사람들과 한데 모아야 한다. 변화는 우리가 그런 특질들을 통합하기를 요구한다. 그 특질들은 새의 두 날개와 같다. 그리고 인류의 경우 남성과 여성이 새의 양쪽 날개라고 흔히들 말한다. 양쪽의 균형이 맞지 않으면 새는 결코 똑바로 날지 못하며 절대로 하늘 높이 날아오르지 못할 것이다.

이것은 남성과 여성, 그리고 양성평등에 대한 이야기일 뿐 아니라, 삶에서 그런 조화를 이루기 위해 우리가 드러내야 할 속성들에 관한 이야기이기도 하다.

우리는 흔히 여성들이 적극적이고 능동적이어서는 안 되고, 남성들은 영적이고 다정해서는 안 된다고 배워왔다. 이것은 인간 본성을 곡해하는 짓이다. 남성이냐 여성이냐의 문제와는 아무 관계가 없다. 영역 나름으로 한쪽의 성이 우위를 차지하기도 하겠지만, 우리에게 주어진 과제는 이 둘이 조화를 이루도록 하는 것이다. '이것 아니면 저것'이라는 이원성을 초월해야 한다. 우리는 이러한 조화로운 자질과 속성 두 가지 모두를 우리 삶에 한껏 쏟아야 한다.

그렇게 하지 않으면 우리는 이 행성 위에 오래도록 지속되는 문명을 세우는 데 성공하지 못할 것이다. 지난 100년 동안 우리가 그렇게 했더라면, 이미 여기에 영구적으로 평화로운 문명이 세워졌으리라고 나는 확신한다. 우리는 이미 1900년대 중반에 전자중력electrogravitic 교통수단을 타고 다녔을 테고, 프리에너지와 무공해에너지를 확보했을 것이다. 우리는 이것들을 이미 다 가졌을 것이다. 사람들은 웃으면서 말한다. "'젯슨 가족'* 얘기 같군요." 사실 이 만화와 과학소

> *1990년에 만들어진 공상과학 애니메이션 영화 「우주가족 젯슨(The Jetsons)」

설들은 1950년대와 1960년대에 이미 잘 알려졌던 사실과 기술들의 원형을 바탕으로 만들어졌다.

　우리는 이 새로운 세상을 만들 수 있는 우리의 힘을, 그 힘에 어울리는 자유의지와 지식을 통해 집단적으로나 개인적으로나 발휘하지 않았다. 자유의지와 지식을 통해 우리가 가진 힘을 발휘하기만 하면 우리는 그 즉시 새로운 세계를 열게 될 것이다. 또 그렇게 하기 전까지는 새로운 세계는 도래하지 않을 것이다.

　그래서 나는 새로운 세계를 그저 '비전이나 미래의 일로만 보지 말고, 조금만 따라잡으면' 현실이 될 수 있다고 사람들에게 호소한다. 우리는 실제로 가능한 미래에 대해 이야기할 수 있는데, 그것은 무해한 기술들을 사용하여 평화로운 문명을 세우는 일이, 그야말로 이미 수십 년 전에 가능했던 일이기 때문이다. 새로운 세계는 인류가 지구 위에서 살면서 우주를 탐험하게 될 방법의 총체적 변화를 포함한다.

CHAPTER 9

대통령의 목숨을 구한 직관

자신이 받는 안내와 직관을 따르려 해야 하고 그렇게 행동하려 해야 한다. 많은 사람들이 인생에서 이런 경험을 한다. 그리고 위험하고 스트레스가 많은 일을 할수록, 이러한 능력이 일깨워지는 듯하다. 하지만 우리가 하는 거의 모든 일에 그것을 불러올 수 있다고 생각한다. 이것은 우리 안에 항상 있는 내적인 깨어 있음이며 언제든지 불러와서 사용할 수도 있다.

더 높은 의식 수준과 그에 관한 지식의 연구와 응용에 대한 나의 깊은 관심은 의사로 일하면서도 계속되었다. 나는 이런 이야기를 극도의 스트레스 속에서 일하는 많은 의사들과 여러 사람들에게 해주었다. 정말이지 바쁜 응급실에서의 일은 엄청난 스트레스를 준다. 하지만 우리가 높은 의식 수준을 자각하면서 일어나는 경험에 자발적이고 지속적으로 마음을 열고 있으면, 그 경험은 우리 삶의 모든 부분에 응용될 수 있다.

언젠가 오전 3시쯤, 나는 병원 대기실에 돌아와 누워서 이완하고 있었다. 여러 시간 쉬지 않고 환자들을 돌본 뒤인 그 시간엔 응급실 환자가 아무도 없었다. 거기 누워 있는 동안 마음의 눈으로 울혈성 심부전 때문에 응급실로 오고 있는 한 여성을 선명하게 보았다. 그녀는 죽어가고 있었다. 그 장면이 너무도 선명했기 때문에 나는 일어나서 수술복을 입고 응급실로 나왔다.

간호사들이 물었다.

"왜 나오셨어요?"

"심부전인 여성 환자를 기다리고 있어요."

"호출이 없었는데요."

그리고 2초쯤 뒤에 응급구조대의 무전호출이 들렸다.

"여성 환자와 함께 가고 있어요. 울혈성 심부전에, 호흡곤란……."

이런 형태의 직관적 경험이 응급실에서 자주 일어났지만 그것을 내놓고 말하기는 적절치 않다. 우리 사회는 영성과 이런 종류의 경험을 우리 직업과, 우리 가족과, 우리 정치와, 그 밖의 모든 것들로부터 분리시키기를 원하기 때문이다.

또 언젠가는, 26세의 남성이 독감이 유행하는 시기에 자신이 독감에 걸렸다고 생각하며 병원에 왔다. 간호사는 그의 상태를 예진하고 나서 진료실로 보냈다. 우리는 무척 바빴다 – 우리 응급실에는 14개의 치료실과 검사실이 있었지만 당직의사는 한 명뿐이었다! 나는 진료실에 들어가서 그를 진찰했다. 그는 발열, 오한, 구역, 동통과 두통처럼 독감에 걸렸을 때 나타나는 모든 증상들을 보이고 있었다. 정상적으로, 독감의 경우 대부분의 의사들은 환자들을 진찰하고 몇 가지 검사를 하고 나서 항바이러스제인 애먼타딘Amantadine을 처방한 뒤 돌려보낸다.

이 남자를 보자마자 나는 불가사의하게도 그에게 뇌종양이 있음을 느꼈다. 뇌종양은 아무런 증상이 나타나지 않는다. 그에게는 마비, 저림, 발작과 같은 신경학적인 증상이 전혀 없었다. 그러나 나는 내 느낌을 확신했다. 그래서 간호사를 돌아보며 말했다.

"바로 머리 CT를 찍어보세요."

그녀는 마치 정신이 나갔느냐는 듯 나를 쳐다보더니 말했다.

"선생님, 독감일 뿐인데요?"

"그냥 하세요."

나는 건강관리조직HMO이나 둔감한 원무과 직원을 거치도록 하지 않았던 것에 감사한다. 그랬더라면 이 사람은 지금 고인이 되어 있을 것이다! (우리의 의료시스템을 무너뜨리고 있는 정치인들과 갑부들에게 한마디 하고 싶다. "의술은 과학일 뿐 아니라 예술이다.")

아무튼 나는 직관적인 느낌에 따라 CT 촬영을 주문했다. 객관적으로 그에게는 CT 촬영의 기준에 부합하는 증상이 하나도 없었다. 하지만 나는 말했다. "거기 누가 누워 있든 당장 스캐너에서 끌어내리세요. 이 사람이 빨리 들어가야 해요." 그렇게 해서 그가 들어갔고, 방사선 전문의가 급한 목소리로 전화를 걸어왔다. "닥터 그리어, 이 사람은 엄청나게 큰 성상세포종astrocytoma을 가졌어요." 그것은 커다란 뇌종양이었고 뇌간을 밀어내고 있었다!

상황은 이랬다. 뇌간이 두개골 밑면의 대공(大孔)으로 밀려나고 있었고, 이것이 체온과 구토 조절 부위를 누르고 있었다. 그래서 발열, 오한, 구역과 같은 증상들이 나타났고, 나타난 증상들은 모두 종양에 의한 비정상적인 상태가 원인이었던 것이다. 종양의 형태가 그랬기 때문에 감각이나 운동기능에는 영향이 없었다. 정말 특이한 상황이었다.

정말로 위험한 상황이었던 이유는, 이런 압력이 뇌에 생기면 결국 뇌간을 아래로 밀어내서 호흡과 심장중추가 끊기고 갑자기 죽을 수 있기 때문이다. 나는 압력을 줄이기 위해 바로 응급 신경수술이 필요하다고 판단했다. 우리는 그를 헬리콥터에 태워 다른 병원시설로 이송해야 했다.

"닥터 그리어, 왜 이 환자가 뇌종양을 가졌다고 생각했습니까? 증상으로 봐서는 결코 뇌종양을 의심하지 못했을 텐데요! CT도 찍어보지 않았을 거고요." 신경외과의가 전화해 말했다. "아, 그냥 예감이 그랬어요……."라고만 나는 말했다. 그러나 사실 그것은 일종의 감지sensing였다 – 대중문화에서는 그것을 '원격투시'라고 말하기도 한다.

직관적인 앎이 아니었다면, 그의 복합증상을 근거로 안이하게 독감이라고 진단하고는 우리끼리 말하는 식으로 '치료하고 쫓아버렸을' 것이다. 내가 그 내면의 느낌을 따르지 않았다면 12시간 안에 그는 죽었을 것이다. 그가 신경수술을 성공적으로 받았다는 것은 나중에 알았다.

우리 자신이 '그럴 수 있으리라고' 생각 못 할지라도, 그리고 특히 과학을 신봉하는 사람들일지라도, 이런 유형의 잠재력과 지식을 우리 일에 이용할 수 있다. 과학과 의학계에서는 이런 부류의 것들을 무척이나 못마땅해한다. 그리고 많은 의사들이 비슷한 경험을 하지만 비웃음을 살까 봐 공개적으로 말하지 않고 있음을 알게 되었다.

언젠가는 심폐 기능이 멈춘 두 명의 환자를 동시에 보아야 했다. 의자는 혼자뿐이고 말 그대로 심장이 멈춘 사람은 둘이었다. 우리가 치료하고 있던 사람은 오랜 시간 구급되어 있던 사람이었다. 그때 다른 사람이 들어왔다. 첫 번째 환자는 그대로 두면 가망 없는 상태였다. 우리는 전기쇼크, 온갖 약물, 그리고 모든 최선의 방법들을 시도했다. 아무 소용이 없었다. 마침내 그 환자를 포기하기 직전, 별안간 이 사람의 심장 박동이 정상으로 돌아올 수 있을 거라는 느낌이 들었다. 그래서 나는 의식을 그의 심장에 모으고 심장의 전도계conduction system를 시각화하고는 여기에 더 높은 힘 – 신의 힘 – 을 내려달라고 요청했고, 그의 심장이 정상 박동으로 돌아오는 것을 정신적으로 시각화하고 의지를 더했다. 효과가 있었다 – 그것도 순식간에! 그것은 우연의 일치일지도 몰랐다. 일부 회의론자들은 이렇게 말할 것이다. "그래? 그게 효과가 있었나 보네?" 하지만 나는 그렇게 생각하지 않는다. 아주 분명했다. 그것은 필요에 의한 것이었다 – 말 그대로 죽기 아니면 살기였기에. 따라서 그런 일을 해야 할 때, 그리고 우주의 신성한 힘을 요청할 때, 그것은 다급하고, 진심 어린 것이어야 하며, 또 순수한 마음이어야 이루어진다 – 거의 모든 일이 가능하다! 꼭 해야 할 때를 만나게 되면 이런 능력을 갑자기 찾아내게 된다. 신의 힘을 향해 내면으로 주의를 돌리기만 하면 된다.

이와 유사한 일들이 내가 의사로 일하는 동안 숱하게 일어났고 지금도 여전히 계속되고 있다. 몇 년 전 나는 몬태나 주의 헬레나Helena 외곽에서 운전하고 있었다. 그때는 여기 버지니아로 이사 오기 전이었고, 나는 가족이 노스캐롤라이나에서 어딘가로 이사하기를 원했지만 어디로 갈지는 확실치 않았다. 그래서 몬태나 주변을 돌아다니며 그 지역을 답사하고 있었다. 운전하는 도중 갑자기 내 눈에 보이는 장면에 겹쳐진 심상을 보았다. 마치 TV 스크린 속에 또 하나의 스크린이 있는 것처럼, 두 개의 스크린이 겹친 것 같은 장면이었다.

나는 어느 교차로에서 끔찍한 교통사고가 난 것을 마음속에서 보았고, 사상자가 있으리라는 것을 알았다. 그 장면이 무척이나 또렷했기에 혼잣말로 말했다. "이 일은 일어날 거야. 곧 이 일을 만나게 될 거야." 그래서 나는 의료기구로 쓸 만한 것이 있는지, 기도를 확보할 만한 빨대 하나라도 있는지 차 안팎을 뒤지기 시작했다.

한 시간쯤 뒤에 나는 글레이셔Glacier 국립공원 동쪽 외진 곳의 어느 교차로에 도착했다. 바쁜 도로 위에 정지신호가 하나 있었지만 차들이 멈추지 않는 위험한 교차로였다. 거기 서버번Suburban과 독일인 부부가 탄 포드 토러스Ford Taurus가 부딪쳐 있었다. 그곳에 갔을 때 토러스를 탔던 노부부는 이미 사망했고, 서버번을 탄 사람들은 대단히 심각한 부상을 입고 계기판에 끼어 있었다. 나는 서버번의 생존자들을 돕는 데 집중했다. 마침내 지역 구조대가 도착했고 우리는 그들을 안정시키기 위해 함께 일했다.

이 일을 하는 동안 문득 나는 눈을 들어 몬태나를 여행하기 일주일 전 꿈에서 본 산을 보았다. 어느 날 밤 꿈에서 나는 이스라엘 제리코Jericho 외곽에 있는 '유혹의 산'을 떠오르게 하는 산을 보았다. 나는 이 산 위에서 반짝이는 빛을 뚜렷하게 보았다. 이 꿈은 무척 영적이었지만, 다른 메시지나 심상은 더 이상 없어서, 나는 '참 이상하네.' 하고 혼자 생각했었다.

생존자를 구호한 다음 나는 죽은 이들이 영적으로 지고의 높은 수준으로 가서 신과 연결되기를 기도했다. 그렇게 내가 그들의 영혼을 신에게 연결하던 정확히 같은 순간 아름다운 불빛 하나가 산 위로 나타났다. 그때 나는 이것이 몬태나에 갔던 이유였음을 깨닫게 되었다 – 때맞춰 정확한 시간에, 그러나 이 또한 영원한 것이므로 시간을 넘어서 그곳에 있어야 했던 이유 말이다. 나는 그 목적을 위해 거기에 있었고, 또 살아남은 다른 두 사람을 돕기 위해서도 그곳에 있었던 것이다.

헬리콥터가 와 있었지만 한 사람만을 태울 수 있었고, 나는 누구를 태워야 할지를 결정해야 했다. 구급차로 이송되는 사람은 죽을지도 모른다. 내가 올바른 선택을 하기를 기도했다.

우리는 자신이 받는 안내와 직관을 따르려 해야 하고 그렇게 행동하려 해야 한다. 의사로 일하는 내내 상황이 어떤지에 개의치 않고 나는 그렇게 했다. 이것은 자신의 힘을 받아들이는 일이자 그 힘과 함께하는 책임을 받아들이는 일이다.

그 뒤로 나는 위험한 상황에서 재앙을 피할 수 있도록 비슷한 예지 경험을 했던 많은 전투기나 항공기 조종사들과 이야기한 적이 있다. 많은 사람들이 인생에서 이런 경험을 한다. 그리고 위험하고 스트레스가 많은 일을 할수록, 이러한 능력이 일깨워지는 듯하다. 하지만 우리가 하는 거의 모든 일에 그것을 불러올 수 있다고 생각한다.

이것은 인생을 살아가는 한 가지 방법이 되기도 하므로, 어쩌다가 사용하는 그런 것은 아니다. 영성과 신성에 대해 이해하기 위해 일요일이나 여기저기 간헐적으로 열리는 행사에 한두 시간 예약해야 할 필요가 없다. 이것은 우리 안에 항상 있는 내적인 깨어 있음이며 언제든지 불러와서 사용할 수도 있다.

당신에게 도움이 되는 예배 의식이나 프로그램 같은 것이 있을지도 모르지만, 실제로 무한한 신성에 의식적으로 접속하는 일은, 우리 나름으로 개발하여 키우고, 살아 숨 쉬게 할 수 있고, 언제라도 우리가 하는 모든 일에 불러올 수 있다. 이것이 우리가 항상 영에 접속하여 그 수준에서 살아가기 위한 규칙이자 삶의 방법이다.

한번은 한 간호사의 조카가 모터사이클을 타다가 픽업트럭과 정면으로 충돌해서 응급실로 실려 온 적이 있다. 폭풍우가 몰아치던 끔찍한 날이었다. 그는 매우 위태로웠는데, 나중에 알았지만, 다이애나 비를 죽게 한 원인과 같은 가슴대동맥 파열이었고 대개는 생존하기 어려운 부상이었다.

나는 노련한 간호사들과 함께 치료를 시작했고, 왠지 그의 대동맥 일부가 파열되었음을 감지했다. 가슴 엑스레이 촬영을 했다. 엑스레이 사진은 분명치 않아 보였지만, 나는 이것이 내가 감지한 부상을 확인해준다고 느꼈다.

일반 외과 의사가 호출되어 와서 보더니 말했다.

"아, 살기 어렵겠네. 대동맥 파열 같은데요!"

"이봐요, 대동맥 파열이 맞아요."

"그걸 어떻게 알죠?"

"그냥 그게 확실해요."

그래서 나는 내 의견을 무시하지 말고, 환자가 갑자기 죽을 수도 있는 방법은 쓰지 말라고 이 의사와 실랑이를 벌였다.

나는 환자를 흉부 외과 의사에게 보여주고 가슴 CT 촬영을 했고, 대동맥 파열이 맞음을 확인했다. 그러나 우리가 수분 공급, 혈압 유지와 모든 면에서 아주 조심스럽게 다루지 않았다면, 그는 가슴대동맥을 완전히 쓰지 못하게 될 수도 있었고, 그리되면 그는 죽었을 것이다.

응급실에서는 이런 일들이 거듭거듭 일어난다. 나는 의과학과 직관적 지식을 통합하는 코스를 만들고 싶다. 그렇다, 우리의 의료기구들과 기술과 과학이 놀랍기는 하지만, 앎과 직관의 기술이 맡을 역할도 있다. 그것은 균형을 잡는 일이며 우리는 삶의 모든 측면에서 그것을 되찾을 필요가 있다.

언젠가 우리가 살게 될 문명에서 결정적으로 중요한 영역에서 일하는 사람들은, 과학이 아무리 근본적이고 중요하게 보일지라도, 의식의 더 높은 상태가 맡을 역할이 있음 또한 인정하게 될 것이다.

심각한 의료상황이 바쁘게 벌어지고 있는 와중에서도, 내가 동시에 여러 수준들에 접속한 상태에서 일하고 있음을 알게 된다. 이것은 매우 지적인 과정으로, 많은 분야의 과학지식들이 필요하다. 여기에는 물리적, 물질적으로 해야 할 많은 일들이 있으며 결정을 내려야 할 많은 사안들이 있다.

자비심도 있어야 하지만, 그 사람을 돕기 위해 내려야 하는 과감하고 단호한 결정도 필요하다. 나와 함께 일했던 간호사들은 그들이 사랑하는 사람에게 무슨 일이 생긴다면 치료를 맡아줄 의사가 나였으면 좋겠다고 말한다. 자비심이라 이해받을 필요는 없었지만, 내가 일하는 원동력은 그것이었다. 응급상황들은 격렬하다 – 우리는 수정을 흔들거나 묵주 알을 세면서 앉아 있지는 않는다!

만일 어느 의사가 응급상황에서 일하면서도 자신이 무얼 하고 있는지도 모른다면, 나는 생명을 지키려는 마음에서 그를 몸으로 밀쳐내며 말할 것이다. "비켜요. 당신은 이 사람을 죽이고 있어요. 내가 맡겠어요." 나에게는 그런 알파메일alpha male의 기질이 있다.

나는 이런 다른 수준들에 대해서도 깨어 있었다. 나는 물러서지 않았다. 마음의 눈으로 직관적인 심상이나 무언가에 대한 선명한 모습을 보게 되면, 그것이 '비과학적'인 직관에서 나온 것이라 해도, 그것을 무시하지 않았다. 나는 내가 실행에 옮길 필요가 있는 가능성에 열려 있었다.

내가 뇌종양을 확인하기 위해 CT를 찍어야 한다는 것을 정말로 몰랐어야 했던 그런 상황들에서 직관은 큰 도움이 되었다. 나는 그 친구의 대동맥이 파열된 것처럼 그를 다루어야 함을 몰랐어야 했다. 왜냐하면 그것은 전형적인 방법도 아니었고 충분히 분명치도 않았기 때문이다. 나는 우리 모두에게, 그리고 모든 것 안에 내재된 비국소적이고, 확장되고 직관적인 영에 연결되었으므로 일어날 일들을 먼저 알거나, 숨겨진 문제를 찾아내고는 했다. 그것은 무척 흥미진진하면서도 아주 미묘한 경험이었다.

CSETI를 시작하기 전의 어느 오후 나는 침대 한쪽에 앉아 있었다. 갑자기 한 영상이 내 시야에 겹쳐졌다. 다시 말하지만 그것은 스크린 속에 또 하나의 스크린이 있는 것 같다. 의식을 유지하며 '현실세계'를 보고 있지만, 또 다른 장면이나 장소도 있는 색상 그대로 아주 확실하게 보인다.

즉각적으로 밀려드는 정보 속에서 나는 대통령 전용기가 남미 컬럼비아에서 착륙 아니면 이륙하는 장면을 보았다. 그 순간 비행기는 휴대용 지대공 미사일에 의해 피격되었는데, 그것은 마약 카르텔에게 돈을 받는 컬럼비아 방위군 내부의 범죄 집단이 발사한 것이었다. 그들은 첫 번째 부시George H. W. Bush 대통령이 그곳을 방문했을 때 그를 살해하려고 했다. 나는 그곳의 시설과 활주로를 보았고, 그 주변의 풀밭을 보았다. 또 그 가장자리에 있는 숲을 보았는데 정확히 거기서 미사일이 튀어나왔다. 참사였다 - 대통령이 살해당한 것이다. "오, 이런!" 나는 스스로에게 물었다. "나더러 이 정보를 어떻게 하라는 말이지?"

나는 안내를 요청하며 기도했다. 이 꿈 같은 장면은 내 마음을 무겁게 짓눌렀다.

몇 주가 지난 뒤, 에밀리와 나는 의학 관련 모임을 위해 워싱턴 D.C.에 갔다. 그날 밤, 나는 꿈을 꿨다. 나는 바버라 부시Barbara Bush와 함께 있었고, 그녀는 온통 검은색 옷을 입고 검은 리무진에서 내리고 있었다. 우리는 조지 부시 대통령의 장례식에 있었다. 꿈속에서 나는 생각했다. '오, 세상에. 그가 정말로 죽었어.' 엄청난 중압감이 나를 덮쳤다. '이걸 막았어야 했어.'

나는 식은땀을 흘리며 잠에서 깨었고 에밀리에게 이 악몽에 대해 이야기했다.

내 가장 가까운 친구이자 동료이자 소울 메이트인 그녀에게 모든 것을 말했다! "내가 뭘 해야 하죠? 백악관과 비밀정보부Secret Service에 전화해서 이걸 말해줄까요?"

"그럼요, 왜 안 되겠어요?"

우리는 이 문제를 온종일 의논했고, 그다음 날 저녁 전화번호부를 꺼내서 백악관의 전화번호를 찾았다. 그 밑에는 비밀정보부의 번호가 있었다. 그 번호가 실제로 전화번호부에 있다는 사실에 적잖이 놀랐다!

그 번호로 전화를 걸었다. "저는 닥터 스티븐 그리어인데요, 응급실 의사입니다." 나는 먼저 양해를 구했다. "허무맹랑한 소리로 들릴 거라고 잘 압니다만, 대통령의 암살 시도에 대한 생생한 장면을 보았습니다.

이건 진담입니다." 내 전화를 받았던 사람이 말했다. "잠깐만 기다려주세요, 선생님. 연결해드리겠습니다." 그리고 긴 침묵이 있었다. 나는 그들이 내 이름을 슈퍼컴퓨터의 데이터베이스에 입력하고 있다는 것을 알았다. 그런 뒤에 대통령의 경호업무 담당 책임자가 전화를 받았다.

나는 다시 양해를 구했고 그가 말했다. "선생님, 저희는 이런 정보를 매우 진지하게 받아들입니다." 나는 그에게 보증했다. "저도 이런 일이 처음입니다. 저는 거짓 소동을 피우지 않습니다. 아내도 생생한 꿈속에서 만났죠. 저는 미래에 일어날 일들을 보는 능력이 좀 있습니다. 이런 일은 필요할 때 저절로 일어납니다." 그는 꽤나 진지하게 귀 기울여 듣다가 말했다. "모두 말씀해주시죠." 내가 설명을 시작했다. "꿈에서 대통령이 컬럼비아에 갔는데 이륙 아니면 착륙을 하는 동안 전용기가 피격됐어요." 내가 본 모든 장면들을 묘사했다. 그것이 내부 소행이며 안전에 대한 사항들을 팔아넘기면서 마약 카르텔을 운영하는 사람들을 위해 활동하는 컬럼비아 방위군 사람들의 짓이라고 말해 주었다.

비밀정보부 요원이 다시 물었다. "이 사건을 막으려면 저희가 어떻게 해야 할까요?" "글쎄요, 대통령이 여행을 취소하지 못한다면, 마지막 순간에 전용기가 착륙하는 곳을 바꿀 필요가 있습니다. 휴대용 미사일의 사거리 내에는 확실히 우리 측 사람들만 있게 해야 할 겁니다. 그리고 그 지역을 멀리까지 깨끗이 정리할 필요가 있을 겁니다." 그가 대답했다. "그렇게 하겠습니다."

몇 주가 지나고 나는 「뉴스위크」지에서 기사 하나를 읽었다. 거기에는 정말로 부시 대통령의 목숨을 건 500만 달러짜리 계약이 있었으며, 이스라엘을 포함한 중동의 무기상들이 컬럼비아의 마약 카르텔에 휴대용 미사일을 팔았다고 적혀 있었다! 내가 그 장면을 본 뒤에 나온 이 기사에는 대통령의 고문들이 이 여행의 취소를 요청하고 있었다고 적혀 있었다.

　물론 그는 여행을 실행에 옮겼고 죽지 않았다. 나는 몇 년 뒤 어느 최고위 정보부 관리 – 비밀정보부 요원이기도 한 – 로부터, 내가 말해준 내용이 진지하게 받아들여졌고, 경호 관련 사항을 바꿨노라고 들었다. 나는 부시 대통령이 그 일에 대해 뭔가 알고나 있었을까 싶다.

　사실 나는 정보계통 조직과 비밀정보부에도 의식의 힘을 이해하는 명민하고 선량한 사람들이 있다는 것을 이때 알게 되었다. 그들은 이런 능력을 분명히 존중한다.

　나는 사람들에게 자신의 확신을 두려워하지 말고 그것을 신뢰하라고 말한다. 가끔 우리는 위험을 감수해야 한다. 내가 백악관 비밀정보부에 과감히 전화해서 이 이야기를 한 일은 틀림없는 모험이었다. 그러나 정보부 사람들은 내가 말한 내용이 정확한 정보였음을 알고 있었기 때문에, 이 일화가 이들 비밀조직들의 존재를 믿게 해줬다고도 생각한다.

　비밀정보부에 전화했던 그날 밤에 나는 또 다른 꿈을 꾸었다. 이번에는 바버라 부시와 함께 우리는 모두 흰옷을 입고 흰말을 타고 있었으며 모든 것이 밝고 무척 행복했다. 대통령은 안전할 것이라는 확신이 들었다.

　많은 사람들이 통상적이지 않은 방법으로 중요한 정보를 받고 있지만, 입 밖에 내지 않는다고 나는 생각한다. 우리는 그것들을 말해서 알리는 데 좀 편해질 필요가 있다. 동료들로부터 조롱이나 비난을 당할까 두려워하지 말고 이 주제에 대해 적극적으로 토론할 필요가 있다. 우리는 앞의 사례처럼 용기를 내고, 또 실행에 옮김으로써 그렇게 할 수 있다.

CHAPTER 10

우주선에서 태양계를 바라보다

사람들은 자주 묻는다. "인간이 만든 UFO와 외계비행선의 차이를 어떻게 아세요?" 외계의 비행선들은 '깨어 있다'는 점에서 극도로 발달한 것들이다. 비행선 그 자체가 인공지능을 갖고 있고 의식을 지니고 있다. 그것을 탄 존재들은 비행선과 연결되어 있으며 여러분과 의식적으로 연결할 수 있다. 또한 비행선이 발하는 빛은 아주 특별한 빛이다.

1990년, 수련의과정을 마친 뒤에 일어난 연이은 사건들은, 1970년대 후반에 있었던 경험을 다시 상기시켜주었다. 이것은 CSETI가 어떻게 출발하게 되었는지에 대한 이야기다. 1990년 1월, 2월과 3월의 보름달이 뜨는 시기에 나는 정말 놀라운 경험들을 했고, 이 경험들로 인해 오래전에 했던 외계존재와의 접촉 경험이 다시 일깨워졌다.

그 첫 번째는 빌트모어포레스트Biltmore Forest에 있는 우리 집 침실에서 일어났다. 나는 옷을 차려입지 않은 채로 침실을 서성이고 있었다. 갑자기 아주 뚜렷한 생각이 나에게 투사되며 말했다. "잊고 있던 일을 다시 시작하세요." 전혀 나무라는 말투가 아니었다. 내가 한동안 하지 않고 있던 일을 다시 시작하도록 상기시키는 말투였다. 이제 시간이 된 것이다.

그 접촉 경험은 정말 특별했다 – 우주의 지식 전체를 열어젖히는 암호 같은 것이었다고나 할까. 말로 설명하기 어렵다. 하지만 나는 그것이 무슨 뜻인지를 알았다. 정확히 알고 있었다. 그래서 바로 우주의식에, 우주 평화의 전체적인 개념에, 그리고 외계존재들의 현존에 접속했다. 그리고 생각했다. '그래요, 때가 된 것 같네요…….' 나는 그 안내를 듣고서 무엇을 해야 하는지 생각에 잠기기 시작했다.

처음에는 단순히 그것에 대해 생각했다. 외계존재들과 관련된 주제를 다시 생각해보기 시작했다. 그러던 어느 날 어떤 사람이 애쉬빌에 명상을 많이 하는 사람들의 모임이 있으며 그들은 내가 그 모임에 오기를 바란다고 말해주었다. 나는 모임에 갔고 거기 한 여성이 있었는데, 그녀는 나를 만난 적도 없고 내 경험에 대해 아무것도 모르고 있었다.

30명쯤 되는 사람들이 자리에 앉은 뒤, 그녀는 내 눈을 똑바로 보며 말했다. "당신은 다른 세상에서 온 외계존재들과 연결되어 있군요." 그리고 나는 출구를 찾고 있었다! 이 도시에 사는 응급실 의사가 이런 데 와 있다니! 그녀는 다시 말했다. "당신은 그것을 다시 시작해야 해요." 그녀는 거의 같은 말을 했다. 그것이 1990년 2월의 보름이었다.

같은 해 3월의 보름날엔 내 침실에서 명상을 했다. 그다음 날 나는 병원에 가기 위해 일찍 일어나야 했지만, 내가 1977년 이후로 하지 않았던 일을 해보기로 결정했다. 바로 CE5 프로토콜 말이다. 나는 프로토콜을 시작했고 외계존재들에게 나를 방문해달라고 초대했다. 그들에게 내가 누군지를 상기시키고, 노스캐롤라이나 주 애쉬빌의 내 위치를 정확하게 보여주었다. 내가 있는 집과 넓은 뜰의 정확한 모습도 그들에게 보여주었다. 우리 집은 3층짜리 튜더 양식의 집이었고 뜰에는 거대하고 아름다운 나무들이 있었다. 나는 그들에게 내가 있는 곳의 상세한 모습 모두를 보여주고 나서 다시 잠이 들었다.

아주 이른 아침 내가 잠에서 깨었을 때 집 앞마당에는 반(半)물질화된 아름다운 비행선이 와 있었고, 어느새 나는 깨어 있는 의식 상태로 떠올라 그 비행선에 타고 있었다. 우리는 모두 반물질화된 아스트랄 상태로 있었고, 비행선이 떠올라 우주공간으로 나갔을 때 나는 뒤를 돌아보며 멀어져가는 아름다운 지구를 보았다 – 지구는 무한함 가운데 떠 있었다.

나는 달로 생각되는 곳을 지났다. 거기에는 "여기는 달입니다. 달에 오신 것을 환영합니다. 인구 39."라고 쓰인 표지판은 없었지만, 내게는 달처럼 보였다. 그리고 그곳에는 거대한 우주선들이 떠 있었다. 우주선들은 달걀 모양이었고 모선에서 나온 지주대에 연결되어 있었으며 모선의 위쪽과 뒤쪽에 두 개의 다른 비슷한 모양을 한 타원형 접시 형태의 우주선이 더 있었다. 그들은 달의 밝은 곳과 어두운 곳 사이의 명암경계선을 따라 조용히 떠 있기만 했다. 자홍색의 플라스마가 방출되는 것처럼 믿기 어려울 정도의 에너지가 달 표면과 이 우주선들의 밑면 사이에 흐르고 있었다. 그들은 어마어마했고 우리가 그들을 지나칠 때 외계존재들은 이 우주선들이 다가오는 10년 또는 그 뒤를 준비하느라 그곳에 있다고 말해주었다. 이때가 1990년이었으므로, 그들은 지금 우리가 살고 있는 시대의 중요한 사건을 위해 그곳에서 준비하고 있었음이 확실하다.

우리는 태양계로 더 나아갔고 우주선의 물질적 속성이 사라지면서 그 경험은 달라졌다 – 그것은 내가 18살이던 1973년에 했던 경험과 같았는데, 그때 나는 우주공간에 있었지만 모든 것이 반투명 상태였고, 내가 탔던 우주선은 없는 듯이 보였지만 여전히 거기 있었다. 그것은 아주 다차원적인 경험이었지만, 이 지점에서 선형적인 시공간의 지각을 초월해 있음을 느꼈다. 우주선은 마치 가장 완벽한 광섬유와도 같았다 – 집의 방 벽들이 사라지고 있지만, 사실 거기 그대로 있어서 우리가 조절 가능한 환경에서 여전히 보호받고 있다는 모습을 상상해보라. 그 순간 나는 명상 상태에 들어갔고 합일의식으로 초월해 들어갔다. 나는 무한하게 깨어 있었고 우주 전체도 깨어 있어서 우리는 하나가 되어 완벽하게 동조하고 있었다.

그 수준에 들어갔을 때 나는 태양계를 바라보았고 모든 행성이 무한한 에너지와 빛으로 가득한 공간으로 둘러싸인 모습을 보았다. 빈 공간은 사실 빛과 에너지로 충만해 있었다. 나는 우주를 이루는 기초 형태의 에너지를 직접 보았는데, 이것은 '무한한 마음'으로부터 – 신으로부터 – 물질 우주 전체가 만들어져 나오는 에너지와 빛의 장이었다. 별들과 행성들 사이에는 어둠 대신, 이 에너지와 힘의 장 속에서 에너지의 섬처럼 움직이고 있는 고체 행성들과 함께 거대한 빛과 에너지가 가득 차 있었다. 각각의 행성을 바라보았을 때 그 하나하나가 깨어 있고 의식을 지녔으며 특별한 음색tone과 개성을 갖고 있음을 바로 알 수 있었다. 창조된 각각의 행성들은 아주 특별한 음색을 갖고 있었고 내가 음악적 소양이 더 있었다면 그것을 재창조할 수도 있었을 것이다. 그들은 모두 순수한 음색들을 갖고 있었고 무척 독특했다. 수성을 보았을 때 수성은 중성적이었지만 남성 쪽에 더 가까웠다. 금성은 틀림없이 여성이었다. 목성은 그냥 환상적이었고, 화성은 틀림없는 남성이다. 그리고 우리의 지구는 확실한 여성이다.

지구를 바라보자 그녀에게서 아주 아름다운 음색이 뿜어져 나오고 있었다. 각각의 행성은 자신만의 창조의 음색을 지니고 있다는 점을 기억하기 바란다 – 그 어떤 음색도 서로 비슷하지 않다. 어떤 것은 훨씬 고음이고 어떤 것은 아주 깊고 바리톤이지만, 모두가 아름다운 음색들이다. 지구를 바라보았을 때 나는 깨어 있는 의식을 가진 존재로서의 그녀와 연결되었고 그녀는 무한하고도 강렬한 사랑을 내게 보내왔다 – '강렬하다crushing'라는 단어를 쓰는 이유는, 그 경험 이후 한동안 눈물 없이는 이 이야기를 할 수 없었기 때문이다. 또 지구에는 구슬픈 느낌도 있었는데, 그녀에게 일어나고 있는 일들과, 그녀에게 가해진 상처들과, 그녀 품에 살고 있는 인류의 고통 때문이었다. 그것은 심오했으며 형언할 수 없는 느낌이었다. 내 인생에서 가장 감정적이고 가슴 뭉클한 경험들 가운데 하나였다.

지구는 자녀들에 대한 그녀의 사랑이 얼마나 큰지를, 그리고 깨달아서 신성을 향해 성장하는 생명을 낳는 자궁이 되는 것이 그녀의 목적이라는 점을 분명하게 말하고 있었다. 그러나 지구는 또 자녀들의 무모함과 이기심 때문에 엄청나게 고통받고 있었다. 그래서 이런 커다란 우울함이 있었다 – 이것은 내 능력으로는 말로 전달하기 힘든 슬픔이다. 지구와의 교감이 끝날 무렵, 그녀는 이 고통이 더 오래 지속되지는 않으리라는 점을 분명히 했다. 지구는 이 무거운 짐을 갑자기 벗어던질 것이라고 밝혔다.

이때 나는 가슴 차크라가 완전히 열리고 엄청난 사랑과 천상의 지각에 눈뜨는 그런 깊은 사랑과 감정의 상태에 있었다. 우주에 대한 이 천상의 지각은 창조의 빛과 순수한 신의 사랑 속에 잠겨 있는 모든 것을 보게 해주었다. 그리고 내가 그 상태에 들어갔을 때, 나는 모든 먼 곳의 세계들, 모든 별과 행성과 모든 창조물들이 하나가 되어 노래하는 것을 들었다 – 마치 엄청나게 많은 음색들이 창조의 순수한 음색 하나로 섞여 들어간 것처럼.

그 시점에서 나는 묘사할 수도 없는 상태로 들어갔고, 모든 창조물이 하나의 음색으로 완벽하게 조화를 이루어 노래하는 소리를 들었다. 그것은 창조를 주관하는 신의 무한한 마음으로부터 나온 상대성의 시원적인 표현으로부터 흘러나오는 태고의 음색이었다. 그것은 내 인생에서 가장 아름다운 경험이었다.

그 상태로 들어갔을 때, 나는 그 상태와 하나가 되었고 그 '존재' 상태 속에 머물렀다. 그곳에 얼마나 오래 있었는지는 모르겠다. 하지만 이것이 우리를 둘러싼 모든 것이라는 점은 알고 있다. 행성들의 음악은 실제로 있다. 그리고 그 음색 안에서 우리는 '우주적인 존재'의 무한함으로 초월해 들어간다.

이 태고의 음색은 그 자체로 '옴Om'과 같은 소리는 아니었다. '옴'은 우주만물을 창조하는 무한한 존재로부터 울려 나오는 '시원적 생각'의 소리를 지각했던 이 고대의 경험을 재현하기 위한 인간의 시도라고 나는 믿는다. 이 태고의 음색은 임사체험이 내게 준 것과 같은 수준의 변화를 가져왔다. 완전한 합일의식과 신 의식 상태에 머물게 되면서, 나의 개별성은 녹아버렸다. 존재하는 모든 것이 무한한 '존재'였고 창조물과 창조자마저도 하나이자, 동일한, 무한한 깨어 있음이었다. 내가 거기 머무는 동안 그것은 나를 통해 −그야말로 내게 스며드는− 마치 영원히 계속될 듯 진동하고 있었다. 내가 공간과 시간 너머에 있었기 때문에, 그것이 얼마나 '오래' 지속되었는지에 대해 말하는 것은 아무 의미가 없다. 하지만 나중에 의식이 어느 정도 돌아왔고, 갑자기 나는 침실로 돌아와서 창밖에 그 우주선이 빛나고 있는 것을 알게 되었다. 나는 누워서 평화롭게 잠이 들었다.

다음 날 나는 딸아이 하나가 작은 외계 아이들과 함께 있는 생생한 꿈을 꾼 사실을 알게 되었는데, 그들은 딸애에게 자신들의 행성에서 하는 게임을 가르쳐주었다고 했다! 딸아이는 그 게임을 이해하지 못했고, 대신 그 아이들을 바나나 모양의 시트가 달린 자전거에 태워서 우리 집 앞 길을 오르락내리락했다는 것이다! 딸아이는 절대로 내가 외계존재나 관련 경험에 대해 하는 말을 들은 적이 없었다! 이것이 내게 일어났던 일이 사실이었음을 확인해주었다. 그리고 두 달 전인 1990년 1월에 내가 들었던 것처럼 이 주제 전체를 다시 시작해야 한다는 사실이 내게는 아주 명백해졌다.

그 시점에서 다시 궁금해지기 시작했다. 무엇을 해야지? 어떻게 이걸 해야 하지?

나는 이 주제를 다시 조사하고 거기 무엇이 있는지 찾아내야겠다고 결정했다. 그때 플로리다 주 펜사콜라Pensacola 근처의 많은 UFO들이 목격되는 곳 – '걸프브리즈 사이팅Gulf Breeze Sightings'이라 부른다 – 에서 모임을 갖는 단체에 대해 알게 되었다. 이 모임은 1990년 7월에 있었다. 나는 내가 하고 싶었던 일과 지금은 'CE5'라고 부르는 일을 하게 될 행성 간 사절단을 만드는 일에 대한 개념을 가지고 있었다. 나는 이 모임에 가서 내 생각과 개념을 사람들과 나누기 시작했는데, 신비롭게도 적절한 사람들이 갑자기 나타나서는 말해주었다. "아뇨, 기존의 어떤 단체와도 하지 마세요. 당신만의 현실을 만드세요."

그리고 이 주제와 관련된 국가안보 문제에 관여했었고 변호사인 한 남성이 내가 무엇을 해야 하는지를 말해주었다. "조직을 하나 만드세요. 그것도 뚫고 들어갈 수 없도록 밀봉하세요. 다시 말하면, 임원들이나 회원들이 공개돼서는 안 됩니다. 할 수 있다면 눈에 띄지 않게 하세요. 그리고 당신이 하려는 일과 당신의 역할을 고려해 볼 때, 최대한 신속하게 대중에게 알리세요. 수백만 명의 사람들이 당신이 하는 일을 알게 해야 합니다. 그렇지 않으면 당신은 살아남지 못할 겁니다. 눈에 띄게 된다면 당신은 죽은 목숨입니다." 그는 내게 최고의 조언을 해주었다.

나는 이 컨퍼런스에서 나오는 많은 정보들이 거짓이라는 것, 다시 말해 허위정보임을 알았다. 바로 알아차릴 수 있었다.

1990년 8월, 나는 침실에서 가까운 2층 서재에서 자고 있었다. 에밀리는 막내 아이 때문에 자다 깨기를 반복해야 했고, 나는 다음 날 병원에서 24시간 근무조였기 때문이었다. 밤 2시쯤 나는 눈을 떠서 고요하게 완전히 맑은 정신으로 깨어 있었다. 방의 한쪽 구석에 천장 근처를 맴도는 반짝이는 빛의 무리가 있었다. 나는 그것을 알아차렸고, 바로 일어나 앉아 침대 옆에 있던 메모지를 집어 들었다. 그리고 우리가 지난 15년 동안 해왔던 모든 일들에 대한 계획과 개념 전부를 글로 옮겼다. 여기에는 CE5 프로토콜과 계획 등의 모든 것이 포함되었다. 그것은 마치 이 반짝이는 빛이 내 안에 있던 모든 조직과 계획을 일깨우고 또 그것들을 그냥 나에게 쏟아붓는 것만 같았다. 이 일은 한 시간 이상 계속되었고 나는 다시 잠들어서 아침 6시에 일어나 병원으로 출근했다. 내가 CSETI의 이름과 개념, CE5 신호, 진실 공개의 필요성, 그리고 행성 간 사절단 프로그램 등을 구상한 것이 바로 이때였다. 그 모든 내용이 하룻밤 사이에 다 풀려 나왔다. 신비롭게도 일들은 그런 식으로 느닷없이 지식의 뭉텅이로 오기도 한다.

 물론 나는 아무도 알지 못했고, 아무도 나를 몰랐다. 이 말은 내가 빌트모어포레스트에서 네 아이와 골든레트리버 한 마리와 함께, 차 두 대를 가지고 나름의 인생을 살던 노스캐롤라이나의 시골 의사일 뿐이었다는 뜻이다. 그러나 이 경험들로 나는 이 일을 시작해야 함을 확실히 알게 되었다. 여러분이라면 어떻게 그런 비전을 받아들이고 현실화시키겠는가? 우리는 그 모든 일을 우리 힘으로 해야만 했다.

 그다음 2년 동안, 내가 해야 할 일과 만나야 할 사람을 분명하게 말하면, 신기한 방법으로 그 사람이 몇 시간 안에 내게 소개되었다 - 그것도 자주. 내가 "정말 이 정보를 UN 사무총장에게 전해줘야 해……."라고 말했던 때를 나는 결코 잊지 못할 것이다. 그 말을 한 지 두 시간이 안 돼서 전에 들어본 적 없는 사람이 전화해서 말했다. "제가 누군지 모르시겠지만 부트로스갈리 사무총장 부부와 무척 친하게 지내는 사람입니다. 선생께서 어느 모임에 오셨으면 좋겠습니다만……." 이런 식으로 모든 일들이 예상 못 한 방식으로 일어났다. 모든 일이 베일 뒤로부터 안내되고 지원되었다 – 보이지 않는 손이 움직이고 있었다.

우리에게 적절한 사람들을 향한 문이 불가사의하게 열렸기 때문에, 진실을 전달하는 일이 가능했다. 그리고 이것으로 내가 하는 일이 올바른 행동임을 알게 되었다.

1991년, 나는 사람들이 제5종 근접조우, 줄여서 CE5의 경험을 하도록 훈련시켜야겠다고 결정했다. CE5는 사람들이 의도적으로 외계의 사람들과 소통하기 위해, 그들을 어느 장소로 유도하는 연이은 프로토콜을 사용하여 그들을 초대하고 접촉하는 방법이다. 이것이 CSETI의 첫 번째 프로젝트였다.

아주 짧은 시간 안에 나는 또 이 주제에 대한 평가서를 작성했다. 이 백서는 매우 빠르게 만들어졌고, CIA가 바로 입수했으며 우주항공 산업계에 배포되었다. 이 계통의 어느 극비 인사가 전화해서 말했다. "이것은 우리가 읽어본 보고서들 가운데서 UFO와 외계 문제를 가장 정확하게 분석하고 있습니다." 그 보고서가 원본이었으며, 첫 번째 책《외계와의 접촉: 증거와 암시들》에 실려 있다.

이 항공우주 과학자는 물었다. "이런 것들을 어떻게 알게 되었습니까?" 나는 "글쎄요, 그건 긴 토론이 될 텐데요."라고 말했고 우리는 정말로 긴 토론을 했다!

1991년 겨울에 우리는 벨기에에 가기로 했는데, 그곳에는 거대한 삼각형 비행선을 목격한 사람들이 엄청나게 많이 있었다. 여러분도 알다시피 1989년, 1990년, 1991년에 브뤼셀Brussel 외곽에서 수천 명의 사람들이 거대한 삼각형 UFO들을 목격한 일이 있었는데, 그것은 사진에 찍혔고 비디오로 촬영되었으며 레이더로 추적되었다.

그 당시 나는 사람들에게 이 접촉을 위한 훈련을 전혀 시키지 않았다. 처음에 나는 순진하게도 모든 사람들이 그냥 앉아서 우주의식으로 들어가 우주로 나가고, 그들을 유도한 뒤에 우주선이 나타나기만을 기다리게 했던 것이다! 나는 곧 여기에는 많은 준비과정이 필요하다는 사실을 알게 되었다.

이것이 초창기에 우리가 했던 일이다. 우리는 그냥 한 무리의 사람들과 함께 그 일을 했다. 그 첫 번째 무리가 바로 나와 내 아내 에밀리, 그리고 다른 두 사람이었다. 우리는 거기서 가장 놀라운 경험들을 했다. 이에 대한 자세한 내용은 《외계와의 접촉》에 실려 있다. 우리는 나중에 이 문제와 관련해서 벨기에 공군과 함께 일하던 고위층 인사 몇 명을 만나게 되었다. 우리는 이 거대한 우주선들이 목격된 지역으로 갔다.

한 곳은 유판Eupan과 가까운 곳이었는데, 이곳은 벨기에 동부의 독일 국경 근처였다. 어느 농장에 있는 동안 갑자기 빛의 띠들이 나타났다. 그곳은 어느 경찰관이 커다란 우주선을 보았던 곳이었다. 그러나 우리가 본 것은 마치 들판 위를 가로지른 빛의 띠처럼 보이는 것이 다였다. 물론 모두가 이렇게 말했다. "저건 그냥 농장의 불빛일 뿐이야." 그러나 나는 그것이 보통 불빛과는 다름을 알았다. 우리는 거기 앉아서 어떤 물체가 들판에 내려앉고 갑자기 그 빛이 사라져버리는 모습을 보았다! 다음 날 우리는 그곳으로 가봤다. 거기에는 가로등이나 전깃줄도 없었고 빛이 있던 곳 주위에서 아무것도 찾아낼 수 없었다! 그곳에 우주선이 내려앉았던 것이다.

다른 날 우리는 헨리샤펠HenriChappelle 근처 산등성이에 있는 군사묘지에 가 있었다. 비가 오고, 진눈깨비가 내리던 끔찍한 밤이었다. 우리는 차 안에 있으면서 CE5 명상과 유도를 시도했다. 갑자기 깊은 저음으로 웅웅거리는 진동음이 들렸다. 엠파이어 스테이트 빌딩 크기만 하게 느껴지는 무언가가 마치 변압기처럼 웅웅거리는 소리를 상상해보라. 깊은 진동음이었다. 하늘의 구름을 올려다보았을 때 - 구름은 산등성이 위로 겨우 50미터쯤 위에 있었다 - 갑자기 보름달처럼 보이는 것이 뚝 떨어지더니 구름 밑에서 움직이고 있었다. 사실 그것을 처음 본 사람은 에밀리였다. 그것은 이 거대한 우주선들 가운데 하나의 모서리에서 나온 빛이었다. 빛은 미끄러지듯 뒤로 물러나서는, 우리 바로 위에 머물면서 깊은 저음으로 진동하면서 공명하고 있었다. 그동안 나는 마음의 눈으로 우주선의 탑승자들을 보았다. 우리가 느끼던 에너지 진동은 그들이 우리를 검사하고 우주선과 우리를 - 집단으로 그리고 개별적으로 - 연결하기 위한 것이었다. 진동은 우리가 느낄 수 있을 정도로 아주 가까웠다.

이 벨기에 여행에서 나는 UFO 목격을 보고했던 많은 사람들의 이야기가 주류 UFO 연구 집단들에 의해 삭제되었다는 사실을 알게 되었다. 예를 들어, 나는 거기서 미식축구장 세 개 크기의 거대한 우주선이 첨탑 위에서 맴돌았던 작은 소읍에 근무하는 경찰관 몇 명을 만났다. 그들의 증언 일부는 보고에서 '세척되어'버렸기 때문에, 그들은 자기 자신에 대한 '신뢰를 잃지 않으려' 진지하게 증언해주었다. 그 UFO가 사라진 방식은 할리우드 영화에서처럼 미끄러지듯 멀어져서 우주로 사라지는 식이 아니었다. 읍내 광장 위를 맴돌던 한 변의 길이가 250미터 정도나 되는 이 거대한 삼각형 우주선은 갑자기 농구공 크기의 빨간 빛의 구체로 쭈그러들었다. 그것은 조금 움직이더니 눈 깜짝할 사이에 우주공간 속으로 똑바로 사라져버렸다!

이 이야기를 하는 이유는, 하늘에서 어떤 구체를 보았을 때 많은 사람들은 그것이 단지 구체일 뿐이라고 생각할 것이다. 그러나 그것은 에너지 형태를 바꾼 - 어떤 사람들은 차원변환이라고 말하는 - 길이가 800미터 정도나 되는 거대한 우주선이 빛나는 공으로 나타난 것일 수도 있다. 이 경험으로 나는 두 가지를 배웠다.

먼저 외계존재들의 능력은 극도로 발달해 있다는 점이다. 그러나 또한 UFO 문학의 내용은 많은 부분 삭제된 것들이라 외계기술의 가장 놀라운 부분들이 제거되어왔다 – 그래서 때때로 사람들은 그것이 너무도 특이하기 때문에 믿으려 들지를 않는다. 하지만 그 정도로 특이하지 않은 것이라면, 대개의 경우 그것이 '외계복제비행선', 다시 말해 록히드와 노스롭이 만들고 있는 것임을 의미한다!

사람들은 자주 묻는다. "인간이 만든 UFO와 외계비행선의 차이를 어떻게 아세요?" 만일 여러분이 그 한 가지를 가까이서 보면 아주 확실하게 알게 된다 – 전체적인 질이 다르기 때문이다. 외계의 비행선들은 '깨어 있다'는 점에서 극도로 발달한 것들이다. 비행선 그 자체가 인공지능을 갖고 있고 의식을 지니고 있다. 그것을 탄 존재들은 비행선과 연결되어 있으며 여러분과 의식적으로 연결할 수 있다. 또한 비행선이 내뿜는 빛은 우리가 지구 위에서 보는 그 어떤 빛과도 같지 않으며, 아주 특별한 빛이다. 겉보기에도 이 비행선들은 이 세상의 것이 아니며 굉장히 진보한 에너지와 지성을 갖고 있다.

1991년, 나는 대외적인 일에 착수해서 몇몇 컨퍼런스에서 이러한 개념들을 발표했다. 나의 요점은 외계 우주선들이 여기 지구에 와 있고, 지능에 의해 제어되며, 또 우리와 교류할 수 있다는 사실이었다. 만일 외계존재들이 군사적 목적이 아니라 평화적 목적으로 그들과 교류하고 싶어 하는 인간 집단이 있음을 안다면, 가능한 경우에 그들은 응답할 것이다.

내가 가장 크게 우려하는 것들 중의 하나는 인간과 외계존재들 사이의 관계가 그 관계를 그르치고 있는 군사 지향 집단에 의해 장악되어왔다는 점이다. 그 사람들은 자신들이 어떤 문제를 다루고 있는지를 인식하지 못하고 있다. 이 관계를 부당하게 가로채고 외계 세계들과 인류 사이에 싹트는 우호관계를 짓밟고 있는 집단에게 우리가 그 권한을 양도했노라고 적힌 위임장은 세상 그 어디에도 없다. 인류와 외계존재들 사이의 관계가 전적으로 등한시되어왔던 이유는, 미국 국무부나 UN이나 다른 그 어떤 평화단체에도 그것을 개방적이고 정직하게 다루는 공식 프로그램이 전무했기 때문이다. 그러므로 내게는 우리가 외계존재들에게 손을 내밀어야 한다는 점이 확실했다. 그렇게 하지 않으면 공백이 계속되어 해로운 의도를 가진 사람들이 발을 들여놓게 될 것이기 때문이었다.

이 문제를 순전히 군사 또는 기술적인 관점으로만 접근하는 사람들은 해로울 뿐이다. 이 위험한 상황을 바로잡는 것이 CSETI와 CE5 접촉의 목적이다. 우리는 인류와 외계존재들 사이의 평화로운 관계 회복을 이루고, 이기적인 목적을 위해 그 기술을 독점하려 하는 소수의 은밀한 활동이 아닌, 모든 당사자들의 이익에 이바지할 관계를 만들어야만 한다.

1992년, 우리는 더 큰 모험을 시작하는 데 관심을 가진 충분한 사람들을 찾아냈다. 그해 3월, 나는 펜사콜라 지역에 가서 50여 명의 참가자들에게 이 프로토콜을 가르쳐주었다.

첫날 밤에 나는 주립공원의 바닷가에 가야 한다고 결정했다. 시간은 저녁 8시 반 정도, 우리가 밖으로 나가 있은 지 불과 몇 분 만에 외계비행선이 나타났다. 처음에는 두 대의 비행선이 있었지만 나중에는 밑바닥 중앙에서 붉은 호박색의 빛을 내는 공처럼 생긴 네 대의 비행선이 거기에 왔다. 그들은 우리와 가까운 하늘에 나타났다. 우리는 강한 서치라이트로 하늘에 큰 삼각형을 그려 보이기 시작했다. 갑자기 이들 중 세 대가 위치를 바꿔 정삼각형 모양을 만들며 반응을 보였다.

그래서 나는 두 번 신호를 보냈고 그들도 두 번의 신호로 응답했다. 내가 신호를 한 번 보내면 그들도 똑같이 했다. 그러나 더 놀라운 일은 그곳에 의식을 가진 외계존재가 와 있었다는 것이다. 눈에는 보이지 않았지만 비행선 탑승자들의 의식이 전자적으로 그 장소에 투사되고 있었다. 이것을 느낀 몇 사람은 자동차로 뛰어 들어가더니 굉음을 내며 달아났다! 그들은 이렇게 생각했음이 틀림없다. '이런 세상에! 이건 진짜야!' 그곳에는 네 대의 카메라가 각기 이것을 촬영하고 있었고 두 명의 전직 공군 조종사들도 목격했는데, 그 한 명은 '이스턴 디렉터 오브 리서치Eastern Director of Research'와 같은 UFO 연구조직과 관련되어 있었다. 이 조직은 이 사건에 대한 기사를 그들의 저널에 발표하도록 허락하지 않았다. 기사는 삭제되었다. 이 대규모 5종 근접 조우는 필름으로 기록되었고 거기 있던 모든 사람이 목격했다. 다음 날 지역신문에는 그 UFO들의 사진과 함께 관련 기사가 실렸다. 그러나 그 뒤에 비밀첩보부서에 의해 관습적으로 통제되어오던 UFO 문화 스스로가 기록으로 남은 모든 보고들을 삭제해버렸다. 이 일은 이른바 UFO 커뮤니티 안에서 무슨 일이 벌어지고 있는지에 대해 눈뜨게 해준 사건이었다.

그러나 우리는 사람들이 함께 모여 외계존재들과 접촉하기로 하고 이벤트를 마련할 수 있다는 것도 알게 되었다 – 모두 평화와 우주적 인식이라는 큰 틀 안에서 말이다.

CHAPTER 11

비밀조직으로부터의 유혹

> 누군가 이렇게 말했던 것으로 기억한다. "대체 당신이 뭐라고 생각하기에 군대의 명령을 무시하면서 이런 일을 하는 거요?" 그들은 우리가 외계존재와의 접촉에 대한 중요한 실마리를 찾아냈다는 점을 알고 있었다. 내가 말했다. "나는 지구인의 한 사람이므로 이 일을 할 만한 모든 권리를 갖고 있습니다. 게다가 내 외가는 미합중국을 처음 세웠던 사람들의 일부입니다."

CE5라는 용어가 플로리다에 퍼져나가자 이에 대한 열광적인 관심이 점점 거세졌다. 몇 주가 지나 나는 애틀랜타에서 열린 한 컨퍼런스에 초대되었는데, 거기에는 비밀정보조직들이 다 와 있었다. 그들은 무슨 일이 일어났었는지를 듣고는 자세한 내용을 알고 싶어 했다. 그것은 외견상 공개 컨퍼런스였지만 UFO 문제를 다루는 비밀프로그램들을 위해 정보를 모으는 일선의 한 집단이 주최한 것이었다.(이것은 전혀 이상한 일이 아니다.)

나는 토요일 밤의 컨퍼런스 만찬에 때맞춰 도착했다. 그들은 전직 육군정보국장이었던 T. E. 장군과 닥터 데쓰Death라고 불리던 향정신성 psychotronic 무기, 이른바 비치명적 무기시스템 프로그램의 책임자였던

MK 대령 사이에 내 자리를 마련해주었다. NSA 사람들과 여러 정보요원들도 거기에 와 있었다. 나는 거기 와 있는 장군의 수하인 비밀 군사행동 정신의학자를 보고 뭔가 수상하다는 점을 알아채고서 이렇게 생각했다. '맙소사, 뱀 소굴에 들어왔구나.' 하지만 나는 숨길 일이 하나도 없었다. 나는 비밀활동을 하고 있지 않았다. 나는 그들이 누군지, 왜 거기 있는지, 그리고 내가 왜 거기 있는지를 간파할 정도의 눈치는 충분히 있었다. 이것은 아주 분명했다. 그곳에는 영국 왕실과 친한 사람도 몇 명 있었다.

T.E. 장군이 만찬 연설을 위해 나섰다. 연설을 끝낸 그가 나에게 물었다. "만찬이 끝나고 잠깐만 시간을 내주시겠습니까?" 나는 그러자고 했다. 그들은 나를 호텔 방으로 데려갔고, 그곳은 비밀프로그램들과 비밀첩보활동, 기업, 군과 정보기관에 관련되어 있는 사람들, 곧 MJ12*의 계승자들로 혼합된 조직 사람들이 꽉 들어서 있었다. 곧이어 나를 향한 질문공세가 시작되었다. 다시 말하지만 나는 아무것도 숨길 일이 없으므로 내가 아는 사실들을 공개적으로 말해주었다. 스파이게임을 하려면 이중 역할도 해야 하지만 나는 그럴 필요를 못 느꼈다. 그들은 온갖 종류의 것들을 캐묻기 시작했다.

*미국의 UFO 관련 비밀정보를 취급하는 조직인 '머제스틱(Majestic)12'의 줄임말.

누군가 이렇게 말했던 것으로 기억한다. "대체 당신이 뭐라고 생각하기에 군대의 명령을 무시하면서 이런 일을 하는 거요?" 그들은 우리가 외계존재와의 접촉에 대한 중요한 실마리를 찾아냈다는 점을 알고 있었다. 내가 말했다. "나는 지구인의 한 사람이므로 이 일을 할 만한 모든 권리를 갖고 있습니다. 게다가 내 외가는 미합중국을 처음 세웠던 사람들의 일부입니다. 그들은 독립전쟁에서 싸웠고 영국과의 전쟁 당시 포로가 되었죠. 내 아버지가 반은 아메리카 원주민이었던 사실 말고도, 아

CHAPTER 11 비밀조직으로부터의 유혹 · 123

버지의 조상들은 유럽인들을 여기서 맞이했었습니다. 따라서 우리는 이 일을 할 모든 권리를 갖고 있는 것이죠!"

최종적으로 나는 이렇게 말했다. "여러분이 누군지 알지만 나는 이 외계존재들과 그들의 비행선과 기술을 개인적으로 접했습니다. 여러분은 지금 일어나는 일들에 대해 나를 속이지 못합니다. 첫째, 나를 우롱하지 못합니다. 둘째, 나는 부자는 아니지만 의사로서 충분히 넉넉하기 때문에 여러분의 돈은 한 푼도 필요 없습니다. 때문에 나를 매수하지도 못합니다. 그리고 셋째, 내가 17살 때 의학적 정의로는 나는 죽었습니다. 나는 깨달음의 경험을 했으므로, 죽는 것을 두려워하지 않습니다. 때문에 나를 겁줘서 쫓아낼 수도 없습니다! 나는 어떻게든 이 일을 계속할 겁니다. 여러분이 이 일에 대해 할 수 있는 일은 없습니다." 그리고 그 장군의 표정이 기억난다. 그의 표정은 이렇게 말하고 있었다. "우린 이 개자식이 누군지 정확히 알고 있어." 그렇게 해서 우리에게 파고들려는 이 비밀조직의 필사적인 노력이 시작되었다. 1990년에 내가 경고 받았던 일이 본격적으로 시작된 것이다.

다음 달인 1992년 5월, 나는 로키마운틴 국립공원 외곽의 성 말로스St. Malos 휴양지에서 우주비행사 브라이언 오리어리와, 평화봉사단Peace Corps의 공동설립자인 모리 앨버슨Maury Albertson, 그리고 신과학연구소Institute for New Science와 함께 컨퍼런스를 개최하기로 동의했다. 그곳은 개인휴양지였고 우리는 민간 UFO계의 모든 사람들을 초대했다. 물론 거기에는 T.E. 장군과 그 정신의학자 수하를 포함한 비밀정보원들도 포함되어 있었다.

나는 정보와 시각을 공유할 만한 비차등적인 환경을 만들고 싶었다. 현실적으로 나는 민간 UFO계가 온통 허위정보에 푹 절어 있고, 이곳에 도착하자마자 칼과 손도끼를 꺼내 들어 나를 포함한 모든 사람의 등에

꽂아 넣을 파벌 싸움이 난무하고 있음을 알게 되었다. 민간 UFO계가 사실은 뱀 소굴과 다를 바 없음을 배운 것이 바로 그때였다.

컨퍼런스가 진행되는 도중에 그 장군과 정신의학자는 자기들 집단에 합류하라고 나를 유혹했다. 장군이 말했다.

"우리는 이 문제를 다루는 아주 비밀스러운 조직을 갖고 있소……."

이 말은 초특급 비밀조직이 있음을 함축한다. 나는 그의 말뜻을 알았다.

"당신의 조직을 우리에게 합병시키기만 한다면 당신은 많은 돈과 권력을 갖게 되는 것은 물론 꿈에서나 보았을 기술들에 접근할 수 있을 것이오."

"감사하지만 사양하겠습니다. 그런 건 필요 없습니다. 저번에 분명히 말씀드린 것 같은데요."

하지만 그는 계속 나를 설득하려 했다. 그들이 이 문제를 비밀리에 독점하는 일에 우리가 위협이 된다는 사실을 알고 있었기 때문이다. 그들은 더한 말도 했다.

그곳에 있던 NSA 요원의 친구와 또 다른 CIA 요원이 와서 말했다.

"그들은 블랙박스 속에 있어서 특정 목적을 위한 특정한 임무만 할 수 있기 때문에, 당신이 하는 일에 무척 질투를 느끼는 겁니다. 당신은 자유로운 분이라 그들보다 더 많은 일을 할 수 있는 겁니다!"

그 점은 나도 알고 있었다. 그래서 이렇게 말했다.

"우리가 세속적인 힘은 갖고 있지 못하지만 우리는 자유롭습니다. 또 우리에게는 신이 주신 다른 힘들이 있습니다."

급기야 그 장군은 내가 없을 때 아내 에밀리를 찾아갔다. 그는 아내에게 이 조직에 대해 말했지만 MJ12라고 부르지는 않았다. 그는 이 조직을 위한 위원회가 있다고 말했다. 또 이 위원회에는 일정 수의 의석이 있다고 했다. 흥미롭게도 그 의석의 수가 9개였다. 당연히 그는 우리에 대해 깊이 조사했고 우리가 바하이교이며 우리의 성수(聖數)가 '9'라는 것도 알고 있었다. 그래서 장군은 그 위원회에 9명의 구성원이 있고 이들은 신분을 나타내는 각자의 문장(紋章)을 갖고 있다고 했다. 내 조직을 그들에게 합병시키면 내게도 그 문장이 주어질 터였다. 나중에 에밀리는 호감 어린 목소리로 내게 말했다.

"그는 무척 점잖은 분 같았어요. 당신을 엄청 칭찬하던데요."
"그래요, 하지만 그들이 원하는 게 뭔지 보이지 않아요?"

마침내 나는 그들에게 가서 말했다.

"확실히 해두겠습니다. 나는 아무 데도 얽매이지 않은 독립적인 사람입니다. 그래서 이 일을 개인적이고 청렴하게 원래 의도했던 목적대로 계속해나가겠습니다. 아무리 꼬드겨도, 아무리 많은 돈과 권력을 준다 해도 결코 변하지 않을 겁니다!"

한편, T.E. 장군은 아주 젊을 때부터 이 비밀프로젝트들에 참여해왔다. 나는 독자적인 경로를 통해 이 사실을 확인했다. 그는 '은퇴'하기 전에 육군정보국장이었다. 그러나 자신이 은퇴했노라고 사람들에게 말하고 다녔다. 하지만 그들은 관에 들어갈 때까지는 결코 은퇴하지 않는다.

나는 1960년대에 UFO를 추격하여 그들을 촬영하는 특수임무를 수행했던 한 공군 조종사를 만났다. 그는 승무원들이 일단 UFO를 만나고 나면 그들은 나뉘어서 여기저기 새로운 직위로 보내지지만, 그것에 관한 모든 정보는 곧장 한 사람에게로 보내진다고 말했다. 절대로 들어본 적이 없을 거라며 말해준 그 사람은 바로 T.E. 장군이었다! 이 이야기를 듣고 나는 웃으며 말했다. "그 사람 나도 잘 알아요!"

장군의 제의를 거절하고 나서 채 한 달이 지나지 않아, 인터넷에 웹사이트들이 만들어지더니 나를 공격하는 내용을 담은 정보들이 유포되기 시작했다. 그것들은 민간 UFO계와 언론과 다른 모든 곳에서 파란을 일으켰다. 외계의 사악한 세력들과 교류하는 광신자라느니, 사기꾼이라느니 하는 온갖 말들이 난무했다. 내가 의사가 아니었다는 거짓말도 유포시켰다. 내가 일하던 병원에까지 그들은 내가 의사 면허가 없다는 말을 퍼뜨렸다! 진짜 의사임을 보여주기 위해 나는 의사 면허와 학위까지 공개해야 했다! 심리전과 괴롭힘은 극심했고 지금까지도 계속되고 있다. 14년 동안 끈질긴 공격과 인신공격, 명예훼손과 온갖 종류의 지저분한 속임수가 이어져왔다.

  T.E. 장군은 나에게 많은 사실들을 말해주었다. 예컨대, 그는 화성의 표면 아래 외계비행선과 시설들이 있으며 비밀프로젝트들이 그 영상을 입수했다고 말했다. 또 이 비밀프로그램들이 가진 온갖 자산들도 은밀히 말해주었는데, 그것들은 외계존재들의 수준까지 도달한 첨단 기술이었다. 내 환심을 사기 위한 그들의 노력 덕분에 나는 쓸 만한 정보를 조금 모으게 되었다.

  나는 이 특정 '조직'이 비밀세계로부터 민간 UFO계와 연결되어 있으며, 그들은 하나의 결합집단으로서 많은 민간 UFO 프로젝트들을 꿰차고 있다는 사실을 알게 되었다. 나는 1990년에 그 변호사가 왜 나에게 독자적이고 신중하며 공적으로 행동하라고 말했는지를 그때 알았다. 나는 우리가 하는 일을 지키기 위해 바깥으로부터의 침입과 그것을 파괴하려는 시도에 맞서는 한 마리 사자가 되어야 했다. 막대한 권력과 돈을 내세운 유혹, 그리고 위협과 공격이 있을 터였다. 어떤 의미에서 나는 내 어린 시절과 성년 초기의 경험을 통해 단련된 일종의 전사가 되어야 했다.

CHAPTER 12

외계존재의 응답, 크랍 써클

> 우리는 집단적으로 이 정확한 형태를 무한하고 우주적인 '마음'에게, 그리고 외계존재들에게 실어 보냈다. 다음 날 아침, 우리가 보낸 바로 그 형태의 크랍 써클이 우리가 있는 곳에서 그리 멀지 않은 들판에서 발견되었다! 우리 일행 말고는 아무도 이 형태에 대해 알지 못했다. 사실 우리는 이 크랍 써클이 나타난 사실을 이틀이 지나도록 몰랐다.

    우리는 연구를 진행해오면서 외계비행선들이 코스타리카, 멕시코, 환태평양 연안의 '불의 고리the ring of fire' 같은 지구물리학적으로 불안정한 지역들과 화산지역들, 그리고 핵무기 기지나 원자력발전소들이 있는 지역에서 자주 목격되는 경향이 있다는 것을 알았다.

    지구를 관찰하고 있는 외계문명들은 우리 대부분이 생각하는 것보다 인류 자신이 훨씬 취약하다는 사실을 알고 있다. 우리는 천천히 끓고 있는 물속의 개구리 같아서 우리가 익어버리기 전까지는 그것을 전혀 알아차리지 못한다.

    그들은 지구 위에서 일어나는 사건들을 아주 면밀하게 관측하고 있으며, 우리가 환경에 저지르고 있는 일들과 앞으로 만들어낼지도 모를 불안정에 대해 걱정하는 듯한 활동들을 진행하고 있다. 그들은 또한 지구에 수천 년 동안 막대한 피해를 줄지도 모르는 핵물질에 대해서도 우려하고 있다.

1992년, 우리의 계획을 실험하고 사람들을 훈련시키는 초기 기간이 끝났을 때, 영국에서 '크랍 써클crop circle'이라 부르는 이상한 일들이 일어나고 있다는 사실을 알았다. 나와 친한 친구가 된 콜린 앤드류스Colin Andrews와 같은 사람들로부터 들녘에서 이상한 공중 현상과 우주선을 목격하고 비디오로 촬영했다는 보고들이 나오고 있었다. 대낮에 작은 접시 모양의 물체들이 크랍 써클들 중의 하나가 만들어지기 전후에 들녘을 이동하는 모습을 촬영한 비디오테이프도 있었다.

그해 여름, 우리는 사람들과 함께 영국에 가서 CE5 이벤트를 하기로 결정했다. 그즈음에는 많은 언론매체들이 우리가 벨기에와 걸프브리즈에 있을 때 일어났던 일들을 알아내고, 우리가 영국으로 가자 광적으로 몰려들었다.

우리가 접촉을 시도하려 했던 많은 장소들에는 호기심 어린 구경꾼들과 언론매체가 들끓고 있었기 때문에 약간의 어려움이 있었다.

언젠가는 카메라와 매체들을 따돌리려고 시골길을 내달리던 때도 있었다. 마치 다이애나비가 터널에서 추적당했던 것처럼, 우리를 감시하고 그날 밤 어디로 가는지를 보기 위해 따라붙는 독일 TV 방송차를 따돌리기 위해 우리는 속도를 높이고 있었다.

1992년 6월, 우리는 가장 흥미로운 크랍 써클들의 진원지였던 알톤반스Alton Barns에 있는 한 농장에 갔다. 이곳은 120만 평이나 되는 큰 농장이었고 우리는 이 목적을 위해 사유지를 이용하겠다는 허락을 받았다.

우리는 그곳에서 7일이나 10일 정도 머물면서 많은 실험을 할 계획이었다. 그 가운데 하나가 우드버러힐Woodborough Hill에 올라가서 집단적으로 어떤 모양의 크랍 써클을 시각화하는 일이었다. 우리는 명상과정을 시작했다. 먼저 의식을 확장시켜서 외계사람들에게 연결하고 우리가 시각화하는 모양을 만들어달라고 요청했다.

그날 밤 우드버러힐에 함께 모여 앉을 때까지는 어떤 모양을 요청할지 아직 결정하지 못했다.

마침내 우리는 지금 CSETI의 심벌이 된 각 꼭짓점에 원이 있는 정삼각형으로 하기로 결정했다.

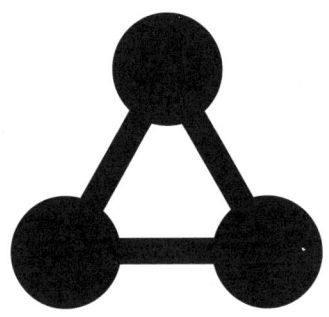

우리는 집단적으로 이 정확한 형태를 무한하고 우주적인 '마음'에게, 그리고 외계존재들에게 실어 보냈다. 다음 날 아침, 우리가 보낸 바로 그 형태의 크랍 써클이 우리가 있는 곳에서 그리 멀지 않은 들판에서 발견되었다!

우리 일행 말고는 아무도 이 형태에 대해 알지 못했다. 사실 우리는 이 크랍 써클이 나타난 사실을 이틀이 지나도록 몰랐다. 우리는 랄프 노예스Ralph Noyes를 우연히 만났다. "아 참, 조금 전에 한 농부를 만났는데 최근 들어 가장 완벽한 크랍 써클이 발견되었대요. 곡물이 가장 이례적으로 휘어 자라고 이상한 현상이 생겼다네요. 그 농부의 땅에요!" 그때가 영국의 이 지역에서는 드문 건기였기 때문에, 농부는 전날 밤 아주 늦게까지 들에서 일했고 다음 날 아침에도 무척 이른 시간에 일을 나갔다. 들에는 아무도 없었고, 올리버Oliver 성이 있는 그곳은 깎아지른 절벽으로 둘러싸인 들녘이었기 때문에 접근하기도 어려운 곳이었다. 내가 물었다. "어떤 모양인데요?" 노예스 씨가 대답했다. "책에 그려 왔어요."

우리는 몸을 굽혀 랄프 노예스가 그려 온 그림을 들여다보았다. 바로 그날 밤 우리가 투사해 보냈던 형태 그대로였다!

곧바로 내 동료 샤리 아다미악Shari Adamiak과 CSETI 팀의 몇몇 사람들과 함께 그 농장으로 달려갔다. 우리는 올리버 성으로 올라가서 들녘을 내려다보았는데, 그것은 마치 그 형태가 우리 마음에서 그대로 들녘으로 정확히 옮겨진 것만 같았다. 우리는 놀란 나머지 할 말을 잃었다.

나중에 우리가 알게 된 사실은 그 작물과 토양을 실제로 시험해본 결과 식물에 전자기적인 이형이 일어났고 세포벽이 변해 있었다는 것이었다. 그 시험 결과는 과학적 관점에서 볼 때 최근의 크랍 써클들 가운데서 가장 중요한 것이었음을 말해주었다.

재미있는 점은, 그곳에서 크랍 써클을 연구하면서 부유한 사업가들(그리고 비밀프로그램에 연관된 일부 사람들)의 후원을 받던 사람들이 이 흔치 않은 크랍 써클에 관한 내용, 특히 그것이 어떻게 만들어졌는지를 그들의 보고서에서 삭제해버렸다는 사실이다. 여기에서도 똑같은 일이 벌어지고 있는 것이다 – 스파이들이 우글거리는 이른바 민간 UFO '커뮤니티'는 그해 3월에 있었던 걸프브리즈에서의 이벤트를 지워버렸고 이 일도 역시 지워버렸다.

이것은 '민간 UFO 커뮤니티'가 얼마나 엄격하게 통제되고 있는지, 그리고 얼마나 철저히 침투되어 있는지를 보여주는 또 다른 증거였다.

어느 날 저녁 우드버러힐의 기슭에 있는 동안, 우리는 CE5 프로토콜을 하면서 외계비행선을 그곳에 오도록 초대했다. 그때 우리 위 구름 속에서 반시계방향으로 회전하는 빛들이 나타났다 - 서치라이트처럼 지상에서 올라온 것이 아니라 구름 위에서 빛나며 내려오고 있었다.

바로 그 직후, 갑자기 아주 심한 비가 쏟아지기 시작했다 - 하지만 그 비는 우리가 접촉 프로토콜을 하던 작은 지역에만 내리고 있었다.

마치 외계존재들이 비와 안개로 자욱한 밤에 비밀스럽게 본격적인 접촉을 하기 위해 인공적인 날씨를 만들고 있는 듯했다. 결국 비가 너무 심하게 내려서 거의 대부분의 사람들이 떠났다 - 그 농장의 다른 지역에 있던 콜린 앤드류스와 그 밖의 다른 사람들 모두가 그곳을 떠났다.

우리 나머지 네 명은 농장의 좁은 포장도로로 이동했는데, 차량이 한 대 지나갈 정도의 너비였다. 우리는 작은 공터에 머무르기로 했다.

직관으로 나는 비행선이 오리라는 것을 알았다. 나는 분명하게 들었다. "조금 있다 그곳으로 가겠습니다. 조금 있다가요."

그래서 나는 말했다. "여기서 차 안에서 기다립시다." 이미 자정이 지나 있었다. 우리는 차 두 대를 나눠 타고 기다리면서 프로토콜을 하기로 했다.

이윽고 갑자기 운전석 창문을 두드리는 소리가 들렸다. 뒤차에 타고 있던 영국인 크리스 만셀Chris Mansell이었다. 창문을 내리자 그가 말했다. "들판에 우주선이 회전하고 있어요. 빨간 크리스마스트리처럼 빛나요!"

내가 말했다. "그래요. 그래요. 내가 산타클로스예요!"

나는 그가 농담하고 있다고 여겼다. 그는 말했다. "아니, 저기 봐요." 창문 너머로 그쪽을 보았을 때, 나는 지름이 30미터쯤 되는 우주선을 보았는데, 그것은 위에 빛나는 원뿔이 달린 원반 형태였다. 원반의 가장자리에는 빨강, 초록, 파랑, 노랑의 여러 색깔의 아름다운 빛들이 회전하고 있었다. 우주선은 반시계방향으로 회전하고 있었지만, 그 빛들은 시계방향으로도, 반시계방향으로도, 서로 섞이면서 회전하고 있어서 아름답고도 굉장히 독특한 모습을 보이고 있었다.

그 빛들은 이 세상의 것이 아닌 그런 빛이었다. 그 빛의 세기와 특질은 누구도 본 적이 없을 것 같았다.

그리고 그것은 아주 가까이에 있었다. 처음에는 들판에서 조금 높이 있었지만, 지면 위 3미터 정도까지 내려왔고, 우리와는 불과 100미터도 안 되는 거리였다.

우리는 차에서 내려 외계존재와의 접촉모드로 들어갔다. 그러나 나와 함께 있던 여성이 완전히 겁에 질려 안절부절못하는 상태가 되었다. 유감스럽게도 나는 이런 종류의 이벤트를 위해서라면 사람들이 정말로 준비될 필요가 있다는 것을 새삼 알게 되었다!

그녀의 공포는 부분적으로는, 우리가 가진 나침반의 바늘이 우주선처럼 시계반대방향으로 돌 정도로 우리가 거대한 우주선과 가까이 있기 때문이기도 했다. 나침반 바늘의 자기장이 실제로 자북에서 벗어나 반시계방향으로 돌고 있었다!

이 우주선의 전자기적인 영향으로 인해 우리의 머리카락에 약한 정전기가 생겨서 곤두서기도 했다. 이상할 정도로 들판은 고요해서 우주선에 타고 있는 존재들의 의식의 현존을 느낄 정도였다. 정말 놀라운 경험이었다!

이 시점에서 나는 서치라이트로 우주선에 신호를 보내자고 했고, 우리가 그렇게 하자 우주선은 더 가까이 다가와서 신호를 보내왔다. 그러자 이 여성은 심한 히스테리 상태가 되면서 외쳤다.

"제발 그러지 말아요!"

"이러려고 우리가 여기 왔잖아요." 나는 소리쳤다.

"정말로 그들이 올 거라고는 생각 안 했어요."

"그럼 여기 왜 왔어요? 이게 장난이라고 생각해요?"

그녀는 우리가 아마도 멀리서 목격만 할 거라고 생각했던 모양이다. 하지만 이것은 정말로 '근접 조우'였고, 그녀는 우리가 그들에게 접촉했기 때문에 그들이 거기 왔음을 알았고, 그들이 우리와 신호를 주고받고 있음을 알았다.

함께 있던 크리스 만셀과 네덜란드 여성은 무척 침착하고 이완되어 있었다 - 사실 흥분했지만 두려워하지는 않았다. 그러나 이 여성은 혼자 겁에 질려 있었다. 그녀의 두려움이 극에 달하는 순간, 우주선은 다가오기를 멈추더니 천천히 뒤로 물러났다.

그것은 자비로운 행동이었다. 비록 우리에게 아무런 위협을 주지는 않았지만, 그들은 누군가가 두려워하는 것을 알았고 온화하게 천천히 물러섰다. 그러더니 위로 서서히 올라가서 안개와 구름 속으로 올라갔다.

우리는 머리 위 구름 속에 머물러 있는 우주선을 보았다. 여전히 우주선의 빛이 보이긴 했지만, 부드럽게 빛나는 호박색 물체가 조용히 떠 있는 듯했다. 놀랍게도 나침반 바늘은 우주선의 회전처럼 반시계방향으로 계속 돌고 있었고, 마침내는 북쪽을 가리키며 멈췄다.

그것은 아름답게 연출된 만남이었다. 그 접촉이 끝나면서 구름이 개고 우주선이 다시 나타났지만, 이번에는 더 높았다. 내가 신호를 보내자 그것도 신호로 응답하더니 사라졌다. 이렇게 CE5가 끝났다.

이벤트가 끝나자 쏟아지던 비는 안개비로 바뀌었고, 그 지역 전역이 구름과 안개에 휩싸였다.

콜린 앤드류스는, 도로로 올라가 떠나자마자 그 밖의 길은 말라 있었다고 말해주었다. 나는 그 우주선에 앞서 농장 위 구름 속에서 빙빙 돌고 있던 빛이 그 이벤트가 비밀스럽게 이루어지도록 날씨를 변화시키고 있었다고 믿는다.

나중에 알고 보니 우리의 원정에 대해 캐내고 외계존재들과의 접촉을 무산시키려 했던 사람들은 이 '끔찍한 영국 날씨'에 실망해서 모두 떠났다고 했다.

나는 이 경험으로부터 사람들을 더 잘 준비시켜야만 함을 깨달았다. 이벤트에 참가하는 사람들은 두려워하지 않도록 의식을 더 집중하는 법을 배울 필요가 있는데, 이것은 그야말로 놀라운 경험이고, 그 비행체들과 아주 가까워질 때 비정상적인 생리적, 전자기적 영향을 받기 때문이다. 고요하고 깊은 자각에의 집중이 필수적이다.

다음 날, 그곳을 둘러싼 언덕에서 이 접촉의 많은 부분을 목격한 사람들이 몇 있었다는 사실이 알려져서, 우리는 확실한 증인을 갖게 되었고 소문은 퍼져나갔다. 그다음 날에는 이 일에 대한 언론과 대중의 관심이 마치 벌집을 쑤셔놓은 듯했다.

이 때문에 우리는 외계비행선이 알톤반스의 농장에 거의 착륙할 뻔했던 일에 대해 브리핑을 했다.

크리스 만셀이 일어나서, "들판에 빨간 우주선이 나타나서 저는 넋이 나가버렸습니다gobsmacked!"라고 말했을 때 나는 이 단어를 처음 들었다. 정말 완벽한 단어였다!

1993년, 우리는 이러한 노력들을 확장하고 더 경험 많은 사람들을 확보하여 '신속동원조사팀Rapid Mobilization Investigation Team, RMIT'을 만들기로 했다.

CHAPTER 13

소설보다 믿기 힘든 진실들

우리는 외계우주선을 파괴할 목적으로 사용되고 있는 극도로 강력한 무기시스템들이 있다는 사실도 알게 되었다. 우리는 비밀스럽고 악의에 찬 프로젝트들이 이런 활동을 운영하고 있다는 사실과, 이야말로 세계 평화에 대한 가장 큰 위협의 하나라는 점을 알게 되었다. 그러나 이 모든 사안들이 언론과 주류 군사집단, 주류 정치집단에 의해 철저히 무시되고 있었다.

멕시코의 화산 포포카테페틀Popocatepetl 근처의 화산지역에서 연이은 ET 이벤트가 열렸고 이것은 멕시코 국영 뉴스에 방송되었다. 이 우주선들은 비디오와 사진으로 촬영되었고, 수천 명의 사람들에게 목격되었다.

1993년 겨울, 우리는 멕시코에서 이들 외계사람들을 맞이하고 그들이 왜 거기 있는지를 조사하는 원정을 함께할 사절단을 조직했다. 멕시코에 가기 전에 나는 산과 숲이 있는 어느 장소에서 ET 이벤트를 하는 자각몽을 꿨다. 이 꿈은 정확히 7일 동안 계속되었는데, 멕시코에서 우리 일행이 큰 규모로 접촉하는 시간대에 맞춰진 것이었다.

우리는 이 많은 원정과정에서, 일행 가운데 한 명 이상이 예지몽을 꾸거나 '물리적으로 지금 여기서' 일어나는 이벤트를 미리 경험한다는 사실을 알게 되었다.

이 꿈들의 상세한 내용은 그 시간과, 그 지역의 모습과, 그 이벤트에 관한 모든 내용들이 매우 구체적이었다. 이 현상은 CE5 프로토콜로 실험을 시작하던 다른 집단의 사람들에게도 일어났다. 그러나 처음 멕시코시티에 도착했을 때 우리는 총구를 들이대는 멕시코 연방정부군에게 연행되었다. 우리 여권은 압수되었다. 그들은 여권을 돌려주는 대가로 엄청난 액수의 뇌물을 요구했다. 우리는 이런 식으로 대우받는 상황을 '갈취 요소'라고 부른다. 많은 시도 끝에 결국 화산 근처의 시골지역에 도착하게 되었다. 바로 그날 밤 우리는 멕시코시티와 가장 가까운 그 화산의 산기슭에 있었다. 별빛 아래서 우리는 명상에 들어가서 외계비행선을 그곳으로 유도했다. 그 고도에서는 서리가 내릴 정도로 추웠다.

갑자기 우리를 비추는 한 점의 빛이 나타나더니, 한 줄기 광선이 내려와서 모든 사람들을 비췄다 – 우리는 아주 밝은 손전등에 비추인 것처럼 청백색의 밝은 빛 속에 둘러싸여 있었다. 우리는 일종의 조사과정으로서 외계존재들이 우리를 검사하고 있다고 느꼈다. 동시에 나는 메시지 하나를 느꼈는데, 그들이 우리를 환영한다는 것이었다. 이 일이 일어나는 동안 우리는 그곳에서 여섯 시간을 머물렀다.

다음 날 우리는 포포카테페틀 산의 뒤쪽 아트릭스코Atlixco의 작은 마을에 도착했는데, 그곳 사람들의 90퍼센트가 화산 주위에서 이 비행체들을 본 적이 있었다. 불의 고리가 점점 더 불안정해지고 있고, 더구나 세계에서 네 번째로 큰 이 화산이 가장 밀도가 높은 도시들 중의 하나를 내려다보고 있기 때문에 외계존재들이 그곳에 있다고 느꼈다.

외계비행선들은 상황을 감시하고 지구를 안정시키는 데 도움이 될 조치를 취하기 위해 거기 있음이 느껴졌다.

우리는 아틀리마야야Atlimayaya라고 부르는 작은 남미 아메리카 원주민

마을 근처에서 완벽한 장소를 찾아냈다. 아틀리마야야는 아트릭스코와 메테펙Metepec을 지나는 도로의 끝에 있다. 아틀리마야야 외곽의 화산 기슭인 그 고원지대에서는 푸에블라Puebla 시의 불빛이 보였다.

아틀리마야야는 말뜻 그대로 도로가 끝나는 곳에 있다. 원주민들은 거기서부터는 화산 기슭의 정글과 숲으로 난 등산로를 따라 걸어 들어간다.

아틀리마야야로 가는 도로를 벗어난 곳에서 우리는 다섯 명의 CSETI 일행과 작업에 착수했다. 그 장소를 처음 보았을 때, 7일 전에 꿈속에서 보았던 바로 그곳이라는 사실을 알 수 있었다.

그래서 내가 말했다. "여기가 바로 우리가 있어야 할 곳입니다!"

달이 떠올랐고 달은 3분의 2 정도가 차 있었다. 계속 이어진 작업으로 나는 무척 피곤해져서 바닥에 누웠다. 나는 깊은 명상 상태로 빠져들었고 충분히 이완되었다. 그때 갑자기 뚜렷한 메시지를 받았다.

"일어나서 오른쪽을 보세요!"

나는 일어나 앉아 그쪽을 보았다. 화산에서 우리 쪽을 향해 거대한 삼각형 우주선이 오고 있었다. 우리는 모두 일어나 우주선과의 연결을 시도했다. 나는 마음의 눈으로 우주선을 지휘하고 있는 존재와 다른 여러 존재들을 볼 수 있었다. 그들은 모두 더없이 밝은 흰색으로 빛나고 있었다.

이 외계존재들은 우주선에 있는 장치를 써서 아주 직접적으로 우리와 연결했다. 그들은 정신기술 접속interface장치를 사용하여 우리들의 의식을 정확히 포착했다.

항상 그랬던 것처럼 우리는 생각과 의식을 유도도구로 사용하고 있었다. 그들이 우리를 보고 있는지 확인하기 위해 우리는 서치라이트로 신호를 보냈고, 이 거대한 우주선도 신호를 보내더니 곧바로 우리를 향해 진로를 바꿨다.

우주선은 우리 위 불과 수십 미터 높이에서 매우 낮게 선회하며 우리 주위로 거의 완벽한 원을 그려 보였다. 그 크기는 한 변의 길이가 무려 축구장 세 개 정도였고 각 꼭짓점에서 불빛이 빛나고 있었다. 우리에게 신호를 보낼 때면 모든 모서리에서 빛이 났다.

우리 모두는 외계존재들을 느꼈고, 다섯 가운데 세 명이 같은 존재들을 보고 그들이 왜 여기 있는지에 대해 같은 메시지를 받았다 - 그것은 화산 폭발과 미래에 일어날 일 때문이었다.

그런 뒤 우주선은 푸에블라 쪽으로 날아갔다. 우리는 떠나는 우주선에게 작별인사를 했고, 멀어지는 우주선의 모서리를 향해 또 한 번의 신호를 보냈다. 그러자 우주선은 갑자기 다른 모서리에서 신호를 보내왔고 작별인사를 해왔다.

우주선은 우리가 있던 고도보다 낮게 하강하더니 계곡의 어딘가로 사라졌다. 그 뒤 같은 날 밤에 우리는 눈 덮인 아름다운 화산의 기슭에 앉아 명상에 들어갔고 우주적 존재들과 접속했다. 위를 올려다보았을 때, 화산 왼쪽으로 구름이 정말 특이한 달걀 형태의 고리를 이루고 있었는데, 그것은 정확히 휴머노이드의 얼굴처럼 보였다!

그리고 가장 밝은 별 두 개가 정확히 눈의 위치에 있었다.

이 '우주적 얼굴'은 화산 옆에서 우리를 내려다보고 있었다. 그리고 이것이 이 존재들이 아직 우리와 함께 있다고 말하는 특별한 신호라는 것을 우리들 가운데 누구도 의심하지 않았다.

이 이벤트 과정에서, 우리는 그 지역을 걸어서 탐사했다. 우리는 깊은 정글로 걸어 들어가서 내가 알기로는 어떤 지도에도 나와 있지 않은, 식물로 덮인 고대의 피라미드를 발견했다.

우리가 그곳에 있는 동안 아주 특별하고 신비로운 일들이 이어졌다. 몇 명의 원주민을 만났는데 그들은 그 지역에서 겪은 외계존재들에 관한 이야기를 해주었다. 그들이 받았던 메시지들과 심상들은 우리가 받았던 것들과 거의 흡사했다.

정글에서 빠져나와 하늘을 올려다보자, 하늘에서 구름이 정확한 독수리 모양을 하고 있었다. 그리고 독수리의 부리는 그날 밤 우리가 야외작업을 할 곳을 가리키고 있었다. 우리는 모든 것들이 고차원의 지성, 곧 우리 모두와 연결되어 있는 우주의 '한마음'에 의해 지휘되고 있음을 알았다.

5일간의 일정에서 우리는 외계우주선을 여러 차례 목격했다. 어떤 것들은 작은 원반 모양으로 화산에서 똑바로 나오더니, 그 위에서 원을 그리다가 하늘로 날아가 버리기도 했다.

여기서 목격했던 모든 일들은 내 첫 번째 책에 더 자세하게 기술되어 있다.

일어났던 모든 일의 핵심은 바로 우주적 의식과 선하고 평화적인 의도다.

1993년, 내게는 외계사람들과 접촉하려는 이 노력이 이뤄질 수 있으리라는 확신이 있었다. 더 이상 이론상의 문제가 아니었다. 그때까지 미국, 유럽, 영국과 멕시코에서 외계존재와 접촉했던 우리의 원정에 함께한 수백 명의 사람들이 있었다. 이들 많은 이벤트들이 필름에 담겼고 많은 사람들이 목격했다.

그럼 이제 어떻게 해야 할까? 지구 위의 많은 사람들이 이것에 대해 속고 있다면, 우리가 이것을 얼마나 알릴 수 있을까? 우리는 세상의 많은 사람들을 교육시킬 어떤 방법이 필요했다. 우리가 진실을 알려야 함을 나는 알고 있었다. 우리는 정치 지도자들, 정부 지도자들과 과학계, 그리고 가장 중요하게는 이 비밀프로그램들을 운영하는 사람들에게 증거와 함께 이런 평화적인 시각을 건네줄 필요가 있었다.

우리의 작업에 대한 소문은 퍼져나갔고 나는 1990년부터 1993년 사이에 군, 정계와 과학계를 연결하는 네트워크를 만들어나갔다.

우리는 외계우주선을 파괴할 목적으로 사용되고 있는 극도로 강력한 무기시스템들이 있다는 사실도 알게 되었다. 우리는 비밀스럽고 악의에 찬 프로젝트들이 이런 활동을 운영하고 있다는 사실과, 이야말로 세계 평화에 대한 가장 큰 위협의 하나라는 점을 알게 되었다. 그러나 이 모든 사안들이 언론과 주류 군사집단, 주류 정치집단에 의해 철저히 무시되고 있었다. 그럴진대 평범한 사람들은 어떻겠는가.

따라서 이 시점에서 나는 그 증거와 사실들을 공개하고 대중과 우리 지도자들에게 외계존재들이 여기 있다는 사실의 의미를 설명하기 위해, 사람들을 결집하는 일이 중요하다고 느꼈다.

나는 즉흥적으로 짬을 내어 접촉 이벤트를 찾아다니는 사람들만이 아닌, 사회 전체가 우리가 혼자가 아니라는 사실을 알 수 있도록 진실을 공개할 사람들을 결집시킨다는 개념에 대해 설명하기 시작했다. 깨어 있는 사람들이 함께 모여 깨달음과 평화에 의한 방법으로 인간과 외계 사람들 사이의 관계에 대한 책임을 떠맡을 시간이 되었던 것이다.

우리가 그것을 하지 않으면, 우리 미미한 집단이 그들과 아무리 많은 접촉을 한들, 그림자정부가 전 세계와 우주공간에 배치하고 있는 엄청난 기술력과 정찰력과 무기에 들어가는 한 해 수천억 달러의 비용에 대한 문제를 바로잡는 일을 시작조차 할 수 없다. 우리는 이 무기들이 외계비행선과 거기 타고 있는 사람들을 공격하고 있다는 사실을 알고 있으며, 이 문제에 대한 확실한 증거를 가진 독립적인 군사 관련 증인들을 다수 확보했다.

1993년 여름, 나는 이 모든 정보들을 세상에 공개하기 위한 방법을 논의하는 자리에 초대받았다. 그곳은 버지니아의 먼로연구소Monroe Institute에서 가까운 곳에 있는 집이었다.

꽤 괜찮은 사람들이 거기 와 있었지만, 다른 어젠다를 가진 사람들도 있었다는 사실을 나중에야 알았다. 우리는 대중공개를 실현하고 더 열린 사회를 만들 최선의 방법에 대해 토론했다.

그 모임이 끝날 무렵 나는 이러한 노력에 전념하기로 했는데, 이것이 지금의 '디스클로저 프로젝트'가 되었다 – 초기에 그것은 이름 없는 발상일 뿐이었지만 나중에는 '프로젝트 스타라이트Project Starlight'라고 불렸다.

우리가 지금 사는 곳에서 아주 가까운 먼로연구소 근처의 그곳을 떠날 때, 나는 알 수 없는 어떤 전자무기에 맞았다. 나는 갑자기 방향감각을 완전히 잃었고 마치 몸속에 불이 붙은 것처럼 열이 났다.

운전을 하다가 방향을 잃었으므로 내가 영국에 있는지(우리는 그해 7월 영국에 있었다) 다른 어디에 있는지도 알 수 없었다! 도로의 어느 차선으로 운전해야 하는지도 몰랐고, 사실 내가 반대방향의 차선에 들어갔음을 발견했다! 내가 이 무기의 위력에서 벗어나서 재빨리 제 차선으로 돌아오지 않았더라면, 먼로연구소를 떠나면서 나는 틀림없이 정면충돌로 죽었을 터였다. 정말 혼란스러운 사건이었다.

그 일로 나는 우리가 하는 일을 유심히 지켜보는 비밀스러운 사람들이 있다는 것과, 그들은 우리를 막기 위해 어떤 짓이라도 하리라는 사실을 알게 되었다. 하지만 그런 도전에 직면할 때 나는 두 배로 강하게 맞서 싸운다!

그다음 몇 달 동안, 나는 우리 일에 지대한 관심을 가진 정치와 군사 영역의 내가 알던 사람들을 만났다. 많은 이들이 디스클로저 프로젝트를 지지했다. 우리는 이 정보를 지도자들에게 알리기 위한 계획을 짜기 위해 팀을 하나 만들었다.

나는 진실을 밝혀야 할 시간이 되었다면서 이 계획을 여러 집단의 사람들에게 설명했다. 그 결과 우리를 지원하는 큰 네트워크가 결성되었다. 콜로라도에서의 어느 대담이 끝난 뒤에 한 신사(M.J.라고 부르자)가 내게 와서 말했다.

"도움을 줄 수 있는 사람이 워싱턴 D.C.에 몇 명 있습니다."

"반가운 말씀입니다."

"나는 새 CIA 국장인 제임스 울시James Woolsey와 가깝게 지내고 있습니다. 울시는 내 기관의 위원회에 있었죠. 선생께서 한 말이 이해가 됩니다. 그리고 꼭 그렇게 돼야겠죠."

그는 진심이었다.

M.J.는 우리의 작업을 지지해온 사람이었고, 해안경비대Coast Guard와의 계약으로 책도 한 권 썼다. 이 책은 일반적인 군관계자들을 위해 쓴 것이었는데, 여기에는 미래에 일어날 수 있지만 주류 군관계자들은 바라지 않는 사건들에 대한 예측하기 힘든 시나리오들이 들어 있었다.

책의 일부에는 비록 이름을 거명하지는 않았지만 CSETI와 CE5 접촉에 관한 내용도 있었다. 그러나 우리가 했던 모든 일들에 대해 쓰여 있었으며, 플로리다 해변에 나가 외계존재와 접촉하는 내용과 같은 시나리오도 들어 있었다.

그 당시 나는 우리가 하는 일을 지켜보는 또 다른 세력의 사람들이 있다는 사실을 깨달았다. 그들의 다수는 미래학자들, 그리고 이 정보가 공개되어야 한다고 생각하는 국가안보와 정보계통의 고위층들이었다.

그즈음에 로렌스 록펠러Laurance Rockefeller와 친분이 있는 뉴욕의 몇몇 사람들이 나에게 접근해서 말했다. "이건 로렌스 록펠러가 많은 관심을 갖는 일입니다." 나는 말했다. "이 일에 대해서라면 저는 누구라도 만날 생각입니다."

1993년 여름과 가을에 나는 연이은 모임들을 가졌고, 그 가운데 하나에는 우리 프로젝트의 군사고문인 해군 사령관과 함께 갔는데, 그의 아버지와 할아버지는 두 분 모두 NASA와 그 전신인 NACA의 부책임자였다. 그는 1991년부터 우리를 열성적으로 도왔고, 나와 처음 만났을 때 이렇게 말했다. "군대 쪽이라면 내가 도울 수 있습니다."

빌 클린턴의 친구였던 또 다른 사람이 나타나서 말했다. "정계 쪽이라면 내가 도울 수 있습니다."

그리고 다른 사람은 "우리가 이 정보를 CIA 국장과 국가안보 관련자들에게 전해줄 수 있습니다."라고 말했다.

또 어떤 사람은 대통령의 과학고문이던 잭 기본스Jack Gibbons 박사에게 이 정보를 전해주겠노라고 했다. 또 자신의 형제가 부통령 앨 고어의 과학고문이었던 어떤 사람도 우리를 도왔다.

그렇게 이 시기에 많은 사람들이 생각보다 빨리 결집되었다.

나는 많은 수의 혼합된 어젠다들이 진행되고 있을 가능성에 대해 잘 알고 있었다. 동시에 나는 누구든지 그의 소속 때문에 사람에 대한 편견을 가질 필요는 없다는 점을 정확하게 감지하고 있었다. 나의 목표는 그저 진실을 말하고 무엇을 해야 하는지 설명해주고 교육시키는 일이었다.

이 시점에서 CIA 사람들이 당시 우리가 살던 애쉬빌로 날아와서 말했다. "그 일을 하세요, 지금 하세요! 우리 말고도 이 일이 이루어지길 원하는 사람들이 있어요. 그건 너무 오랫동안 비밀에 싸여 있었어요!"

나는 비밀프로그램들에 관여하고 있거나, 사람들이 '통제집단control group' 또는 '음모집단high cabal'으로 부르는 데에 속한 사람들에게 정보와 새로운 전망을 건네주는 일에 가장 많은 노력을 기울였다.

내가 쓰거나 말한 내용들의 많은 부분이 그런 사람들에게 정보와 새로운 패러다임을 제공하는 데 초점을 맞춘 것이다.

1993년 9월, 우리의 군사고문 윌Will은 그 당시 '합동참모본부Joint Chiefs of Staff, JCS' 정보기관의 수장이었던 크레머Cramer 제독을 찾아갔다. 이 제독은 나중에 해군정보국Naval Intelligence 국장이 되었다.

"저는 CSETI의 닥터 그리어와 일하고 있습니다. 저희는 라이트패터슨WrightPatterson 공군기지의 대외기술부Foreign Technology Division 사람들과 만나고 싶습니다." 이 조직은 1940년대 뉴멕시코에서 수거된 외계비행선에서 나온 재료들을 일부 접수한 바 있었다. 나중에 이 조직의 이름은 '국가공군정보센터National Air Intelligence Center, NAIC'로 바뀌었지만, 1993년엔 '대외우주항공과학기술센터Foreign Aerospace Science and Technology Center, FASTC'라고 불렀다. 어떻게 그런 식으로 이름을 계속 바꿔가는지 꽤나 흥미로운 일이다!

제독은 깜짝 놀라서 책상에서 조금 물러앉더니 이렇게 물었다.

"진심입니까?"

"물론입니다, 제독님."

그러자 제독이 다시 물었다.

"그렇다면 이 닥터 그리어란 사람은 신중한가요? 믿을 만해요?"

"절대적으로 믿을 만합니다, 제독님."

"좋아요. 주선해보죠."

그는 라이트패터슨 공군기지에 전화해서 말했다.

"닥터 그리어와 그의 팀을 한번 만나보길 바라네."

그러나 기지 사령관은 "저희는 허락할 수 없습니다."라고 말했다. 결국 제독은 공군정보국Air Force Intelligence 국장에게 이 만남을 주선하라고 명령했다.

이 일이 있었던 같은 주에, 나는 로렌스 록펠러로부터 테톤즈Tetons에 있는 그의 'JY' 목장으로 오도록 초대받았다.

나는 처음으로 그곳에 갔다. 알고 보니 이 주제에 관여하는 많은 사람들이 그곳에 함께 초대되었는데, 그 다수가 정보계통에서 일하고 있었다. 그뿐만 아니라, 거기에는 록펠러의 수석보좌관도 한 사람 있었는데,

CHAPTER 13 소설보다 믿기 힘든 진실들 • 145

멋진 남자인 그는 우리 일을 적극 지원하고 있었다. 또 함께 있던 '빨간 옷을 입은 여성'은 록펠러의 측근으로 수년간 일해온 사람이었다. 그녀의 남편(브루스라고 하자)은 모건 스탠리Morgan Stanley와 여러 초국적 회사들의 위원회에 있으면서 CIA 요원이기도 했다.(그는 이것을 비밀스럽게 말해주었다.) 브루스는 레이건 행정부에서 대사를 역임하기도 했다.

그렇게 해서 이 흥미로운 혼합집단에 노스캐롤라이나에서 온 외계인들과 접촉하고 있는 이 시골 의사가 도착하게 되었다!

그날 초저녁에, 나는 군 내부의 고위층들을 결집하여 증거를 모으고, 이 문제를 대중에게 공개하려 한다는 점을 설명했다. 방 안은 쥐죽은 듯 고요했다.

그들은 이렇게 물었다. "당신이 뭘 하려 한다고요?", 그리고 "누구와 함께 일하고 있나요?", 그리고 "무슨 일이 벌어지고 있는 겁니까?"

나는 말했다. "여기를 떠나면 바로 라이트패터슨 공군기지로 갈 생각입니다. 거기에는 대중 공개를 지지하는 군과 정보계의 비밀세력이 있거든요. 이건 추측이 아닙니다." 나는 흔쾌히 털어놓았다.

"이것이 우리가 하려 하는 일입니다······." 사람들은 말문이 막혔음이 분명했다. 그 모임 가운데에는 이런 폭로 계획에 격분하는 사람들도 있는 것이 확실했다. 1992년에 대화를 가졌던 T.E. 장군 측 사람들이 이렇게 물었던 것을 기억한다.

"당신이 텔레비전으로 방송되는 대규모 접촉 이벤트를 한다면, 대중에게 알리기에 앞서 우리가 먼저 통제하면 안 될까요?"

"아니요, 그렇게는 하지 않겠습니다."

"우리는 언론과 그들이 사용하는 모든 위성들을 통제합니다. 따라서 우리는 통제할 겁니다."

또다시 실망스럽게도, 해군정보국에 몸담았던 스콧 존스C.B. Scott Jones

박사는 결국 그것마저도 통제될 거라고 확인해주었다.

그러나 나는 맹세했다.

"우리는 인간으로서 가능한 한 독자적으로 이 일을 계속 진행할 겁니다."

JY 목장은 그랜드테톤Grand Teton 국립공원으로 둘러싸여 있다. 그곳에서의 첫날, 나는 두 명의 저명한 외계인 납치 연구자와 함께 호수 주변을 산책했다. 그 가운데 한 명(X 씨라고 부르자)이 자신이 환각제의 열렬한 지지자이며, 사실 그 순간에도 환각제에 취했다고 나에게 말해준 일을 결코 잊지 못한다! 당연히 그는 비틀거리며 걸었고, 통나무에 걸려 넘어지기도 했는데, 나는 뭔가 정상적이지 않음을 알았다.

여기 이 유명한 납치 연구가가 자신이 사람들에게 환각제를 복용시켜서 그들의 납치와 외계인들과의 성적 경험을 '생각해내도록 돕는' 일에 관여한다는 사실을 나에게 털어놓고 있던 것이다!!!

나는 생각했다. '세상에. 그래서 사람들 사이에 그런 이야기가 떠돌게 됐구나!'

물론 나는 이어서 X 씨가 1950년대와 1960년대까지 거슬러 올라가는 MK울트라 CIA 프로그램*과 깊은 관계를 맺고 있었다는 것도 알게 되었다. 그들은 환각제를 사용하는 마인드컨트롤 기술을 개발하고 있었다.

민간 UFO 학계에는 어둡고 비밀스러운 정보 분야의 스파이들과, 강력한 약물과 전자 장치가 결합된 괴상하기 짝이 없는 마인드컨트롤 실험에 관련된 사람들과, 이른바 향정신성 무기시스템에 관련된 사람들이 철저하고도 완벽하게 파고 들어가 있다.

진실은 여러분이 앞으로 읽을 그 어떤 소설보다도 더 믿기 어렵다.

*1953년 CIA가 인간의 정신조종을 위해 주도한 MK울트라 프로젝트.

CHAPTER 14

그림자정부의 대중조작

이 어둠의 집단은 완전히 조작된 거짓 외계인 사건들을 선량한 사람들에게 강제 주입하고 있다. 비밀프로그램들은 매우 진보한 기술들을 사용해서 '외계인'들이 침략하는 것처럼 보이는 외계인 사건, 납치 또는 가축 절단을 연출해낸다. 여기에는 아무런 표식이 없는 헬리콥터와 급강하해서 가짜 사건들을 연출하도록 특수하게 훈련된 사람들이 동원된다.

    X 씨가 이런 종류의 최면유도를 했었고, 그 자신이 "커피 한잔 마시려고 일어날 수도 없어요. 내게 커피를 가져다줄 사람이 있어야 해요."라고 말할 정도로 가끔은 환각제에 취해 있었다는 사실을 자랑스럽게 말하는 모습을 보며 나는 몹시 당황스러웠다. 그는 자신이 사람들에게 최면을 걸고 비정상적 의식 상태로 유도한 뒤, 그들의 숨겨진 외계인 경험들을 '발견하도록' 만드는 일을 주도했노라고 말했다!

    나는 혼자 이렇게 생각했다. '오, 이런 세상에. 록펠러 집안과 S.A. 황태자가 지원하는 수십만 달러의 돈과 계약한 책들과 연구 프로그램들의 내용이 순진한 대중들을 속여 넘기고 있다니. 게다가 그 모든 내용들이 이 연구자의 인지가 붙었다는 이유로 사실로 받아들여지고 있다니!'

따라서 1993년, 대중들에게 파고들고 있는 거짓말들이 너무도 정교한 것들이라는 사실이 나에게는 명백했다. 게다가 대중에 알려져 있는 UFO와 외계존재들, 그리고 그들과의 조우에 관한 정보들의 90퍼센트 이상이 모두 사람들을 겁주기 위해 만들어진 가짜 허위정보들이었다.

1993년부터 지금까지 나는 이러한 현실을 떠안고 산다는 일이 개인적으로 무척 힘들었다. 나는 UFO와 외계존재들과 관련된 수백만 달러짜리 허위정보 유포활동을 통해 대중들에게 뿌리는 정보와 경험들에 대한 부패하고 노골적인 날조행위에 대해서 함부로 입을 열지 않았다.

그러나 UFO 연구의 모든 분야가 심하게 유린당하고 있고, 캄캄한 미로 속 같아서, 이 주제에 대해 대중에 유포된 모든 내용들의 최소한 90퍼센트가 완벽하게 날조되고 용의주도하게 가공된 허위정보이며, 심리전 프로그램의 일환이라는 것 정도만 말해두기로 한다.

X 씨와 나는 흥미진진한 철학적 토론을 했지만, 그가 약물사용으로 인해 자신의 입장에 대한 일관성이 없었기 때문에 깊이 있게 생각을 나누기는 어려웠다. 그동안 알려지지 않았던 사실은 유명한 연구자인 X 씨가 그런 약물을 남용하는 사람이었다는 것, 또 사람들에게 약물을 사용하게 하여, 지어낸 외계인 체험담에 정신이상이 더해진 감응정신병folie-deux*에 걸리게 한 다음, 그런 일이 실제로 일어난 일처럼 대충 인정하게 했다는 것이다. 그와 토론했던 내용 중에서 흥미로웠던 점은 그가 이 납치 연구를 하면서 많은 괴롭힘을 당해왔다는 것이고, 때문에 그 역시도 희생자였다는 사실이다.

실제로 일어났던 일은 그가 피험자들에게 약물을 사용했다는 사실뿐만 아니라, 윤리적으로 절대 해서는 안 될 일들을 해왔다는 것이다. 그는 연구 대상자들에게 자신의 시간

*정신질환자의 정신적 영향으로 생기는 반응성 정신장애.

에 대한 대가를 청구해오고 있었다. 연구실험에서는 피험자에게 금품을 요구해서는 안 된다. 이것은 정말로 부도덕하고 비윤리적인 행위다.

JY 목장에서 로렌스 록펠러와의 모임에서 내가 알아낸 사실 가운데 하나는, 체이스 맨해튼 뱅크Chase Manhatten Bank의 데이비드 록펠러 David Rockefeller와 미국 부통령이었고 지금은 고인이 된 넬슨 록펠러Nelson Rockefeller가 비밀정부에 아주 깊이 관여하고 있었다는 점이었다. 로렌스 록펠러는 이 사실을 알고 있었지만, 그는 권력을 휘두르는 사람이기보다는 가문의 철인왕(哲人王, philosopher king)에 정말 더 가까웠다. 그는 전문적인 자선사업가로서 자신이 죽기 전에 그의 부를 모두 환원하기를 진정으로 원했다.

불행하게도 그를 둘러싼 사람들은 CIA 사람들과 특히 남편이 CIA였던 그 '빨간 옷 여성' 같은 도덕적으로 부조리한 사람들이었다.

그토록 어수선한 환경 속에서도 로렌스 록펠러는 이 주제에 대한 정보가 알려지도록 지원하고 싶어 했다. 그러나 그의 돈은 CIA 요원들과 아무짝에도 쓸모없는 사람들이 가로챘고, 가짜 납치 연구, 약물남용, 그리고 온갖 종류의 다른 얼빠진 짓들로 흘러 들어갔다.

특히 로렌스의 측근 한 사람은 CSETI의 CE5 활동을 전문적으로 지원할 막대한 금액을 가로챘고, 그것을 자신의 기관을 통해 다른 비밀공작들에 유용(流用)했다. 이것은 내가 개인적으로 알고 있는 사실이다.

따라서 로렌스는 더없이 좋은 의도를 가진 사람이었지만, 그의 측근을 가장하여 자원을 생산적인 일로부터 빼돌리는 수많은 정보공작원들에 둘러싸여 있던 것이다. 그들의 임무는 변기 뚜껑을 열고 수백만 달러를 욱여넣은 뒤 하수도로 흘려보내 버리는 일이었다. 나는 그런 일을 직접 목격했고, 이는 모든 이들에게 비극적인 일이었다. 결국 로렌스 록펠러의 이 분야에 대한 모든 관심을 이 윤리의식이 형편없는 '빨간 옷 여성'

이 가로채버렸던 것이다.

이 동안에 우리는 '가장 유력한 증거'가 될 법한 많은 문서를 입수했다. 협력관계를 지향하면서, 나는 아직 정리과정에 있던 이 문서들을 공개적으로 로렌스 및 다른 사람들과 함께 공유했다.

그러나 이 '빨간 옷 여성'은 그것마저 가로챘고, 로렌스 록펠러와 CSETI의 열성적인 한 지지자의 돈을 전용하여 UFO 커뮤니티의 한 작가를 고용하고야 말았다. 작가는 정보들을 받아 재가공했고 그들의 이름으로 판권을 확보하는 방식으로 우리에게서 훔쳐갔다. 나중에 우리가 무료 공개 강의를 위해 그 자료들을 사용하려 하자, 그녀는 워싱턴 D.C.에서 가장 큰 법률회사를 고용해서 나를 고소하겠다고 협박했다! 얼마나 기가 막히던지……. 그들은 우리의 개념과 문서철의 제목까지도 그대로 훔쳐 갔다.

이러한 사건들에도 불구하고, 나는 로렌스와의 관계를 돈독히 해나갔다. 나는 로렌스와 그의 아름다운 아내 메리$_{Mary}$와 정말 멋진 시간들을 함께 보냈다. 회상컨대, 어느 날 저녁 로렌스와 나는 우리가 모임을 가졌던 롯지 근처의 나무 데크 위를 걷고 있었다. 그곳에는 머리장식을 하고 말을 타고서 별을 향해 팔을 뻗은 북미 아메리카 원주민의 동상이 있었다. 우리는 하늘을 올려다보며 이야기를 나누었다.

로렌스가 나를 돌아보며 말했다.

"자네는 이 문제가 공개되면 지구 위 모든 삶의 양상이 깊고도 광범위하게 바뀌리라는 걸 알고 있는 거지."

"맞습니다. 그래서 비밀이 되었고, 그래서 더욱 밝혀져야만 하지요." 내가 말했다. "저흰 선생님의 도움이 필요합니다."

"나도 돕고 싶네." 그가 말했다. "그러나 내 가족들은 내가 여기에 깊이 관여한다고 이미 길길이 뛰고 있네!"

"선생님께서는 아직 여기서 옳은 일을 하셔야 합니다."

"그건 너무 위험한 일이야."

"선생님께서는 연세도 많으시고 부자이시고 또 록펠러 가문의 한 분이잖습니까!"

"내 두 손은 묶여버렸네. 그러나 이건 알고 있지. 자네가 그걸 해야 하네. 이렇게 생각해보게. 그건 기러기 떼가 'V' 자를 이루어 나는 것과 같아. 자네가 앞에서 새로운 영역을 뚫고 나가면 우리가 그 뒤에 있을 것이네."

"아!" 나는 웃었다. "제가 맞바람을 다 막아선 뒤에요."

"하지만 나는 여기 뒤에 머물러 있어야 하네." 그가 말했다. "나는 거기 위에 있을 수가 없어. 가족들이 그렇게 하도록 놔두지 않을 걸세."

로렌스 록펠러 같은 사람들은 정말로 옳은 일을 하고 싶었지만 가족들이 자신의 날개에 족쇄를 채우도록 놔두었고, 그의 관심을 가로채려 안간힘을 쓰는 정보조직원들과 악당들은 그를 둘러싸고서 그가 주려고 했던 지원이라면 무엇이든 화장실로 보내버렸다.

하지만 로렌스 록펠러가 JY 목장에서 개인적으로 빌 클린턴 부부에게 건네주었던 브리핑 자료를 입수하게 된 일들을 비롯해서 좋은 일도 많았다.

클린턴 정부의 두 해 여름 동안 클린턴 부부가 록펠러 목장에서 휴가를 보냈다는 사실을 기억할지 모르겠다. 로렌스는 이 목장을 웨스트버지니아 출신의 상원의원 제이 록펠러Jay Rockefeller에게 주었지만, 아직 그것은 가족 목장이었다. 거기서 로렌스는 우리가 ET 문제에 대해 모은 정보들을 클린턴 부부와 함께 논의했었다. 로렌스는 이 정보를 적절한 사람들에게 알려주기 위해 진정으로 노력하고 있었다.

클린턴은 백악관에 돌아와 그 자료들을 다시 검토하며 한탄했다고 클린턴 부부의 한 친구가 내게 말해주었다. 그녀는 빌 클린턴의 말투를 완벽하게 재현했다―"이게 다 사실이라는 걸 알아, 하지만 빌어먹을! 그들은 내게 하나도 말해주려고 하질 않아. 빌어먹을 하나조차도!"

나중에 나는 뉴욕에 있는 소설가 주디스 그린Judith Green의 집에서 열리는 모임에서 발표를 해달라는 초대를 받았다 - 그녀는 파크애비뉴에 아파트를 갖고 있었다. 그곳에는 UN 사무총장의 아내 부트로스갈리 여사와 록펠러의 대리인들을 포함하여 '뉴욕소사이어티'의 상류층 인사들이 대거 모여 있었다.

나는 외계존재들과의 만남과, 그들과 조화롭게 살아가는 평화로운 세상을 만들기 위해서 무엇을 해야 하는지에 대해 연설했다. 내 이야기는 큰 호응을 받았고, 뒤이어 부트로스갈리 여사와 만나게 되었다.

하지만 언론과 UFO 관련 집단에서 만연하는 이야기들을 두고 오해하고 있는 사람들을 보고서 실망스러웠다. 가축 절단, 인간 생체 해부, 외계인의 강간과 그들과의 만남을 다루는 왜곡된 연구를 내놓는 사람들은 비밀집단과 그 부류들, 허위정보 부문의 연줄로부터 막대한 자금을 지원받는다. 그들은 허위정보를 조작해서 주류 언론과 UFO 관련 단체들은 물론, '외계의 것이라면 무엇이든 구매하는 소비자'인 대중들에게 넘기고 있으며, 또 대중들은 연구자들의 창작물인 두려움이라는 미끼가 달린 낚싯바늘과 낚싯줄과 봉돌까지도 덥석 물어 삼킨다.

그들은 이런 허위정보들을 포장하는 데 능숙하며, 두려움이라는 기본 방침을 지지하는 UFO 문화의 그런 부정적인 측면을 자극해야 재정적인 지원과 대중성 등을 보장받는다는 사실을 꿰뚫어 보고 있다. 유감스럽게도 어떤 사람들은 이런 내용을 사람들에게 경고하고 다니는 나를 좋게 보아줄 리가 없겠지만, 사람들은 이 집단이 연구자들을 속여서 허위정보를 만들어 내놓도록 하는 데 얼마나 교활한지를 알 필요가 있다.

예를 들면, 이른바 납치 연구자들은 이들 어둠의 집단들과 그들의 사주를 받은 사람들에게서 미리 귀띔을 받고 피랍되었던 사람들을 찾아간다. 흔히 이 피랍된 사람들은 비밀 준군사작전에 의해 철저히 운영되는 마인드컨트롤 실험에 납치되었던 사람들이다.

이 주제에 대해 대중에게 알려진 정보는 허위정보와 조작된 사건들로 워낙 오염되고 타락해서, 여러분은 정말이지 그런 정보들을 모조리 갖다 버리고 처음부터 다시 검토해야만 한다.

1990년에는 나는 이것이 사실이라고 생각하지 않았었지만, 1993년에 이에 대해 듣게 되었고 정보계통의 가장 깊고 가장 높은 수준에서 이 일을 직접 확인했다. 이들 어둠의 집단들과 인물들을 직접 만나면서, 이것은 더 이상 그저 추론이 아닌 진실임을 알게 되었던 것이다.

유감스럽게도 나는 이런 사실들을 얼마만큼 사람들에게 말해야 하는지에 대한 끔찍한 부담을 안고 살아야만 했다. 사람들에게 말하면, 세상이 속기를 바라는 그 조직들에 의해 사람들의 증오의 집중포화를 받게 될 것을 우리는 알고 있다. 이 거대한 허위정보 유포활동은 충분한 양의 황철석fool's gold*을 내놓으며 진짜 금덩이라고 사람들을 속이고 있다. 그리고 대부분의 사람들은 그것의 순도 분석을 하지도 않으며 해보려는 생각조차 하지 않는다.

그래서 모든 사람들이 황철석을 받아 들고는 그것을 진짜 금으로 착각한다. 왜일까? 지난 40~50년 동안 이 세력들이 사람들을 진실로부터 떼어놓고 유인하기 위한 가짜 데이터베이스와 가짜 신념체계를 구축하는 데 집중해왔기 때문이다.

* 색깔 때문에 종종 금과 혼동하는 금속.

이 어둠의 집단은 완전히 조작된 거짓 외계인 사건들을 선량한 사람들에게 강제 주입하고 있다. 비밀프로그램들은 매우 진보한 기술들을 사용해서 '외계인'들이 침략하는 것처럼 보이는 외계인 사건, 납치 또는 가축 절단을 연출해낸다. 사실 이런 활동은 뉴멕시코 또는 유타에 있는 한 시설에서 운영되고 있다. 여기에는 아무런 표식이 없는 헬리콥터와 급강하해서 가짜 사건들을 연출하도록 특수하게 훈련된 사람들이 동원된다. 이것은 세밀하게 계산된 심리전이며, 엄청난 이해관계가 깔려 있다. 그러한 선전의 목적은 아주 단순하다 - 무시무시하고 겁을 주는 충분한 정보를 흘려보내서 외계에서 오는 것들에 대한 마음속 깊은 두려움을 사람들의 의식 속에 심는 것이다. 결국 속아 넘어간 대중들은 행성 간의 무장분쟁을 지지할 만큼 충분히 세뇌될 것이다.

이 모든 것들이 준비 작업이거나 사람들을 '순응시키는' 허위정보와 마인드컨트롤 프로그램의 일환이다. 대중들에게 '알려준다informed'는 구실 아래 '잘못 알려주고 있는disinformed' 것이다. 또 이것의 일부인 민간 UFO 연구단체 안에는 자발적으로 속는 사람들도 있고, 본의 아니게 속는 사람들도 있다.

그들 대부분은 후자에 속한 사람들이다. 그들은 자신들이 이용당하고 있다는 사실조차 모른다.

그런데 누가 이런 일을 하고 있을까? 그것은 우리가 사회 과목에서 배운 '정부'처럼 직접적인 조직이 아니다. 무슨 정부일까? 어떤 정부일까? 바로 '그림자정부'이자 '비밀정부'다.

그러면 비밀 그림자정부가 직접 이런 일들을 통제하고 있을까? 사실은 그보다 더 미묘하다. 그들이 민간 UFO계에 요원들을 심어놓았을까? 그렇다. 놀랍게도 그중의 다수가 그렇다.

그들이 자신들의 목적을 이루는 방법 역시 놀랍다. 믿을 만한 충분한 허위정보와 충분한 거짓 사건들을 제시하면서, 그들은 연구자들이 이 날조된 사건들을 아무런 의심 없이 받아들이고, 다시 그것을 다양한 잡지와 책들을 통해 대중들에게 보고하도록 설득한다. 이 지독한 순환 고리는 계속된다. 대중들은 아무 생각 없이 이 보고들을 사실로 받아들인다.

복잡한 주제이기는 하지만, 사람들이 실제 외계존재에 의한 현상과 함께 '날조된 현상' 또는 거짓 현상도 있다는 사실을 모른다면 그들을 속이는 일은 정말이지 쉽다. 무한한 자금과 정교한 전자공학과 기술을 가졌다면, 이 악의에 찬 은밀한 집단들에게 그 정도의 일은 식은 죽 먹기다.

이 집단은 엄청난 재정자원을 가진 반면, 그 반대편에는 재정이 형편없는 아마추어들이나 취미로 UFO에 관심 갖는 민간단체들이 있다. 이것은 마치 '어린아이 손목 비틀기'와 같다.

이것은 우리가 판단할 수 있는 하나의 경험법칙이다. 다시 말해, 만일 그 배후에 많은 돈이 있고, 그것과 관련된 많은 정보들이 두렵고 으스스하고 소름 끼치는 것이라면, 일부러 아니면 부지불식간에 대중들에게 제공된 허위정보라고 보면 된다.

가축 절단의 경우 표식 없는 헬리콥터들과 특공대 방식의 작전이 이 '사건들'을 일으키고 있었다는 수많은 보고들에 대해서는 많은 사람들이 알지 못한다. 이런 사실은 연구 집단 내부에는 잘 알려져 있지만, 대중에게는 결코 공표되지 않는다. 그런 사건은 항상 외계인들이 우리의 무고한 가축들을 절단한 것으로 묘사된다!

이것을 생각해보자. 우리 대중들은 맥도널드에 가서 햄버거를 즐겨 먹는다. 그리고 이 사람들은 사악한 외계인들이 침략하고 있으며 우리의 불쌍한 소들에게 고통을 준다고 알고 있다! 오, 제발!

이 모든 일에는 심리전적인 요소가 있다. 이들 겁을 주는 시나리오들과 거래하는 사람들은, 그들이 부정적인 방향으로 가기만 하면 어떤 후원자들로부터 많은 자금과 후한 지원을 얻게 된다는 사실을 빠르게 간파한다. 그들이 그 방향으로 가지 않으면, 또는 진실을 말하기 시작하면, 모든 재정적 지원이 말라붙는다.

정확히 이 이유 때문에 CSETI와 디스클로저 프로젝트가 결코 큰 자금

후원을 받지 못했다. 우리는 거짓말하기를 거부한다. 우리는 부정적으로 가기를 거부한다. 그리고 우리는 사람들에게 겁을 주는 정보를 내놓기를 거부한다.

만일 내가 타우입실론Tau Epsilon에서 온 무서운 외계인에게 납치되어 생체 해부 당했거나 성폭행당했노라고 책을 쓴다면, 나는 엄청난 부자가 되어 은퇴할 거라고 공개적으로 말한 적이 있다. 책과 영화와 언론매체로부터 버는 돈이 더없이 풍족했을 것이다. 이것이 진실이다.

자, 이야기로 다시 돌아가자. 나는 록펠러 목장을 떠나 우리 군사고문과 또 한 명의 신사와 함께 곧바로 라이트패터슨 공군기지로 갔고, 카놀라Kanola 대령과 민간 정보조직원이면서 '기관의 정보조직원'으로도 생각되는 브루스 애쉬크로프트Bruce Ashcroft와 만났다.

우리는 1940년대 이후로 그곳에 있던 외계인의 사체나 잔해를 보러 간 것이 아니었다. 그 방문의 목적은 우리가 무슨 일을 하는지, 그리고 변화를 준비하기 위해 그들에게 이 일이 얼마나 중요한지를 브리핑하기 위해서였다. 합동참모본부에서 크레머 제독이 어떻게 이 만남을 명령했는지를, 그리고 사실 공군정보국장에게 압력을 넣었던 일을 기억할 것이다.

그 만남은 두 시간 정도 계속되었는데 그동안 나는 우리가 문제의 UFO들과 접촉했던 많은 경험에 대한 매우 분명한 사례를 보여주었다. 그들은 우리가 이런 정보들을 자신들에게 폭로하는 동안 종이에 거칠게 받아 적고 있었다. 우리는 이 정보가 대중들에게 공개되기에 적당한 시기임을 계속 강조했다.

어느 순간엔가 대령이 물었다. "이 생명체들이 적대적이라면?"

나는 그를 바라보다가 대답했다. "이거 아십니까? 그들의 기술은 엄청나게 발달해서 시공간의 구조를 바꾸기도 합니다. 그런 사실을 볼 때, 그들이 적대적이라면 대령님과 제가 이렇게 앉아서 이야기할 수도 없었을 겁니다. 그들이 적대적이라면 1나노초 안에 지구는 숯덩이가 되어 우주를 떠다니고 있을 거라는 걸 대령님도 아시잖습니까? 더구나 지난 수십 년 동안 우리가 그들에게 무모하고도 위험한 짓들을 해왔음에도 불구하고, 대령님과 제가 아직 지구의 맑은 공기를 마시고 있다는 사실이 그들의 비폭력성에 대한 충분한 증거가 되지 않을까요?"

그는 나를 빤히 바라보고만 있었다.

우리는 이 사람들에게 브리핑 자료들을 남겨두고 떠났다. 나중에 우리 군사고문이 컴퓨터시스템에 들어가서 보니 이 자료들 모두가 라이트 패터슨 기지 공군정보국의 기록보관소에 열람 가능한 상태로 보관되어 있었다. CSETI의 접촉이벤트들과 우리의 가장 유력한 증거들과 분석자료들이 모두 거기 컴퓨터시스템에 있었다.

그러나 그 자료가 고위층들 또는 그 보좌관들에게 열람되기 시작하자, 어느샌가 그것은 사라져버렸다. 그 뒤로 우리 자료를 다시는 보지 못했다!

이 경험에 대해 약간의 후기를 덧붙이자면, 나중에 크레머 제독은 다시는 이런 종류의 만남에 관여하면 안 된다는 말을 들었다고 했다. 우리의 군사고문이 제독을 다시 찾아갔을 때, 그의 보좌관은 손사래를 치며 말했다. "다시는 제독님께 그 문제로 오지 마십시오. 제독님은 더 이상 말씀하실 수가 없습니다!"

이 일이 있은 뒤 얼마 지나지 않아 그가 합동참모본부 정보부장에서 해군정보국장으로 승진했다는 소식을 듣고 우리가 놀랐으리라고 생각하는가?

나는 크레머 제독이 이 문제를 더 이상 밀어붙이지 않았던 일에 대한 보상을 받았다고 들었다. 그렇게 해서 해군정보국장으로 승진한 것이다. 여기서 정말 역설적인 것은 그가 이 주제에서 손을 뗀 일로 보상받은 뒤에도 틀림없이 이 주제에 대한 더 많은 정보를 받았을 거라는 점이다.

CHAPTER 15

CIA 국장과의 만남

CIA 국장에게 증거들을 넘겨주면서, 이 정보를 공개하여 비밀을 종식시키고 이 문제가 적정한 통제를 받을 수 있도록 되돌리는 데 필요한 사항들을 권고해준 것이다. 나는 당연히 어떤 행동이 취해지리라 기대하고 있었지만, 그는 나에게 물었다. "우리가 접근하지 못하는 것들을 어떻게 공개하죠?" 실망스러웠지만 나는 강조했다. "국장님께서 그것에 접근하셔야 합니다."

    1993년 가을 나는 그림자정부가 어떻게 비밀세계와 정부와 기업들뿐만 아니라 민간 매체들과 민간 UFO 커뮤니티에까지 파고들었는지에 대해 아주 빠르게 배워가고 있었다.

    록펠러와 만나고 라이트패터슨에서 브리핑을 한 뒤, 나는 울시 CIA 국장과 친분이 있는 사람과 다시 접촉했다. 그는 우리가 많은 경로를 통해 이 정보를 대통령뿐만 아니라 행정부의 여러 고위관료들에게도 전달해야 한다고 확신했다. 우리는 대통령의 과학고문, 록펠러, 그리고 우리의 노력을 지지하는 빌 클린턴의 한 친구를 통해 이 일을 하고 있었다. 이 사람의 동생도 백악관에 있었고 클린턴과 무척 밀접했다.

    우리 둘은 우호적이고 도움이 되는 방식으로 권력을 가진 사람들에게 접근하면서 이렇게 말하고 있었다. "이제 공개할 때가 됐습니다. 냉전은 끝나지 않았습니까. 이 외계비행선들이 실재하고, 냉전기간에는 정당했지만 더 이상 정당하지 않은 기밀 프로젝트들이 있다는 사실을 사람들에게 긍정적인 방법으로 공개할 기회의 창이 여기 있습니다. 공개는 지금 이루어져야 합니다. 우리에게는 과거와 결별할 수 있는 기회가 있습니다." 우리는 또 숨도 쉬지 않고 이어서 말했다. "당신이 하지 않으면 우리가 하겠습니다. 우리가 확실한 사례들을 충분히 모아서 방법을 찾겠습니다." 디스클로저 프로젝트가 하고자 하는 일이 정확히 이것이다.

이 신선한 추진력으로 우리는 정보 분야에 대한 더 깊은 통찰력이 필요하다는 결론을 내렸다. 제임스 울시는 1993년에 지명받았고 상원에 의해 CIA 국장으로 확정되었으며, 우리가 지금 1993년 9월의 이야기를 하고 있으므로 울시가 그 자리에 오른 지 얼마 되지 않은 때였다. 우리는 백악관의 고위 인사에게서, 사실 대통령뿐만 아니라 CIA 국장도 이 주제에 대한 진실이 무엇인지를 여러 경로를 통해 알아내려 한다는 사실을 알게 되었다. 우리는 또 그들이 완전히 속고 있다는 것도 들었다.

나는 1993년 가을에 이 CIA 국장의 친구가 페덱스FedEx로 보낸 편지를 갖고 있다. 거기에는 울시 국장이 UFO 문제에 대해 조사했지만 아무것도 찾아내지 못하고 속고만 있다는 내용이 적혀 있었다. 더구나 그들도 자신들이 속고 있음을 알고 있다고 했다! 그는 CIA 국장이 내가 워싱턴 D.C.에 와주기를 바란다고 했고, 또 내가 이 문제에 대해 CIA 국장에게 브리핑하는 최초의 인물이 될 거라는 말도 했다. 글쎄, 나는 그가 미쳤다고 생각했다. 나는 노스캐롤라이나의 시골 의사일 뿐이지 않은가. 게다가 내가 워싱턴 D.C.에 가서 비밀스러운 일로 CIA 국장을 만나야 한다고? 좋아!

솔직히 말하면, 나는 맨 처음 이것이 국장의 기만책임에 틀림없다고 생각했다. 국장이 나를 떠보려는 것 같았다. 다시 말해, CIA 국장은 모든 내용을 알고 있으면서 그저 우리가 뭘 알고 있는지, 그리고 우리가 뭘 하려고 하는지 알려 한다고 말이다. 결국 내 생각은 틀렸고, 울시와 대통령은 정말로 배제되어 있었다.

1993년 12월 13일, 나는 울시를 만나러 워싱턴 D.C.에 갔다. 명목상의 구실은 그의 친구 집에서의 저녁식사였다. 세 부부가 함께 만났는데 우리 부부, CIA 국장 부부, 그리고 그의 친구 부부 이렇게 여섯이었다. 기쁘게도 CIA 국장의 아내는 '미국과학아카데미National Academy of Sciences, NAS'의 운영책임자였으므로, 우리에게는 일석이조나 다름없었다. 알고 보니 그 집의 안주인은 그날 당일까지 저녁식사에 누가 오는지도 모르고 있었다! 상상이 되는가? "여보, 저녁에 누가 오는지 맞춰봐요. 바로 CIA 국장과 UFO 전문가인 닥터 그리어가 올 거요." 집에 와서 아내에게 이렇게 말한다는 것이 상상이나 되는 일일까?

늦은 오후 에밀리와 함께 국장의 친구 집에 도착했던 일이 생각난다. 나는 온갖 자료들로 꽉 찬 서류가방을 들고 갔다. 우리는 우리가 무엇을 해야 하는지에 대해 토론했지만, 이 만남이 얼마나 길어질지는 알지 못했다. 우리 모두는 이것이 CIA 국장에게는 아주 중요한 브리핑이라는 점을 알고 있었다. 그는 인류역사를 통틀어 가장 중요한 비밀에 대해 속고 있었다. 그의 아내는 자신의 차로 먼저 도착했고, 국장은 비밀정보부의 경호를 받으며 도착했다. 서로 인사를 나눈 뒤, 자료들, 문서들, 사진들, 사례들과 그 밖의 것들을 가지고 설명한 지 10분쯤 지났을 때 국장이 말했다. "그래요, 난 이게 사실이라는 걸 알아요."

국장 부부는 몇 해 전 뉴햄프셔에서 실제로 UFO를 목격한 적이 있었기 때문에 그는 그들의 존재를 의심하지 않았다. 그러나 그가 알고 싶었던 내용은 이것이었다. 왜 그는 이에 대해 아무것도 들을 수 없는 건가? 또 그것을 다루는 비밀프로젝트들이 있는 것인가? 그리고 외계존재들이 왜 여기 와 있는가? 마지막으로, 이 모든 사안들이 무엇을 의미하는 걸까?

그와 같은 고위관료들은 이런 주제에 대해서라면 뒤돌아서 웃을 거라고 사람들은 흔히 생각한다. 그러나 아니었다! 이 사람은 눈에 띌 정도로 흔들리고 있었다. 그는 CIA 국장으로서 자신과 대통령에게 이런 중요한 사안이 허락되지 않는다는 사실에 깊이 분노하고 있었다. 너무도 분노한 나머지 어느 시점에서는 그가 정말 무너져서 흐느낄 것만 같았다. 나는 사안의 중대성을 볼 때 그의 반응이 전적으로 타당한 것이라고 생각했고, 이 만남의 결과에 대해 희망을 갖게 되었다.

애초에는 반시간 정도 걸릴 거라고 생각했던 브리핑은 거의 세 시간 가량이나 이어졌다. 그동안 우리는 그가 알고 싶어 하는 모든 것들에 대해 이야기를 나누었다. 또 그에게 외계존재들이 왜 여기 있는지를 말해주었고, 왜 이것이 비밀에 싸여 있는지 설명해주었다. 그리고 문제를 바로잡기 위해서는 정확히 무엇을 해야 하는지에 대해서도 설명했다.

나는 이것이 내가 떠맡기에는 너무 끔찍한 책임이라는 점을 정확하게 인식하고 있었다. 중대한 상황이었다. 나는 분명 세상에게 가장 힘 있어 보이는 사람들 가운데 한 명을 상대하고 있었고, 동시에 그가 발가벗겨진 황제라는 사실을 발견했다! 나는 이 정보가 현 체제 안에서 사라져버렸고, 세계에서 가장 힘 있는 나라를 움직이는 사람들마저도 거부당하고 있음을 알았다. 그때 나는 이 나라를 움직이는 사람들은 전혀 이들이 아니라, 실제로는 그림자정부가 모든 일을 움직이고 있다는 사실을 현직 CIA 국장으로부터 확인하고 있었다.

나는 그 정도 위치의 권력과 지위를 가진 사람이 실제로는 배제되고 있다는 사실에 처절한 회의감을 느끼면서도 그가 얼마나 많이 배제되고 있는가를 이해할 수 있었다. 이것은 CIA 국장뿐만 아니라 미국 대통령도 마찬가지였다. 이런 위치의 권위와 책임을 가진 사람들이 완벽하게 속고 있다는 점에서, 우리가 입헌공화국이며 민주정부라고 생각하는 체제 속에도 심각한 역기능이 깊이 뿌리박고 있음을 깨달은 것이 이때였다. 나는 그들 프로젝트들에 대한 접근을 거부당하는 CIA 국장, 대통령과 여러 많은 사람들이 속고 있다는 의구심이 들었다.

그러나 지금까지 현직 CIA 국장, 상원정보위원회의 현직 의원들, 그리고 이와 비슷한 세계 여러 나라의 고위관료들을 만나고, 그들의 표정과 몸짓과 반응을 보아온 결과, 나는 그들이 큰 언론매체들에서 묘사되는 모습과는 사실상 다르다는 것을 장담한다.

나는 이들 외계존재들이 평화로운 목적으로 와 있다는 관점을 울시와 공유했다. 그리고 목격되는 많은 UFO들이 미국과 그 밖의 도처에서 진행되는 비밀프로그램이 만든 비행체들이라는 사실과, 이들의 배후에 있는 기술은 대단히 막강하며 또 잘못된 손에 들어가 있음을 설명해주었다. 또한 이 문제가 헌법의 통제 밑에서 다뤄져야 하며 그것은 오직 대통령에 의해서만 가능하다는 점을 강조했다. 힘없는 배후위치의 기관인 의회가 조사를 실행에 옮길 수는 있지만, 사실 행정부의 구조, 그리고 행정부의 명령계통에 대한 감독권과 직접적인 통제권을 볼 때, 이 문제를 다루기 위한 지도력은 행정부, 곧 대통령으로부터 나와야만 한다.

그 모임이 끝날 무렵, 우리가 뒤이어 출간한 권고사항들을 그에게 건네준 일을 기억한다. 다시 말하자면, 현직 CIA 국장의 손에 증거들을 넘겨주면서, 이 정보를 공개하여 비밀을 종식시키고, 이 문제가 적정한 통제와 관리를 받을 수 있도록 되돌리는 데 필요한 사항들을 권고해준 것이다. 나는 당연히 어떤 행동이 취해지리라 기대하고 있었지만, 그가 나에게 물었던 질문은 이것이었다. "우리가 접근하지 못하는 것들을 어떻게 공개하죠?" 실망스러웠지만 나는 다시 강조했다. "국장님께서 그것을 통제하셔야 합니다. 국장님께서 그것에 접근하셔야 합니다." 그는 먼 곳으로 눈길을 돌렸다. 그는 무슨 문제가 걸려 있는지 알고 있었다.

저녁을 먹기 위해 우리는 식탁에 앉았다. 국장 부부가 내 맞은편에 앉았다. 우리는 여기서 제기된 모든 주제들에 대해 토론했다. 마침내 국장의 아내 울시 박사가 물었다. "선생님은 이 우주선들이 그 먼 거리를 가로질러 어떻게 연락하는지 알고 계세요?"

그 순간 나는 잠시 고민에 빠졌던 기억이 난다. 사실을 말하고 나에 대한 신뢰를 모두 포기해야 하나? 아니면 거짓말이나 사실을 편집한 내용을 말해주고 체면이나 유지해야 하나? 그러나 아무리 터무니없게 들린다 해도 사실을 말해야 할 듯했다. 그래서 말했다. "이 외계문명들은 공간과 시간의 구조와 비국소성을 파악했습니다." 나는 사람들의 어리둥절한 표정을 보고 자세하게 설명해야 한다고 생각했다. "이렇습니다. 우리 은하계를 가로지르는 데는 10만 광년이 걸립니다. 가장 가까운 행성계는 우리로부터 그 1퍼센트인 1,000광년 떨어진 곳에 있다고 생각됩니다. 이렇게 예를 들어보겠습니다. 여러분이 그 행성계와 연락하려 한다면, 여러분이 '안녕하세요?'라고 말하고 그들이 '예, 안녕하세요? 어떻게 지내세요?' 하고 대답을 보내오는 데만 2,000년이 걸립니다. 어떻게, 왜 그럴까요? 1광년은 전통적인 전자기파가 초당 30만 킬로미터 정도의 속도로 1년 동안 가는 거리입니다. 그래서 1,000광년은 우리가 거기에 메시지를 보내는 데 우리 시간으로 1,000년이 걸리고, 답장을 받는데 다시 1,000년이 걸린다는 말입니다. 그것도 우리 은하계 길이의 1퍼센트밖에 되지 않는 곳에요!"

나는 말을 이었다. "빛의 속도는 너무 느립니다. 그것은 행성 사이의 교류를 시작할 때 쓸 만한 소통 또는 여행 수단이 아닙니다. 솔직히 말해 우리가 빛의 속도를 넘어서지 않으면 우리 태양계 끝이나 간신히 가

볼 수 있습니다. 이것은 여기 와 있는 문명들이 빛의 속도를 뛰어넘는, 이것을 저는 빛의 횡단점the crossing point of light이라고 부릅니다만, 그런 기술과 과학을 가졌다는 것을 말합니다. 그것을 통달했다면 그들은 전자기, 물질, 공간, 시간과 의식이 모두 하나로 만나는 연결점을 발견한 것입니다." 사실 그것은 "생각은 가장 좋은 여행방법이다."라는 무디 블루스Moody Blues의 노래 가사와도 같다.

나는 이들 외계문명들이 기술기반의 의식체계는 물론 의식기반의 기술도 갖고 있어서, 마음과 생각과 특수 물리학과 전자기학의 상호접속이 가능하다는 점을 설명했다. 그래서 그들이 서로 연락을 취할 때는 어떤 메시지가 여기 지구 위의 A지점에서 1,000광년 떨어진 고향 행성의 B지점까지 실시간으로 전달된다. 이것은 그 메시지가 선형적인 시공간을 버리고 우주의 이 비국소적인 특성을 이용하기 때문이다. 이것은 아주 정교한 물리학 이론을 사용할 뿐만 아니라 생각과 의식의 영역까지도 망라하고 있다. 그들이 어떤 장치를 향해 생각하거나 어떤 장치와 접속되면, 그 장치는 그 신호와 메시지를 다른 지점에 즉각적으로 그리고 정확하게 전달한다 – 이것은 기술적인 것이며 단지 '텔레파시'적인 것만은 아니다. 정보와 심상들은 거리에 상관없이 실시간에 비국소적으로 우주의 다른 지점에 보내진다. 이것은 두 지점이 동시에 공명하는 것과 같다. 이 신호는 한 지점에서 다른 점으로 선형적인 시공간을 건너뛰어 간다.

가만히 듣고 있던 울시 박사가 말했다. "저도 그래야 할 거라고 생각했어요." 그녀는 정말로 이해하고 있었다.

우주를 여행하는 문명들에 관심이 있다면, 그들이 의식, 생각, 전자기, 그리고 비국소성을 아우르는 과학에 통달했다는 사실을 이해하는 것이 중요하다. 이런 이유로 CSETI 프로토콜에는 비국소성과 의식, 그리고 유도되는 일관된 의념에 관한 내용들이 들어 있다. 이것은 우리가 레이저나 라디오나 휴대전화로부터 나오는 전자기 신호를 포착하는 것만큼이나 뚜렷하게, 그들이 일관되고 유도된 생각의 신호를 포착하는 기술을 가지고 있기 때문이다. 그것은 아주 과학적이고 정확히 검증 가능하다 - 지금 우리 세상에는 널리 알려지지 않은 과학이다.

이제는 많은 사람들이 이 개념을 이해할 수 있다고 나는 믿는다. 감사하게도 지금 충분히 많은 사람들이 우주를 후기양자역학적으로 이해하게 되었다. 나를 도왔던 이 주제를 다루는 비밀 항공우주업체와 전자업계에 있는 많은 사람들은, 그들이 정확히 그런 기능을 하는 외계의 통신장치들을 수거하여 보관하고 있다는 사실을 확인해주었다 - 그것들은 생각과 의식에 연결되어 반응하며, 그렇게 하도록 튜닝된다.

CIA 국장 부부와 보낸 시간들은 분명 다사다난하면서도 흥미진진했다. 모임이 끝나갈 무렵 나는 그가 이 정보를 무척 반가워하고 또 대단한 관심을 가졌다는 것을 느꼈다. 그러나 그가 "우리가 접근하지 못하는 것들을 어떻게 공개하죠?"라고 묻는 순간에는 깊은 비애와 슬픔도 느꼈다. 나는 그때 우리 앞에 엄청난 도전이 기다리고 있음을 깨달았다. 아이젠하워Dwight Eisenhower가 군산복합체, 그리고 우리의 자유와 안전에 대한 과도한 위협을 조심하라고 경고했던 일이 생각난다. 아이젠하워가 우리에게 경고했던 그것은 정말 방대한 규모의 역기능을 초래하는 수준으로까지 완전히 성장해버렸고, 나는 그것을 직접 목격하고 있었다.

우리가 작별인사를 할 때, 나는 우리가 집 안에 있는 내내, 그곳이 감시되고 있었음을 알았다. 우리는 집 밖에서 국장을 수행한 비밀정보부 사람들을 보았다. 당연히 그들에게는 장비차량과 이어폰을 낀 무장경호원들이 있었다. 작업 중이었다!

그 만남은 여러 가지로 충격적이었다. 그러나 내가 진실을 알게 된 것은 감사한 일이었다.

CHAPTER 16

미국 대통령 위의 권력

그렇게 일은 위기에서 위기로 흘러갔고, 나는 미국과 다른 모든 나라들의 정부는, B2 스텔스 폭격기 주위를 빙빙 돌 수 있는 기술을 갖고 있고, 마음대로 대통령 임기를 끝내버리거나 방해가 되는 사람은 누구든지 없애버릴 수 있는, 불법적이고 악랄한 집단들의 인질이라는 사실을 깨닫게 되었다. 지구 위에서 가장 거대한 권력 회랑의 내부에 있는 사람들로부터 나는 이것을 확실히 알게 되었다.

    1993년 CIA 국장에게 브리핑하기 전, 고위층 인사들을 만나기 위해 접촉하면서 우리는 우리 활동을 '프로젝트 스타라이트'라고 이름 붙였다. 우리가 초기에 불렀던 이름이 그것이었다. 그것에 깔린 철학은 엄밀하게 시험되고 증명된 절대적으로 유용한 최고의 증거들을 모으고, 비밀프로그램들과 사건들에 관한 군대, 기업과 정보계통의 증인들을 찾아내는 것이었다. 그런 다음 정보의 공개에 앞서 대통령과 정보계통과 군사관계자들, 의회, UN 지도자와 세계의 여러 지도자들에게 사실을 알리는 것이 그 목적이었다.

    우리는 세상을 움직이는 체제에 적어도 한 번의 기회를 주는 일이 결정적으로 중요하다는 점을 알고 있었다. 세상의 합법적인 지도자들에게 먼저 충분히 알려서 그들의 동참을 권하지도 않고, 단순히 그들에게 거칠게 밀고 들어가서 이 모든 민감한 정보들을 폭로해버리는 것이 우리 의도가 아니었다는 사실을 이해하는 일이 중요하다. 그 당시에는 많은 사람들이 내가 어리석고 순진해빠져서 '그들'에게는 이 논란의 여지가 많은 문제가 결코 먹혀 들어가지는 않을 거라고 생각했다. 하지만 요점은 그게 아니었다! 우리 관점에서 볼 때 요점은 우리가 그들에게 적어도 옳은 일을 할 기회를 주어야 할 도덕적인 책임감을 가졌었다는 점이고, 그들이 옳은 일을 하지 않으면 그것은 그들의 양심에 관한 문제이지 우리의 문제는 아니라는 점이었다.

나는 우리가 이 지도자들에게 현 상황에 대한 분석을 제공하고 다음과 같이 말해주어야 할 의무감을 강하게 느끼고 있었다. "이것이 외부집단(디스클로저 프로젝트와 CSETI)이 아닌 당신이 완수해야 할 일이라면, 이 일에서 지도자 역할을 맡아주셔야 합니다. 당신에게는 냉전이 끝난 뒤에 주어진, 잘못된 정보의 이 순환 고리를 끊어버릴 이상적인 기회가 열려 있습니다. 새롭게 출발하시길 바랍니다."

울시 국장을 만난 뒤로 버드Byrd 상원의원의 수석조사관과 상원세출위원회의 고문을 함께 만나는 자리가 마련되었다. 버드 상원의원은 당시 이 위원회의 위원장이었고 강력한 힘을 쥐고 있었다. 그 고문의 이름은 딕 다마토Dick D'Amato였다 – 뉴저지 주 출신의 다마토 상원의원과 혼동하지 않기를 바란다. 다마토는 극비사항에 대한 승인권과 상원세출위원회로부터의 소환장을 발부하는 권한을 갖고 있었다.

우리는 상원세출위원회의 회의실에서 만났다 – 그 방은 거대하고 화려하게 장식되었으며 엄청나게 큰 테이블 위에는 위원들의 명패가 놓여 있었다. 고문은 나에게 말했다. "나는 버드 의원님과 여러 사람들로부터 이 문제들에 대해 조사하라는 요청을 받아왔고, 우리는 이 비밀프로젝트들이 존재한다는 사실을 충분히 알게 되었습니다. 하지만 극비사항에 대한 승인권과 세출위원회의 소환장을 발부하는 힘을 가진 나로서도 이 프로젝트들에 뚫고 들어가지 못한다는 점을 선생께 말하는 바입니다." 그는 나를 바라보다가 – 나는 그 눈길을 결코 잊지 못한다 – 말을 이었다. "선생은 지금 모든 검은 프로젝트들의 대표 팀을 상대하고 있으니, 조심하세요. 그리고 행운을 빕니다." 그렇게 대화는 끝났다.

딕 다마토와 같은 사람들은 이것이 사실임을 알고 있지만, 그들은 손을 대거나 거기 들어가는 비용을 통제하지 못한다.

이 프로젝트들에 접근하는 일은 서열이나 지위와는 아무런 관계가 없다. 오로지 여러분이 그 비밀과 함께 가느냐 아니냐에 달려 있다. 이것이 그 문제에 대한 유일한 판단기준이다. 그들의 어젠다에 동참하느냐 아니냐의 문제인 것이다.

그것을 장악해서는 안 되지만 그렇게 하고 있는 사람들은 불법적이고 악의에 찬 분산조직들로 이루어져 있는데, 그들은 초국가적이며 그 구성원들은 냉혹하고 살인도 서슴지 않을뿐더러 아무런 합법적인 자격도 없이 활동하고 있다. 앞에서 말한 것처럼 강력한 기술들을 포함해서 이처럼 근본적으로 중요한 일을 마주하게 되면, 수십 년 동안 이 가면무도회가 아무런 저지도 받지 않은 채 계속되도록 허용하고 있는 세상의 위기를 알아차리기 시작한다.

1994년, CIA 국장에게 브리핑한 뒤에 빌 클린턴의 한 친구가 내 집에 왔다. 그는 무척 느긋하고 사근사근한 사람이었다. 그가 말했다. "선생이 권고하는 내용에 모든 사람들이 동의하고 있습니다. 그렇지만 만일 선생이 대통령과 CIA 국장에게 제안한 대로 대통령이 이 비밀활동들에 힘을 행사하여 그것을 공개한다면, 그는 잭 케네디John. F. Kennedy처럼 끝나고 말 거라는 공감대가 있습니다."

솔직히 말해 나는 그가 농담을 한다고 생각해서 크게 웃었다. 나는 정말 그렇게 생각했다. "아아, 이러지 마세요." 하지만 아니었다. 그는 굉장히 심각했다. 그리고 자신도 농담이 아니라고 분명히 말했다.

그렇게 일은 위기에서 위기로 흘러갔고, 나는 미국과 다른 모든 나라들의 정부는, B2 스텔스 폭격기 주위를 빙빙 돌 수 있는 기술을 갖고 있고, 마음대로 대통령 임기를 끝내버리거나 방해가 되는 사람은 누구든지 없애버릴 수 있는, 불법적이고 악랄한 집단들의 인질이라는 사실을 깨닫게 되었다. 지구 위에서 가장 거대한 권력 회랑의 내부에 있는 사람들로부터 나는 이것을 확실히 알게 되었다.

분명히 이러한 사실은 나를 무겁게 짓눌렀다. 나는 1992년에서 1998년 사이의 6년 동안이 나에게는 극도의 정신적 외상을 줄 정도의 기간이었다고 말하곤 한다. 나는 의연했고 공개적으로는 계속 앞으로 나아갔지만, 깊은 개인적 수준에서는 비탄에 빠져 있었다. 나는 우리 일에 대한 신념을 결코 잃지 않았지만, 이 임무가 지대하다는 점과 시간이 늦었다는 점, 그리고 사람들과의 관계는 더 증진될 수 없다는 점은 아주 분명했다.

1994년 초에 나는 뉴욕으로 돌아가서 로렌스 록펠러와 얼마간의 시간을 보냈다. 그리고 UN과 여러 조직들에 관계된 뉴욕 시의 많은 사람들도 만났다. 우리는 다양한 권력층들 속으로 걸어 들어가서 이 정보를 그들의 손에 쥐여주었다. 어떤 면에서 나는 그들의 우주적 손잡이가 되어 있었다. 나는 UN 사무총장의 아내나 CIA 국장 또는 대통령의 친한 친구 또는 국방부 고위간부들과 앉아서 무슨 일이 벌어지고 있는지를 말해주고 이해시키려 했다. 그것을 받아들이는 과정은 죽음과 임종의 단계와 비슷하다. 그들은 처음에는 부정하다가 화를 내고 다시 충격 받았다가 비탄에 잠기는 등등 모든 종류의 반응을 보였다. 그리고 점점 그와 똑같은 행동을 하고 있는 나 자신을 발견하고 있었다.

이들 거대한 부와 권력을 가진 집단들 속에서는 온갖 종류의 배신이 생긴다. 우리와 함께 일하던 일부 사람들은 그림자정부 내부조직을 위해 신념을 버리기도 했다. MK 대령, T.E. 장군, 갑부인 네바다의 사업가 W.B.와 같은 사람들이 이끄는 민간 UFO 커뮤니티는 이 내부조직과 결속하고 있다.

그런 사람 가운데 하나는 나를 속이고, 록펠러의 사람들에게 나를 헐뜯어서 록펠러가 우리 프로젝트를 지원하는 데 쓰고자 했던 돈을 가로채 자신의 기관으로 가져가기도 했다.

몹시 스트레스가 많은 직업인 응급실 의사로 일하면서 네 아이를 키우는 내 처지는 이 독사의 소굴로 내던져진 격이 되었다. 한가한 생각이 나 하고 있을 여유가 없었다! 정말로 포기하고 싶은 때도 있었지만 우리가 추구하는 목적과 비전에 나는 여전히 연결되어 있었으므로 그럴 수는 없었다. 나는 우리가 꿈꾸는 세상을 만들 수 있는 먼 지평에서 눈을 떼지 않으려 노력했다. 그 지평은 시간적으로는 그리 멀지 않았지만 이루어져야 할 일들은 아직 요원하기만 했다.

그런 상황에서 내가 의도적으로 마음을 모은 것은 바로 확신과 믿음이었다.

이 모든 것들을 비밀로 지키고 있는 맞물린 이해관계들의 칸칸이 분리된 본질을 이해해야 한다. 그들은 주로 기업, 기관, 재계와 기술 영역에 있는 사람들이다. '민주시민'의 정부는 그 가운데서 가장 중요성이 낮은 부분이며, 여기에는 군대, CIA, NSA, '국립정찰국National Reconnaissance Office, NRO', 육군정보국, 공군정보국이 있지만 이 모두는 전적으로 그 밖에서 이루어지는 활동을 위한 겉치레 장식들일 뿐이다. 진짜 활동들은 준정부적이지만 대부분 민영화되고 아주 초국가적이면서, 완전히 불법적인 혼성집단에 의해서 이루어진다.

내가 CIA 국장을 만난 뒤 이 집단의 우두머리들의 일부가 만나자는 뜻을 전해왔다. CIA 국장과의 만남을 위해 미리 접촉하던 나는 누구든지 우리의 만남에 대해 알 수 있다는 그의 말에 경악했다. 울시는 페덱스로 나와 연락하고 있었고, 공중전화로 이야기하고 싶어 했다. 그것도 암호로 말이다!

나는 그에게 이렇게 말했다. "우리가 그 일을 몰래 추진할 필요는 없을 것 같습니다. 우리가 맞서고 있는 그 집단은 국장님께서 사용하는 어떤 방법도 무색하게 할 만한 기술을 가지고 있습니다." 사실 그는 클린턴 정부의 해군성장관 후보자 명단에 올라 있었다. 따라서 그는 이 비밀세계에 대해 아주 잘 알고 있었다. 그러나 전통적인 군과 정보계통에 몸담고 있었을 뿐이었다. 나는 우리가 무엇에 맞서야 하는지를 알았지만, 그는 그렇지 못했다. 그래서 그는 이렇게 말했다. "아니, 우리가 이 일을 해야 합니다. 선생은 단지 의사일 뿐이에요! 나는 이 모든 분야들에 몸담아봤고, 우리는 신중해야 합니다." 나는 그를 달래주는 수밖에 없었다.

나는 그에게 이 비밀집단의 감시망을 피해갈 방법은 없음을 설명했다. 그들은 전자공학이 걸어온 모든 세대를 단번에 건너뛰게 해줄 비국소적인 '스칼라scalar' 기술들을 갖고 있기 때문이다. NSA와 NRO의 최첨단 기술마저도 그들의 기술과는 비교할 수조차 없는데, 그들은 의식과의 접속이 가능한 전자장치를 갖고 있어서 항상 실시간으로 감시할 수 있기 때문이다. 물론 그는 이것을 알지 못했다. 나는 그것을 알고 있었고, 나를 원격투시로 보고 있는 그들을 나 또한 원격투시로 보았다.

좌우지간 나는 그의 계획에 동의했다. 그러나 1993년 12월 13일의 모임에 가기 전 애리조나의 비밀 군사프로젝트들에 관련되어 있는 사람이 나를 찾아와서 말했다. "당신이 모월 모일에 울시 국장을 만나려 한다는 걸 알고 있소." 내가 말했다. "긍정도 부정도 않겠지만, 그쪽에서 그걸 말한다는 게 우습지 않아요?"

나는 이 일을 울시 국장과의 만남에서 이야기했고 그를 겨우 진정시켜야만 했다! 그는 분통을 터트렸다. "도대체 어떻게 알아낸 거야!" 나는 말했다. "머제스틱MJ입니다. 국장님께서는 못 들어보셨을 겁니다." 문제는 이것이었다. 대부분의 사람들은 너무 오만해서 자신이 모른다는 것을 알지 못한다는 것 말이다.

이것도 언급해야 할 것 같다. 1994년 겨울에 뉴욕에 가서 6번가의 힐튼 호텔에 있을 때 어느 '리포터'로부터 전화를 받았다.

"저는《월스트리트저널》의 프리랜서 리포터입니다. 선생께서 UFO와 외계존재들에 관한 일로 울시 제독과 만난 걸로 알고 있습니다. 그 일에 대해 이야기해주시겠습니까?"

나는 부정은 하지 않고 이렇게만 물었다.

"당신은 정말로 현직 CIA 국장이 UFO나 외계존재 같은 문제로 노스캐롤라이나의 시골 의사와 만날 거라고 생각하는 겁니까?"

"글쎄요, 아니요, 아닐 것 같습니다."

"그렇죠?"

이렇게 말하고 전화를 끊었다. 그게 다였다. 하지만 이 일은 언론마저도 우리의 활동을 감시하고 있는 정보조직과 관련되어 있다는 사실을 알게 해주었다.

이즈음인 1994년 초반 비밀 그림자집단과 계약을 맺고 일하는 사람이 전화를 걸어왔다. 이 집단은 CIA 내부에 조직을 갖고 있었다.

"우리는 선생께서 어서 이 일을 마무리하길 진심으로 고대하고 있습니다. 서둘러주세요!"

"서두르라니요, 무슨 말씀입니까?"

"우리는 누군가가 나타나서 우리를 위해서라도 이 일을 해주기를 기다려왔습니다. 이 비밀집단의 적어도 3분의 1의 사람들이 이 문제가 공개되기를 원하고 있습니다. 하지만 우리는 그렇게 하지 못합니다······."

"도대체 제가 누구라고 생각하는 겁니까? 저는 여기 노스캐롤라이나의 시골 의사일 뿐입니다. 빈 깡통일 뿐이란 말예요!"

"글쎄요, 그렇지 않습니다. 선생은 이해하지 못합니다. 우리는 무대 뒤에서만 일해야 합니다."

"오, 맙소사!"

급기야 그는 나를 만나러 날아왔고 우리는 애쉬빌에 있는 그로브파크 인Grove Park Inn에서 만났다. 그때 그가 했던 말을 결코 잊을 수가 없다.

"선생께서 우리나 대통령에게 전할 말이 있으면 그냥 수화기를 들기만 하면 됩니다. 번호는 누르지 마세요. 그냥 말하세요. 아니면 서재에 앉아서 벽에다 대고 말하세요. 그게 좋다면요. 모든 게 실시간으로 감시되고 있기 때문이죠."

"예, 알고 있어요."

"그걸 어떻게 알았죠?"

나는 그들이 실수했고 감청장치를 열어둔 채 놔둔 적이 여러 번 있었다고 말해주었다. 그 일은 에밀리에게도, 그리고 나에게도 생겼었다.

한번은 집 전화 수화기를 들었는데, 통제실의 소리가 들렸다. 신호음 대신 사람들이 이야기하는 소리가 들렸다. 그래서 물었다.

"누구세요?"

외국 말투가 많이 섞인 목소리의 여성이 말했다.

"오, 이런, 그리어 씨잖아."

"닥터 그리어요. 젠장."

그리고 전화를 끊어버렸다. 그 당시 나는 이런 일들로 몹시 화가 났다. 하지만 지금은 별로 신경 쓰지 않는다.

그래서 이 남자에게 말했다.

"맞아요. 그게 사실이라는 걸 저도 알아요."

"하지만 말입니다, 이 일은 꼭 이루어져야 합니다."

"하지만 왜 그쪽 분들이 하지 않습니까?"

"오, 안 돼요. 너무 위험해요."

그는 9월에 로렌스 록펠러가 그의 목장에서 했던 것과 똑같은 말을 하고 있었다.

이쯤이면 계속 반복되는 주제를 알게 되었을 것이다. 그 집단 내부에 깊이 관여하면서 진실의 공개를 원하는 사람들이 있지만, 그들은 이 불법적이고 폭력적인 집단을 두려워하고 있다는 것을.

그를 만난 뒤인 1994년 겨울 나는 그 내부자들로부터 피닉스Phoenix로 오라는 초대를 받았다. 그들과 만난 곳은 리글리 맨션Wrigley Mansion이었다. 이 맨션은 츄잉 껌으로 유명한 리글리 집안이 지었고, 이 비밀집단 속의 어느 조직이 인수했다. 그림자조직의 사람들이 많이 와 있었다. 밤이 깊은 시간의 만남이었다.

이 조직에 관련되어 있던 한 유명한 사업가는 이 조직이 그의 돈을 짜내는 동안 약물과 일종의 마인드컨트롤로 조종되고 있었다. 그들은 이 비밀활동에 그의 돈을 사용했다. 이 집단의 수법과 동기는 어둠 속에 가려져 있다. 나는 사람들에게 말한다. 내가 보고 알게 된 것들의 10에서 15퍼센트 이상은 듣고 싶지도 않을 것들이라고. 그것은 너무도 충격적인 나머지 그것을 들은 대부분의 사람들은 스스로 목숨을 끊어버리고 싶을 정도라고. 그런데도 많은 이들이 듣기를 원했다.

우리는 리글리 맨션에서 회의탁자 주위에 모여 앉았다. 대화의 주제는 UFO 관련 정보를 공개하고 외계존재들과 접촉하는 것이었다. 잠시 쉬는 시간에 한 남자가 나를 발코니로 데려가더니 말했다. "우리는 선생이 이 문제로 CIA 국장과 만났고, 대통령에게도 정보를 제공한 걸로 알고 있습니다. 하지만 그 사람들은 아무것도 모르고 또 결코 아무것도 알아내지 못할 거라는 점을 선생은 아셔야 합니다. 선생은 우리 같은 사람들과 이야기해야 한다는 점을 이해하셔야 합니다. 이 일을 다루는 사람들은 정부와 많은 '공적인' 계약을 맺고 일하는 사람들입니다. 선생은 모두뇌집단들과 만나야 합니다. 또 모 종교계와 기술이전을 통제하고 있는 예수회의 모 계통과도 만나야 합니다. 그리고 또……." 그는 리스트 모두를 내게 말해주었다.

이 사람은 머리가 돈 것이 틀림없어 보였다. 하지만 그가 했던 말 한 마디 한 마디가 모두 사실이었음을 알게 되었다 – 그 모든 내용들이 몇 달 안에 확인되었다.

일은 갈수록 혼란스러워졌다. 그림자정부 안의 이 집단 또는 조직은 우리가 하는 일을 저지하려 하고 있었다. 이때가 1994년임을 기억하기 바란다. 이 집단의 구성원이었던 전직 육군정보국장이 1992년에 나에게 위원회의 한 자리를 제안했었다. 유혹은 계속되었지만 나는 내 길에서 벗어나지 않았다. 나는 그런 사람이기 때문이다.

이 남자가 말했다.

"우리는 진심으로 선생을 도울 수 있습니다."

"무슨 말씀이죠?"

"글쎄요, 선생이 이 일에 도움이 필요하다면, 그냥 우리가 돕게 해주세요."

"어떻게 우리를 도울 생각을 하십니까?"

"선생은 의사입니다, 그렇죠? 그래서 신용이 꽤 좋더군요. 이미 파악했죠."

"아, 그래요? 잘하셨네요."

"선생이 플래티넘 카드와 골드 카드들을 가진 것을 압니다. 그것들을 최대한 쓰기만 하세요. 매달 5만 달러든, 10만 달러든. 선생이 원하는 만큼 쓰세요. 그리고 우리에게 카드 번호만 주세요. 우리는 세계의 금융 시스템을 백업하고 감시하는 모든 슈퍼컴퓨터들을 가동하고 있기 때문에, 매달 사용금액을 0으로 지워버리기만 하면 됩니다."

이것은 실제 이야기다. 단언컨대 단어 하나하나가 모두 사실이다. 그 어떤 약물로 나를 괴롭혀도, 그 어떤 기계에 나를 밀어 넣는다 해도, 내가 말하고 있는 것은 진실이다.

나는 말했다. "좋아요, 하지만 그렇게 하면 저를 통째로 집어삼키겠죠, 그렇지 않나요?" 아무 말 없이 그의 눈이 반짝였다.

솔깃하면서도 그 미끼를 덥석 물기에는 나는 너무 영악했다. 사실상 아무런 자금 지원이 없는 상태에서 이 일을 해가는 우리에게 엄청난 재정적 압박과 투쟁이 있었다. 하지만 나는 그런 일은 절대 할 수 없었다!

"선생이 조만간 유럽에 가서 영국 왕실과 관련 있는 사람들을 만날 걸로 알고 있습니다."

사실이었다. 그는 내가 하는 일을 속속들이 알고 있었다!

"맞습니다."

"잘됐군요. 저도 거기 가서 로스차일드가Rothschilds* 사람들과 볼보기업Volvo Corporation을 움직이는 사람들, 그리고 다른 대재벌들을 만날 생각입니다. 그들은 우리와 일하고 있기 때문이죠."

"그것이 사실이라고 확신합니다." 그가 제안했다.

"런던에서 함께 만나십시다."

"좋습니다. 잘됐네요." 그가 계속 말했다.

"내 친구 하나가 선생이 하는 일에 많은 관심을 갖고 있는데, 그는 '외교관계평의회

*독일의 은행가 집안으로 국제적 금융재벌이다.

Council on Foreign Relations, CFR*' 리더 가운데 한 명인 맥스웰 라브Maxwell Rabb 대사입니다. 그와 만나보지 않겠습니까?"

"좋습니다. 그가 우리를 돕고 싶어 한다면요."

"페터슨Peterson 부부도 있습니다. 페터슨 씨는 외교관계평의회 회장이고 그의 아내도 '삼극위원회Trilateral Commission, TC**' 위원장입니다. 그들도 우리와 일하고 있는데, 어쩌면 그들과 함께 만날 수 있을 겁니다."

"저희가 다음 이벤트를 할 때 그들을 초대하겠습니다."

"이 사람들 모두가 선생이 쓰는 글들을 읽고 있고, 깊은 관심을 갖고 있다는 점을 알았으면 합니다."

"알고 있습니다."

모든 사람이 바지를 입을 때 한 발씩 끼운다. 그렇게 나는 모든 사람들을 교육시킬 수 있다고 본다. 그리고 모든 사람들이 이 거대한 우주적 드라마 속에서 각자의 역할을 갖고 있다. 그러나 이 그림자집단은 또다시 나를 음모조직의 내부 지도층으로 초대하고 있는 것이다. 내가 그들에게 조종당할 뜻이 없으므로, 우리의 전망과 지식을 그들과 나누는 데 아무런 문제가 없다.

그는 대중매체에도 그들과 일하는 많은 고위인사들이 있으며 보노Bono, 유투U2, 무디 블루스, 핑크 플로이드Pink Floyd와 그 밖의 여러 록 그룹들과도 일하고 있다고도 말했다. 또 그들은 내가 쓰는 글들을 받아 보고 있다고 했다.

"그건 감사한 일입니다."

"그들은 선생이 하는 말과 일을 좋아합니

*미국의 비영리, 초당적 회원제 집단으로 미국 외교정책에 가장 큰 영향력을 미치는 두뇌집단으로 통한다. 삼극위원회, 빌더버그 그룹(Bilderbergers)과 기타 집단과 함께 음모이론의 중심에 있다.

**미국, 유럽, 일본의 3대 축의 긴밀한 공조를 위해 데이비드 록펠러가 설립한 비정부, 비당파 의결집단.

다."

그해 겨울에 나는 유럽에 가서 찰스Charles 황태자와 필립Philip 황태자의 절친한 친구들을 만났다. 찰스 황태자의 친구 한 명은 우리 일에 대단히 협조적이다.

그녀는 찰스 황태자와 그 밖의 여러 사람들과 공유하기 위해 내가 CIA 국장과 대통령에게 주었던 자료들 일부를 받아 보길 원했다. 하지만 나는 응급실에서 일하면서 이 일을 위한 시간을 짜내고 있었음을 기억해주길 바란다. 나는 이따금씩 한 번에 2~3일씩 유럽에 갔고, 돌아와서는 응급실에서 24시간 근무조에서 일해야 했다!

어떤 의미에서 그것은 우리만의 작은 왕복외교 활동이었다. 나는 피닉스에서 만났던 비밀조직원을 런던에서 만났다. 그는 여전히 나를 그들 집단으로 끌어들이려고 했다. 나는 그의 이야기를 들었고 새로운 사실들을 배웠지만, 결코 굴복하지는 않았다. 이 집단은 지구 위에서 가장 큰 마피아집단이자 조직적인 범죄 기업이다.

CHAPTER 17

암살당한 케네디와 협박당한 카터

> 카터는 당시 CIA 국장이던 조지 부시(아버지 부시)로부터 보고받으려 했지만, 부시는 그것에 관한 정보를 제공하지 않을 것이며 다른 곳에서 알아봐야 할 거라고 했다! 나중에 카터가 이에 대해 밀어붙이자, 어느 '정장 차림 사내'가 그를 찾아와서 말했다. "각하, 각하의 첫 임기를 무사히 마치시려면 이 UFO 문제에 대해 입 닥치고 계셔야 할 겁니다."

이런 이야기를 듣는 사람들은 내가 맹수의 배 속으로 걸어 들어가려 한다면서 손을 내젓는다. 하지만 나는 말한다. "왜 안 되죠?" 나는 인류의 더 나은 미래에 대한 비전과 그것을 위해 필요한 일들을 함께 나누는 사람이라면 지구 위의 그 누구와도 만나는 데 아무런 문제가 없다. 나에겐 두려움이 없다 – 그리고 그 비밀세력들이 나를 막아서지 못한다는 것을 알고 있다. 그들은 나를 매수하지 못한다. 나를 속일 수도 없다. 더구나 그들이 나를 죽인다 해도 걱정하지 않는다. 그런다고 잃을 게 무엇이겠는가? 진실 속에 머물게 되면 모든 것이 아주 단순해진다. 그리고 피해야 할 사람은 아무도 없으며, 만날 필요가 있는 사람들이 모두 우리를 향해 열린다.

나는 의식의 여러 통로들을 동시에 사용할 필요가 있다는 점을 배웠다. 이것은 마치 돌고래들의 행동과도 같다. 돌고래들은 '잠들어' 있을 때도 뇌의 일부는 깨어 있다. 이것은 과학적으로 증명된 사실이다. 돌고래는 동시에 여러 수준과 차원 속에서 행동한다. 물론 인간도 그렇게 할 수 있다. 이 기간 동안 내가 잠들어 있을 때도 나의 일부는 깨어 있었다. 예를 들어 1992년 말에 클린턴이 대통령에 당선된 직후, 나는 아칸소 주 리틀락Little Rock에 있는 주지사 저택에서 아스트랄 수준에서 그와 이 문제에 대해 의논했는데, 이런 만남은 그의 집권 기간 동안 계속되었다. 몇 년 뒤 클린턴 대통령의 한 친한 친구는 그가 그러한 영적 수준에 아주 깊이 접촉하고 있으며 그런 식으로 사람들과 만나고 있다고 말했다. 나는 여러 해 동안 사람들과 이런 일을 일상적으로 했다. 만일 에고와 두려움과 선입견을 넘어선다면, 우리는 이렇게 영적인 방식으로 사람들에게 다가가는 일이 가능하다.

물론 얼굴을 맞대고 하는 육체적인 만남이든, 아니면 이러한 의식의 비국소성을 이용하는 만남이든 간에, 우리가 다가가는 사람들이 꼭 우호적으로 반응하지는 않는다. 빌 클린턴의 경우 이 비밀이 공개되기를 간절히 원했지만 그렇게 할 용기는 내지 못했다. 냉전시대가 막을 내린 뒤 첫 번째 임기를 맡은 대통령으로서 이 일을 해야 하는 것이 바로 그의 책임이었기 때문에, 그는 지도자로서의 유산을 근본적으로 망각했다. 그는 도전하지 않았다. 내가 전직 CIA 국장 – 내 기억에 그는 1995년까지 재임했다 – 과 만났다는 사실을 밝히려던 즈음, 나는 산타바버라Santa Barbara에 있는 친구를 방문하고 있었다. 그때 뉴욕의 어느 큰 일간지의 취재에 응했는데, 이 신문은 우리가 백악관과 CIA 국장에게 UFO 문제에 대해 브리핑했다는 내용의 기사를 실을 예정이었다. 그들이 이 기사를 싣기로 했던 바로 그날, 린다 트립은 모니카 르윈스키에 관한 이야기를 들고 나섰다. 그것은 사고나 우연의 일치가 아니었다. 이 사건은 UFO 문제를 언론의 레이더망으로부터 완전히 사라지게 만들었다. 그리고 다음 2년 동안, 하루 24시간 내내, 일주일 내내, 그 오럴섹스 이야기가 세상을 휘돌았다! 얼마나 터무니없는 말인가!

언론은 집중포화를 터트렸다. "가장 뛰어난 최음제는 권력이다. 그리고 권력을 가진 자들은 불륜을 저지른다." 어떻게 생각하는가? 불륜을 저지른 기혼남은 가끔 거짓말을 한다. 세상에! 이것으로 탄핵을 한다고? 그만 좀 하라. 총탄이 아닌 인신공격으로 빌 클린턴을 암살하려는 음모가 있었다고 말한 힐러리 클린턴이 옳았다. 그녀가 절대로 옳았다 – 그리고 그것은 UFO 문제와 관련 주제들을 잠재워버렸다.

1990년대 중반쯤, 나는 미합중국의 대통령은 UFO 문제를 다루지 않을 것이며, 만일 그가 이 문제를 파헤친다면 그것으로 대통령 임기가 끝나게 되리라고 결론 내렸다.

카터Jimmy Carter 대통령의 절친한 친구를 만난 때가 이즈음이었는데, 그는 카터가 집권 이양기와 집권 초기 시절에 UFO 문제에 관한 모든 비밀들을 밝혀내려 했었다고 말해 주었다. 주지사 재임시절 카터는 조지아에서 UFO를 목격한 적이 있었고, 우리는 그의 공식적인 보고서를 갖고 있다. 그래서 카터는 당시 CIA 국장이던 조지 부시(아버지 부시)로부터 보고받으려 했지만, 부시는 그것에 관한 정보를 제공하지 않을 것이며 다른 곳에서 알아봐야 할 거라고 했다! 나중에 카터가 이에 대해 밀어붙이자, 어느 '정장 차림 사내'가 그를 찾아와서 말했다. "각하, 각하의 첫 임기를 무사히 마치시려면 이 UFO 문제에 대해 입 닥치고 계셔야 할 겁니다." 당시 백악관 내부자이기도 했던 이 카터의 친구는 카터가 – 그리고 아마도 가족까지도 – 노골적으로 위협받았다고 말해주었다.

우리는 디스클로저 프로젝트의 일부 증인들을 포함한 서로 다른 경로들을 통해, 지미 카터가 백악관이 나서서 UFO에 대해 연구하길 원했었고, 또 이것을 '스탠퍼드연구소Stanford Research Institute, SRI'에 위탁하려고 시도했다는 사실을 알게 되었다. 그때 국방부의 비밀프로젝트 관련자들은 SRI가 UFO에 대해 조사하라는 백악관의 요구를 진행한다면, SRI를 지원하는 모든 계약들을 철회해버리겠다고 연구소 측에 통보했다. 그렇게 해서 그 연구계획은 묻혀버렸다. 이 이야기는 협박당한 미합중국 대통령들 - 적어도 아이젠하워까지 거슬러 올라가는 - 과 암살당한 케네디에 관한 길고 긴 사연들 가운데 일부일 뿐이다. 나머지 대통령들은 만일 그들이 이 문제에 손대었을 경우 협박받으면서도 살아남아 그들의 임기를 마쳤다. 이 내용들은 1992년부터 지금까지 내가 알게 된 중요 사건들 중에서도 가장 어처구니없던 일이었다.

빌 클린턴은 그렇게 할 용기를 내지 못했다. 하지만 솔직히 말해 그는 할 수 있었다. 국민 누구라도 지도자들이 자신만의 개인적 야망이나 안위에 개의치 않고 끝까지 해보기를 기대하지 않겠는가? 하지만 대부분의 정치인들은 용감하지 않다. 우리의 지배계층은 돈과 권력과 이기적 야심에 중독되어 있고 나약하고 줏대가 없다. 그래서 설사 그들이 이 문제들에 대해 알아낼지언정, 그들에게는 지구와 인류, 아니면 최소한 미국 국민을 대신해 옳은 일을 해나갈 강단과 지구력이 없다.

1994년과 1997년 사이 우리의 작업을 계속하면서, 나는 세계 여러 나라의 입법기관들과 접촉하는 일이 매우 중요하다는 생각을 하게 되었다. 일개인일 뿐인 대통령이 너무 겁에 질려서, 또 너무 위협에 시달려 행동하지 못한다면, 그리고 그의 수뇌부가 정보에 접근하려는 시도가 거부당하고 있다면, 그다음 장소는 의회였다. 많은 백악관 고위층들이 정보에 접근할 수가 없으므로, 의회에서의 단 한 번의 공개청문회만으로도 공식적으로 모든 상황을 바꿀 수 있다는 점은 명백했다.

장벽에 부딪치게 된 어느 고위직의 경우를 들어보자. 우주비행사 고든 쿠퍼Gordon Cooper는 내게 이런 이야기를 해준 적이 있다. 윌리엄 코헨William Cohen 국방장관은 고든 쿠퍼의 팀이 1950년대 에드워드Edward 공군기지에 있는 한 마른 호수에 착륙한 UFO를 촬영한 사실을 알게 되었다. 코헨은 그 정보에 접근하려 했지만 거부당했다. 코헨은 그 착륙과 촬영 날짜와 세부사항들까지 알고 있었다. 그런데도 그 필름과 기록들에 접근하지 못했다!

그래서 우리는 상원정보위원회의 위원인 딕 브라이언Dick Bryan 상원의원(51구역이 있는 네바다 주 출신)과 여러 요직의 사람들을 포함한 의회의 많은 구성원들과 만났다. 사람들과 연결해가면서, 우리는 많은 핵심적인 하원의원들과 비밀리에 만날 수 있음을 알았다. 우리는 증거를 보여주며 그들에게 요청했다. "세계의 큰 언론매체들이 참석한 가운데 의회 위원회 앞에서 이들 극비 증인들이 증언하도록 후원해주십시오."

거의 모든 경우에서 내가 발견한 사실은, 그들 모두가 알기를 원하지만 행동하기를 원하지는 않는다는 점이었다. 나는 라스베이거스 매캐런McCarran 공항에서 나를 태우러 온 골프카트 모양의 작은 자동차를 잊지 못할 것이다. 1990년대 중반에 나는 네바다의 브라이언 상원의원을 잠깐 만나려고 라스베이거스에 도착했다. 우리는 관리인 옷장처럼 생긴 눈에 잘 띄지도 않는 문 앞에 도착했는데, 문을 열고 들어가자 아름다운 회의실이 눈에 들어왔다! 공항에서의 VIP 모임을 위해 사용되는 방이었다. 나는 방으로 안내되었고 상원의원이 곧이어 들어왔다. 우리는 한 시간 정도 함께 대화했다.

브라이언 의원을 따라온 보좌관 한 명은 소파에 앉았다. 의원과 나, 그리고 나를 안내했던 사람은 회의테이블에 앉았다. 나는 그 보좌관이 모임의 목적을 처음부터 이해하고 있으리라고는 믿지 않았다! 의원이 물었다. "지금까지 누구를 만나고 왔습니까?" 내가 대답했다. "CIA 국장, 그리고 합동참모부 제독을 만났고 또……." 그때 보좌관이 무관심하게 읽고 있던 종이를 떨어뜨리는 것을 보았다. 마치 누군가에게 얻어맞은 것 같았다.

브리핑이 진행되면서 브라이언 상원의원은 이 문제들이 사실이며 지금도 진행 중이라는 점에는 의심의 여지가 없지만, 이에 관한 정보들에의 접근은 결코 허용되지 않았다고 말했다. 상원정보위원회 고위직의 입에서 나온 말이 이랬다! 그래서 나는 말했다. "제럴드 포드Gerald Ford 대통령이 1960년대에 했던 것처럼*, 이 주제에 대해 청문회를 열 수 있도록 의원님 같은 분들의 도움이 절실히 필요합니다."

깊은 관심을 보이던 의원은 이 말을 듣자마자 굉장히 방어적인 자세로 돌변했다.

"좋아요. 선생은 이미 많은 사람들을 만난 것 같군요. 대통령은 왜 그렇게 하지 않는 겁니까?"

"대통령이 왜 하지 않으려 하는지 의원님께서도 아셔야 한다고 생각합니다. 이건 정말 어려운 문제이니까요."

"하지만 난 상원의원일 뿐입니다."

"전 그저 의사일 뿐입니다. 의원님께서는 미국 헌법을 수호하겠다고 서약하시지 않으셨습니까? 그리고 그 미국 헌법이 타락했고, 명령계통이 유명무실해졌고, 의회도 제구실을 못하게 되었고, 인류역사를 통틀어 가장 중요한 기술들과 정보를 불한당 같은 불법

＊미국에서의 UFO 목격사례가 증가하자 당시 하원의원이었던 제럴드 포드가 의회차원에서의 진상규명을 촉구하여 1966년 최초의 UFO 청문회가 개최되었다. 청문회에서는 그동안 공군의 UFO 조사 프로젝트인 '블루 북(Blue Book)'에서 수집한 자료들에 대한 추가적인 연구가 필요하다고 결론지었고, 그 결과 콜로라도 대학교와 함께 일명 '콘돈위원회'라는 조사위원회가 구성되었다.

세력이 휘어잡고 있다는 증거를 지금 제가 보여드리고 있지 않습니까? 이런 게 의회가 나서서 조사해야 할 일이 아니라면 무엇이 그렇겠습니까?!"

그는 잠시 무표정하게 있다가 말했다.

"내가 이 일을 할 수 있을지 모르겠소만, 군사위원회의 존 워너John Warner에게는 말해보았나요?"

나는 내 모든 열정을 실어 말했다.

"의원님, 저는 지금 의원님께 말씀드리고 있습니다."

나는 그가 슬그머니 발을 빼지 못하게 하려고 노력하고 있었다! 하지만 브라이언 상원의원은 이 문제를 실행에 옮긴다는 생각만으로도 겁에 질린 것이 틀림없었다.

우리는 이런 과정을 의회, 상원, 행정부, 군대, UN의 인사들과 그 밖의 많은 사람들에게 반복했지만, 아무런 행동도 취해지지 않았다. 결국 나는 UN의 어느 단체로부터 그곳에서 강의해달라는 요청을 받게 되었는데, 강의의 제목은 '행성 간의 평화를 위한 토대'였다. 내 첫 번째 책을 보면 이 제목의 글이 실려 있다. 이 글은 UN에서의 이 강의를 위해 쓴 것이다. 대부분의 사람들은 내가 쓴 글들 거의 대부분을 진실을 알고 싶어 하는 사람들의 요청으로 썼다는 사실을 잘 알지 못한다. 이런 과정이 초기의 내 책들을 나오게 한 촉매제가 되었다.

나는 그 당시 12살이던 딸아이를 UN에 데려갔다. 우리는 본관 입구에 도착했고, 방문자들이 들어가고 있었다. 보안검사를 통과하기 위해 기다리고 서 있을 때, 로비 쪽에서 왁자지껄한 소리가 났다. 거기에는 UN 사무총장의 아내인 부트로스갈리 여사가 외교안보수석과 측근들과 함께 서서 나를 향해 그냥 오라고 손짓하고 있었다. 그들은 내게 다가와서 보안검사를 그냥 통과하도록 해주었다. 우리는 서로 인사를 나누었고, 여사는 내 왼팔에, 딸아이는 오른팔에 팔짱을 끼었다. 수행단 모두가 UN의 커다란 현관홀을 걷는 동안, 부트로스갈리 여사는 나를 돌아보며 물었다.

"이 일이 언제쯤 되게 할 건가요?"

"무슨 말씀이신지……."

"우리가 혼자가 아니라는 이 사실이 세상에 알려져야 해요."

"글쎄요. 여사님과 부군께서는 세계를 이끄는 지도자이십니다! 두 분께서는 UN의 지도자이십니다. 저는 그저 노스캐롤라이나의 시골 의사일 뿐입니다."

그녀는 말했다. "오, 아니에요. 부트로스에게는 너무 위험한 일이에요. 그들은 부트로스를 죽일 거예요."

나는 자신에게 물었다. '그럼 난 뭐지? 쓸모없는 인간인가?' 물론 대답은 '그렇다'였다. 나는 그뿐이다. 총알받이 말이다 - 이것이 진실이다. 나는 이들 집단 안에서 소모품일 뿐이다. 1992년 이후로 이 점은 내게 아주 명백한 사실이었다.

그래서 나는 말했다. "저로서는 한계가 있습니다." 그녀는 내가 만난 여성들 중에서도 가장 힘 있는 여성의 한 사람이었다. 그녀의 존재는 엄청난 의미였으며, 그녀는 또한 대단히 영적이고 깊은 통찰력을 갖고 있었다.

우리는 오랫동안 기다려왔던 디스클로저 행사가 UN에서 이루어질 수 있도록 요청했다. 그들은 동의했다. 그러나 이 합의가 이루어진 그 무렵, 부트로스갈리는 UN에서 떠나야 했다. 일반적으로 사무총장은 연임이 가능하지만, 부트로스는 그렇게 되지 못했다.* 그들은 쿠르트 발트하임 Kurt Waldheim**을 제거했던 것처럼 그를 제거

> *6대 사무총장인 부트로스갈리는 유일하게 미국만이 거부권을 행사하여 연임에 실패했다.
>
> **4대 사무총장.

CHAPTER 17 암살당한 케네디와 협박당한 카터 • 187

해야만 하는 온갖 구실들을 늘어놓았다. 알려진 바와 같이 발트하임은 UN에 외계업무국Office of Outer Space Affairs의 신설을 지원했고, 이 문제에 대해 진지하게 조사하기 위해 이 사무국의 본부를 뉴욕에서 유럽으로 옮겼다. 하지만 그들은 이 일로 그를 잘라냈고, 그에게 나치 혐의를 뒤집어씌웠다. 부트로스갈리는 UFO 문제를 조사하고 있었고, 그들은 부트로스마저 잘라냈다.

이어서 코피 아난Kofi Annan이 들어왔다. 코피 아난의 한 수석보좌관이 우리에게 접촉해왔다. 그는 한국인으로 UN의 관료들 가운데서도 최고위 외교관이었다. 그는 "UN의 대강당에서 컨퍼런스를 열어 UFO 문제에 대한 군과 정부의 증인들을 세울 수 있게 동의했습니다."라고 했고 우리는 이에 동의했다.

그러나 몇 주가 지나고 이 대사가 전화를 걸어서 말했다. "앞으로 UN으로는 내게 절대 전화하지 마세요. 내 집 전화번호를 가르쳐드리죠." 그는 한국에서 일어나는 이상한 UFO 현상들을 잘 알고 있었기 때문에 이 문제에 대해 관심을 갖게 되었었다. 나는 충격을 받아 물었다. "무슨 말씀입니까?" 그가 말했다. "우리가 선생께 이 행사를 마련해주기로 합의했다는 건 알지만, 그게 불가능하게 됐습니다. 어떤 사람들이 사무총장을 찾아와서 문서들을 보여줬는데 그 일로 사무총장은 두려워서 이 일에 대해서는 아무것도 더 할 수 없음을 알게 되었습니다." 나는 이미 거의 파산지경이 된 UN이 폐쇄될 뻔했다고 들었다! 본질적으로, 이 정보요원들과 초국가적인 악당들이 UN의 지도자를 협박하고 잔뜩 겁을 준 것이었다.

내 인생의 대부분은 놀라운 경험들로 가득했다 – 하지만 그림자정부에 대해서만은 무척 혼란스러웠다. 너무 혼란스러운 나머지 가끔은 누구에게라도 속 시원히 다 털어놓지 않으면 견딜 수가 없었다. 한번은 이런 일도 있었다. 나는 캘리포니아 주 새크라멘토Sacramento 근처의 어느 공군기지와 관련된 여러 명의 정보원들을 만나고 있었다. 그 모임으로 나는 지쳐서 이런 생각이 들었다. '좋아, 좋다고. 그냥 어디 가서 한잔하면서 조용히 있고 싶어.'

어느 바에서 한 남자 – 조지라고 하자 – 가 내 옆에 앉더니 말을 걸기 시작했다. 나는 이야기할 기분이 아니었지만 그는 이야기하고 싶어 했다.

"여기는 어떻게 오셨어요?"

"별로 알고 싶지 않을걸요."

"글쎄요, 실은 알고 싶은데요." 땅콩을 깨물면서 조지가 말했다.

"어쩔 수 없네요. 사람들을 좀 만나려고 왔어요."

"그렇군요. 무슨 일을 하세요?"

"응급실 의사입니다만 그 때문에 온 건 아닙니다."

"그럼 왜 여기 왔어요?" 조지가 다시 물었다.

"후회하시겠지만 말해드리죠."

그리고는 이 불쌍한 영혼 앞에 엄청난 양의 정보들을 쏟아내었다. 나는 이 책에서 이야기했던 모든 것들, 아니 그 이상을 말해주었다. 모든 정보원들, 스파이들, 모든 기업들, 살해당한 사람들의 이름과, 어떤 조직이 케네디를 죽였는지, 내가 만났던 그 조직 사람까지, 그 망할 모든 것들을 말해버렸다. 덕분에 내 답답했던 속은 아주 후련해졌지만, 조지는 마치 화물열차에 치인 사람 같아 보였다! 그래서 내가 말했다.

"그러게 알고 싶지 않을 거라고 했잖아요."

"세상에 어떻게 이런 것들을 다 제게 말해줄 수 있죠?"

"저는 아무도 아니니까요. 저는 아무런 보안통제도 받지 않으니까요."

흥미로운 듯 그는 다시 물었다. "그럼 이런 걸 어떻게 알았어요?"

"알고 싶지도 않을걸요."

한편으로는 나에게 이 우연한 만남이 유쾌하기도 했다.

"좋아요, 제가 맥주 한잔 사죠. 정신건강에 아주 유익했거든요."

조지는 물었다. "제가 댄 래더Dan Rather*에게 전화해서 이 모든 걸 말하면 어떨까요?"

"CBS의 그 얼빠진 한통속이 이걸 내보내리라 생각하는 겁니까? 행운을 빕니다. 몇 년 전 '60분60 Minutes'**의 마이크 월러스Mike Wallace가 이 문제에 대한 확실한 증거를 입수했었죠. '타임라이프TimeLife'의 이사이자 저명한 저널리스트였던 밥 슈왈츠Bob Schwartz가 마이크 월러스와 친한 사이였는데, 월러스에게 MJ12의 원본문서를 갖다 준 것이죠. 월러스는 이것을 공개하겠다고 맹세했는데 결국 못 하고 말았어요. 그는 그 일을 위해 썩어빠진 CBS를 그만둘 용기가 없었던 거죠."

"그렇다면 이것을 밝히려면 누구에게 가면 될까요?"

"우리에게 마치 자유로운 언론이 있는 것처럼 말하는군요. 우리에겐 없어요. 그것도 수십 년 동안 하나도 없었어요."

1994년 봄과 여름, 나는 UFO와 관련된 해외공작에 참여하고 있던 몇몇 사람들과 접촉하기 시작했다. 그들 가운데 한 사람이 S.A. 황태자였다.

그의 한 친구도 우리가 하는 일에 관심을 가지고 있고 무척 우호적이었는데, 내가 황태자를 만나보기를 제안했고 우리 모두가 만나야 한다고 말했다. S.A. 황태자는 로렌스 록펠러와도 친한 사이였고, MK 대령, T.E. 장군, W.B. 같은 미국에서 활동하는 그림자 조직에 포섭되어왔다는 사실을 나는 알게 되었다.

아무튼 황태자의 친구와 통화가 끝난 뒤 황태자에게서 서한이 왔다. 거기에는 이렇게 쓰여 있었다. "당신이 하고자 하는 일은 정말 숭고합니다. 하지만 나는 당신이 그럴 자격

* 미국 CBS 방송국의 앵커.

** CBS의 유명 시사 프로그램

이 있다고 믿지 않으며, 이에 대해 이야기를 나누고 싶습니다." 그는 전화로 이야기하려고 하지 않았다. 직접 만나기를 원했다.

우리는 1994년 7월에 만났다. 그는 뉴욕 시의 포시즌즈피에르Four Seasons Pierre 호텔에 머물고 있었는데, 이 호텔은 센트럴파크 근처 5번가에 있었고, 로렌스 록펠러의 집에서 그리 멀지 않은 곳이었다. 그래서 나는 딸아이 하나를 데리고 뉴욕에 갔다. 나는 어딜 가든 딸과 함께 간다. 우리는 우리끼리 말하는 '아빠와의 데이트'를 즐긴다. 나는 아이들과 함께 시간을 보낼 필요가 있었다. 한 번에 한 아이씩 함께 시간을 보내는 것은 멋진 일이었으므로, 우리는 이런 특별한 여행을 함께하곤 했다.

우리는 황태자를 만나러 호텔로 갔다. 그는 무척 품위 있고 정중했으며 친근했다. 딸아이가 한쪽에서 조용히 노는 동안, 우리는 UFO 문제 전반에 대해 논의했다. 시간이 흐른 뒤, 마침내 그는 내게 편지나 전화로는 말하지 않으려던 것을 말했다. "선생께서 이 내용을 공개하는 일은 허락되지 않을 것입니다." "네? 왜 그렇습니까?"

"선생께서는 그렇게 하지 못할 것입니다. 하지만 선생께서 생각하는 이유 때문은 아닙니다." 황태자는 말을 이었다. "외계인들이 그렇게 놔두지 않을 것입니다." "정말입니까?"

알고 보니 황태자의 동생이 외계인들로 생각되는 존재들에 의해 납치되었다고 했다. 그러나 황태자는 그것이 비밀 준군사조직이 저지른 일이라는 사실을 모르고 있었다. 이 일은 나와 여러 해 함께 일했던 NASA의 한 연구자가 조사한 사건이었다. 이 연구자는 자신이 그림자정부의 조직원이고 종말론을 신봉하는 근본주의 기독교도라는 사실을 내가 알고 있을 줄은 생각도 못 하고 있었다. 그는 UFO 현상을 연구하는 객관적인 과학자로서 UFO계에 줄을 대고 있었지만 그의 진짜 역할은 아니었다. 이 NASA 과학자는 황태자의 동생이 자국의 어느 성에서 납치되었노라고 말해주었다.

그는 내가 납치공작을 맡고 있는 비밀 준군사조직의 내부에 정보통을 갖고 있다는 사실을 모르고 있었는데, 이 정보통은 나에게 이렇게 말한 바 있다. "그래요, 물론 우리가 그를 납치해서 이 까다로운 권력자 가족과 그 철옹성 같은 제국이 외계인과 싸우는 우리 프로그램에 동참하도록 했어요." S.A. 황태자는 이 외계존재들이 아담과 이브 이후 지구 위에서 일어난 모든 분쟁의 원인이었으며, 이들이 비밀유지를 강요하고 있다고 말했다! 나는 물었다. "정말입니까? 그들이 그렇게도 비밀을 지키고 싶어 한다면 왜 수십 명이 지켜보는 우리 위에 나타나서 우리와 상호작용하면서 신호를 보내고, 세계의 큰 도시들 위에 나타난다고 생각하시는지요?" 그는 대답하지 못했다. 나는 말을 이어갔다. "저는 동의하지 않겠습니다. 제 생각에 이 비밀을 지키고 싶어 하는 세력은 바로 일부 인간들입니다. 왜냐하면 이것을 공개하면 현존하는 집중된 권력체계 전체와 모든 화석연료와 인간중심의 종교 패러다임 전부가 끝장나기 때문입니다."

우리는 솔직하지만 정중하게 서로의 생각을 나누었고, 결국 그의 생각에 동의하지 않는다는 데에 동의했다. 황태자가 외계존재들을 두려워하고 증오해야 하는 대상으로 여겼다는 점과, 그들에 대항하는 군사행동을 지원했다는 사실이 확실했다.

하지만 이 과정에서 그가 말했다. "부시 대통령(아버지 조지 부시)도 이 비밀이 공개되기를 원했습니다. 냉전이 끝날 무렵, 고르바초프, 부시 대통령, 페레스 데 케야르Perez de Cuellar UN 사무총장을 포함하여 내가 참여하고 있던 모임이 이 정보들을 대중에게 공개하는 계획을 세우기 위해 만났습니다." 이것이 1989년의 일이었다. 그는 말을 이었다. "어느 날 밤, 뉴욕에서 외계존재들에 대한 발표를 실행할 계획을 짜고 밤늦게 돌아가던 페레스의 차량행렬을 갑자기 나타난 UFO가 막아섰고 그를 리무진으로부터 납치했습니다! 그들은 사무총장을 비행선에 태우고는 외계인들의 존재를 공개하려는 계획을 멈추지 않으면, 미국 대통령을 포함한 이 일에 관련된 모든 세계 지도자들을 납치해서 지구 밖으로 데려갈 것이며, 이 계획을 저지할 거라고 그에게 말했습니다!"

이 일은 납치사건 연구자들 사이에서 세계적인 큰 인물과 이를 목격한 민간인이 납치된 사건으로 회자되는 유명한 사례다. 내가 이러한 납치를 자행하는 외계복제비행선과 항정신성 무기시스템을 운용하는 조직 내부의 사람들을 알고 있다는 사실을 그들은 알지 못한다. 실은 로즈웰에 있던 그 악명 높은 빨강머리 하사관의 동료가 그곳에서 이 사건을 조종하고 있었다. 그는 사무총장의 경호조직에 심어져서 사무총장의 차량행렬이 지나는 곳에 전자장치를 설치했고, 그 늦은 밤 UN 사무총장의 가짜 유괴가 일어나는 일이 가능했다.

이들의 활동목표는 고르바초프를 포함한 세계의 지도층 엘리트들이 진실을 세상에 알리려는 시도 일체를 차단하는 데 있었다.

S.A. 황태자는 자신의 형제가 납치된 것이 외계인들의 짓이라고 생각했던 것처럼, 이 사건도 정말로 외계인에 의한 납치였다고 생각하고 있었다. 그는 이런 납치사건들이 UFO처럼 보이는 물체와 외계인으로 보이는 승무원들 - 변장한 사람이거나 인간이 만든 존재 - 을 이용한 인간에 의한 준군사작전이라는 사실을 몰랐다.

이것을 그들은 '스테이지크래프트stagecraft'라고 부르는데, 나는 작전에 대해 기술한 문서를 갖고 있다. 이 문서는 외계인에 의한 유괴 시뮬레이션에 관여하는 사설기관의 하나로부터 입수한 것이다. 그들은 외계존재들에 대한 증오심을 유발하여 스타워즈를 지원하도록 지도자들을 납치하는 데까지 관여하고 있다. 이 또한 지도자들이 정보를 공개하려는 노력을 멈추도록 종용하는 것이다.

CHAPTER 18

공포스러운 아스트랄체 공격

그림자정부는 그들이 협상을 원하며 나를 납치할 준비가 되어 있음을 보여주고 있었다. 그들은 황태자가 그랬듯이 내가 '외계인'들을 증오하고 두려워하도록 설득하고 있었던 것이다. 그들은 내가 외계인들은 사악하며, 그들이 사탄의 세력이라는 것, 그리고 우리는 그들에 맞서 성전을 벌여야 한다는 믿음을 갖길 원했다. 그들은 본때를 보여줌으로써 나를 설득하려 하고 있었다.

황태자가 나에게 좌절된 노력에 대해 말했을 때, 나는 이 그림자정부가 얼마나 심각하고 광적이며 사악한지 – 이 단어를 쓰기 싫지만 – 를 알게 되었다. 너무나도 권력에 취해 있어서 그들은 이 비밀을 지키기 위해서라면 그 어떤 일이라도 하려고 한다. 나는 황태자에게 우리가 외계존재들과 공개적으로 접촉했고 우리의 정보는 그가 말한 것과는 정반대이기 때문에, 그도 허위정보의 희생자였음을 확신한다고 말했다.

우리는 CE5 접촉에 대해 격의 없는 대화를 나눴고, 그는 CSETI에 대한 관심을 표명했다. 이어서 그는 대단히 통찰력 있는 말을 했다. "나는 UFO가 보고되고 있는 세계 도처의 장소를 가보았습니다. 그들은 내가 도착하기 전에 나타났다가 내가 떠나고 나면 다시 나타납니다. 하지만 그곳에 있는 동안은 나타나지 않습니다. 그게 아마도 내 태도 때문이 아닐까 생각합니다."

"죄송한 말씀이지만, 전하." 내가 말했다. "정확히 아셨습니다. 저희는 선입견 없는 열린 마음으로, 그리고 전적으로 순수한 방법으로 그들을 대하려고 하면 그곳에 나타난다는 사실을 알게 되었습니다. 그리고 그들은 소통하려 할 것입니다."

당연히 이 만남을 틈타 그 비밀집단은 매시간 우리를 감시하고 있었다. 그날 밤 딸아이와 나는 센트럴파크 남쪽에 있는 생모리츠St. Moritz 호텔로 돌아왔다. 곧바로 잠에 곯아떨어졌던 나는 몇 시간이 지나 잠에서 깨어났다. 나는 팔을 들어 올릴 수가 없었다. 움직일 수조차 없었다. 내 몸은 완전히 마비된 상태였다. 나는 무슨 일이 일어나고 있는지를 알아챘다 – 바로 전자무기에 맞은 것이었다. 그것은 침대 위쪽 창문을 지나 들어오고 있었다. 내 생애 최악의 공포스러운 느낌이었다. 그들이 내 육체로부터 아스트랄체를 뽑아내려고 하고 있었다.(대부분의 가짜 납치사건들이 바로 이것이다 – 아스트랄체를 추출하는 것이다.)

그림자정부는 그들이 협상을 원하며 나를 납치할 준비가 되어 있음을 보여주고 있었다. 그들은 황태자가 그랬듯이 내가 '외계인'들을 증오하고 두려워하도록 설득하고 있었던 것이다. 그들은 내가 외계인들은 사악하며, 그들이 사탄의 세력이라는 것, 그리고 우리는 그들에 맞서 성전을 벌여야 한다는 믿음을 갖길 원했다. 그들은 본때를 보여줌으로써 나를 설득하려 하고 있었다. 그러나 나는 이것이 사람이 하는 짓임을 알았다. 내가 할 수 있는 유일한 일은 신에게로 향하는 것이었다. 나는 신의 옷자락을 붙들었다. 초월의식과 신 의식 상태로 들어갔고, 그렇게 하자 나의 개별성은 무한함 속으로 사라져갔다 – 그러자 이 폭력적인 집단은 나를 더 이상 붙잡을 수 없었다.

무한한 경계에 들어가자 이 무기시스템은 더 이상 나를 붙잡고 있지 못했다. 거기에는 '나'가 없다. 무슨 말인지 이해가 가는가? "너 자신을 잊어라. 그리고 물 위로 걸어라." '무nothing'가 되면 모든 곳에 있게 된다. 나는 이 시스템의 표적이 되고 있는 사람들에게 이렇게 말했다. "그들을 피할 수 있는 유일한 방법은 초자아의 힘을 이해하고 여러분의 개별성이라는 물방울이 '무한함Unboundedness'의 바다로 스며들어 가게 하는 것입니다."

하지만 내가 나의 개별성과 의식으로 돌아오자마자 공격은 다시 시작되었다. 그것은 내가 경험한 일들 가운데 가장 최악의 것이었다. 그들은 분명 나의 개별성을 붙잡고 나의 아스트랄체를 분리하고, 그들의 납치공작으로 끄집어들이고 있었다. 여기서 만일 아스트랄체에 외상을 입으면 그 상처가 몸에 나타난다는 점을 기억하기 바란다. 많은 사람들은 이것을 이해하지 못하고 있다. 이러한 납치공작의 대부분은 육체로부터 아스트랄체를 뽑아내는 기술을 사용하여 이루어진다.

NSA의 검은 조직에 의해 운영되는 자수정 프로젝트Project Amethyst에서는 아스트랄체와 육체를 연결하는 혼줄을 잘라서 사람들을 죽였다. 나는 이 프로그램을 운영했던 사람을 알고 있다.

이 일은 어떤 의미에서는 내게 주어진 하나의 선물이었다 - 왜냐하면 이 일로 그들의 속셈이 드러났고 그들이 UN 사무총장과 S.A. 황태자의 동생에게 무슨 짓을 했는지를 정확히 보여주었기 때문이다. 나는 그때 원격투시로 그 전자빔을 따라가 시설에서 그것을 조작하고 있는 사람들 - 모두 외계인이 아닌 사람이었다 - 을 보았다. 여러분에게 무엇이 공격해온다 해도 고요하게 있으면서 이 초월의식의 상태에 집중하면, 여러분은 공격의 원천을 추적해서 밝혀낼 수 있다. 따라서 그들이 나를 조준할 때마다 나도 그렇게 했다. 그렇게 해서 그들이 하는 짓을 보았다.

사실 이런 일이 일어나는 동안에 나의 능력을 조절하는 것은 내가 해야 했던 일 가운데 가장 어려웠다는 사실을 인정해야겠다. 그래도 나는 재빨리 상대성의 경계를 벗어나서 그들이 나를 어찌할 수 없는 절대의 수준으로 들어갈 수 있었다. 그곳에서 나는 더 이상 존재하지 않기 때문이다.

고맙게도 내 딸애는 무사했고 아무것도 알지 못했다. 이것이 우리의 작은 뉴욕 여행이었다!

나는 전직 미국 대통령 한 명이 포함된 이 비밀 그림자집단의 중간계층 조직원들의 일부는 1980년대 후반에 이 정보가 공개되기를 학수고대하고 있었다는 사실을 독자적으로 확인했다. 하지만 그들을 능가하는 또 다른 집단이 있었고, 이 거대한 통제집단 내에서 한 일파를 이루고 있다. 이 조직은 납치기술을 갖고 있고 스칼라 향정신성 무기와 전자심령감응radionic 무기시스템을 갖고 있다. 그들은 UFO처럼 보이면서 새로운 에너지와 반중력 추진시스템으로 작동하는 외계복제비행선ARV도 가지고 있다.

이 조직은 공식적으로 비밀이 공개되지 못하도록 억제하는 데 이 첨단 기술들을 사용한다. 여기에는 세계의 지도자들을 위협하고 UN 사무총장 같은 지도자를 납치하는 일까지도 포함된다.

뉴욕에서 가짜 납치경험을 한 뒤, 나는 1990년에서 1991년 사이에 꿨던 자각몽을 기억해냈다. 그 꿈속에서 나는 메인 주의 케네벙크포트Kennebunkport 위에 떠 있으면서 정말이지 혼란스러운 장면을 보았다. 나는 거기서 어느 시설에 있는 미국 대통령 조지 부시를 보았다. 하늘에는 UFO처럼 생긴 물체들이 있었지만, 실제로는 준군사적인 불법집단에 의해 조종되는 것들이었다. 그들은 시설 주위와 바다 위를 날아다니면서 미국 대통령을 위협하고 있었다. 비밀정보부와 조지 부시는 이들 때문에 몹시 우려하고 있었다. 이 광경을 보았던 당시 그것은 내게 말이 안 되는 상황이었다. 하지만 황태자와 만나서 페레스 데 케야르의 납치에 대해 듣게 된 나는, 이런 일을 하는 사람들이 누구인지, 그리고 왜 그러는지를 이해하게 되었다.

나는 또 냉전이 끝났을 때 이 정보들을 대중에게 알리기 위한 진지한 시도가 있었으며, 조직 속에 조직이 있고 그 조직 속에 또 다른 조직이 있는 이 악랄하고 폭력적이며 매우 위험한 범죄 집단이 그 일을 막았다는 사실도 알게 되었다. 그때가 1989년 후반이었다. 그리고 내가 "잊고 있던 일을 다시 시작하세요."라는 말을 들었던 때가 1990년 1월이었다. 그렇다 할지라도 이 불법집단에게 나는 하찮은 사람일 뿐이고 내게는 아무런 현실적인 힘이나 공식 지위도 없다. 관료집단은 이상스럽게도 딱 멈춰 서버렸기 때문에, 나는 어떻게든 도와달라는 요청을 받고 있었다.

닥터 데쓰라고 불리면서 죽음에 대한 학문인 사망학thanatology 박사인 MK 대령 같은 사람들은 납치와 마인드컨트롤과 이런 부류의 공격과 관련된 향정신성 무기와 하이테크 전자시스템의 달인들이다. 따라서 우리 지도자들이 봉착해 있는 사실은, 그들이 해골단Skull and Bones* 구성원이든 전직 CIA 국장이든과는 상관없이 일단 선 밖으로 나가려 한다면 이 집단과 맞닥뜨리게 된다는 것이다. 이 내부의 음모집단은 최악의 시나리오가 펼쳐질 때까지 이 주제를 꽁꽁 묶어놓으려 한다. 그들의 목표는 지구 위의 60억 인구(2006년 기준) 가운데 적어도 40억에서 50억을 제거해버리는 것이다.

*미국의 지배층 엘리트 다수를 배출한 예일 대학교의 비밀결사

1994년 뉴욕에서 황태자와 만나고 돌아온 뒤, 나는 그림자정부의 소름 끼치는 힘을 경험했다. 매일 집 침실에서 자고 있던 새벽 4시 20분이면 거의 가청 수치 이하의 째깍 소리와 함께 나는 전자무기에 맞았다. 그러면 끔찍한 고통으로 깨어 일어나 메스꺼움, 구토, 설사, 발한 증상을 보였다. 혈압이 거의 없어져서 욕실 바닥은 땀으로 흥건했고, 침실 바닥에 쓰러져서 거의 죽을 지경이 되곤 했다. 이 공격은 매일매일 계속

되었다. 소름 끼치는 일이었다. 이 상황은 10분에서 15분 동안만 지속되었다. 이 범죄 집단이 내가 하는 일을 멈추게 하려 했다는 것을 알고 있지만 나는 멈추지 않았다.

이 기간 동안에, 어느 날 밤 나는 잠을 청하다가 느닷없이 전자통제실에 이 집단과 함께 있는 어떤 사람을 보게 되었다. 서부의 어느 지하시설에 있는 향정신성 전자장치와 전자심령감응 하이테크 장치들도 보였다. 나는 이 지하무기시설로 들어가는 입구 밖에 서 있는 이 일을 진행하는 사람을 똑똑히 보았다. 그는 콧수염과 은발을 가진 중년의 남자였다. 나는 그의 외모를 정확히 알고 있다. 그가 나를 담당하고 있었다.

이 시설의 내부에는 나를 공격하는 시스템을 작동하는 장기판의 졸과 같은 젊은 군인 몇 명이 있었다. 나는 그들을 보고 신을 향해 말했다. "신이시여, 저들을 용서하소서!" 그리고 그들에게 축복을 보냈다. 나는 그들을 아주 뚜렷하게 보았고, 나를 보고 있는 그들을 보았다. 그들의 눈에는 수치심이 역력했다. 그들의 모습은 멀어져갔고, 모든 것이 끝났다. 그 뒤로 그들은 공격을 멈췄다.

나중에 나는 이 장치를 운용하는 가여운 사람들이 그들이 하는 일 때문에 생을 마감하기 쉽고, 그들이 누군가에게 질병을 투사하면 그들 자신이 그 질병을 받게 된다는 사실을 알게 되었다. 보통 이 장치의 조작자들과 그 부하들은 병졸에 불과하다. 그들은 임무를 받을 때 아무것도 모른다. 그리고 시스템이 가동되는 동안 조작자들이 건물 밖으로 나가 있는 이유는 이 때문이다.

나는 이 경험으로 스칼라 전자무기들이 나를 조준하는 동안에, 그것을 역추적해서 그들이 하는 짓을 볼 수도 있음을 알았다. 그런 뒤에 나는 우리 모두의 주위에 신성한 빛을 두르고 그들의 용서를 청했고, 그리고 스스로도 그들을 용서했다.

이즈음에 나는 영국에서 온 크랍 써클 연구가인 콜린 앤드류스도 역시 이른 새벽에 일어나는 그 이상한 가청 수치 이하의 째깍 소리와 함께 시작하는 섬뜩한 일을 경험하고 있다는 사실을 알았다.

나는 그 몇 해 동안 이 일을 과연 계속해나갈지에 대해 가혹한 시험을 당했다. 1994년 여름에는 CSETI와 디스클로저 프로젝트를 거의 포기할 뻔했다. 그리고 이 모든 것들을 그냥 잊어버리고도 싶었다.

나는 사람들에게 말한다. 내가 10년간 일했던 응급의학과에서의 마지막 근무를 했던 날, 마지막 시간, 마지막 5분에 무슨 일이 일어났는지 알아맞혀 보라고. 한 작은 소년이 소풍을 갔다가 질식되었다. 소년의 상태는 소생 불가능해 보였고 응급실로 실려 왔다. 금발머리에 서너 살 정도 되는 멋진 아이였다.

우리는 그 아이를 살리려고 한 시간을 힘썼지만 응급실에 도착했을 때는 이미 심장이 멈춰 있었다. 아이는 내 품에서 죽었다. 그리고 거대한 몸집을 가진 아이의 아버지가 뛰어 들어왔고, 아들의 죽음을 전했을 때 그는 내 품 안으로 무너져서 슬프게 울며 소리쳤다. 한 번도 들어본 적이 없는 소름 끼치는 울음소리였다.

매일 UFO 문제를 다루는 일은 그보다도 몇 배는 더 내게 정신적 외상을 주었다. 그리고 간호사들과 나에게는 내 마지막 근무일에 작은 소년이 죽어간 일이 더할 나위 없이 가슴 아픈 일이었다.

CSETI의 경험담을 들으면 마치 드라마 「X파일」의 한 버전처럼 들리겠지만, 이것은 할리우드판 영화나 드라마가 아니다. 이것은 실제로 일어난 일이다. 내가 하는 일에는 놀랍고 아름다운 일들이 있는 반면, 엄청나게 고통스럽고 비참한 또 다른 일들도 있다. 아마도 이것은 우리가 사는 시대를 대변하는 완벽한 은유이리라. 다시 말해 많은 아름다움과 미래의 약속이 있지만, 그토록 많은 고통도 아직 남아 있는 이 세상 말이다.

CHAPTER 19

할리우드와 거대 미디어의 타락

나는 강렬한 군국주의와 외계혐오적인 내용 없이는 외계존재들에 관한 영화를 사실상 만들지 못한다는 사실을 많은 사람들을 만나면서 알게 되었다. 우리는 「인디펜던스 데이」와 「맨 인 블랙」이나 「화성침공」 같은 바보 같은 영화들도 보아왔다. 어둠의 세력들은 대중들이 이런 종류의 선전에 세뇌되어 '적대적인 외계인'이라는 거짓말을 받아들이기를 원하고 있다.

이 일을 하면서 만난 사람들이 어떤 사람들인지를 말해주는 흥미로운 일화가 몇 가지 있다.

그 한 가지로 1992년 콜로라도에서 우주비행사인 브라이언 오리어리 박사와 함께 컨퍼런스를 준비하고 있을 때, 연구자들을 만나러 개인적인 휴가를 내어 왔다고 말하는 한 여성이 접근해왔다. 그녀는 MK 대령의 동료였고, 지금은 그의 아내인데, 자신이 저널리스트라고 주장했다.

그녀는 사실 대령과 함께 심리전 프로젝트에서 일했는데, 그녀의 전문분야는 향정신성, 전자심령감응 무기, 마인드컨트롤 무기, 그리고 비치명적 무기시스템으로 잘못 불리고 있는 분야다. 이들 전자기 무기시스템은 때로는 실제로 사람들을 죽이는 데 사용되며, 이른바 스칼라 전자기 종파longitudinal electromagnetic waves를 사용하고 있다.

어찌 된 일인지 그녀는 내 집 전화번호를 알고 있었다. 나는 먼 곳에 가 있었고 그녀는 내 아내에게 전화를 걸었다. 에밀리는 정말이지 노블레스 오블리주noblesse oblige와 친절함의 전형인 멋진 사람이다. 이 여성은 전화로 말했다. "이 모임에 들어가려면 내가 정확히 누구랑 자야 하죠?" 그것도 내 아내에게! 그 일이 스파이집단 및 UFO 문화의 미치광이들과의 첫 대면이었고, 그때부터 일은 악화 일로로 접어들었다.

이런 것이 그런 사람들의 됨됨이에 대해 여러분이 알아야 할 전부다. 이 분야에서 여러분이 만나는 사람들은 지구 위의 그 어떤 하위문화나 환경에서 만나게 될 사람들 중에서도 가장 비열하고 불쾌하며 타락하고 사악한 사람들이다. 장담한다.

하지만 정반대의 멋진 사람들도 만나게 된다. 강의에 왔던 도로시 입스Dorothy Ives라는 여성이 있는데, 그녀는 오스카상을 받은 배우 벌 입스Burl Ives의 아내다. 입스 씨는 닉슨가와 레이건가, 그리고 다른 많은 정치인들과 친분이 있었고, 32도Degree 지위의 프리메이슨Mason이었다.*

도로시는 강의가 끝난 뒤 무척 흥분된 표정으로 나에게 다가와서 그녀의 집에 함께 가서 남편을 만나자고 했다. 나는 우리가 외계존재들과 접촉할 계획이었던 맥과이어 목장McGuire Ranch에 함께 간 다음 그를 만나자고 제안했다.

덴버에서의 컨퍼런스가 끝나고 우리는 와이오밍 주의 라라미Laramie 외곽에 있는 맥과이어 목장으로 갔다. 우리는 그곳에 해 질 무렵에 도착했고, 접촉을 위한 프로토콜을 시도했다. 해가 지자마자 갑자기 빛나는 디스크 형태의 UFO가 구름 위에 나타나서 맴돌았다. 그것은 구름 속으로 들어갔다

*프리메이슨 조직의 위계는 1도에서부터 최고 지위인 33도까지로 이루어진 것으로 알려져 있다.

나왔다 하면서 빛을 깜빡이며 우리에게 신호를 보내고 있었다.

도로시는 그런 광경을 한 번도 본 적이 없었다. 나는 설명했다. "그들이 왔어요. 그리고 그들은 항상 우리와 밀접하게 연결되어 있죠. 그들은 우리가 언제 밖으로 나가서 CE5 프로토콜을 할지를 알고 있어요." 흔히 우리가 이 이벤트를 하려는 장소에 도착할 때면, 외계존재들은 이미 그곳에 와 있고는 했다. 그것은 우리가 가는 곳과 도착하는 시간을 내가 그들에게 말해주기 때문이다. 도로시는 놀라워하며 외쳤다. "제 남편은 선생님을 만나야 해요."

우리는 덴버를 떠나 시애틀로 날아갔고 다시 차로 그들의 수상가옥이 있는 워싱턴 주 아나코티스Anacortes까지 갔다.

벌과 나는 금방 친구가 되었다. 무대 위에서의 그의 모습은 정확히 그의 참모습이다. 분명 그는 20세기의 위인 가운데 한 사람이다.

우리는 긴 시간 동안 비밀들, 기술들, 외계존재와의 접촉과 같은 많은 주제들에 대해 대화를 나누었다. 그가 항상 흥미롭고 괴짜 같은 사람들을 만나고 다니는 도로시에게 웃으며 말했다. "이분은 당신이 소개해준 사람들 가운데 가장 건전하게 미친 사람이군." 그는 우리가 다루는 일이 얼마나 '참신'한지를 놓고 볼 때, 거기 많은 심오한 차원들이 깃들어 있고, 우리의 접근방식이 무척 이성적이고 건전하다는 점을 이해했다.

도로시는 처음에는 내가 정말로 누구인지, 그리고 내가 정보 및 국가안전과 관련된 사람들과 어느 정도 깊이 접촉하고 있었는지에 대해 전혀 알지 못했다. 나중에 그녀에게 말했다. "가족이 NSA의 고위직 사람들과 깊은 연줄을 가진 사람이 있습니다. 그 사람이 몇 가지 문서를 건네주었습니다."

이 문서들 중에는 1962년 문서의 사본이 있었다. 그것에는 '프로젝트 문더스트Moondust, 프로젝트 46'과 같은 암호명이 붙어 있었는데, 극비로 분류되었고 그동안 기밀 해제되지 않은 문서였다! 나는 그것은 입수했고 올바른 사람들에게 전해주었다. 이 문서는 마릴린 먼로를 도청해서 알게 된 내용을 요약한 기록이었다.

이 문서는 세계에서 가장 뛰어난 문서 인증자에 의해 입증되었다. 어떤 FBI 요원이 내게 말했다. "선생은 이 문서를 사람들에게 보여줄 때마다 몇 년 동안 감옥에 갈 수 있고, 수천 달러의 벌금형에 처해질 수도 있습니다." 내가 말했다. "정말로요? 나는 이미 수천 명에게 보여주었습니다. 어서 쇠고랑을 채워보시죠! 첫 번째 전화는 변호사가 아닌 테드 코펠Ted Koppel*이나 래리 킹Larry King에게 할 겁니다." 그는 미친 사람을 보는 듯이 나를 바라봤다. 나는 말을 이었다. "농담하는 것 같아요? 어서 해보세요. 뉴스 헤드라인에는 이렇게 나가겠죠. '비밀첩보원들이 케네디를 죽이기에 앞서 마릴린 먼로

* ABC 방송국 인기 시사프로그램 '나이트라인(Nightline)'의 진행자.

를 죽였다는 내용의 문서를 공개했다는 이유로 응급실 의사가 감옥에 가다.' 신문 1면에 이런 기사가 나가길 바라는 겁니까? 어서 체포해보세요." 그는 다소 충격 받은 표정으로 고개를 흔들다가 그냥 떠났다. 우리는 그 첩보원에 대한 소식을 다시는 듣지 못했다.

이 문서는 케네디가(家) 형제들에게 버림받아 화나고 상처 입은 마릴린 먼로가 로버트 케네디와 그녀의 친구이자 뉴욕의 유명인사인 한 미술상에게 전화한 내용을 담고 있다. 먼로는 기자회견을 열어서 잭 케네디가 1940년대 뉴멕시코에 추락하여 수거한 우주에서 온 비행물체들에 대해 말해준 내용을 공개할 거라는 말을 했다! 케네디 대통령은 그곳에서 외계우주선과 그 잔해들을 보았기 때문에 이 정보를 그녀에게 털어놓았던 것이다. 여전히 극비인 이 문서에 적힌 날짜는 마릴린 먼로가 죽은 채로 발견된 전날이었다. 나는 또한 그녀가 죽는 시간까지 그녀를 도

청하고 감시하는 일을 도왔던 로스앤젤레스 경찰국 정보과 직원들과 함께 있던 사람을 찾아냈는데, 그는 그들이 실제로 마릴린 먼로를 어떻게 죽였는지 알고 있었다. 그녀가 미국 정보계통의 제거요원에 의해 살해되었다는 사실은 의심의 여지가 없다.

중요한 것은 이 문서에 CIA의 전설적이고 광적인 스파이 사냥꾼이면서 누설방지전문가인 제임스 앵글턴James Angleton의 서명이 들어 있다는 점이다. 내 생각에 이 문서는 마릴린 먼로를 살해하라는 승낙서다. 그것은 이 문서에 그녀가 절박하게 하려고 했던 일이 요약되어 있기 때문이다. 나는 그녀가 자신이 어떤 일에 휘말려 들어가는지를 알고 있었다고는 생각하지 않는다.

나는 메리 메이어Mary Meyer의 살해에 관한 비슷한 문서를 가진 사람과 지금 일하고 있다. 메리 메이어는 오랫동안 잭 케네디의 정부였는데, 너무 많은 것을 알고 있었기 때문에 1964년 조지타운 C&O 운하에서 저격당했다. 이 사람을 만남으로써 그들이 왜 메이어를 살해했는지를 말해주는 정보원을 확보하게 되었다. 그들이 마릴린 먼로를 살해한 것과 같은 이유였다!

이런 내용들을 벌에게 말했을 때 그는 이렇게 말했다. "마릴린 먼로와 나는 서로 잘 아는 사이였기 때문에 이 말을 할 수 있습니다. 그녀를 아는 사람이라면 모두 그녀가 살해됐다는 사실을 알고 있었지만 왜 그랬는지를 이제야 알 것 같군요!"

벌이 알고 있던 몇몇 사람들은 로널드 레이건과 친하게 지내는 사람들이었다. 그는 내가 여러 출처를 통해 들은 정보들의 진위를 확인해주었다. 그 일례로, 스티븐 스필버그의 영화 「미지와의 조우Close Encounters of the Third Kind」를 로널드 레이건과 함께 관람했던 두 사람을 만난 적이 있다. 이 영화는 사실 다큐멘터리 또는 다큐드라마라고 할 수 있는데, 내용의 대부분이 스필버그가 라이트패터슨 공군기지에 비밀스럽게 접촉해서 확보했던 공군기록에서 따온 것이었다. 로널드 레이건은 백악관에서 영화를 함께 보던 사람들을 돌아보며 말했다. "이 영화의 내용이 어느 정도나 진실인지를 아는 사람은 이 방 안에 두 명밖에 없군." 이 사실은 두 사람의 증인들이 서로 따로 나에게 말해준 것이다.

비밀을 유지하는 데 중요한 통제점들 가운데 하나는 대중문화를 돈으로 매수하는 것과 할리우드와 거대 미디어들을 타락시키는 것이라는 사실을 대부분의 사람들은 모른다. 할리우드와 거대 미디어들에는 '국가안보'와 관련된 그림자정부의 이권이 아주 깊이 침투해 있다.

물론 여러분이 벌 입스와 같은 사람이라면 여러분은 모든 사람들을 알고 또 모든 사람들이 여러분을 알 것이다. 따라서 그들과의 만남은 또 다른 만남으로 연결되었고 나는 많은 유명인사들과 만나게 되었다. 이러한 만남들로 나는 UFO 문제가 공개적인 비밀이라는 사실을 알게 되었다. 사람들은 그것이 사실이며 그것을 비밀로 지키기 위해 암살과 살인이 자행되어왔다는 것에 대해 알고 있었다. 할리우드와 영화계와 미디어산업은 시간이 갈수록 점점 더 고착화되는 그 통제점들로 인해 강탈당하고 곤두박질치고 있었다.

나는 강렬한 군국주의와 외계혐오적인 내용 없이는 외계존재들에 관한 영화를 사실상 만들지 못한다는 사실을 많은 사람들을 만나면서 알게 되었다. 「미지와의 조우」와 「E.T.」 같은 영화들도 있지만, 우리는 「인디펜던스 데이」와 「맨 인 블랙Men in Black」이나 「화성침공Mars Attacks!」 같은 바보 같은 영화들도 보아왔다. 이 영화들은 모두가 침공이나 군사적인 충돌이라는 주제를 담고 있다. 어둠의 세력들은 대중들이 이런 종류의 선전에 세뇌되어 '적대적인 외계인'이라는 거짓말을 받아들이기를 원하

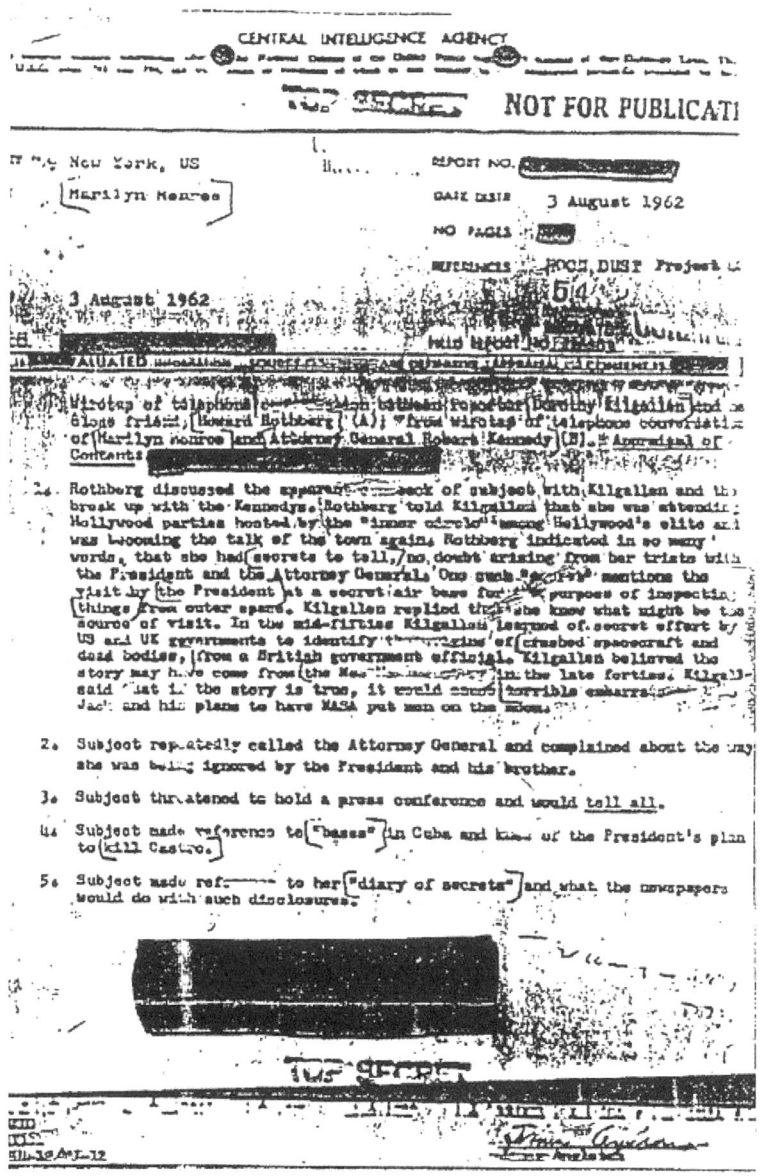

CHAPTER 19 할리우드와 거대 미디어의 타락 · 207

고 있다.＊

할리우드, 그리고 일반적인 미디어들은 그 중요한 통제점들이다.

도로시에게 CE5 프로토콜을 가르쳐준 뒤에, 그녀는 어느 오후 워싱턴 주 아나코티스의 바닷가에 앉아서 그것을 연습하기로 했다. 그녀는 손녀와 함께 있었는데 갑자기 UFO가 나타났다! 그것은 구름 속을 드나들면서 그녀와 소통하고 신호를 보내고 있었다. 손녀딸은 "우와, 할머니, 저거 보세요."라고 말했다. 도로시가 외계존재들과 연결하고 접촉할 수 있음을 알게 된 것이 그때였다.

＊ 이밖에도「우주전쟁(War of the Worlds)」, 「스카이라인(Skyline)」, 「월드 인베이젼(World Invasion)」, 「트랜스포머(Transformers)」와 최근의「배틀쉽(Battleship)」, 「어벤져스(The Avengers)등이 있는데, 이런 주제의 영화들은 근래에 더 활발하게 제작되고 있다. 「포스 카인드(The Fourth Kind)」와 같은 영화는 외계인에 의한 납치를 다루었다.

1990년대에 있었던 LA 노스리지Northridge 지진 때, 도로시는 태평양 시간으로 오전 4시 30분에 일어나서 아래층으로 내려갔을 때 현관 창문으로 들어오는 황금빛 광선을 보았다. 그녀가 창가로 다가가 밖을 보자 나무 꼭대기 바로 위에 커다란 외계비행체가 있었다. 그리고 그녀는 그 빛줄기 속에 있었다.

그녀는 즉각적으로 정신적인 메시지를 받기 시작했다. "두려워하지 마세요. 당신은 안전할 것입니다. 우리는 언제나 당신과 함께 있습니다. 당신은 보호받을 것입니다……." 그녀는 순간적으로 LA에 있는 가장 친한 친구에게 전화하고 싶은 충동을 느꼈는데, 바로 그때가 노스리지 지진이 일어나고 있을 때였다. 그 친구는 말했다. "여기 지금 지진이 생겼어. 하지만 여기 있는 걸 믿지 못할 거야! 접시처럼 생긴 비행선에서 황금빛 광선이 나오고 있는데 내가 지금 그 속에 들어가 있어. 지금 메시지를 받았는데 이렇게 말하네. '두려워하지 마세요. 당신은 안전할 것입니다. 우리는 언제나 당신과 함께 있습니다. 당신은 보호받을 것입니다.'라고 말이야!"

그것은 같은 시간에 비행체에서 나온 황금빛 광선 속에서 받은 정확히 같은 메시지였다. 마치 공간적으로 전혀 분리되지 않았거나 외계비행선이 동시에 두 곳에 있었던 것만 같았다.

도로시는 내게 전화해서 일어난 일을 말해주었다. 나는 그녀에게 세상에는 대규모 지각변동을 포함하는 여러 많은 변화들이 있을 것이며, 이 외계존재들은 우리에게 연결되어서 지구를 안정시키고 인류를 보호하기 위해 도울 것이라고 답해주었다.

내가 1990년대에 케임브리지 대학교에서 열린 높은 지능을 가진 사람들의 단체인 멘사MENSA의 컨퍼런스에 초대받았을 때 흥미로운 일이 있었다. 나는 정말 진지하게 주류 과학계의 자료들을 근거로 과학적인 발표를 했다.

내 발표가 끝났을 때, 한 노령의 남성이 일어서서 말했다. "나는 아무개 박사요. 나는 멘사와 영국 정부의 위원회에 소속되어 있소. 이 내용에 털끝만 한 진실이라도 있다면 내가 그것에 대해 이미 알고 있었을 거요. 게다가 당신 같은 지성인이 그런 쓸데없는 짓에 인생을 허비하고 있다는 점이 몹시도 실망스럽소!" 그는 목에 핏대를 세우고 있었고 얼굴은 분노로 빨갛게 달아 있었다. 그것도 이 수백 명의 사람들 앞에서!

나는 말했다. "글쎄요, 죄송한 말씀이지만, 이것이 진실이라는 10퍼센트의 가능성만 있어도, 그리고 우주를 여행할 수 있는 기술과 수천 년 동안 지구를 오염시키지 않고 가난이 사라지는 지속 가능한 세상을 만들 수 있는 기술이 있다면, 제 경력과 그 어떤 희생이라도 감수할 만한 가치가 있다고 생각합니다. 다음 질문 있습니까?"

이 일에 대해 덧붙이자면, 우리는 컨퍼런스가 끝난 뒤, 지금도 횃불과

양초로 불 밝혀진 케임브리지의 대형 홀에서 만찬을 가졌다. 내가 만찬장을 떠날 때 내 뒤에서 나를 따라오는 발자국 소리들이 들렸다. 뚜벅, 뚜벅, 뚜벅, 뚜벅, 뚜벅. 뒤를 돌아보니 내 발표에 흥분했던 노장 과학자와 함께 있던 두 젊은 과학자가 다가왔다.

"아무개 박사님의 행동에 사과드리고 싶습니다."

"아, 아닙니다. 괜찮습니다. 저는 따끔하게 혼났을 뿐입니다."

"아니요, 선생님은 이해하지 못합니다. 그분은 그것이 사실이 아니라고 생각해서가 아니라, 저명한 과학자이자 물리학자인 그분이, 마음 깊은 곳에서는 아마도 그것이 정말로 사실일지도 모른다는 생각 때문에 그렇게 화를 낸 것입니다. 그분이 알고 있는 모든 것들과 지난 60년 동안 가르쳐온 모든 것들이 쓰레기에 불과할지도 모른다는 의미입니다!"

그분은 이렇게 생각했다. '오 맙소사, 이것이 사실이라면 – 그리고 그럴 수도 있을 것 같은데 – 내가 아는 과학과 물리학이란 동화 정도일 뿐이거나 유치원 수준의 과학이 아니던가!' 하지만 그가 이렇게 생각했을지라도 이 케임브리지의 저명한 과학자는 자신의 태도를 바꾸지 않았다.

이런 일은 내가 반복해서 보아왔던 현상이다. 나는 힐 노튼Hill Norton 경이나 국방부 국방정보국Defense Intellegence Agency 국장 또는 국립과학재단National Science Foundation의 고위과학자들 같은 사람들 속으로 걸어 들어가, 이 정보를 그들에게 알려주어야만 했던 불운한 사람이었다. 이 사람들은 중요한 자리에 있는 중요한 사람들이다. 또 그들은 자신들의 통제를 벗어나 있는 비밀활동들, 기술, 과학과 권력의 세계가 있다는 사실도 알고 있다. 그것은 정말 혼란스러운 모습이다.

많은 사람들은 자신들이 입맛대로 사용되는 장기판의 졸 또는 기계 톱니바퀴의 하나에 불과하다는 사실을 깨닫게 된다. 그들이 스스로 자신의 경력과 권력의 정점에 올랐다고 생각했을 때 이런 사실을 알게 되면 그야말로 충격적이다.

그들은 예측 가능한 다양한 반응을 보인다 – 분노, 부정, 수용, 그리고 두려움.

1990년대 중반 나는 노에틱사이언스연구소Institute of Noetic Sciences 이사회로부터 브리핑을 해달라는 요청을 받았다. 그곳에는 연구소 설립자와 많은 저명인사들이 참석해 있었다. 나는 우리가 하는 일과, 우리가 알아낸 사실들과 그 증거들을 말해주었다. 그들 중에는 허위정보들을 가진 사람들도 몇 명 있었는데, 그들은 한때 이 분야에서 좋은 목적으로 일하던 사람들이지만 정보계통의 이해관계로 변심한 사람들이었다.

그림자정부에 속한 사람이 발표하면서 말했다. "이것은 모두 근거 없는 믿음일 뿐입니다. 그리고 빛나는 작은 공들이 간혹 목격되기도 합니다." 그는 한때 자신이 이 분야에 대해 저술했던 모든 강력한 증거들을 완전히 백지화시키고 있었다. 아주 흥미로운 광경이었다. 그래서 나는 일어나서 정중하게 말했다. "글쎄요, 그와는 반대로……."

그도 역시 반론을 제기했다. "물론 이것들은 간차원적interdimensional이기 때문에 이 물리적 세계에 실제로는 존재하지 않습니다."

내가 말했다. "글쎄요. 꽃이 간차원적이라고 보면, 이 '간차원적'이라는 말은 아무 의미가 없습니다. 왜냐하면 꽃 한 송이에는 꽃의 물리적 실체에서부터 그 안에 깃들인 아스트랄 형태에 이르기까지, 꽃의 일상적 관념인 관념 형태idea form에 이르기까지 모든 것이 그 안에 들어 있기 때문입니다. 또 그것을 창조하고 그것을 유지하는 실제적인 의식을 가진 지성이 꽃에 여전히 존재합니다. 따라서 모든 것이 간차원적입니다. 그렇지 않은 것은 아무것도 없습니다."

나는 계속했다. "당신 자신을 보십시오. 당신은 자신 안에 '무한한 마음'으로 가는 통로를 갖고 있고, 모든 우주가 그 '무한한 마음' 안에 포개져 있습니다. 신비주의자들이 당신의 관념 형태라고 부르는 실제 몸도 그렇죠. 또 당신에게서 당신의 육체를 유지하는 것은 바로 당신의 아스트랄체, 곧 자각몽을 꿀 때나 다른 어느 때에 몸을 떠나 날아다니는 빛의 몸입니다."

나는 이어나갔다. "인간은 전적으로 간차원적, 또는 초차원적인 존재이며, 창조의 모든 순수하고 무한한 수준을 망라하여 육체라는 최대의 표현으로 나타납니다. 따라서 우리가 '간차원적'이라고 말할 때 우리는 무엇에 대해 말하는 걸까요? 그것에는 아무런 의미도 없습니다. 모든 것이 간차원적입니다. 문제는 그것들을 표현하기 위해 충분한 차원들과 접촉하고 있느냐입니다. 인도의 어느 요기가 몸을 비물질화시켜서 눈앞에서 사라질 수도 있을 것입니다. 아니면 반지나 어떤 물체로 나타날 수도 있을 겁니다. 하지만 외계문명은 정신력과 기술력 모두를 이용해 이와 같은 일을 할 수 있어 보입니다. 그러므로 외계기술에 간차원적으로 표현하는 방법이 있다고 해서 그들이 외계 생명체가 아니거나 혹은 육체적이지 않다는 의미는 아닙니다. 그것은 A 아니면 B의 문제가 아닙니다. 그런 논쟁은 두 사람이 오렌지를 두고 둥근 것이냐 아니면 오렌지색이냐를 두고 논쟁하는 것과 같습니다. 사실 오렌지는 둥글면서도 오렌지색을 갖고 있는 것이죠."

그날 밤 우리는 폴Paul과 다이앤 템플Diane Temple 부부의 저녁식사 초대를 받았다. 그들은 벤처자본가이며, 캘리포니아 주 산라파엘San Raphael 근처에 있는 조지 루카스의 목장 옆에 넓은 토지를 갖고 있다.

상원의원인 클라이본 펠Claiborne Pell도 그곳에 왔다. 펠 의원은 그야말로 우리 지도자들 가운데 가장 훌륭한 본보기다. 그는 깨달은 사람이었다. 펠 의원은 우리가 하는 일에 대해 알고 있었다. 나는 그의 스태프들과 보좌관들 일부와 함께 일했었다. 산라파엘의 언덕 위에 있는 집에서 그를 만난 것은 그런 인연 덕택이었다.

펠 의원과 에밀리와 나는 중정을 향해 열린 커다란 라리크 장식문으로 들어섰다. 우리는 별빛 아래서 이야기를 나누기 시작했다. 펠 의원은 검은 뿔테안경 너머로 나를 바라보더니 말했다.

"닥터 그리어, 나는 여러 해 동안 이 문제에 관심을 가져왔어요. 또한 잭 케네디가 하원의원일 때부터 의회에 있었어요. 모든 위원회에서 일해왔고, 이 문제에 대해 조사했어요. 그리고 속 시원한 답을 전혀 듣지 못했고요." 그가 물었다. "한번 와서 내 직원들에게 이 주제에 대해 브리핑해주고 닥터 그리어가 아는 내용을 우리와 나눠줄 수 있겠어요?"

"물론입니다, 의원님. 준비되는 대로 언제든지 기꺼이 해드리겠습니다."

"왜 그들이 내게 말해주지 않는지 알 수가 없어요. 왜 나는 아무것도 모르고 있는 걸까요?"

나는 다른 사람들에게 했던 것처럼 그에게 몇 가지 이유를 말해주었다. "왜"라는 질문은 항상 대답하기 가장 어렵고도 사실 가장 고통스러운 것이다.

"의원님, 상원에서 진정으로 깨달은 분들 가운데 한 분인 의원님마저도 그러신다는 게 정말 안타까운 일입니다. 의원님은 상원 외교관계위원회 위원장으로서 아주 많은 일을 하실 수 있었습니다. 하지만 의원님은 가장 중요한 외교 문제에서는 배척당해오셨습니다." 나는 하늘 위의 별들을 가리키면서 그렇게 말했다.

그는 나를 보며 눈을 깜빡이더니 말했다.

"닥터 그리어 말이 맞을지도 몰라요."

"그렇습니다! 의원님 같은 분들이 외계존재들과 접촉하고, 그 기술들과 그들과의 관계를 주도하는 데 인류의 선도자가 되셨어야 했습니다. 그 도둑정치 집단들이 그것을 우리에게서 훔쳐가도록 놔두는 대신 말입니다! 의원님께서 하원과 상원에 계셨던 기간 내내 의원님께서는 이 세기를 통틀어 가장 중요한 주제를 다루지 못하도록 방해받아오셨던 것입니다." 정말이지 가슴 저미는 순간이었다…….

나는 펠 의원이 지금 위급한 사항이 무엇인지를 이해하는 것이 정말 중요한 일임을 느꼈다. 그가 아는 것만 중요한 일이 아니라, 그는 물론 미국 헌법상의 명령계통에 있는 그와 같은 사람들, 그리고 이것을 잘 다룰 수 있지만 그렇게 하도록 허용되지 못해왔던 사람들이 모두 이에 대해 아는 것이 중요했다. 그러나 펠 의원과 버드 상원의원, 그리고 브라이언 상원의원은 밀려났고, 이 문제 전체가 합법적인 관리체계로부터 강탈당하여 불법적인 비밀세력의 손아귀에 들어가버렸다.

때로 이런 질문을 받는다. "의회의 일부 구성원들은 무슨 일이 일어나고 있는지 알지 않나요? 그리고 그들이 이 비밀을 지키고 싶어 하는 세력의 일부가 아닌가요?" 그렇다. 우리는 그들이 누구인지 알고 있다. 현 상황을 고수하는 데 중심적인 인물들 가운데 하나이자 의회차원에서 정보를 차단하는 중요한 통제점은 바로 이름을 밝힐 수 없는 한 고위 상원위원이다. 캘리포니아 출신의 전직 하원의원이었던 고(故) 조지 브라운 George Brown도 이 집단에 관련되어 있었고 과학기술위원회의 위원으로서 이 비밀을 지키는 데 책임이 있었다. 비밀유지에 협조하고 있는 그 밖의 사람들로는 정보특위의 전직 위원장이었고 최근 CIA 국장을 역임한 포터 고스 Porter Goss와 같은 사람들이 있다. 나는 그의 가족과 친분이 있는 우리 동료를 통해 그에게 정보를 제공했다.

사실 이 기관들 안에서 비밀을 유지하기 위해서는 통제점이 되는 몇 사람만 있으면 된다. 이 배우들은 의회의 동료들에게 가서 말한다. "극비사항에 접근해봤는데, 아무것도 사실이 아니더라니까." 그들의 동료들에게 해주고 싶은 말이 있다. 사람들은 거짓말을 한다.

여러 해 동안 비밀정부는 비밀을 지키고 그것에 관한 지금의 질서를 유지하기 위해 다양한 기관들에 핵심적인 통제점들을 공작원들을 항상 배치해왔다. 이것은 세계의 모든 주요 국가들과 모든 의회, 그리고 모든 큰 종교조직에 있어서도 사실이다. 학계와 과학계에도 이와 비슷하게 뚫고 들어가 있다.

그 여행 도중에 나는 Y.H.의 집에 초대받았다. 그녀는 놀라우리만큼 영적이고 순수한 마음을 지닌 여성으로 신사상new thought *에 관한 중요한 책들을 처음으로 출판하였으며, 우리 일의 중요한 후원자다. 그녀의 남편은 군에 몸담았었던 사람이었는데, 이 일들에 대해 알고 있었기 때문에 우리는 UFO에 관해 길고도 재미있는 토론을 했다.

Y.H.가 내게 알려준 사실 가운데 하나는 그녀가 이 프로젝트들에 비밀스럽게 연관되어 있는 많은 사람들과 여러 해 동안 친분을 쌓았다는 점이다. 그녀는 안드리아 푸하리히 Andrija Puharich와 IBM의 마르셀 보겔Marcel Vogel 및 여러 사람들도 알고 있었는데, 이들은 엄청난 양의 지식을 갖고 있었지만, 그들의 지식은 이 어둠의 비밀세계의 기술을 강화하는 데 사용되고 있었다. 그녀는 정보를 수집하여 명령계통에 보고하면서, 한편으로는 대중들에게 허위정보를 유포하는 이중 역할을 수행했던 사람들도 알고 있었다.

* 19세기 미국에서 시작된 치유 운동. 범신론적 입장에서 인간의 신성을 강조한다.

그런 사람으로 영점에너지를 다루는 한 물리학자가 있다. 그는 Y.H.에게 자신이 실제로 활용 가능한 프리에너지와 영점에너지 장치들에 대해 알고 있지만, 자신이 NSA와 해군정보국에 속해 있다고 말했다. 이 물리학자와 만난 자리에서 그는 자신이 정보원임을 내게 직접 말했다.

그가 Y.H.에게 설명해준 내용은 내가 그런 위치에 있는 사람들에게 커다란 연민을 느끼게 하기에 충분했지만, 동시에 어떤 혐오감도 느끼게 해주었다. 그는 진실이 밝혀지고 지구를 구하는 새 에너지기술들이 실제로 이용되기를 간절히 원했지만, 그가 아는 내용을 누설하면 그의 가족과 아이들은 틀림없이 죽게 되리라고 말했다.

그는 직업상 자신의 영혼을 악마에게 팔아넘겼지만, 그의 존재 전체는 세상이 이 놀라운 청정에너지의 새로운 원천을 갖게 되기를 진심으로 원하는 듯싶다. 그래서 그는 깊이 갈등하고 있다. 그의 역할은 "이것이 가능하기는 하지만, 우린 아직 가지고 있지 않아요."라고 말하는 것이었지만, 사실 그는 우리가 이 기술들을 가졌음을 알고 있다. 그러나 자신의 인생과 가족의 안전에 대한 위험을 무릅쓰고 그것을 말하지는 못한다. 이것이 공통적인 상황이다.

디스클로저 프로젝트의 목표는 사람들이 자신의 확신을 따르는 용기를 가지고 함께 모여 진실을 말하도록 하는 것이다. 함께 모이면 안전하고 신뢰도는 더 높아진다. 하지만 우리가 손을 내민 많은 어둠의 집단 사람들은 나에게 이렇게 말하곤 한다. "진실이 밝혀지기를 원합니다. 하지만 지구의 공기를 30일은 더 마시고 싶군요." 그들의 두려움은 의무감보다 더 컸고, 그들은 진실을 발설하는 순간 자신이 이미 죽은 목숨임을 느끼고 있었다.

나는 하원의원인 크리스토퍼 콕스Christopher Cox도 만났는데, 그는 최근 증권거래위원회의 위원장이었고, 미국 대통령에 출마할 공화당의 최종 후보명단에 올라 있다. 하버드를 졸업한 그는 무척 영민한 사람으로 캘리포니아 주 오렌지 카운티를 지역구로 하고 있으며, 많은 핵심 위원회들에서 활동했다. 콕스 의원을 아는 한 친구가 나더러 그에게 브리핑해주기를 권했다. 이 친구는 CSETI의 후원자이면서 오렌지 카운티에 있는 IBM의 중역이다.

오래지 않아 콕스 의원과의 만남이 이루어졌다. 그가 말했다. "이것이 사실임은 의심의 여지가 없지만 나는 이에 대해 결코 들어본 적이 없어요. 일부 정말 중요한 위원회들에 있었는데도 말이죠." 그래서 나는 관련 당사자가 되어 있어야 함에도 그곳에서 배제되어버린 내가 만난 모든 사람들에 대해 말해주었고, 또 이것이 공통적으로 일어나는 상황이라는 점도 말해주었다.

디스클로저 프로젝트는 인터넷과 CNN을 통해 수백만의 사람들에게 사실을 폭로하는 일만이 아니라, 크리스토퍼 콕스처럼 진실을 알아야 할 사람들에게도 그렇게 하고 있다는 점을 기억해주기 바란다.

가끔은 이러한 만남들이 신비로운 방법으로 이루어지기도 한다. 내가 도시로 나가서 호텔 방에 누워 있을 때면 스스로 이렇게 묻는다. "내가 말해주어야 할 사람이 여기에는 누가 있을까?" 나는 명상 상태에 들어가서 내 의식이 누구든 내가 만나야 할 사람을 찾아 여행하도록 놔둔다. 그러면 나는 어떤 사람을 보고 나서 특정장소에 그 사람이 거기 있게 되기를 요청하기로 결정한다.

그리고 그곳에 가면 그들이 정말로 있다! 나는 명상 속에서 그들의 생김새를 정확하게 본다. 그들은 어렴풋하게 말한다. "낯설지가 않은데요." 그러면 나는 "그래요?"라고 응수한다. 그렇게 해서 이야기가 시작된다. 그들은 항상 묻는다. "무슨 일을 하십니까?" 그러면 나는 다 털어놓고 그들에게 이야기한다. 예외 없이 그들은 이런 식으로 말한다. "저는 SAIC과 일하고 있습니다. 정말 선생님을 제대로 만난 것 같군요. 제가 본 것을 이야기해드리죠……." 우리는 이런 식으로 수십 명의 사람들로부터 중요한 정보를 전해 받았다.

CHAPTER 20

인간 의식을 조종하는 전자시스템

이즈음에 우리는 콜로라도의 한 휴양지에 갔다. 거기에 온 한 여성은 이 기술들을 다루는 기업에서 일했었고 그 기술이 사용되는 현장에 있어왔다. 조작자는 다이얼을 돌려서, 예컨대 어느 이사회 회의에서 몇 분 안에 어떤 합의에 도달하도록 할 수도 있고, 다른 방법으로 다이얼을 돌리면 사람들이 서로 싸우기 시작해서 극심한 혼란의 구렁텅이로 몰아넣을 수도 있다.

1994년 나는 '래리 킹 라이브'의 스페셜에 초대되었다. 이 쇼는 51구역인 넬리스Nellis 공군기지 근처에서 생방송되었다. 당시 래리 킹의 프로듀서였던 파머Farmer는 그 쇼가 가장 높은 시청률을 기록했던 스페셜이었다고 말해주었다.

래리는 대담 중에 강조하면서 물었다.

"대통령이 이것에 대해 알고 있다고 생각하나요?"

이미 말했듯이 나는 대통령과 그의 과학고문인 잭 기본스 박사에게 브리핑 자료를 건네준 바 있고, 그 전해 12월에 CIA 국장과 만났었다.

"글쎄요, 그건 대통령께 물어봐야 할 것 같은데요."

다른 게스트 한 사람과 래리 킹이 동시에 물었던 것으로 기억한다.

"무슨 뜻이죠?"

나는 수수께끼처럼 대답했다.

"그 질문은 대통령께 물어보는 편이 더 나을 거라고 생각합니다."

쇼가 끝나고 래리 킹의 트레일러에서 우리는 약간의 개인적인 시간을 함께 보냈다. 그는 내가 모든 사실을 말하지 않았음을 알고 있었다. 그는 내가 정말로 무슨 일을 했었는지, 그리고 대통령과의 접촉과 CIA 국장에게 브리핑했던 일에 대해 털어놓으라고 말했다.

"세상에, 왜 방송에서 그걸 말하지 않았어요? 특종이 될 뻔했잖아요!"

"저는 그분들과 지금도 함께 일하고 있기 때문입니다."

나는 CIA 국장이 1995년 아니면 1996년에 사무실을 떠날 때까지 그와의 만남에 대해 신중하게 행동했다.

"오 이런, 이게 실제로 일어난 일이에요?" 래리가 물었다.

"물론 그렇습니다."

그리고 우리는 무척 흥미로운 대화를 나눴다. 나중에 내가 물었다.

"그런데 선생님, CNN과 다른 뉴스방송들이 왜 O.J. 심슨 재판이나 그런 타블로이드판 쓰레기 같은 기사들만 줄기차게 내놓는 겁니까? 그런 사건에 관심을 갖는 사람은 제가 아는 한 아무도 없습니다. 모든 사람들이 넌더리를 내고 있더군요."

"그래야 하니까요." 그가 말했다.

"그래야 한다니요, 무슨 말씀입니까? 선생님께서는 저널리스트이시잖습니까. 왜 지금 일어나고 있는 중대한 이야기들을 보도하지 않으시는 겁니까? 이것이야말로 금세기 최대의 기삿거리가 아닙니까?" 나는 목소리를 높이고 있었다.

"회사에서는 시청률을 유지하고 다른 방송사들과 경쟁하라고 말해요. 우리는 이런 종류의 끔찍한 사건을 다뤄야만 하죠. 그래야 그들이 내 임금을 주니까요. 모두 시청률과 관련되어 있어요. 시청률이 높아야 광고수입이 생기고, 광고수입은 내 많은 봉급을 지불하죠." 그는 정곡을 찌르고 있었다.

내가 말했다. "그렇군요. 하지만 중요한 일에 대한 저널리스트의 진실성, 그리고 편집의 재량권은 또 어떻게 하고요. 어떤 내용이 정말로 뉴스거리가 되는 겁니까?"

"아, 이러지 마세요." 래리가 말했다. "그런 건 쓸모없어진 지 오래됐어요. 모든 게 돈과 시청률에 결부되어 있어요."

여러분은 저 유명 미디어들이 바닥을 칠 정도로 하락하리라고는 생각하지 않을 것이다. 정말로 그것은 바닥을 향한 레이스다. 그리고 그들은 매년 새로운 최저점을 기록한다!

또한 이 미디어들에도 비밀 국가안보 관련 필터들이 있어서 이런 중대하고 민감한 이야기들을 뉴스에서 잘라내고 있다. 미디어의 타락은 비밀이 유지되는 핵심적 이유가 된다.

1995년, 우리는 처음으로 증인들을 한자리에 모았다. 그곳에는 18명의 대령들, 항공우주산업 관계자들과 미국 전역과 러시아에서 온 사람들이 참석했다. 우리는 캘리포니아 주 몬테레이Monterey 근처의 퍼시픽그로브Pacific Grove에 있는 휴양지인 애실로마Asilomar에서 모였다. 로렌스 록펠러가 이 일을 아주 적극적으로 지원했고 자기 심복들을 거기에 보냈으며 초기의 일부 증인들도 참석했다.

그 모임은 모두 비디오로 촬영되고 녹취되었지만, 내가 이 일을 맡겼던 사람들이 모든 테이프를 가져가서 록펠러 그룹과 뒷거래를 하고 말았다. 그래서 우리에게는 그 증언에 대한 기록이 아무것도 남아 있지 않다! 우리는 지금까지도 그것을 회수하지 못했다.

가끔 사람들은 내가 사람들과 조직들을 너무 격렬하면서도 조심스럽게 대한다고 보는데, 그 이유는 이런 일로 설명이 될 것이다. 그런 부류의 절도와 배반은 계속 반복되어 일어났다.

1996년 후반과 이듬해 초반에 우리는 워싱턴 D.C.에서 정부의 내부고발자들과 의회 의원들, 그리고 우리가 접촉했던 영향력 있는 여러 정치인들을 초대하여 정식 브리핑을 열 필요가 있다고 결정했다.

그 브리핑에 앞서 샤리 아다미악, 런던 BBC의 영상편집자인 닐 커닝햄Neil Cunningham, 그리고 나는 비밀조직에 의해 운영되는 피닉스의 한 실험실에 갔다.

조직원 가운데 하나가 말했다. "의회에서의 모임에 필요한 비디오테이프들을 고르는 일에 우리의 디지털 작업실을 사용해도 됩니다." 우리는 전 세계에서 촬영된 비디오테이프와 UFO들의 영상을 수집했다. 닐 커닝햄은 사람들에게 보여줄 가장 좋은 영상들을 모으는 일에서 우리를 돕기로 했었다. 물론 우리는 그 조직원이 누구인지를 알고 있으면서도 비밀조직의 한가운데로 걸어 들어갔던 것이다.

나는 비행기로 피닉스에 갔고 착륙한 뒤에 CE5 프로토콜을 시작했다. 나는 확장된 의식 상태에 들어가 우주공간으로 갔고 외계비행선들을 피닉스 지역으로 유도하기 시작했다. 나는 외계존재들에게 말했다. "우리가 여기 있는 동안 여러분이 사람들이 부인할 수 없는 무언가를 해주어서, 우리가 브리핑할 의회 사람들에게 그 장면을 보여주도록 해주면 고맙겠습니다." 이때가 1997년 3월 13일이었고, 의회에서의 브리핑은 4월 초로 잡혀 있었다.

그 실험실은 애리조나 주 피닉스의 템피Tempe에 있으며, 우리가 거기서 작업하는 동안 누군가가 흥분해서 뛰어 들어왔다. "피닉스 상공에 거대한 UFO들이 나타났어요! 그리고 그들을 촬영하고 있고요!" 그것이

유명한 피닉스 라이트Phoenix Lights*였다. 그리고 이 사건은 CE5로 이루어진 것이었다.

우리가 피닉스에 도착한 것이 5시 30분쯤이었고, 이 사건은 8시 30분쯤에 일어났다. 가장 오랫동안 목격된 것은 사실 실험실 상공에서였다. 그날 밤 지역뉴스에는 우리가 축약판 필름으로 만들어 의회에 제출했던 장면이 보도되었다!

*이날 나타난 V자 형태의 불빛들에 붙여진 이름.

어느 날 저녁, 우리가 이 디지털 영상들을 가지고 늦게까지 작업하고 있는데, 한 퇴역 장군이 들어왔다. 그는 비밀조직과 개인적인 계약을 맺고 일하는 항공기 조종사였고, 이들 어둠의 프로젝트들을 위해 약물을 운반하고 있었다.

우리는 피닉스에서 밀수된 약물들을 들여와서 분배하는 활동을 하는 거대한 비밀조직이 있다는 사실도 알게 되었다. 이 장군은 마약에 완전히 취해 있었다.

그가 들어왔을 때, 그는 내가 군 계통에서 얻은 몇 장의 UFO 사진들을 보았다. 그것을 들여다보던 그가 말했다.

"도대체 이걸 어떻게 구한 거요? 이것은 극비란 말이오."

그에게 물었다. "제가 바른대로 말할 거라고 생각하시나요?"

"그러는 당신은 누구요?"

"닥터 그리어입니다."

그가 대답했다. "아, 그래, 당신이 누군지 알아."

우리는 이 작업실에서 여러 날을 새벽까지 일했다. 우리가 작업하는 동안 왔다 갔다 하던 사람들의 면면은 믿기 어려울 정도였다. 마약에 취한 요원들, 전직 공군과 정보계통 사람들, 비밀스파이들, 약물중독자들, 하이테크 관련 사람들 등, 템피의 이 작은 실험실에서 정말 온갖 종류의 사람들이 일하고 있었다.

피닉스에 머물던 일정 중에 나는 강의를 위해 하루 동안 샌디에이고에 가야 했다. 샤리와 닐은 피닉스에 머물면서 작업실에서 테이프들을 가지고 일하고 있었다. 내가 없는 동안 그곳 사람들은 샤리를 꾀어 내가 UFO의 진실을 세상에 말하려 하는 악마의 화신으로 생각하도록 부추겼다.

그녀와 닐은 여러 시간 동안 섬뜩한 마인드컨트롤과 심리전 공격을 받았다. 마침내 샤리는 "떠나겠어요."라고 말했고 그때서야 그들은 물러섰다.

언젠가는 우리들 가운데 또 다른 사람이 같은 집단과 접촉한 적이 있었다. 그들은 그녀를 사막으로 데려가서 우리가 하는 일에서 손 떼도록 설득하기 시작했다. 그들은 이렇게 말했다. "우리는 닥터 그리어에 대한 모든 걸 알고 있소. 우리는 그의 침대 옆 서랍 속에 무엇이 들어 있는지 알고 있소." 이 말을 전해 들은 나는 이렇게 말했다. "가서 그 사람들한테 말해요. 나는 내가 사랑하는 사람들에게 아무런 비밀도 없다고요. 나는 숨길 게 없어요. 원하는 대로 해보라고 그래요. 달라지는 건 아무것도 없을 테니까."

그녀는 그들에게 가서 내 말을 모두 전했다. 그것이 마지막이었다. 그들은 우리를 협박하지 못한다는 것을 알게 되었다.

테네시의 강연에서 내게 다가온 한 신사에 대해 말한 적이 있을 것이다. 그는 왜 내가 아직 죽지 않았는지 이해가 안 된다고 했고, 그들은 내가 하는 일을 지켜보고 있다고 말했었다. 그는 개인적으로 외계비행선을 조준하여 파괴하는 무기시스템에 관여하면서 그것을 사용하는 장면을 목격했던 사람이었다. 그는 그 시스템에 대한 개인적이고 전문적인 지식을 갖고 있었다. 1990년대 초반에서 후반 사이의 기간 동안 나는 이 무기

시스템을 개발하는 시설들에서 일해왔거나, 첨단 전자시스템을 이용하여 외계비행선들을 격추시키는 현장에 있었던 사람들 십여 명을 만났다.

물론 스타워즈계획이나 '전략방위구상Strategic Defense Initiative, SDI'에 대한 허울 좋은 이야기 속에는 SDI 프로그램에 의해 미사일 종류를 요격하는 데 사용하는 브릴리언트 페블스brilliant pebbles* 같은 것들도 있다. 그러나 사실 실제 행동은 전자기 무기시스템과 전자기 펄스EMP 무기, 그리고 스칼라시스템의 영역에서 항상 이루어져왔다. 외계비행체가 우리의 시공간에서 물질화되었을 때, 그들은 이 첨단 전자기 무기시스템에 대단히 취약해진다.

*컴퓨터로 조종되는 열추적 미사일의 암호명.

우리에게는 그들이 수거한 것이거나 추락한 비행선을 목격한 충격 때문에 극비사항에 대한 우리 측 증인이 되어준 조나단 웨이간트Jonathan Weygandt와 같은 사람들이 있다. 그는 1990년대 초반에 볼리비아와 페루의 접경지역에서 이 도당들이 외계비행체를 격추시키는 광경을 목격했었다. 우리에게는 그런 계획을 짜는 모임에 있었던 사람들이 있으며, 이 무기들을 개발하는 데 참여했던 사람들도 있다.

그러한 증인들 가운데 한 사람이 1997년 우리가 의회 의원들과 백악관 및 국방부 관료들을 위해 마련한 워싱턴 D.C.에서의 만남에 왔다. 다른 중요 인물들 중에서도 정부개혁감독위원회의 위원장이었던 댄 버튼Dan Burton 하원의원이 이 행사에 참석했다. 앞에 나서기로 했던 일부 증인들은 자신들의 위험을 감수할 수준의 내용들을 말할 계획이었다.

이 증인은 G.A.인데 그는 이 스타워즈계획에 대한 전문적이고 상세한 정보를 갖고 있었다. 그는 NSA, CIA, NRO의 합동회의와 일부 협동 프로그램에 참여하기도 했는데, 그곳에서 이런 계획들을 1970년대부터 보아왔다. 그들은 완전 가동되고 있다고 했다. 다시 말해 그들은 실제 외계비행체들을 조준하여 공격할 뿐만 아니라, 인간이 만든 외계복제비행선과 극비의 무기시스템을 사용하여 지상을 향해 연출된 거짓 공격을 할 수 있는 능력을 갖고 있다는 것이다. 그들의 의도는 '스테이지크래프트'를 이용하여 '외계인의 공격'을 꾸며내서 세상 사람들이 빅 브라더와 전 지구적 군사정부를 중심으로 하나가 되게 하는 것이다.

이것은 마치 영화 「우주전쟁War of the Worlds」의 한 장면 같다. 이 시나리오는 국가 군사지휘본부와 대부분의 정보부서, CIA, 백악관, 그리고 의회를 놀라게 할 것이다. 대중매체와 미디어들은 말할 것도 없다. 잘 속아넘어가는 대중매체들이 '사악한 외계인'의 증거로 납치와 가축 도살 이야기들을 의심 없이 꿀꺽 삼킨 것처럼, 그들은 또다시 이 스타워즈라는 미끼를 삼킬 것이다. 나는 기밀 프로젝트들에 있는 많은 사람들과 면담했는데, 그들은 납치조에서 일했고 납치극과 가축 도살극을 연출했다.

G.A.는 자신이 속해 있는 것들을 공개하는 일에 대해 무척 불안해했다. 그는 함께 일했던 사람들이 자신에게 접근하고 있으며(이 사람들은 특수 임무를 함께해온 친구들이다), 그들의 일부는 여러 상황들에서 그와 서로의 목숨을 살려준 사이라고 내게 털어놓았다. 그런 집단들은 진짜 형제 같은 관계를 유지한다. 그들은 오랫동안 서로 연락이 두절되었었지만, 그가 디스클로저 프로젝트와 함께하는 일을 알고 있었다. 그들은 그가 나를 만나는 것을 감시하고 있었음이 틀림없다.

그들은 G.A.에게 의원들과 백악관 사람들 앞에 나서서 말하기 전에 자신들을 만나달라고 간청했다. 앨 고어와 빌 클린턴의 절친한 친구 한 명이 그 모임에 있었고, 그들은 힘 있는 하원의원이 그곳에 오리라는 사실을 알고 있었다. 그래서 그는 동료들을 만나기로 했다.

1997년 4월 그 행사가 있던 날 아침, 우리는 모든 극비사항 증인들이 한데 모이는 사적인 만남을 가졌다. 우주비행사인 에드가 미첼Edgar Mitchell도 그곳에 있었다.

G.A.의 증언을 듣기 바로 전에 우리는 잠시 휴식을 가졌다. 그는 내게 와서 말하기를 자신이 몸담고 있는 조직의 조직원들과 만나야 하며, 그들이 자신을 만나기를 고집하고 있다고 했다. 이런 그들에게 충분한 진정성을 느낀 그는 만나는 데 동의했다. 그들은 G.A.를 버지니아에 있는 어느 폐쇄된 장소로 데려가서 의회에서의 브리핑이 끝난 자정 무렵까지 데리고 있었다. 그 뒤로 다시 워싱턴 D.C.의 웨스턴 호텔로 돌려보냈고, 그는 내 조수였던 샤리 아다미악의 방문 밑으로 메모지를 밀어넣었다. 메모지에는 이렇게 쓰여 있었다. "지금은 아무것도 말할 수가 없네요. 그들은 자신들이 일을 통제할 수 있을 때까지는 아무 말도 하지 말아달라고 간청하고 있습니다. 그들은 이 일을 처리하려 하며 시간을 좀 필요로 합니다." G.A.는 디스클로저 프로젝트 때문에 이 비밀집단의 사기가 무척 떨어졌다고 말해주었다.

외계인의 공격을 가장한 연출을 맡고 있는 이 비밀집단은 우리에게 노출된 뒤로 전전긍긍하고 있었다. 그들이 가진 유일한 힘은 비밀, 그리고 사람들의 두려움과 무지로부터 나오는 것인데, 우리가 그들의 계획을 노출시킴으로써 그 역학관계를 바꾸고 있었다.

SAIC의 중진 한 사람과 모든 큰 항공우주회사들과 여러 해 동안 일했던 한 남성처럼, 이 활동의 많은 내부자들은 우리가 하는 일이 이 MJ12라 불리는 통제집단 전체를 혼란 속으로 던져 넣었다고 말한 바 있다. 우리는 중요 정보들을 워싱턴 D.C.의 거물들과 대중에게 넘겨주고 있었다. 변절자도 생기고 논쟁도 많아지고, 결코 동질화될 수 없었던 이 집단이 우리가 하는 일 때문에 더욱 분열되어가고 있었다.

그러나 그 내부자들은 G.A.에게 "이 일을 통제할 수 있도록 시간을 좀 주게. 우리가 성공하지 못하면 그때 자네가 말하면 되네."라고 말했다. 어떤 의미에서 그들이 아직 이 일을 처리하지 못했다는 점이 내게

격려가 되기는 하지만, 그들이 처리하려 하지 않으리라고 확신하지는 않는다.

위험한 것은, UFO 문제와 비밀프로그램들에서 어떤 일들이 일어나고 있는지 알고 있다고 생각하는 대다수 사람들을 포함하여, 거의 모든 세상이 그들에게 기만당하게 되리라는 사실이다. 외계로부터의 공격을 가장하는 비밀세력들의 이런 형태의 노력을 '기만적 징후경보deceptive indication and warning'라고 부르는데, 이것은 적으로부터의 공격처럼 보이는 상황을 만들어놓지만 사실은 아니라는 것이다. 그것은 특정한 전략적 목표를 달성하기 위해 고안되고 연출되는 사건이다. 마치 통킹만Gulf of Tonkin 사건처럼 말이다. 여기서 미국은 베트남전을 확전하고 더 많은 군비와 군대를 요청하기 위해 적의 공격처럼 보이는 상황을 근본적으로 조작했었다. 그래서 나는 이것을 '우주적 통킹만 계획'이라고 부른다. 이로 인해 모든 사람들이 충격을 받게 될 것이다.

사람들이 놀라지 않게 할 유일한 방법은 진실을 알게 하는 것이다. 그리고 이것이 G.A.와 같은 사람들이 앞으로 나와서, 이름을 밝히고, 기록되고, 그 계획이 무엇인지를 말해주는 일이 정말 중요하다고 내가 느끼는 이유다. 캐럴 로진은 임종 전의 베르너 폰 브라운에게서 이들 비밀프로그램이 우주공간에 무기를 설치하려 할 것이며, 외계로부터의 사건을 날조하고 공격을 연출할 것이라는 말을 들었다. 그는 이것이 세상에 심각한 위험이 되리라고 경고했다.

그는 캐럴에게 한 가지를 더 말해주었는데, 이 사항은 내가 그녀에게 디스클로저 프로젝트가 진행되는 동안에는 발설하지 말아달라고 부탁했던 내용이다. 그것은 바로 인간의 의식에 영향을 주는 전자전(電子戰) 시스템이 있으며, 그것들은 고도로 발달되었고 인간의 행동과 결정과정에 영향을 준다는 것이었다. 이들 향정신성 무기들은 모두에게 가장 심각한 위협이다.

이즈음에 우리는 콜로라도의 한 휴양지에 갔다. 거기에 온 한 여성은 이 기술들을 다루는 기업에서 일했었고 그 기술이 사용되는 현장에 있어왔다. 조작자는 다이얼을 돌려서, 예컨대 어느 이사회 회의에서 몇 분 안에 어떤 합의에 도달하도록 할 수도 있고, 다른 방법으로 다이얼을 돌리면 사람들이 서로 싸우기 시작해서 극심한 혼란의 구렁텅이로 몰아넣을 수도 있다. 나는 고급 전자기술을 다루는 이시스템즈, 레이시온Raytheon, SAIC, 이지앤지에서 일했던 여러 사람들을 알고 있으며, 그들 또한 이와 같은 기술의 힘을 목격했다. 가끔 나는 우리가 함께 일해야 하는 세상과 일부 사람들을 바라보면서, 그들이 좀비가 되어버렸다고 확신한다. 사람들이 그런 식으로 행동하는 모습이 이해되지 않기 때문이다 - 사람들의 행동은 거의 각본에 쓰인 것처럼 보인다.

프리에너지 기술을 갖고 있는 일부 과학자들은 그들이 이 장치들을 공개하지 못하게 하는 각색된 신념체계와 행동패턴을 갖도록 표적이 되어왔다. 그들은 한결같이 희망과 공포 사이를 오가는 불안정한 심리상태와 함께 똑같은 성격상의 기벽과 행동특성들을 가진 듯하다. 그래서 이 기술들은 항상 숨겨져 있다 - 아니면 결코 완성되지도 못했거나 말이다. 우리는 이런 상황을 반복하고 또 반복해서 보아왔다. 이 무기시스템들이 이런 행동을 유발하는 일에 사용되고 있다. 그렇지 않고서야 이 기술들이 어떻게 그토록 난관에 봉착해 있고 다른 곳에 전용되거나 제 길을 벗어나버렸는지를 설명할 길이 없다.

워싱턴 D.C.에서의 행사를 준비하는 과정에서 우리가 전자기 무기시스템의 표적이 되고 있다는 사실을 더더욱 잘 알게 되었다. 래리 킹과 함께한 뒤 우리는 뉴멕시코의 로즈웰 근처로 가서 CE5 프로젝트를 실행했다. 어느 저녁, 샤리 아다미악과 한 연구자, 그리고 나는 들녘에 나가서 CE5 프로토콜을 했다. 우리는 공공연히 우리를 감시하고 있는 몇 사람을 보았다. 그리고 우리가 명상 상태에 들어 있는 동안, 느닷없이 샤리의 몸이 흔들리기 시작하더니 거의 경련을 일으키고 있었다. 나는 그녀가 생모리츠 호텔에서 내 아스트랄체를 뽑아내려 했던 것과 정확히 같은 무기에 맞았음을 알았다.

나는 무엇을 해야 할지 알고 있었다. 정신적으로 나는 그녀에게 가서 그녀를 안정시켰고, 상위 차원의 의식을 사용하여 스칼라시스템을 중화시켰다. 이 사람들은 전자전시스템의 하나를 사용해서 강제로 아스트랄체를 추출하려고 시도하고 있었다. 샤리는 길고 깊은 호흡을 시도했지만, 눈에 보일 정도로 흔들렸고 그 공격으로 인해 놀란 상태였다.

이런 공격은 점점 더 자주 일어나기 시작했고, 우리는 이런 종류의 기술을 가진 사람들에 대한 우리만의 보호조치를 시작했다. 나는 우리가 모이는 시간에 우리를 향해 들어오는 펄스파를 감지하곤 했다. 그것은 말 그대로 내가 속에서부터 전자레인지로 데워지는 듯한 느낌이었다. 우리가 보호조치를 마련하면서 이 일은 진정되었다. 우리는 또 우리의 보호를 위해 명상과 기도를 해줄 대단히 영적인 지원팀도 구성했다.

이에 관련된 최악의 경험 가운데 하나는 1997년 4월 의회에서 브리핑하던 날에 일어났다. 의원들에게 발표를 하는 동안, 나는 갑자기 이 에너지파가 나를 공격한 것을 느꼈다. 그것은 거의 의식을 잃게 할 정도였다. 그곳에는 그 무기에 대해 알고 있는 국방부 사람도 와 있었다. 그것은 너무나 강렬했고, 다시 나는 속에서부터 데워지고 있는 것 같았다.

간신히 의식은 유지할 수 있었지만, 연단 위에서 기절하게 될 것만 같았다. 이 일에 앞서서 MK 대령이 이 모임에 오겠다고 고집 부렸다는 사실을 말해야겠다. 우리가 "안 돼요, 당신은 올 수 없어요."라고 말했을 때, 그는 무척 거친 말투로 잘라 말했다. "어떻게든 거기 가겠소." 여러분이 내 말을 이해한다면, 그는 거기 있었다. 그는 결국 '닥터 데쓰'이자 이른바 비치명적 전자전시스템의 전문가가 아니던가.

그러나 이 비밀세력들이 이 시스템들을 사용할 때마다, 그들의 속셈이 드러났고 우리는 그들에 대해 더 많은 것들을 알게 되었다.

1990년대 중반 나는 1958년 이전에 국가정보기관을 위해 이 시스템의 일부를 개발했던 사람을 만났다. 많은 사람들에게는 이것이 마치「스타 트렉」 같은 이야기로 들리겠지만, 1958년까지 이 사람과 그의 팀은 아무리 멀리 떨어져 있는 장소나 사람도 원격투시할 수 있도록 연결시켜주는 전자장치를 완성했다. 그는 이 발명품을 그 기관의 위장회사에 팔도록 강요받았다. 그가 나에게 물었다. "이 장치 하나를 가져가겠어요?" 나는 대답했다. "지금은 가져가지 않겠습니다." 나는 그것을 너무 위험한 것으로 보았고, 우리는 상위 의식을 개발하여 원격투시를 할 수 있는 능력을 이미 보유하고 있다.

이 분야에서 일하던 또 다른 과학자는 사람을 공중에 뜨게 만드는 전자장치를 개발했었다. 우리의 군사계통 증인인 한 대령의 부모가 1950년대에 랜드연구소Rand Corporation의 몇몇 사람들과 친분이 있었다. 그의 부모는 랜드연구소에서 점심을 먹는 동안 이 장치를 써서 탁자 위로 떠오르는 사람들을 본 적이 있었다.

이런 능력이 이미 1950년대부터 있어왔다. 1950년대부터 지금까지 이 기술들, 특히 전자공학이 어디로 갔는지를 보라. 그리고 오늘날 그림자 정부가 가진 기술력은 얼마나 진보되어 있을지 상상해보라! 물론 이 놀라운 기술들 모두가 엄청나게 이로운 목적으로 사용될 수도 있었다 - 질병의 치유에서부터 교통수단과 에너지 생산에 이르기까지 말이다. 유감스럽게도 그 기술들은 권력을 남용하고 또 그것에 중독되어버린 사람들이 장악하고 있다.

CHAPTER 21

전자기 공격으로 암에 걸리다

악성 흑색종의 세계적인 전문가가 내 왼쪽 어깨에서 조직을 채취해서 들여다본 뒤에 말했다. "전이성입니다." '전이성'이라는 말은 그것이 몸 어딘가에 생긴 종양에서 비롯되었다는 뜻이다. 그러나 내 몸 안팎 그 어디에도 종양이 없었다. 결국 나는 피부과 의사에게 말했다. "그것이 어디서 왔는지 압니다. 유타에 있는 한 실험실에서 왔습니다. 거기서 전자기적으로 제게 옮겨진 겁니다."

이 시기에 CSETI의 한 이사로부터 전직 대령을 소개받았는데, 그는 전직 CIA 국장인 빌 콜비Bill Colby와 가깝게 지내는 사이였다. 콜비는 이 비밀프로그램들에 깊이 관여해왔고, 실제로 외계의 장치들, 가동 에너지장치와 여러 하드웨어들뿐만 아니라, 출처를 알 수 없는 5천만 달러의 자금에 손댈 수 있었다. 콜비는 진실이 공개되는 데 도움이 되도록 이 장비들은 물론 그 자금과 강력한 물증 및 증거문서들을 CSETI에 이전하고 싶어 했다.

나는 생각했다. '드디어 CSETI가 진실을 세상에 알릴 수 있을 만큼 충분한 자금을 갖게 되었구나.'

처음에 이 대령은 우리가 만날 사람이 빌 콜비라는 사실을 말해주지 않았다. 그는 그냥 이 초특급 비밀프로젝트에 관련된 고위층 관료라고만 했다. 나는 말했다. "좋아요, 그가 누구이든. 우리를 도우려 한다면 감사한 일이죠." 그렇게 해서 나는 이 일이 성사되도록 승낙했다.

이 일을 공식화하기 위해 우리의 이사가 전직 CIA 국장을 만나려 했던 그 주에, 콜비는 포토맥Potomac 강에서 죽은 채로 발견되었다! 그 만남을 주선했던 대령은 콜비가 암살당했다고 귀띔해주었다. 나중에 그의 아내는 이렇게 말했다. "밤에 홍수로 물이 불어난 강에 왜 카누를 타러 나갔는지 알 수가 없어요. 현관문은 열려 있었고 컴퓨터와 커피메이커도 켜져 있었어요!" 그녀는 울부짖었다. "전혀 빌답지 않아요."

콜비 여사는 무언가 잘못되었다는 암시를 주고 있었지만, 아무런 조사도 이루어지지 않았다. 이렇게 그들은 우리를 도우려던 전직 CIA 국장을 암살했다. 그가 이 범죄 집단과 확실히 결별하려 했기 때문이었다. 그는 늙어갔고 이 비밀을 무덤에 그냥 가져가고 싶지 않았다. 많은 우리의 증인들처럼 콜비도 이 비밀세계 전체가 통제하지 못할 지경이 되어버렸고, 이미 너무 멀리 가버렸다는 것을 알고 있었다.

이 일로 나는 흔들렸지만 두려움 때문은 아니었다. 우리와 함께 일하려다 생명을 잃어버린 사람이 있다는 사실이 너무도 혼란스러울 뿐이었다.

그날 이후로 나는 그 사람이 누군지도 모르는 채로 하는 거래를 다시는 허락하지 않겠다고 맹세했다. 그들이 누군지를 알아야 내가 그들을 보호할 수 있기 때문이다.

1997년 샤리와 나는 점점 더 강해지는 전자기 무기의 표적이 되고 있음을 알게 되었다. 그리고 얼마 지나지 않아 결국 샤리와 나, 그리고 우리를 후원하는 한 하원의원에게 전이성 암이 생겼다. 나는 이것이 전자적으로 유발되었다고 확신한다. 전자기의 미세한 수준에서는 사물을 바꿀 수 있으며, 무언가를 한 곳에서 다른 곳으로 옮길 수 있으며, 전자기적으로 다른 사람을 감염시키거나 해를 끼칠 수도 있다. 이것은 사람들을 치유하는 데 사용할 수도 있는 과학을 더없이 치명적으로 응용한 것이다. 불행하게도 지금 인류 최악의 부류들이 이 기술을 소유하고 있다.

사람들이 이 기술들이 공개되는 것을 걱정할 때 나는 이렇게 말한다. "걱정할 필요 없어요. 이미 최악의 부류들이 그것을 가지고 있으니까요!"

그렇게 힘든 고난의 시간이 시작되었다. 1997년 의회에서 브리핑을 가진 지 6개월 이내에 샤리와 나 둘 다에게 공격적이고 전이성인 암이 생겼다. 나의 경우는 악성 흑색종이었는데 그것이 전이성인 경우 아주 치명적이다. 이것은 이루 말할 수 없을 정도로 나와 가족들을 불안하게 만들었다. 그리고 에밀리 외에 우리가 하는 모든 일을 도와주던 너무도 훌륭한 단 한 사람인 샤리는 전이성 유방암으로 끔찍한 고통을 겪고 있었다. 우리는 둘 다 전적으로 정상적이고 이런 암을 가진 가족력도 전혀 없는 사람이었다. 그것도 같은 달에 이렇게 되다니! 우연의 일치라고 하기에는 믿기 어려운 상황이었다.

무슨 일이 일어났는지를 증명할 수는 없지만 이것만은 말할 수 있다. 악성 흑색종의 세계적인 전문가가 내 왼쪽 어깨에서 조직을 채취해서 들여다본 뒤에 말했다. "전이성입니다." 그것이 첫 번째 흑색종이었다. '전이성'이라는 말은 그것이 먼저 몸 어딘가에 생긴 종양에서 비롯되었다는 뜻이다. 그러나 내 몸 안팎 그 어디에도 종양이 없었다.

나는 멜라닌세포가 있는 곳을 검사하기 위해 망막이 있는 눈의 안쪽에서부터 검사를 받았다. 멜라닌세포는 악성 흑색종을 일으키는 세포종류다. 어디에서도 종양이 발견되지 않았다! 결국 나는 피부과 의사에게 말했다.

"이제 됐습니다. 그만 찾아봐도 되겠습니다."

그가 물었다. "무슨 뜻입니까?"

"그것이 어디서 왔는지 압니다. 유타에 있는 한 실험실에서 왔습니다. 거기서 전자기적으로 제게 옮겨진 겁니다."

그는 나를 가만히 바라보더니 말했다.

"그런 일이 가능하다고 생각하는 겁니까?"

"예, 가능하다는 것을 알고 있습니다. 우리 프로젝트의 내 오른팔인 분도 유방암 진단을 받았습니다. 전이성입니다."

그의 반응은 이랬다. "아, 세상에 이럴 수가!"

그 당시 우리에게는 야미라는 이름의 골든레트리버가 있었다. 그 녀석과 나는 항상 무척 친했다. 내게 암이 생김과 동시에 그 녀석의 왼쪽 삼두근에도 암이 생겼다. 육종이었다. 야미는 왼쪽 앞발 전부를 떼어내야 했다. 그 녀석과 내가 각자 병원에서 돌아왔을 때, 우리는 똑같은 흉터를 갖고 있었다. 흉터의 각도와 사용된 스테이플의 종류마저도 같았다!

이때를 생각해보면, 야미가 나와 밀접했기 때문에 우리를 표적으로 삼은 전자기 무기로부터 나온 일부 충격이 아스트랄적으로 야미에게 갔다고 확신하고 있다. 나는 그 녀석이 나를 살렸다고 믿는다. 그러므로 영 spirit 은 우리를 돕기 위해 그 모든 것을 통해 – 자연물이든 개든 – 일한다!

여러분은 원하는 대로 기도도 하고 명상도 할 수 있겠지만, 원자폭탄이 터질 때 히로시마의 거리에 있다면, 여러분의 몸은 흔적도 없이 증발해버릴 공산이 크다. 간디가 되어 자신에게 총을 쏜 사람을 축복할 수는 있겠지만, 뚫고 들어간 총탄은 여러분을 죽일 것이다.

기억하기 바란다. '남을 자유자재로 조종한다.'는 뜻으로 조지 오웰 George Orwell이 사용했던 용어 'mindfuck'은 비치명적 무기시스템을 가리키고 있었다는 것을. 하지만 실제로 이것들은 아주 치명적이다. 언어는 흔히 실상을 은폐하는 데 사용된다.

비밀집단의 많은 내부자들은 이 비밀프로젝트들이 빠르게 무너지고 있고, 공황감이 팽배해 있으며, 우리가 그 정보들을 많은 힘 있는 사람들에게 제공하고 있어서 그들이 통제력을 잃어가고 있다고 말해주었다.

따라서 싸움의 양상이 파악될 것이다. 그들은 몰리고 있었다. 그즈음에 나는 외계 문제와 관련된 프로젝트들을 다루는 암호명과 프로젝트명의 목록을 담은 비밀문서를 입수했다. 이 문서는 책《디스클로저》에 그대로 실려 있다.

1997년 의회 브리핑이 있었던 다음 날, 나는 합동참모본부 정보부장인 톰 윌슨Tom Wilson 제독에게 브리핑해달라는 요청을 받았다. 이 중대한 만남에 앞서 우리는 그쪽 사람들에게 문서 하나를 보냈다. 그의 보좌관은 사실 제독이 이 암호명들과 프로젝트 암호명들, 그리고 그 번호들이 유용하다는 점을 발견했다고 말해주었다. 제독은 여러 경로를 통해 국방부 안의 이들 비밀조직 몇 개를 찾아냈던 것이다.

이것을 찾아낸 제독은 이 극비조직 사람과 접촉했다. "나는 이 프로젝트에 대해 알고 싶네." 그리고 이런 말을 들었다. "제독님께서는 아실 필요가 없습니다. 저희는 말할 수 없습니다."

제독이자 국방부 합동참모본부의 정보부장이 "저희는 말하지 않겠습니다."라는 말을 들었다는 사실을 상상할 수나 있는가? 그는 충격을 받았고 화가 났다.

나는 증인 한 사람과 샤리, 군사고문, 그리고 우주비행사 에드가 미첼과 함께 제독을 만나러 갔다. 서서 진행하는 브리핑이었다. 브리핑이 진행되는 동안 그는 다른 약속들을 취소하기 시작했다 - 그 정보에 많은 관심이 있었던 것이다. 그 만남을 끝내야 했던 유일한 이유가 미첼이 TV 취재에 응하기 위해 뉴욕에 가야 했기 때문이었다. 하지만 제독은 더 많은 시간 동안 계속 듣고 싶어 했었음을 나는 안다.

브리핑을 하는 동안 제독과 나는 그를 밀쳐내 버린 이 집단이 미국과 법규와 국가안전에 끼치는 위해에 대해 논의했다. 나는 첫 번째 CIA 국장이었던 로스코 힐렌쾨터Roscoe Hillenkoeter 제독이 1960년대 초에 쓴 편지에서 UFO에 관련된 비밀이 – UFO 그 자체가 아니라 – 국가안보에 위협이 되리라고 언급했다는 점을 지적했다. 나는 제독에게 이 집단은 B2 스텔스 전폭기 주위를 빙빙 돌 수 있는 외계복제비행선 기술을 갖고 있다고 말했다. 그는 잠시 생각하더니 말했다. "내가 관심을 갖게 된 이상, 선생이 이 문제에 대해 공개적으로 말할 사람을 모은다면, 이것을 대중매체에 밝히는 일을 허락하리다! 이 집단은 불법이오!" 그렇게 해서 사람들이 누가 이 폭로를 지원하느냐고 물을 때면, 많은 사람들 중에서도 합동참모본부 정보부장이 있다고 나는 말한다!

그 만남이 있은 뒤에 악당들은 보복을 위해 우리에게 덤벼들었다. 명백하게도, 그들은 우리가 윌슨 제독과 같은 사람들에게 정보를 제공했고, 그들이 하는 일이 불법적인 활동으로 간주되었다는 사실에 의해 무척 흔들렸다. 그래서 빌 콜비는 살해되었고, 하원의원은 암으로 얼마 되지 않아 사망했다. 샤리와 나는 동시에 전이성 암에 걸렸다. 그리고 이제 우리는 말 그대로 생존을 위해 투쟁하게 되었다.

1997년 4월의 의회 브리핑이 있은 뒤에, 댄 버튼 의원이 우리에게 와서 말했다. "나는 이 주제에 대해 선생이 알고 있는 모든 것을 원합니다. 내가 그것을 조사해보려고 합니다." 나중에 알게 된 사실은 이렇다. 댄 버튼 의원은 조사를 시도했지만 누군가가 찾아와서 이렇게 말했다는 것이다. "이 일에서 손 떼시오."

그를 아는 한 사람은 의원이 협박당했다고 개인적으로 말해주었다. 만일 지금 그에게 이 일에 대해 묻는다면 버튼 의원은 이렇게 대답하리라. "아, 그건 개인적 관심사였을 뿐이오." 사실이 아니다. 그와 친한 친구이자 비서이기도 한 한 여성은 침실 창문 밖에서 선회하는 UFO를 본 적이 있었다. 그녀는 버튼 의원과 무척 가까웠으므로, 의원은 그녀의 이야기가 절대적으로 진실임을 알고 있었다. 정부개혁감독위원회의 위원장으로서 정부를 감시하는 버튼 의원은 아주 적합한 핵심인물이었지만 몇 달 안에 입막음되고 말았다.

우리는 이 정보를 비단 CIA 국장, 펠 상원의원, 상원세출위원회와 정보위원회 위원들 같은 사람들뿐만 아니라, 그 정보가 사실임을 믿고 있는 댄 버튼 같은 사람들에게도 전해주고 있었다. 또한 국방부 안에서 점점 힘을 얻어가는 선의의 사람들이 관심을 가지고 우려하고 있으며, 사실상 그림자정부가 이 주제를 장악하고 있다는 사실을 알아내고 있었다. 게다가 우리는 무대 뒤에 앉아 사람들을 겁주고 있는 오즈의 마법사를 사람들에게 드러내기 위해 커튼을 열 준비가 되어 있는 내부 고발자들을 확보했다. 우리는 베르너 폰 브라운이 경고했던 일, 곧 외계로부터의 공격을 구실로 세계를 두려움과 전쟁에 휩싸이게 할 그들의 속임수를 폭로하고 있었다. 장담컨대, 이 정보를 받고 있던 사람들은 이 사실을 아주 심각하게 받아들였다.

이러한 상황에서 비극적인 일이 빠르게 진행되고 있었으니, 내 가까운 친구이자 신뢰하는 조언자인 샤리의 병세가 급속도로 나빠져서 1년이 채 지나지 않아 세상을 떠나고 말았다! 이때가 나에게는 감정적으로 무척 힘든 시간이었다. 1993년 7월, 나는 먼로연구소 인근에서 정보공개를 위한 준비모임을 마치고 돌아오는 길에 거의 죽을 뻔했었다. 1994년에는 뉴욕의 생모리츠 호텔에서 끔찍한 공격을 당했고, 이어서 그해 여름 내 집에서 새벽 4시에 이상한 공격을 받았다. 그리고 이제 1997년, 나는 견딜 수 있는 한계에 도달했다. 그럼에도 불구하고 이 기간 동안 여전히 놀라운 일들이 일어났다.

CHAPTER 22

SF영화보다 신비한 만남

내가 각각의 외계존재들에게 다가가서 조용히 그들에게 연결되는 동안, 일행은 물러서 있었다. 분명 그들은 원로이며 깨달은 지도자들이었다. 그들은 서로 다른 행성계로부터 온 존재들이었다. 나는 이 존재들과 연결되는 동안 초월의식의 상태로 들어갔다. 우리는 깨어 있는 상태에서 그 시공간을 인식하고 있으면서도 동시에 무한한 우주적 '존재' 안에서 아름다운 교감을 시작했다

1997년 6월, 콜로라도의 블랑카피크Blanca Peak에서 20여 명의 견습집단과 함께 우리는 10여 명의 외계 원로들과 특별한 만남을 가졌다. 샤리와 나는 외계존재들이 우리에게 큰 고마움을 표현하고 있었음을 알고 있었다. 그것은 아름다운, 천상의 만남이었다.

외계존재들을 블랑카피크로 초대하는 프로토콜을 실행하고 있을 때, 하늘을 날아다니는 물체들이 많이 목격되었고, 그 일부는 그야말로 산에서 날아오르기도 했다! 나는 우리가 접촉을 시도하던 산 위에 빈터가 있음을 알았고, 그것을 이전에 원격투시로 보았다. 순간 나는 그 칠흑 같은 밤에 이곳으로 가라는 메시지를 받았고, 우리는 접촉 장소를 향해 떠났다.

그 장소는 해발 2,700에서 3,000미터쯤 되는 곳에 있었다. 우리가 침묵 속에서 그곳으로 가는 동안, 앞쪽으로 4,300미터의 정상이 어렴풋이 보이더니 우리 주위가 온통 수많은 섬광으로 빛나기 시작했다. 그것은 미세했지만 눈으로 볼 수 있었다.

그날 밤 산 전체가 그렇게 빛났다. 전 지역이 이 천상의 섬광으로 진동하고 있었다. 땅바닥과 바위들마저도 놀라운 에너지로 빛나며 반짝거렸다.

상록수와 덤불로 우거진 숲 가운데의 빈터로 들어갔을 때, 우리는 우주선의 형태를 보았다. 그것은 완전히 물질화되지는 않았지만 둥근 형태로 빛을 뿜는 독특한 모습이었고 반은 이 세상에, 반은 빛의 횡단점을 넘어서 있는 상태였다. 그것은 초차원적이었는데 부분적으로 물질화되고 일부는 그렇지 않은 상태였으며, 반은 아스트랄적이고 반은 물질적이었다. 우리가 이 물체에 다가갈 때 갑자기 반원을 이룬 빛나는 존재들이 보였다.

내가 어느 지점까지 걸어가자 갑자기 눈부시게 반짝거리는 빛이 내 위에 나타났다. 내가 있을 곳이 그곳이었고, 거기에 나는 머물렀다. 내 머리 위에는 미세하면서도 확연히 보이는 흰색의 반짝이는 빛이 머물고 있었다. 그래서 내가 있어야 할 지점을 알게 되었다.

내가 각각의 외계존재들에게 다가가서 조용히 그들에게 연결되는 동안, 일행은 물러서 있었다. 분명 그들은 원로이며 깨달은 지도자들이었다. 그들 각자는 서로 다른 행성계로부터 온 존재들이었다. 서로 비슷한 모습을 가진 존재는 없었다. 나는 이 존재들과 연결되는 동안 초월의식의 상태로 들어갔다.

우리 각자는 깨어 있는 상태에서 그 시공간을 인식하고 있으면서도 동시에 무한한 우주적 '존재' 안에서 깨어서 아름다운 교감을 시작했다.

그것은 비록 아주 현재적이고 아주 생생했지만, 여러 가지로 초현실적이었다. 우리가 함께 이 상태에 들어가자 나는 갑자기 그 에너지 수준을 넘어 또 다른 수준에서 많은 천사 같은 형체들을 보았다. 그리고 다시 그것을 넘어 신을 표현하는 신성한 존재인 아바타를 보았다. 그것은 어떤 말로도 표현할 수 없을 만큼 아름다운 우주적 모임이었다.

나는 각자의 외계존재들에게 다가가 경의를 표하고 환영했으며, 그들이 와준 것에 대해 감사를 표했다. 일행들의 말로는 어느 순간엔가 내가 사라진 듯했다고 한다. 일부 사람들에게는 내가 전혀 보이지 않았지만, 어떤 이들은 내가 반투명 상태가 되었다고도 했다. 나는 활기에 넘쳤고 더 가벼웠으며 그 상태에 매료되고 있었다. 나의 진동주파수는 매우 높았기 때문에, 내 몸이 점점 희박해지고 있음을 느꼈다. 어느 순간엔가는 내가 들어 올려지거나 공중에 뜨거나 또는 그냥 사라져버릴 거라는 생각이 들었다. 하지만 실제로 경험한 일은 내가 온전히 육체를 가진 상태로 그곳에 있었지만 사람들은 나를 투과하여 보고 있었다는 것이다. 이 상태는 반 시간 또는 그 이상 지속되었다. 그것은 말하자면 우주문화의 모든 부분으로부터 온 사람들이 함께 모인 자리였다. 우리는 그 목적을 위해 그들과 함께 있었다. 그것이 이 만남의 목적이었다. 외계존재들은 우리의 작업과 노력에 감사의 뜻을 보여주었고, 우주의 평화를 위해 최선을 다해달라고 요청했다. 특히 그들에게 사용되고 있는 스타워즈 기술을 막는 일에 노력해달라고 부탁했다. 나는 최선을 다하겠다고 약속했다.

그다음 날, 샤리와 나는 조용히 있기 위해, 블랑카피크 남쪽에 있는 산후앙힐San Juan Hill에 갔다. 우리는 바위 몇 개를 기어 올라가서 나침반을 꺼냈다. 전날 밤 외계존재들과 만나고 있을 때 내 나침반은 코트의 왼쪽 안주머니 내 심장 바로 위에 들어 있었다. 그것을 들여다보자 자북이 거의 180도 돌아가 있었다! 자북을 가리키는 바늘이 거의 남쪽을 가리키고 있던 것이다. 그것은 전날 밤의 접촉이 나침반에 영향을 미쳐서 비정상적으로 자기장이 변화해버렸다는 분명한 증거가 되었다.

며칠이 지나 나침반은 다시 정상으로 돌아갔지만, 우리는 이 나침반의 사진을 찍어두었다. 이 일은 거의 5년 전인 1992년 7월에 외계우주선이 우리에게 다가올 때 나침반 바늘이 반시계방향으로 회전했던 일을 상기시켰다.

다음 달 우리는 견습 일행들과 함께 영국 스톤헨지Stonehenge 근처 윌트서Wiltshire의 그때 그 장소로 갔다.

그해에 우리는 17세기 아니면 18세기에 지어진 것이 틀림없는 거대하고 오래된 영주의 저택을 빌렸다. 그곳에서 일행 모두가 일주일간 지냈다. 영국으로 떠나기에 앞서 샤리의 암이 림프절까지 전이되었음을 알게 되었다. 아주 심각한 상태였다.

그리고 나는 또 다른 악성 흑색종을 떼어냈다. 영주 저택에서의 첫날 밤 우리는 수술 상처를 돌보면서 솔직히 감정적으로 무척 격앙되어 있었다. 우리는 이야기를 나누며 가끔씩 웃기도 하고 눈물을 흘리기도 했다. 우리는 둘 가운데 하나 아니면 둘 다 이 일을 완수하지 못하리라는 사실을 알고 있었다.

우리가 저택의 위층 방에 앉아 있는 동안, 론 러셀Ron Russell과 몇 사람들은 바깥에 있었다. 샤리와 나는 너무 피곤하고 또 격앙되어 있어서 나가지 못했지만, 일행들에게 10시 반까지 나가야 한다고 말해두었다. 샤리와 내가 있던 방에는 앞으로 튀어나온 창문과 작은 벽난로가 있었다.

우리는 갑자기 빛으로 된 공이나 덩어리 같은 눈부신 빛이, 닫힌 창문을 지나 날아 들어와 벽난로 옆으로 가더니 외계존재의 모습으로 늘어나는 것을 보았다! 여기 희미하게 빛나는 모습의 외계존재가 완전히 물질화되지 않은 채로 서 있는데 그 키는 1미터 정도 되어 보였다. 그는 환하게 불이 밝혀진 방에서 맨눈으로 볼 수 있을 정도였기 때문에, 감지하기 힘든 존재는 아니었다. 샤리는 처음에 그를 못 봐서 내가 "샤리, 저기 봐요."라고 말해주어야 했다.

그녀가 외계존재를 보고서 놀라워했다. "아, 세상에." 우리는 이 존재와 함께 그곳에 앉아 명상했는데, 그 존재는 우리를 위로하려 하고 있었다. 그는 아주 다정했고 사랑스러운 존재로서 아름다웠으며 우리에게 고마워했다. 우리는 그 상태로 반 시간 정도를 머물렀다. 그때 나는 우리 둘 가운데 한 사람은 끝까지 일을 해내지 못할 거라는 점을 알았고, 이 존재는 우리 일에 대해 깊은 연민과 존경과 감사의 마음을 보여주고 있었다.

우리는 이 만남이 무척 개인적이고 아름다웠으며 가슴에 사무치는 일이었기 때문에, 아무에게도 이 일을 언급하려고 하지 않았다. 하지만 그 다음 날 론 러셀은 저택 바깥에 있는 동안 일행이 아주 특이한 일을 목격했다고 알려주었다. 밤 10시 30분이 조금 지난 시각에 별안간 하늘에서 불빛 하나가 나타나서 내려오더니, 나무 꼭대기를 지나 내 방으로 곧장 들어갔다는 것이다. 그것은 맑은 밤하늘에서 내려왔고 잔디밭을 가로질러 창문으로 날아 들어갔다고 했다.

론이 외쳤다. "스티브의 방이야!" 그들은 이 존재가 우주에서 오는 장면을 봤던 것이다. 바깥에 있던 일행 모두가 영주 저택에서의 우리 만남이 어떻게 시작되었는지를 목격했다 – 빛 하나가 우주에서 날아와 땅 위를 지나 곧장 창문으로 들어갔고, 나는 이 빛이 방 안의 벽난로 옆에서 한 존재로 물질화되는 장면을 보았다!

진실은 오히려 그 실상을 감춘다는 사실을 여러분은 알게 될 것이다. 왜냐하면 진실은 공상과학영화보다도 훨씬 더 희한하고 아름답기 때문이다.

샤리와의 마지막 원정여행은 1997년 조슈아트리Joshua Tree 국립공원에서였다. 그해 4월에 우리는 국방부에서 제독과 함께 이 모든 정보들을 의회와 백악관의 핵심 인물들 앞에서 공개하고 있었다. 그러나 가을이 되어 샤리의 뇌에 전이성 병변이 생겼고 몸의 일부가 마비되었다. 샤리는 1991년 이 일에 합류했었다. 그녀는 내가 처음 섰던 강의에 있었다. 그리고 그녀는 1998년 1월 세상을 떠날 때까지 내 곁에 있었다.

나는 조슈아트리 원정을 취소하려 했지만 샤리는 "그것이 마지막 일이라면 당신과 그리고 외계존재들과 거기 있겠어요."라고 했다. 그녀는 그렇게 했다.

우리는 샤리의 불굴의 의지에 모두 놀랐다. 그녀는 사나운 암사자 같았고 헌신적이었으며 일에 무척 능숙했다. 샤리는 외계존재와의 만남을 향해 갈 수 있는 가장 먼 곳까지 내가 이끌었던 유일한 사람이었다. 그녀는 분명 더 멀리까지 갈 수도 있었다. 지금까지 그녀만큼 멀리 갔던 사람은 없다. 그녀는 두려움이 없고 자신의 운명을 알고 있었다.

그녀와 나는 1996년에 개인적으로 크레스톤Crestone 근처의 바카Baca에 갔는데, 콜로라도에 걸쳐 있는 로키 산맥의 이 오지에서 우리는 훈련을 했다. 그것은 비전 퀘스트vision quest였다. 나는 그녀에게 내가 어릴 때부터, 아이로서 외계존재들과 접촉했던 때부터 알고 있던 것들에 대해 보여주고 말해주고 싶었다. 나는 그것을 아무에게도 말하지 않았지만, 그녀가 통찰력 있고 영적으로 깨어 있음을 알고 있었다. 그녀는 준비되어 있었다.

그래서 우리는 1996년 봄의 추운 저녁에 바카에 갔다. 내가 말했다. "밖에 나가서 그들을 초대합시다." 우리가 그렇게 했을 때 하늘에 아주 이상하게 움직이는 비행체가 보였다. 갑자기 나는 말했다. "저기 들판을 보세요."

거기에 거대한 원반 모양의 지역이 빛으로 반짝이고 있었다. 그것은 홀로그램 같았지만 더 현실적이고 더 생생했다. 잠시 뒤에 뚜렷한 사람의 형체들이 그곳에서 나오기 시작하더니 우리에게 다가왔다. 나는 샤리에게 말했다. "어떻게 이 존재들이 지구에 올 때 이런 형태로 머무는지 말해줄게요. 그것이 안전하기 때문이에요."

이 일이 일어나는 동안 나는 샤리에게 말했다. "자, 이제 우주의 구조와 그것이 어떻게 만들어지는지, 그리고 어떻게 그들이 여기에 있을 수 있는지 말해주고 싶어요." 우리에게는 녹음기가 있었고, 이때 녹음된 내용은 《외계와의 접촉》의 '횡단점'과 '외계존재들과 새로운 우주론' 장에 수록했다. 그 내용은 콜로라도의 그 사막에서 있었던 접촉 동안에 실시간으로 녹음되었다.

그날 저녁, 시간이 더 흐른 뒤 우리는 바카 타운하우스로 돌아갔다. 차를 몰아 크레스톤의 콘도로 가는 동안 내가 말했다. "그들이 우리를 따라올 거예요." 우리는 길을 따라 우리를 호위하는 밝은 플래시 같은 빛들을 보았다.

콘도로 돌아온 우리는 눈으로 덮인 4,200미터 높이의 생그리드크리스토Sangre de Cristo 산맥을 보기 위해 테라스로 나갔다. 로키의 맑은 하늘 아래 산들은 달빛에 빛나고 있었다. "우린 여기 있어야 해요. 그들은 자신들이 나타나는 지점 하나와 그들이 있고 싶어 하는 곳을 보여줄 거예요. 자, 한번 둘러보세요. 물질적인 창조물들을 떠받치고 있는 우주의 아스트랄 요소들의 섬세한 직물구조가 보여요?"

나는 설명했다. "생각과 의식과 빛의 아스트랄 형태들이 물질 우주를 떠받치고 있어요. '틈'이 하나 있는데, 그곳에서 순수의식, 생각, 그리고 빛의 영역이 청사진처럼 반물질화된 에너지장으로 변해요. 아스트랄계는 하나의 매트릭스로서 결정화되고, 이것이 물질적인 사물들과 대기까지도 존재하도록 해요." 그리고 나는 그것이 서서히 사라지는 베일과도 같은 것이라고 말했고, 그녀는 이 천상의 에테르ether와 아스트랄의 영역이 우리가 물질 우주라고 부르는 것으로 결정화되는 구조를 보았다.

"자, 산 위를 봐요." 그곳에는 거대한 멕시코 모자 형태의 반투명한 비행체가 있었다. 그것은 완전히 물질화되지 않았지만, 정말 조밀하고 완벽한 구름 형태와 같이 안으로부터 빛을 뿜고 있었다 – 그 빛은 백금색이었고 크레스톤 위로 둘러선 고봉들 가운데 하나 위에 앉아 있었다. 그것은 45분 정도 그곳에 머물렀다.

샤리는 그런 것들을 보고 경험할 수 있었기 때문에, 나는 그것들을 설명할 수 있었다. 그리고 내가 그럴 수 있었으므로, 이것들을 다른 사람과 나눌 수 있었다. 우리는 그것을 볼 준비가 되어 있지 않으면 아무것도 가르쳐주지 못한다. 이런 말이 있다. "현명한 이들은 타인이 듣지 않으면 말하지 않는다."

우리가 조슈아트리에 처음 간 것이 1996년이었다. 그곳에서 매우 빠른 속도의 나선형 비행선이 곧장 우리 머리 위로 날아왔다. 비행음까지 들릴 정도로 그것은 낮은 곳에 있었다. 그것은 우리가 있던 팜스프링스 Palm Springs 계곡 바로 위로 곧장 다가왔다. 일행 모두가 이것을 보고 놀라워했다!

어느 날 밤에 나는 우리가 떠나야 한다는 원격투시를 보게 되었기 때문에 조슈아트리 국립공원에 있던 장소에서 떠나고 있었다. 우리가 늦은 밤 먼지투성이 도로를 달리고 있을 때, 갑자기 자동차 계기판의 불빛이 희미해졌다. 나는 샤리를 돌아보며 "그들이 왔어요."라고 말했다.

몇 초 뒤, 하늘의 천정(天頂)으로부터 허쉬 키세스 초콜릿처럼 생긴 거대한 비행체가 아래로 곧바로 내려오고 있었다! 그것의 바닥은 평평했고 위로 갈수록 뾰족했으며, 그 꼭대기에는 반짝거리며 빛나는 꼬리가 달려 있었는데, 엄청난 속도로 사막의 지면을 향해 내려오고 있었다. 직경이 50에서 100미터쯤 되어 보였다.

색깔은 청록색이었고 눈이 부셨다. 사실 너무 밝아서 사막이 마치 대낮처럼 밝았는데, 오 맙소사, 그대로 땅속으로 들어가 사라져버렸다. "아, 그들이 지하에 있을 거라고 말했던 그곳이로군."

만일 우리가 사물을 물질화시키고 비물질화시키는 능력을 가졌다면, 우리는 반(半)물질 형태로 머물 수 있어서, 마치 유령이 벽을 지나가듯 다른 물체를 지나갈 수 있다. 그렇게 하지 못할 이유가 없다. 물질의 대부분은 결국 '빈 공간'이다.

차를 운전하면서 나는 머릿속으로 이 거대한 우주선이 땅속으로 들어가버린 정확한 장소를 지도화했다. 빠른 속도로 나는 그곳으로 질주했다. 그러나 우리 앞에는 차 한 대가 너무 천천히 가고 있었다. 나는 차를 전속력으로 밟아 그들을 지나쳐서 그 우주선이 사라진 정확한 장소에 도착했다.

조슈아트리 국립공원에는 우리가 작업하는 특별한 장소가 있는데, 바로 그곳이다.

샤리도 그곳에 오기로 결정했지만, 암은 그녀의 몸 전체와 뇌까지 퍼졌다 - 그녀는 걸을 수조차 없었다. 그곳에서의 첫날 밤, 그녀는 균형을 잃고 쓰러졌고 무릎에 상처를 입었다. 하지만 그녀는 말했다. "괜찮아요, 괜찮아." 여기 그녀는 죽음이 다가오는 순간에도, 별빛이 쏟아지는 밤하늘 아래서 이 우주적 존재들과 함께하기 위해, 여전히 우리와 합류하기를 고집하고 있었다. 우주의 평화라는 이름으로. 그 모든 것들이 너무도 아름다웠고, 동시에 내게는 너무도 고통스러웠다.

CHAPTER 23

아름답고 평화로운 임종

나는 먼저 그녀에게 도착해서 그녀와 시간을 보내면서 영원한 평화와 사랑의 상태로, 그리고 순수한 우주의식의 무한한 상태로 그녀를 이끌고 있었다. 우리가 그녀를 영적으로 준비시키고 신에게 연결시켰을 때, 그녀에게 말했다. "이제 모두 내려놓아요, 샤리. 그리고 영원한 빛 속으로 들어가세요." 그렇게 말하자 그녀는 마지막 숨을 들이쉬더니 신의 품으로 돌아갔다.

1997년 11월의 첫 번째 밤, 우리는 조슈아트리의 '숨겨진 계곡'이라 불리는 지역에서 작업을 준비했다. 바람 한 점 없던 그날 밤, 우리 곁에 있던 나무가 이상하게도 격렬히 흔들리기 시작했다. 일행들은 놀라서 외쳤다. "어떻게 된 일이지?" 내가 설명했다. "그들이 여기 있다고 알리는 거예요." 외계존재들은 실제로 이 사람 저 사람을 옮겨 다니며 어깨나 머리를 건드렸다. 우리 대부분이 들을 정도로 이례적인 고음의 전자음도 들렸다. 그래서 나는 그들이 우리가 있는 곳을 파악했으며, 우리가 그들과 연결되고 있음을 알았다. 그날 밤 하늘의 달은 아마도 3/4 정도 차 있던 것으로 기억한다. 아름답고도 수정처럼 맑은 밤이었다. 갑자기 밝은 전구처럼 보이는 것이 하늘에 나타났다. 그것은 그냥 나타났다.

무척 가까이에 있었고 달의 1/3 정도 크기였다. 이 거대한 우주선은 빛을 내면서 달빛 아래 떠 있다가 사라져버렸다. 확실한 외계비행체를 목격한 것이다. 일 년 전 비행체가 똑바로 내려와 땅속으로 들어가버린 곳과 같은 방향이었다. 샤리의 마지막 탐사의 마지막 날 밤, 조슈아트리에서 서쪽으로 팜스프링스 지역을 향해 가는 도중에 그녀에게 놀라운 일이 일어났다. 늦은 밤이었고 그녀는 투병으로 기진맥진해 있었다.

갑자기 거대한 우주선이 계곡을 넘어 날아왔고, 그 지역에서 샤리와 내가 있었던 첫째 날 밤을 떠오르게 했다. 이 거대한 우주선은 물질화되어 있었다. 신기하게도 이 이음새 없는 우주선은 마치 아코디언처럼 늘어났다 줄어들었다 하면서 앞부분이 뒷부분을 이끌고 있었다. 그들은 샤리에게 작별인사를 했다…….

그해 12월 샤리는 혼수상태가 되었고 의식을 잃었다. 그리고 1998년 1월, 그녀는 세상을 떠났다. 나는 응급실 의사로 일하면서 많은 사람들이 죽을 때 그들과 함께 있었다. 그리고 내 자신의 임사체험을 겪으면서, 가능하다면 사람들의 임종의 순간에 그들이 신에게 연결되는 것을 돕고 빛의 세계로 가는 다리를 놓는 일을 도울 사람이 정말 필요하다는 점을 항상 알고 있었다. 우리의 문화는 임종의 성스러운 순간에 대해 잊어버렸다. 오늘날 사람들의 코와 입에는 튜브가 연결되고 모든 것들이 기술적으로 다루어지지만, 우리가 육체 수준에서 천상의 아스트랄계로 옮겨가는 그 순간에 무엇을 해야 하는지에 대한 이해는 턱없이 부족하다. 이런 점을 생각할 때 어떤 일이 가능한지를 보여주기 위해 이 이야기를 해주고 싶다. 1월에 샤리를 돌보던 사람들은 내가 덴버로 오기를 원했다. 나는 그곳을 여러 번 갔고, 샤리의 마지막 몇 달 동안 무척 많은 시간을 할애했었다. 그러나 나는 이렇게 말했다. "시간이 되었을 때 갈게요." 정확한 시기가 모든 것이다 - 그리고 우리 모두는 다른 세계로 넘어가는 자신마다의 성스러운 순간을 갖게 된다.

어느 날 이른 아침 명상에 잠겨 있을 때, 나는 우주의식의 상태로 갑자기 들어갔고 이어서 신 의식으로 들어갔다. 내가 본 것은 어떤 사람들이 우주알cosmic egg이라고 부르는 형태로 있는 창조물 전체였다. 여러분이 상상할 수 있다면, 그것은 무한하면서도 개별적이었다. 신의 무한함이 그것을 둘러싸고 있었다. 나는 그것과 완벽한 하나의 상태에서 그것을 인식하고 있었다. 그때 나는 거기에 있는 샤리를 보았다. 그녀는 나를 앞서 있었고, 나는 내가 그녀에게 우주만물의 지고한 천상의 수준을 보여주고 있음을 알았다. 또 그녀가 나보다 먼저 무한한 천상의 집으로 가리라는 것도 알았다. 그녀는 그 무한한 우주의 의식적 장소에 나보다 더 가까이에 있었기 때문이다.

나는 그녀가 그 속으로 가고 있고 그것과 하나가 되고 있음을 알았다. 어떤 의미에서 그것은 신의 옷자락, 신의 몸과 같은 것이었다. 그것은 창조자와 창조물과 무한한 '마음' 모두의 완전한 표현이었다. 나는 복숭앗빛 분홍색과 자홍색이 뒤섞인 멕시코 모자 또는 은하 형태의 이 멋진 물체 – 달걀과 비슷한 – 로부터 우주만물의 총체를 보았다. 그것은 하나의 모습으로 존재하고 있었지만 무한했고, 기쁨으로 가득 차 있었으며, 형언하기 어려울 정도로 아름다웠다. 그것은 물리적으로도 멋있었고 천상의 것이었을 뿐만 아니라, 사랑으로 가득했으며 모든 것이 아름다웠다.

그것에 다가갔을 때 우리는 마치 비엔나 소년합창단과도 같은 무한한 숫자의 아름다운 천사들의 목소리를 들었다. 그들은 "우리는 영 안에서 모두 하나라네."라는 노래를 계속 반복하고 있었다. 무한함 속을 응시하자, 우주의 모든 창조물들이 그 안에 나타나 있었고, 이 무한한 자각 상태 속에서 여전히 하나였다. 영겁의 아침으로부터 이 노래는 반복되었다. "우리는 영 안에서 모두 하나라네." 내가 그것을 묘사할 수만 있다면, 너무도 아름다운 멜로디였다고밖에는 말할 수 없다. 그것은 말로 표현하지 못할 정도로 아름다웠다. 이 일이 일어나자마자, 나는 그 무한한 사랑과 의식의 완전한 합일의 상태로 녹아 들어갔다.

의식이 침실로 돌아왔을 때, 나는 시계를 쳐다보고 시간을 확인했다. 내 영혼 깊은 곳에서 그 순간으로부터 지구가 일곱 번을 돌고 나면 그때가 샤리의 마지막이 될 것임을 알고 있었다. 그냥 그것을 알았다.

그녀에게 임종은 점점 더 가까워지고 있었고, 모든 사람들이 말했다. "어서 여기 와야 해요." 나는 대답했다. "그리로 가겠어요."

그래서 6일째 되는 날, 나는 덴버로 날아갔다. 그녀의 가족과 론 러셀과 그녀의 친한 친구들이 와 있었고, 나는 마치 수수께끼처럼 나타났다. "이제 시간이 되어서 왔어요."라고 나는 말했다.

그날 밤 나는 샤리의 호스피스 병실에서 모두가 떠날 때까지 기다렸고, 그녀 곁에 앉아 기도와 명상에 들었다. 그녀는 몇 주 동안 혼수상태에 있었다. 내가 아름다운 기도문을 읽어주고 그녀를 바라보았을 때, 그녀는 몇 주 만에 처음으로 눈을 떴다. 그리고 커다란 눈물방울이 그녀의 볼 위로 흘러내렸다. 그녀는 내가 거기 있음을 알고 있었다.

그녀에게 말했다. "괜찮아요……. 이제 가도 돼요."

나는 샤리가 나에게 그 말을 듣고 싶어 했다고 확신했다. 왜냐하면 그녀는 이 무거운 짐을 내게 떠맡기는 것 같다는 말을 했었기 때문이다. 그녀에게 말했다. "당신은 저세상에서 놀라운 일을 할 수 있어요. 당신은 여기서 할 수 있는 일보다 더 많은 일을 할 수 있어요." 저세상으로 가는 깨달은 사람들은 신비스럽게 이 세상을 키우는 누룩과 같은 일을 한다는 사실을 대부분의 사람들은 모른다.

그들은 영감이자 이 세상의 진보를 위해 보호하고 이끌고 도와주는 보이지 않는 손이다. 우리가 알든 모르든 간에 이 일은 항상 일어나고 있다.

나는 그녀와 아주 깊게 연결되어서 그녀를 안심시키며 말했다. "이제 가도 돼요. 시간이 되었어요. 가도 돼요."

다시 혼수상태에 빠진 그녀를 보며, 그리고 그녀가 다음 날 아침에는 저 세상으로 완전히 떠나리라는 것을 깨달았다 - 나는 깊은 슬픔에 잠겼다.

나는 그녀를 간호해온 한 여성을 빼곤 아무도 없는 그녀의 빈집에 머물고 있었다. 그러나 그날 밤 곧바로 돌아가버릴 수가 없어서, 덴버의 밤거리로 갔다. 그냥 어딘가에서 한잔하고 싶었다.

한 게이 커플이 나와 대화를 주고받았다. 결국 나는 그들에게 내 모든 감정들을 털어놓았다. 나는 그들에게 아스트랄과 영적인 영역, 그리고 무슨 일이 일어나고 있는지에 대해 설명했다. 이 새 친구들은 특별하게도 마음이 순수했고 또 영적이었다. 가장 어울릴 것 같지 않은 상황에서 만난 그들은 그날 밤 내가 정말로 필요로 했던 사람들이었다!

그런 장소에 가서도 그런 믿기 어려울 만큼 영적인 사람들을 만날 수도 있다는 사실을 나는 알았다. 반면에 교회에 가서는 오도된 잔인한 사람들을 만날 수도 있다. 따라서 장소가 아니라 그 의도가 중요한 것이다.

그날 밤 늦게, 나는 샤리의 집으로 돌아와서 그녀의 옛 방에서 잠들었다. 그날 아침 나는 아주 일찍 깨어나 침대에 앉은 채로 명상에 잠겼다. 나는 고요히 시간을 확인하고 있었는데, 그것은 그녀가 세상을 떠나는 정확한 시간과 순간을 알고 있으면서 시간을 조절하고 있었기 때문이다.

샤리를 돌보던 여성이 느닷없이 내 문을 두드렸다. "시간이 됐어요. 이제 떠나려 해요……." 그렇게 말하던 그녀가 내 모습을 보더니 놀란 표정으로 말했다. "이미 다 차려입고 나올 준비를 하고 있었군요!"

나는 다른 사람들보다 먼저 그녀에게 도착해서 그녀와 시간을 보내면서 영원한 평화와 사랑의 상태로, 그리고 우리를 기다리는 순수한 우주 의식의 무한한 상태로 그녀를 이끌고 있었다. 다른 사람들이 모여들었을 때, 우리는 그녀의 침대 맡에 반원을 그리고 서서 함께 기도했다.

우리가 그녀를 영적으로 준비시키고 신에게 연결시켰을 때, 그녀에게 말했다. "이제 모두 내려놓아요, 샤리. 그리고 영원한 빛 속으로 들어가세요." 그렇게 말하자 그녀는 마지막 숨을 들이쉬더니 신의 품으로 돌아갔다. 그녀의 임종은 아름답고도 평화로웠다. 그러나 나는 비탄에 잠겼다.

그곳에 갑자기 특별한 힘이 방 안으로 들어왔다. 그것은 다르샨darshan* 또는 지고의 깨달은 아바타의 영적인 힘처럼 느껴졌다. 마치 그 방과 나를 완전히 휘감은 강력한 신성한 에너지의 미풍과도 같았다. 그것은 손에 만져질 듯 뚜렷한 것이었다! 그때 나는 그녀가 가장 높은 수준으로 갔음을 알 수 있었다. 그리고 나는 산산이 부서졌다! 우리 모두는 우리가 세상을 떠날 때 이런 식으로 서로를 돌볼 필요가 있다. 우리 모두는 서로의 도움과 기도와 영적인 힘을 필요로 한다. 그렇게 될 때 우리는 다음 차원으로 옮겨가는 순간에 지고의, 그리고 가능한 최상의 영적인 상태로 올라간다.

*힌두교에서 '신을 친견하다.'는 의미로 사용하는 산스크리트.

그녀가 세상을 떠나던 날 밤, 나는 다음과 같은 찬사를 썼다.

"샤리 아다미악은 1998년 1월 20일 오늘 산악표준시MST로 오전 9시 50분 빛의 세계로 돌아갔습니다. 샤리는 친구들과 사랑하는 사람들이 지켜보는 가운데 평화롭게 고통 없이 이 세상을 떠났습니다. 나는 모두에게 잠시 샤리의 영혼이 신의 품 안으로 나아갈 수 있도록 기도하기를 요청합니다. 그 어떤 말이 우리의 상실감과 우리가 샤리와 나누었던 사랑을 모두 담을 수 있을까요.

1991년 로스앤젤레스의 강의에서 우리가 처음 만난 뒤로 샤리는 힘과 지원을 아끼지 않는 기둥이자 지칠 줄 모르는 동료, 진정한 친구, 용감무쌍한 동료 탐험가였으며, 그 누구도 대신하지 못할 친구이자 두려움

없는 암사자였습니다. 그녀의 헌신이 없었다면 CSETI는 많은 역사적인 성과를 이루지 못했을 것입니다.

그녀는 지난 6년 동안 내 오른팔이자 신뢰할 만한 조수였습니다. 라틴아메리카의 오지에서의 위험을 헤쳐나갈 때나, 국방부 합동참모본부에서의 모임에서나, 샤리는 나와 그곳에 있었고 우리 모두를 위해 있었습니다. 그녀는 결코 흔들리거나 포기하지 않았습니다.

날카로운 비판이나 비밀세력의 끈질긴 권모술수에 동요하지 않고, 그녀는 결연히 평화의 시대를 위해 일했습니다. 지구와 그 너머의 셀 수 없이 많은 세계들을 위한 우주적인 평화를 위해 일했습니다.

얼마나 많은 경이로운 일을 우리가 함께했을까요? 세상에서 가장 큰 몇몇 화산들을 걸으면서 외계우주선들이 조용히 우리 위에 떠 있던 일부터, 12명의 극비 군사증인들이 의원들이 모인 가운데 UFO에 관한 진실을 증언하는 모습을 바라보았던 일까지, 샤리와 나는 그런 엄청나게 중요한 사건들이 벌어지는 현장에 있었습니다. 그리고 그 모든 일들로, 샤리는 기쁨과 흥분과 에너지로 충만했고, 창조의 신비로움과 이 시대의 놀라운 가능성에 대해 아이 같은 호기심과 경이로움을 가졌었습니다.

그녀의 몸이 무너지기 시작할 때조차도 그녀는 그런 은총과 용기와 사랑의 정신을 보여주어서, 그녀를 아는 모든 사람들은 그녀를 보며 놀라워하며 축복을 받았습니다.

불과 두 달 전인 1997년 11월, 그녀는 캘리포니아 조슈아트리 국립공원을 나와 함께 여행했습니다. 그곳에서 그녀는 자신이 가장 사랑했던 것을 경험했습니다. 바로 별들과 우주와의 하나 됨, 그리고 우리의 거친 세상을 방문하는 다른 행성들에서 온 사람들과의 교감이 그것이지요. 쇠약해지는 몸과 고통, 점점 퍼져가는 마비와 싸우면서, 샤리는 그녀의 몸 상태가 점점 나빠지는 것에 굴하지 않고 매일 밤 사막에 나갔습니다.

그리고 그곳에서 우리는 빛의 횡단점을 지나 공간의 깊이와 다른 세계에서 온 사람들과 우주선을 보았고, 그들은 우리와 하나의 사람a people으로서 다가오는 우리만의 시대를 기다리고 있습니다. 아무것도 이 목적으로부터 그녀를 떼어놓지 못합니다.

이제 이 위대한 빛이 이 세상에서 사라져버렸지만, 그 빛은 영원의 영역에서 언제까지나 밝게 비치고 있습니다. 나는 샤리가 이 위대한 여정을 위한 준비가 되어 있었음을 알고 있습니다. 정확히 그녀가 떠나던 아침으로부터 7일 전 아침, 잠시였지만 우리는 다른 세상에서 마주쳤습니다. 경이롭게도 우리는 너무도 아름답고 창조의 중심으로부터 뿜어 나오는 하나의 빛 – 하나의 현존 – 을 목격했습니다. 그 어떤 말로도 그것을 표현하지 못합니다. 그것은 지성이 이해할 수 있는 모든 것을 초월해 있습니다. 무한한 광휘가 그 중심에 있을 때는 황금색이었다가 우리 앞에서 무한하게 확장되면서 점점 복숭앗빛 분홍색과 자홍색으로 변하더니, 내 인생의 그 어떤 경험에서도 본 적이 없는 사랑과 기쁨과 아름다움의 바다 속으로 우리를 물들게 했습니다. 그것은 순수한 빛과 이루 말할 수 없는 사랑과 평화인 신 의식을 경험한 것이었습니다. 그리고 그곳에 스며드는 수백만의 목소리들이 하나로 어우러져 너무도 달콤해서 회상해 내기도 어려운 멜로디로 노래하고 있었습니다. 그 반복되는 후렴은 '우리는 영 안에서 모두 하나라네.'였습니다.

그녀의 시간이 가까웠음을 알았기에, 나는 어제 다른 세상으로 가는 그녀를 보기 위해 덴버로 왔습니다. 어젯밤 그녀를 위해 기도하는 동안, 그녀는 혼수상태에서 깨어나 큰 기쁨으로 가득한 듯 눈을 떴습니다. 나는 그녀에게 모든 것이 준비되었다고 말했습니다. 나는 그녀가 이 말을 알아들었음을 알았습니다. 그리고 우리가 이 세상에서 함께한 시간이 끝나가고 있음을 안 듯, 커다란 눈물이 그녀의 눈에 고였습니다.

오늘 아침 우리는 그녀의 병상에 모였습니다. 우리는 기도했고 그녀가 영적으로 옮겨가는 과정을 준비했습니다. 빛과 위대한 영이 방 안을 가득 채울 때, 우리는 시간이 되었다고 말했고 나는 말했습니다. '샤리, 영원한 빛으로 들어가세요.' 그 말로 그녀는 마지막 숨을 들이쉬고 신의 품으로 들어갔습니다.

그녀가 기쁨과 사랑 속에 있음을 알고 있음에도, 그녀를 잃은 상실감은 너무도 큽니다. 그러나 이것을 기억해봅니다. 그녀는 빛의 세계에서 기쁨 속에서 살았고, 자신의 삶을 바쳤던 일을 우리가 계속해나가기를 원할 것입니다. 그것은 바로 우주적 평화를 이루는 일이요, 우주공동체 문명을 만드는 일입니다.

그리고 우리는 다음 세상으로 떠난 사람들이 이 존재계를 키우는 누룩이 되어주는 것을 알기 때문에 희망을 발견합니다. 샤리와 나는 그녀의 미래의 일에 대해 의논했는데, 그것은 빛의 베일 그 너머에서, 신의 모든 영역에서의 평화와 깨달음의 씨앗을 뿌리는 일이 될 것입니다. 나는 그녀가 영원한 새로운 집에서 그 일을 위해 잘 봉사할 것이며, 평화의 천사들의 일원이 되리라는 것을 의심치 않습니다.

평화가 없이는 지구 위에 그 어떤 진전도 없을 것입니다. 그래서 사랑으로 가득한 가슴으로 평화를 위해 일하도록 합시다. 우리가 이 세상을 떠날 때 우리 모두가 진실로 가져가는 것은 사랑, 끝없는 영원한 사랑이기 때문입니다."

그녀가 떠나던 날 밤 찬사를 쓰고 난 뒤 나는 아주 깊이 잠들었고 한 외계존재와 함께 특별한 경험을 했다. 나는 자각몽 속에서 지금은 우리가 '카인드니스Kindness'라 부르는 외계존재와 함께 있었다. 그녀는 샤리가 내게 소개해준 존재였다. 그녀는 대단히 진화해서 아스트랄의 빛 몸으로 샤리와 나에게 동시에 소통할 수 있는 존재였다.

이 존재는 여성으로서, 완벽하게 둥근 머리에 머리카락은 없으며, 눈은 정말이지 이국적이었고 얼굴은 아름다웠다. 그녀는 가냘프고 멋진 모습을 갖고 있었다. 우리가 서로 연결되었을 때, 그녀는 정말 엄청난 친절함을 발산했다. 그녀는 아주 친절하고 정말 사랑스러운 완벽한 친절의 화신이었다.

그녀와 대화하다가 내가 물었다. "이 진실을 이제 공개해도 되겠습니까? 대통령은 행동하는 데 실패했고, 국제사회도 실패했습니다. 그리고 의회는 협박당하고 있거나 아니면 겁에 질렸거나 타락해버렸습니다."

카인드니스가 말했다. "그래요, 할 수 있다면 그렇게 하세요."

할 수 있다면 그렇게 하라. 이것이 이 외계 원로대사의 승인이었다. 그래서 1998년부터 우리는 샤리가 떠났던 날 밤에 얻은 이 외계존재의 승인을 바탕으로 2001년의 공개계획을 마련하기 시작했다. 그리고 그전에 합동참모부의 정보부장도 이와 비슷한 말을 했다.

흥미롭게도 같은 꿈속에서 나는 빌 클린턴과 함께 있었는데, 우리는 이 일에 대해 의논하고 있었다. 아주 냉소적인 표정을 지으며 그가 말했다. "그런데 나는 이걸 할 수 없지만 선생은 할 수 있어요." 그리고 물론 그는 이렇게 말했다. "너무 위험하기 때문에 그렇게 하지 않겠어요. 그러나 선생은 왜 하지 않는 겁니까?" 존 맥케인 John McCain의 말이 맞다. 용기는 진정한 지도자에게 필수적인 덕목이라는 것을.

우리는 이 일을 샤리가 뒷받침하고 있었다는 것을 항상 느끼고 있었다. 그리고 1998년부터 거의 모든 원정에 카인드니스가 아름다운 청백색 우주선을 타고 나타났었다는 사실을 알게 되었다. 그것은 하늘을 날면서 자주 원호를 그리고 우리 모두에게 청백색 빛을 비추기도 했다! 나는 그것이 우리가 1998년 이래로 연결해온 외계연합의 이 영적인 정치적 원로대사임을 알고 있다.

그 전에 내가 만난 외계존재는 주로 새까만 머리카락을 가진 백인의 모습을 한 남성이었다. 눈은 강렬한 푸른색이었고 지금껏 내가 본 사람들 가운데 가장 흰 피부를 갖고 있었다. 그는 내가 CSETI와 이 모든 프로젝트들을 시작하던 1990년 나와 접촉했던 외계존재다.

카인드니스의 우주선은 버지니아에 있는 우리 집 바로 위에서 한 번 이상 목격되었다. 우리 이웃은 강렬한 푸른색의 우주선을 보았는데, 그것은 완전히 물질화되지 않은 채로, 아침 4시 30분에 우리 집 위에 떠 있었다. 한 이웃은 그 당시 내가 이런 프로젝트들에 관여하고 있다는 사실을 몰랐다. 하지만 그녀가 우리 집 바로 위에서 이 청백색 비행체를 보았을 때, 그녀는 믿기 어려울 만큼의 평화와 보호감을 느꼈다고 했다.

샤리가 떠나고 나는 한동안 감정적으로 소모했다. 나는 책임감을 느꼈고, 살아남은 자의 죄책감을 느꼈다. 우리 아이들은 내가 슬퍼한다는 것을 알고, 그해 크리스마스에 「버드케이지The Bird Cage」라는 영화의 비디오테이프를 가져다주었다. 나는 그것을 보고 또 보고 또 보았다. 내게 생긴 암과 내 가장 친한 친구의 죽음으로 나에게는 웃음요법이 필요했던 것이다. 솔직히 말하면 샤리는 살해당했다.

나는 온갖 유명인사들과 록 스타들과 CIA 국장들, 그리고 상원의원들을 만났다. 그러나 온 세상에서 내가 관심을 기울여 만난 유일한 사람은 바로 「버드케이지」에서 앨버트Albert 역을 맡은 네이단 레인Nathan Lane이다! 나는 그와 함께 시간을 보내기를 좋아했기에 그에게 이렇게 말하곤 한다. "당신은 이 영화로 내 인생을 살렸어요. 웃는 동안에 건강을 되찾았기 때문이죠!"

샤리가 다른 세상으로 떠난 뒤, 우리는 1998년 2월 하와이로 갔고 조안 오션Joan Ocean과 함께 있었다. 우리는 그곳에서 외계존재와의 접촉을 위한 훈련프로그램을 운영했고 아주 긍정적인 경험을 했다. 나는 샤리의 죽음과 그때 일어나던 많은 다른 일들로 비탄에 빠져 있었기 때문에, 내게는 정말로 필요한 일이었다.

어느 날 밤 우리는 들녘에서 빛나는 푸른색 비행체를 목격했다. 그것은 완전히 물질화되지는 않았지만, 뚜렷이 볼 수 있었고 청백색 빛을 내는 아름다운 디스크 형태였다. 카인드니스였다.

훈련이 끝나고, 우리는 돌고래와 교감하는 전문가 조안 오션의 지도 아래 스피너돌고래들과 수영하러 나갔다. 스피너돌고래들은 물 위로 뛰어올라 나선형으로 회전한 뒤 물로 다시 들어갔다. 그들은 무척 쾌활했다.

여러 장소를 물색한 끝에 우리는 근처에 스피너돌고래들이 있는 한 지역에 도착했다. 나는 내 수영파트너 린다 윌리츠Linda Willitts와 물에 들어갔다. 확장되고 이완된 의식 상태로 들어가자 네 마리의 돌고래들이 다가왔다. 나는 그냥 깨어 있지만 그 어떤 기대나 강요도 없이 그냥 존재하는 아주 순수하고 천진난만한 상태에 머물렀다. 그것은 선(禪)명상 상태와 아주 비슷했고 깊은 평화를 느끼게 했다. 그러자 갑자기 이 네 마리 돌고래들이 다가와서 나를 그들의 대열로 이끌었다.

돌고래들과 나는 별 모양의 대형을 이루었다. 한 마리는 내 앞에, 두 마리는 내 양옆에, 그리고 한 마리는 내 밑에, 정확히 우리는 대열을 이뤄 날아가는 비행기들 같았다. 돌고래들은 내 가까이에 있어서 그들의 눈을 볼 수 있었고 원했다면 만질 수도 있었다. 우리는 정말 깊은 이해와 장난스러움으로 서로의 눈을 들여다보았다.

나는 그들과 멀리 헤엄쳐나갔지만, 내가 따라잡지 못하게 되면 그들은 나를 위해 속도를 늦춰주었다. 그들은 나를 물속으로 데려가기도 했지만 그들처럼 오래 머물 수는 없어서 물 위로 올라오곤 했다. 그리고 내가 올라오면 그들도 나와 똑같이 올라왔다. 우리는 넓은 대양을 향해 나아가고 있었다. 해안의 보트가 점점 멀어져갔고 린다는 따라오지 못했다. 안전상의 이유로 나는 되돌아와야 했지만 그들은 나를 그들의 특별한 곳으로 데려가고 있었다.

그것은 아름다웠던 경험이자 이 지적인 존재들과의 무척 평화로운 교감이었다. 이것은 외계존재와의 만남을 연습하는 좋은 방법이기도 하다. 우리는 그와 같이 우주적 마음의 강요되지 않고, 순진하며 장난기 어린 상태로 들어간다. 그것은 잘 잡히지 않는 나비와도 같다. 다시 말해 여러분은 마음의 어떤 상태로 머물러야 하며, 그들이 여러분에게 편안함을 느끼게 되면, 그들은 온다. 여러분은 그들의 의식과 완전히 하나가 되어야만 한다.

나는 개나 다른 동물들과 하는 이 연습이 놀라운 일이라는 사실을 발견한다. 우리는 동물들과 아주 특별하고 신비로운 관계를 맺을 수 있다.

하와이에서의 일정이 끝날 무렵, 어느 달밤에 우리는 큰 화산에서 분출된 용암이 곧바로 바다로 떨어지는 곳으로 하이킹을 갔다. 안내소 근처에서 청백색의 밝은 불빛이 우리로부터 불과 몇 미터 거리에 나타났다.

우리가 차로 돌아갔을 때, 자동차의 라이트들은 켜져 있었고 문은 잠김해제되어 있었으며, 차 안의 모든 전자장치들이 바뀌어 있었다. 멀리 떨어진 그 물체가 우리를 두 번 빛으로 비추기도 했다. 이런 일은 지난 15년 동안 수천 번이나 일어났다. 그 뒤에 이어졌던 이벤트에서, 우리가 조슈아트리에서 비행체가 땅으로 들어가버린 곳에 있을 때였다. 갑자기 우리는 이 이상한 불빛들이 공중에서 켜졌다 꺼졌다 하는 모습을 보기 시작했다. 그것들은 꿈쩍도 하지 않았고 인공위성도 아니었다. 그것은 그냥 켜졌다 꺼졌다 하는 불빛으로 있었다.

어느 순간엔가 일행 전체에게로 이 이상한 빛이 퍼졌다. 미묘한 은색빛이었다. 모두가 그것을 알아차렸다! 우리는 마치 빛의 고깔 안에 있는 듯했고 무척 고요하고 평화로웠다. 이 일은 반 시간가량 계속되었다. 그러더니 일순간에 빛은 사라져버렸고 모든 것이 다시 어둠 속에 잠겼다!

콜로라도에 있는 크레스톤에서의 한 원정에서, 우리는 일행 주위로 돔형의 보호막을 만드는 프로토콜을 하고 있었다. 갑자기 우리는 카인 드니스의 아름다운 청백색 우주선을 보았다. 그것은 우리 쪽으로 다가와서 호를 그리더니 우주공간으로 사라져버렸다.

이 일을 하는 동안 우리는 주위에 착륙한 거대한 우주선이 있음을 감지했다. 그것은 아무 소리도 내지 않았고 일부만 물질화되어 있었다. 그러나 주위의 공기가 갑자기 더워졌고 우리 주위로 빛나는 뚜렷한 형체를 볼 수 있었다. 많은 이들이 우리 주위에서 움직이는 외계존재들을 보았는데, 또다시 거의 유령과도 같이 완전히 물질화되지 않고 있었다.

우리는 빨간색 불빛이 주위를 돌고 있는 황금색 비행선을 목격했다. 멀리서 장관을 이루는 전기폭풍이 일어나고 있었다. 그곳에는 크레스톤 인근의 '흰독수리'라는 이름의 작은 모텔에서 일하는 한 명의 요리사와 다른 직원들이 있었던 것으로 확인되었다. 그들은 잠시 쉬기 위해 밖으로 나와 우리가 있던 바카 쪽을 바라보고 있었다. 그들은 CSETI가 무엇인지도, 우리가 무얼 하고 있었는지도 모르고 있었다. 그러나 우리가 있는 곳을 바라봤을 때, 그들은 바닥에서 빨간색 불빛이 반시계방향으로 돌고 있는 배와 같은 빛나는 돔을 목격했다. 그들은 완전히 넋이 나갔다. 그리고 그들은 이 물체를 투과해서 다른 물체들이 보였다고 했다.

물론 우리는 이들의 목격담을 그다음 날 들었다. 그들은 우주선이 있던 곳에 정확히 우리가 있었다는 사실을 듣고 놀라서 할 말을 잃었다. 나는 그들이 이 일로 완전히 겁에 질려서 그 계곡을 떠나고야 만 것을 이해한다! 이 비행선이 멀어지고 나자 기온은 몇 분 만에 10도에서 15도가 떨어졌다. 그것은 마치 우리가 건물 안에 있다가 그 건물이 갑자기 사라져버린 것과도 같았다!

CHAPTER 24

납치극 연출 기술, 스테이지크래프트

행동을 조절하고 기억을 유도하기 위해 사용하는 것들 중에는 납치 피해자라고 주장하는 사람들에게 심어지는 이른바 '주입물'들이 있다. 이것들은 비밀 고급 전자회사들에 의해 만들어지며 허위 납치극을 통해 사람들에게 심어진다. 그러면 이 피해자들은 납치 연구자들에게 안내되고, 이 연구자들은 그것이 외계인들의 소행이라고 주장한다! 얼마나 우스꽝스러운 짓인가!

외계의 문명들이 극도로 진보해 있다는 사실은 의심의 여지가 없으며, 기술적으로만 진보해 있는 것이 아니다. 우주를 빛의 속도보다 빠르게 여행하기 위해서는 한 문명이 사회적으로, 영적으로 진화해야만 한다. 그렇지 않으면 그들은 지구에 와 닿기도 전에 스스로를 파괴하게 될 것이다. 지금 많은 사람들이 좋은 외계인과 나쁜 외계인이라는 환상에 중독되어 있는데, 그것은 인류가 스스로에게 했던 일을 인간중심적으로 그들에게 투사하고 있기 때문이다. 그러나 진실은 우리가 두려워해야 할 대상은 우리 자신뿐이라는 점이다.

여러분이 외계존재들의 의도에 관해 어떻게 생각하든, 우리가 그들에 대한 외교사절이 되어서 그들과의 대화를 이끌고 함께 평화를 이룩하는 것이 지혜로운 길이다. 무기시스템이 아무리 정교할지라도, 그것으로는 그 어떤 분쟁이나 서로의 차이들도 해결하지 못한다. 첨단 전자기무기 시스템은 핵무기보다 몇 배나 더 파괴적인 힘을 갖고 있다. 그래서 그런 수준의 기술을 가지고 하는 무장분쟁에서 인간이든 외계인이든 그 어떤 문명도 살아남을 가능성은 없다. 전쟁 패러다임 - 그리고 우주전쟁 - 에 중독된 그들은 오도된 분쟁 중독자들이므로, 그들의 고삐를 죌 필요가 있다. 앞서 언급했듯, 그들이 전쟁기계 모두를 계속 장악하기 위해 대중들을 속이는 계획이 존재하고 있으며, 거창하게도 이 계획들은 우주공간으로 더 확장되고 있다.

베르너 폰 브라운이 캐럴 로진에게 해준 이야기들 가운데 하나는 먼저 냉전이 있을 것이고, 그러고 나면 우려대상국과 불량국가가 등장하리라는 것이었다. 그 뒤에는 특히 전 세계적인 테러리즘과 우주로부터 소행성의 위협이 있을 것이라고 말했다. 그가 이 말을 한 것이 1974년이었다. 이어서 통제자들은 외계로부터의 허위위협을 내놓을 것이다. 그리고 이 모든 것이 두려움을 조장함으로써 세상 사람들 모두를 최대한 통제하기 위해 고안된 것이다.

캐럴 로진이 이 말을 내게 했을 때, 나는 이렇게 답했다. "저는 정확히 이 시나리오가 만들어진 계획집단에서 일해온 여섯 명의 사람들과 만났습니다."

이 외계존재들과 함께해온 우리의 경험은 그들이 이렇게 분명히 말하고 있다는 것이었다. "이것을 바로잡기 위해 노력해주세요. 여러분이 할 수 있는 일을 해주세요." 그래서 우리는 그 일을 하고 있는 중이다.

캐럴 로진은 그녀가 내게 말해주었던 첨단 심리접근mindaccessing 기술을 직접 경험한 바 있었다. 캐럴이 베르너 폰 브라운을 처음 만났을 때, 그는 많이 아팠고 그녀에게 시카고에서 열리는 항공우주산업계 사람들의 대규모 모임에서 그를 대신해 연설해줄 것을 부탁했다. 그녀는 이에 대해 아무런 준비가 돼 있지 않다고 느꼈지만 그는 말했다. "괜찮을 거네. 걱정하지 말고 그냥 해보게." 그렇게 해서 그녀는 거기 갔지만 이 수천 명의 사람들에게 무슨 말을 해야 할지 몰랐다.

그녀가 연설을 시작하자, 갑자기 자신의 귓속에서 폰 브라운의 목소리가 들렸다. 그녀는 몸에 그 어떤 주입물implant이나 전자장치도 갖고 있지 않았다. 그녀는 폰 브라운의 목소리를 들으면서 그대로 청중에게 전했다! 그녀가 이 시스템이 얼마나 진보했는지를 깨닫게 된 것이 그때였다.

이처럼 이 집단이 개발한 진보한 비국소적 전자기시스템을 누군가에게 사용할 때는 어떤 장치도 사용할 필요가 없다. 물론 행동을 조절하고 기억을 유도하기 위해 사용하는 것들 중에는 납치피해자라고 주장하는 사람들에게 심어지는 이른바 '주입물'들이 있다. 이것들은 비밀 고급 전자회사들에 의해 만들어지며 허위 납치극을 통해 사람들에게 심어진다. 그러면 이 피해자들은 자신도 모르는(또는 각색된) 특정 납치 연구자들에게 안내되고, 이 연구자들은 그것이 외계인들의 소행이라고 주장한다! 얼마나 우스꽝스러운 짓인가!

그런 연구자들은 비밀집단의 능력이 어느 정도인지 아무것도 모르기 때문에, 외계인들만이 그런 짓을 할 수 있다고 주장한다. 그것은 전혀 사실이 아니다. 여러분이 비밀집단의 능력을 모른다면, 여러분이 보고 있는 상황이 무엇인지를 판단할 방법이 전혀 없다 – 그것이 인간이 한 일인지 아니면 외계존재들이 한 일인지를 말이다. 50 또는 60년 동안 천문학적 규모의 비용을 쓰면서 세상에서 가장 뛰어난 사람들과 일한 결과, 일부 정말 놀라운 진전이 이 비밀세계에서 이루어졌다. 그들의 최첨단 기술은 극도로 발전했으며, 어떤 것들은 외계문명의 능력과 거의 동등할 정도다.

또 우리는 많은 납치사건들이 군사시설 근처나 군무원 가족에 집중되고 있다는 사실에 주목했다. 1970년대와 1980년대에 이러한 흑막을 조사하면서 군무원과 그 가족들, 그리고 군사지역 사이에서 아주 큰 상관관계를 발견한 사람들로부터 나는 이런 사실을 알게 되었다. 이것은 일부 민간 UFO 관련 집단에게 보고되었지만, 그 정보를 공개하려 했던 사람들은 모든 모임에서 블랙리스트에 올랐고 그것에 대해 발설하도록 허용되지 않았다. 그런 사실은 지워져버렸고 덮어버렸다. 이들 UFO 관련 집단과 납치사건 관련 집단들을 움직이는 세력이 누군지 궁금할 것이다!

사실 이들 민간 납치사건 관련 단체 중 한 단체의 이사가 내게 전화를 걸어왔다. 그는 내가 이러한 결론에 도달했다는 소식을 들었으며, 내가 절대적으로 맞고 그가 알기로도 군인과 그 가족들에 대해 엄청나게 많은 사례의 납치극들이 있다고 말했다. 그러나 이 사실은 이 단체의 설립자에 의해 덮여버리고 있었으며, 이 정보를 누설하거나 외계존재들과의 긍정적인 상호관계에 대해 말하려 하는 자는 즉시 제거되었다고 했다. 이 유력한 납치사건 관련 단체는 S.A. 황태자로부터 큰 자금을 지원받았던 것으로 드러났다!

이런 종류의 일들이 일상적으로 일어나고 있다. 때문에 나의 관심사는 항상 진실을 향하고 있으며, 진실이 우리를 이끌고 가는 곳이라면 그 어디라도 마다하지 않는 것이다. 유감스럽게도 자신들의 평판에 집착하고 이런 사고방식이 감춰진 신념체계에 젖어서 진실을 밝히려 하지 않는 사람들이 있다.

1980년대에 폴 비노위츠Paul Benowitz라는 연구자가 있었다. 공군특별수사대AFOSI의 한 장교가 그런 사건을 목격했다. 한 피랍자가 폴 비노위츠에게 보내졌는데, 뉴멕시코의 커크랜드Kirkland 공군기지 주변의 초극비 프로젝트를 은폐하는 일이 그 목적이었다.

한 여성이 밤늦은 시간에 반중력 비행선을 시험하고 있는 한 비밀시설 근처를 차로 지나고 있었다. 그녀는 보아서는 안 될 장면을 목격했고, 그렇게 납치공작이 시작됐다. 그들은 그녀에게 약물을 투여하여 의식을 잃게 만든 뒤, 그녀에게 전자장치를 주입했다. 첨단 MK울트라 기술을 사용하여, 이 비밀공작원들은 그녀에게 외계인에게 납치되었다는 차폐기억을 심었다.

그런 뒤 그녀는 이 공작원들을 통해 폴 비노위츠에게 안내되었고, 그들은 전자기 무기시스템으로 비노위츠를 겨냥하기 시작했다. 그는 결국 심각한 신경쇠약에 걸렸고 병원에 입원해야만 했다. 그것은 엄청난 비극이었다.

이 일은 운 없는 한 여성이 봐서는 안 될 것을 봤다는 이유로 일어났다. '외계인에 의한 납치'라는 구실이었지만, 그곳에서 사실 그녀가 목격한 것은 커크랜드 공군기지 근처에서의 외계복제비행선 시험이었다. 어떤 사람들은 그저 잘못된 시간에 잘못된 장소에 있었고, 비밀프로젝트가 반중력 추진시스템을 갖고 있다는 사실을 공개하는 대신, 외계인에 의한 꾸며진 납치가 편안한 구실로 내걸린다.

1990년대에 우리가 조사를 진행하는 동안 이들 납치조에서 일해온 몇 사람을 찾아냈다. 한 사람은 워싱턴 주 시애틀 외곽에 있고 다른 한 사람은 콜로라도에 있는데, 그는 육군 특수부대에 있었고 이들 분획된 프로그램들 가운데 하나로 끌려 들어왔다. 그는 이 프로그램이 납치극을 연출하는 '스테이지크래프트'를 실행하는 것이었다고 말했다. 납치공작에 한번 투입되고 나면, 그 납치조는 뿔뿔이 흩어져 다른 곳으로 보내진다.

나는 그에게 공개적 증언을 요청했지만, 그는 두려워했고 만일 그렇게 한다면 자신이 암살되리라고 확신했다. 그는 그들에게는 외계인처럼 보이도록 만들어진 생명체들을 조종하는 사람들이 있다고 말했다. 이 '스테이지크래프트'는 워낙 진보해서 거의 모든 사람들이 정말로 외계인들이 이런 일을 하고 있다고 속아 넘어갈 것이다. 그는 그들이 사람들을 납치하기 위해 약물과 전자장치를 사용한다고 했다. "얼마나 많은 중요 정치인들과 군 핵심관계자들, 그리고 가족들이 우리에게 납치되어, 외계인들을 증오하도록 배우고 스타워즈 계획을 지지하도록 세뇌되는지 상상도 못 할 겁니다." "물론 그것을 믿습니다." 내가 말했다. "S.A. 황태자를 만난 적이 있는데, 그의 동생이 비밀 준군사작전에 의해 납치됨으로써 이 막강한 가문이 외계로부터의 위협이 있다고 받아들이게 됐죠. 이 납치극은 더할 나위 없이 잘 운영되고 있고, 그 속임수 기술이 정말 정교합니다."

기업과 군대의 정보프로그램에서 일해온 많은 독립적인 정보제공자들도 여기 사용되는 기법과 그 공작의 목적에 대해 정확히 똑같은 내용을 말해주었다. 이 허위 납치극은 다른 나라들에서도 자행되고 있다.

그리고 그 목적은 정확히 베르너 폰 브라운이 경고했던 것처럼, 중앙집권화된 군산업경제력을 새로운 수준으로 연결하여 '세계를 통합'하게 할 우주로부터의 거짓 위협을 위해 사람들을 준비시키는 것이다.

대중매체의 일부 사람들과 작가들도 이런 활동의 표적이 되어왔다. 케네디 대통령은 이 문제와 그 밖의 관련된 문제들에 대한 진실에 너무 가까이 접근했기 때문에 암살당했다.

CHAPTER 25

진실로부터 배제된 사람들

그들은 범법 사업과 살인과 암살을 포함한 무자비한 행동으로 권력을 남용하면서, 지금껏 발견된 가장 중요한 기술들을 불법적으로 통제하고 있습니다. 여기에는, 우주를 여행할 수 있는 기술과 화석연료를 필요로 하지 않을 기술과 환경을 살리고 세상에서 가난을 없앨 기술들이 있습니다. 이 모든 사실을 아시게 되셨다면 선생님께서 무슨 일을 하시겠습니까?

케네디 대통령은 일단의 연관된 주제들 때문에 암살되었다. 곧, UFO와 외계생명체들에 관한 문제는, 세계금융시스템, 정보위원회, 그리고 기업과 금융과 제도적 이권들과, 군과 정부에 대한 부패한 기업들의 이해관계들이 맞물린, 우리 사회를 통제하는 이 어둠의 집단들이 관련된 여러 문제들의 일부일 뿐이다.

잭 케네디는 이에 대해 많은 내용을 알고 있었으며 이것을 바로잡으려 결단력 있는 행동을 취하려 했었다. 그는 군산복합체의 고삐를 휘어잡으려 했다. 그는 소련과 평화를 이뤄 냉전을 끝내려고 했다. 요컨대 그는 파시스트들의 사과수레를 뒤엎으려고 했다. 잭 케네디도 자신이 마릴린 먼로에게 외계존재들과 관련 주제들에 대해 말해준 내용들을 그녀가 공개하려 했다는 이유로 살해당했다는 사실을 알 정도로 충분히 명석한 사람이었다.

바비 케네디Bobby Kennedy*는 이 일에 대해 확실히 알고 있었다. 나는 바비 케네디가 암살당하기 얼마 전에 쓴 편지 한 통을 갖고 있는데, 거기에는 UFO에 관한 이야기들과 이 주제에 대한 그의 관심이 적혀 있다.

> *잭 케네디의 동생 로버트 F. 케네디

내 정보통들로부터 알게 된 내용에 따르면, 잭 케네디는 1963년 가을에 연방제도를 통해 이 많은 프로젝트들의 역학관계를 뒤바꿀 만한 행정명령을 내리는 절차를 밟고 있었다. 그는 사실상 CIA를 해체하려는 강한 의지를 갖고 있었다. 그는 UFO 문제가 공개되고 그 기술들이 인류를 위해 사용되기를 원했다. 잭 케네디는 우리가 베트남에서 선택한 일을 바꾸고 싶어 했다. 물론 그 세력들은 이 모든 일이 이뤄지도록 놔두지 않았다. 당연히 그는 이 변화들이 실효를 거두기 전에 암살당했다.

케네디의 암살과 관련 있는 한 남자가 UFO와 에너지/추진기술 문제를 의논하기 위해 전화를 걸어왔다. 이 남자는 케네디 암살을 둘러싼 실행계획에 관여했다. 하지만 그는 UFO 프로젝트를 운영하고 세계의 환경을 살릴 수 있는 새로운 에너지시스템을 거머쥐고 있는 이 어둠의 세력에도 깊이 관여해왔다. 그를 아는 사람들은 그가 열 손가락과 발가락으로도 다 헤아리지 못할 만큼 많은 사람들을 죽였다고 말할 것이다. 그러나 지금 그는 분해공학 프로젝트에서 일하면서 UFO와 '비행접시' 기술 분야를 다루고 있다. 나는 그와 오랜 시간 얘기했고, 잭 케네디의 암살과 많은 사람의 죽음이 이 문제가 누설되는 것을 막기 위한 시도와 관련되어 있음을 알고 있다. 5성 장군으로 해군본부위원이자 전직 영국 국방장관이었던 힐 노튼 경을 영국에서 만났을 때, 그는 자신이 왜 UFO에 관한 내용을 아무것도 듣지 못했는지 알고 싶어 했다. 그는 내가 CIA 국장을 만났고 클린턴의 측근들에게 브리핑했다는 사실을 들어 알고 있었다. 햄프셔에 있는 그의 집으로 갔다. 두꺼운 초가지붕으로 덮인 장려하고 오래된 아름다운 집이었다. 우리는 응접실의 윙체어에 앉았다. 그는 내 오른쪽에 앉아서 작은 메모철을 들고 꼼꼼하게 적으며 질문했다. 단단하고 짧은 체구에 날카로운 푸른 눈을 가진 노튼 경은 내가 아는 것 전부를 알고 싶어했다.

그가 물었다 "그들은 왜 이것을 내게 말하려 하지 않는 건가? 나는 국방장관이었고 비밀정보부장과 영국의 모든 중요한 조직의 수장이기도 했네. 게다가 NATO 군사위원회 위원장이었단 말일세! 내가 그런 자리에 있을 때 이에 관해 아무것도 알지 못했네. 나중에야 마운트배튼 Mountbatten 경 같은 사람들이 말해줘서 알게 되었네. 왜 그들이 말해주지 않는 건가?"

그는 자신이 '배제당했다'는 사실에 분노를 느끼고 있었다. 마치 합동참모부 정보부장이었던 톰 윌슨 제독처럼, 그리고 CIA 국장 제임스 울시와 그 밖의 많고 많은 사람들처럼 말이다. "선생님께 질문을 하나 드리고 질문하신 내용에 관해 말씀해드리겠습니다. 만일 세상의 어떤 정부의 명령도 따르지 않지만 세상의 모든 주요 정부들의 거의 모든 곳에 뚫고 들어가 있는 초국가집단이 있다는 사실을 알아내셨다면, 선생님께서 무슨 일을 하시겠습니까? 그들은 범법 사업과 살인과 암살을 포함한 무자비한 행동으로 권력을 남용하면서, 지금껏 발견된 가장 중요한 기술들을 불법적으로 통제하고 있습니다. 여기에는 우주를 여행할 수 있는 기술과 화석연료를 필요로 하지 않을 기술과 환경을 살리고 세상에서 가난을 없앨 기술들이 있습니다. 그리고 이 집단이 법과 민주주의와 자유와 인류의 복지, 또는 지구의 미래마저도 철저히 무시하고 있다는 사실을 아시게 되셨다면 무슨 일을 하시겠습니까?"

노튼 경은 외쳤다. "결코 용납하지 않을 것이네!!"

"그래서 그들이 선생님께 말하지 않은 것입니다. 선생님께서는 방금 자신의 질문에 스스로 대답하셨습니다."

노튼 경이 다시 물었다. "무슨 뜻인가?"

"선생님께서 그것을 아셨다면, 그리고 그렇게 반응하셨다면, 선생님께서는 잭 케네디처럼 되셨거나 마운트배튼 경처럼 IRA의 테러로 가장한 폭탄에 희생되셨을 것입니다. 실제로는 이 악당들이 한 짓이죠. 그리고 마릴린 먼로와 메리 메이어와 이 비밀을 지키려 하지 않아서 죽은 다른 사람들처럼 말입니다. 그들 모두처럼 되셨을 것입니다." 나는 거기에 덧붙였다. "그리고 유감스럽게도 전직 CIA 국장 빌 콜비처럼 말씀입니다." 그는 나를 빤히 바라보더니 혼자서 내뱉었다. "나쁜 자식들!"

여러분이 그런 정보들에 대해 알고 모르고는, 전적으로 이 비밀세력들이 여러분에게 노출된 정보들을 여러분이 비밀로 지키려 한다고 생각하는지 아닌지에 달려 있다. 그리고 여러분이 이 정보의 가치와 이런 일을 하는 기업들의 범죄성을 발견하자마자 자신들에 맞서 그것을 고치려 하는 사람이라 여겨지면, 그들은 이 정보를 여러분에게 주지 않을 것이다. 왜냐하면 그들이 정보를 주었는데도 규칙을 지키지 않는다면 당신을 제거해야 하기 때문이다.

나의 군사고문은 그런 알려지지 않은 특별 프로젝트들에서 일했었고, 내게 그들이 일하는 방식을 설명해주었다. 만일 그 프로젝트에 열 명이 있고 그것이 알려지지 않은 프로젝트라면 그 열 명만이 그 안에서 일어나는 일을 알고 있다. 그리고 당신이 그 속에 있다가 규칙을 어기면 당신은 살생부에 오르게 된다. 또한 당신이 그 조직에 속해 있지 않으면 당신의 지위와 서열과 관계없이 그 프로젝트의 존재를 결코 알 수가 없다.

이 프로젝트들의 하나를 나중에 SAIC에 들어간 해리 트레인Harry Trane 제독이 이끌었다. 그들이 정체를 바꿔 다른 곳에서 게임을 계속하기 위해 그 프로젝트를 폐쇄하려던 시점에 이 제독은 부하들을 다 모아놓고 말했다. "제군들의 협조에 대단히 감사한다. 제군들은 수십억 달러짜리 숨겨진 프로젝트에서 일해왔다. 그러나 이제 그 모습을 바꿔야 할 시간이 되었다." 그들은 프로젝트를 폐쇄했다. 나는 이런 종류의 프로젝트들에서 일해온 많은 사람들과 함께 일하고 있다.

우리 증인들 중에는 멀 쉐인 맥도웰Merle Shane McDowell이라는 사람이 있다. 그가 버지니아 주 노어포크Norfolk 근처의 대서양사령부에 있을 때, 북동해안에서 떨어진 곳에서 거대한 UFO가 나타났고 최소 다섯 개의 서로 다른 레이더 기지에서 포착되었다. 그것은 동쪽 해안을 오르락내리락했다. 그가 있던 통제센터는 코드 제브라Code Zebra 경보를 발령했다. 이 최고단계의 경보가 발령되었을 때 그 시설 안에서는 제브라 스트라이프 배지Zebra Stripe Badge를 부착해야 한다.

이 배지를 부착하지 않고 통제에 따르지 않는 사람은 누구라도 60초 안에 그곳에 주둔한 해병에게 총살당한다. 해리 트레인 제독은 그 당시 대서양사령부의 최고사령관이었다. 멀 쉐인 맥도웰은 제독이 상황을 자기 의사대로 통제할 수 없어서 정말 화가 나 있었다고 말했다. 제독은 이 외계비행체를 격추할 것을 명령했고 요격을 위해 전투기들이 긴급 발진했다. 그러나 레이더 스코프에서 그것은 뉴잉글랜드 해안 외곽에 있다가 갑자기 플로리다 해안으로 옮겨갔고 다시 노어포크의 해안에 나타났다. 결국 그것은 아조레스Azores 제도 너머로 갔다. 한 조종사가 사진을 찍을 정도로 가까이 다가갔다. 그리고 맥도웰은 이 거대하고 긴 원통형 비행체의 사진을 보았다. 그것은 아조레스 제도를 넘어 60도 정도의 각도로 방향을 바꾸어 우주공간으로 똑바로 사라져버렸다. 그것도 순간적으로.

"그 노인네는 정말 충격 받았죠."라고 맥도웰이 말한 것으로 보아 1980년대 초반에 트레인 제독은 UFO 문제에 관한 한 분명히 배제된 사람이었다. 그는 이것의 정체가 무엇인지 모르고 있었던 것이다! 그들은 소련과 핫라인을 갖고 있어서 그 비행체가 소련의 미사일인지 아니면 다른 무엇인지를 알아보려 했다. 그리고 소련은 자신들의 것이 아니라고 회답했다. 그것은 유럽의 것도 아니고 미국 것도 아니었다.

나중에 정장 차림의 요원들이 들어와서 이 사건을 접한 모든 사람을 위협했다. 그리고 그 협박은 심각했다.

내가 많은 군 지휘관들에게 이 주제에 대해 브리핑하는 이유들 가운데 하나는, 이 물체에 대해 모르는 사람들은 이와 비슷한 경우에 맞닥뜨릴 수도 있고 어떻게 대응해야 하는지도 모르기 때문이다. 그것을 숨기려는 비밀과 알면서도 사람들에게 말하지 않는 집단에 의해 이런 상황에 대한 대비책은 마련되고 있지 않다. 트레인 제독은 당시 그 사실을 몰랐기 때문에 군사적인 교전과 비행체의 요격을 명령했었다는 사실을 기억하기 바란다! 이것은 극히 위험하고 또 경솔한 행동이다.

트레인 제독은 군을 떠난 뒤에, 군산복합체의 회전문을 지나 비밀 그림자정부라는 왕관의 보석이라 할 수 있는 과학응용국제협의회, 곧 SAIC으로 들어갔다.

우리의 군사고문은 몇 년 전 트레인 제독을 만날 기회가 있어서 이 주제에 대해 이야기를 꺼냈다. 트레인 제독은 경청하다가 아주 조용한 목소리로 말했다. "나는 이 문제에 아무런 관심도 없소." 그러더니 제독은 UFO 문제를 꺼내기 직전에 나누던 대화로 천연덕스럽게 돌아갔다.

이런 사람들은 그렇게 하도록 훈련된다. 나에게는 나를 UN 사무총장의 아내 부트로스갈리 여사와 다른 많은 사람들에게 소개해준 절친한 친구가 있다. 그녀는 오랫동안 CSETI와 디스클로저 프로젝트의 후원자이자 구성원이었다. 그녀는 아주 고위의 한 상원의원과도 여러 해 동안 친하게 지내왔다. 나는 그가 이 비밀집단의 핵심요원 가운데 하나임을 확신한다고 그녀에게 귀띔해주었다. 그래서 그녀는 이 문제를 그에게 꺼내 들었다. 그는 독수리 같은 강렬한 눈으로 그녀를 바라보면서 들었다. 그녀가 말을 마치자, 그 역시도 UFO 문제를 꺼내기 직전에 나누던 대화로 돌아가서 천연덕스레 이야기를 계속해나갔다. 그는 마치 UFO에 대한 이야기가 전혀 언급되지 않았던 것처럼 시치미를 뗐다. 그의 이런 태도는 그녀에게 무척이나 놀라운 것이었다.

나도 이런 일을 경험한 적이 있다. 이것은 내가 그림자정부에 있는 정말 잘 훈련된 고위층의 사람들을 식별해낼 수 있었던 하나의 방법이다. 한 전직 미국 대통령과 두 명의 전직 국방장관이 여기에 아주 깊이 관련되어 있다. 1990년대 중반 나는 상원의원 배리 골드워터Barry Goldwater를 알던 사람으로부터 상원의원 집에서 이 문제를 논의하자는 초대를 받았다. 골드워터는 애리조나 출신으로 1964년 대통령선거에 출마했다가 낙선했음을 기억하고 있을 것이다. 그는 또 공군예비역 장군이기도 했다.

나는 애리조나 주 스카츠데일Scottsdale 근처의 시가지가 내려다보이는 언덕 위에 있는 상원의원의 집으로 갔다. 상원의원은 80대의 노령이었지만 무척 예리한 분이었다. 그는 우리가 하는 일에 큰 관심을 갖고 있었다. 우리는 그에게 우리가 가진 모든 브리핑 자료들을 보내주었고 그는 정말로 고마워했다.

상원의원은 이런 이야기를 들려주었다. 1960년대에 그는 커티스 르메이Curtis Lemay 장군과 무척 절친한 사이였다 – 공군참모총장으로서 베트남전에서 "석기시대로 만들 때까지 폭격해야 한다."고 했던 그 르메이다.

골드워터 상원의원은 공군에서 조종사로 있을 때 그가 알던 정말 신뢰할 만한 사람으로부터 UFO에 대한 보고를 들었다. 그는 또한 뉴멕시코에 '추락한' UFO로부터 수거한 잔해들의 일부가 라이트패터슨 공군기지에 있다는 사실도 들었다.

골드워터 의원이 매우 높은 지위의 상원의원이었음에도 불구하고 그는 어떤 경로를 통해서도 이 주제에 대한 정보를 듣지 못했다. 그래서 그는 커티스 르메이 장군에게 갔고, 라이트패터슨 공군기지 대외기술부의 '블루 룸'에 있는 UFO 잔해를 볼 수 있도록 장군에게 주선해달라고 부탁했다. 그와 르메이 장군은 서로 막역한 사이였지만 골드워터는 이런 말을 듣고 말았다. "빌어먹을, 나도 그곳에는 들어갈 수조차 없네. 그리고 그딴 부탁을 또 하면 자넨 군법회의에 서게 될 것이네!"

그것도 미국 상원의원이자 대통령 입후보자였으며 공군예비역 장군이 말이다! 나는 지금 골드워터 상원의원의 응접실에 앉아 있다. 의원에게 물었다. "세상에, 그가 진심이었을까요?"

"심장마비라도 생긴 것처럼 그는 심각했네. 그리고 나는 그 말을 다시는 꺼내지도 못했네!"

이 이야기는 UFO 문제를 둘러싼 두려움과, 공화당 보수파의 창시자인 배리 골드워터와 같은 사람에게조차 허용되지 않는 극단적인 비밀의 양상을 말해준다. 그는 철저한 보수주의자였고 군에 우호적이었으며, 머리끝에서 발끝까지 투철한 애국심으로 물들어 있는 사람이었다. 그런 그가 친구이자 동료인 장군에게서 군법회의에 서게 되리라는 말을 듣다니!

골드워터 상원의원은 내게 말했다.

"자네가 놀라운 일을 하고 있다고 믿네. 어떻게 하면 자네를 도울 수 있겠는가?"

"저희는 이 문제에 대해 충분히 중요한 수준까지 상세히 아는 사람들을 모아 연합체를 만들고, 신뢰받을 방법으로 대중들에게 UFO 문제를 공개하고 비밀을 끝장내려고 노력하고 있습니다. 이 비밀이 끝장날 때가 됐습니다."

"자네 말이 맞네! 이것이 영원히 비밀로 지켜지리라고 생각하는 건 그때도 빌어먹을 실수였고, 지금도 빌어먹을 실수이네!"

그렇게 해서 우리는 이 비밀스러운 어둠의 집단에 누가 관련되어 있는지에 대해 이야기하기 시작했다. 나는 그 사람들의 명단을 이야기하다가 그에게 물었다.

"혹시 Y.N. 제독을 아십니까?"

"아, 물론. 그와 나는 오랫동안 친하게 지내왔다네."

"오, 이런! 그가 MJ12의 넘버 쓰리인 것 같습니다."

의원은 충격을 받았다.

"그가 말인가?"

"예, 그렇습니다."

에드워드 텔러Edward Teller* 같은 사람들과 함께 말이다. 텔러가 이 프로젝트들의 핵심인물이었다.

"그렇다면 내가 뭘 할 수 있겠나?"

"제독을 만나서서 저를 만나보라고 말씀해주시겠습니까? 이 문제를 논의하고 우리가 이 정보를 효과적이고 안전한 방법으로 대중들에게 알릴 방법을 모색해보자고 말입니다."

* 1908~2003. 미국의 원자물리학자로 '수소폭탄의 아버지'라고 불린다.

그가 말했다. "그렇게 해보겠네."

몇 주가 지난 뒤, 나는 골드워터 상원의원에게서 소식을 전해 들었다.

"원, 세상에! 다시는 제독에게 말도 못 꺼내게 됐네!"

나는 Y.N. 제독이 골드워터를 질책했으며, 이 문제로는 그 누구와도 이야기하지 않겠노라고 했다는 말을 들었다. 이 제독은 정부 내의 여러

CHAPTER 25 진실로부터 배제된 사람들 • 275

최고위직에 있었고, 그 하나가 SAIC에서 중요한 직책을 맡고 있다는 것이었다. 그림이 그려지는가?

Y.N. 제독은 분명 핵심인물이다. 그것도 수십 년 동안.

나는 나중에 골드워터 상원의원의 딸인 조앤 골드워터Joanne Goldwater를 만났는데, 그녀는 애리조나의 '골드워터 식품'을 운영하고 있다.

"아버지는 더 이상 선생님이 이 사람들을 만나도록 돕지 못하세요. 그 제독이 무슨 말을 했는지는 모르지만 아버지를 위협했거든요."

"괜찮습니다. 부친께서 원하신 일이고 모든 사람은 한계를 갖고 있으니까요. 저는 사람들이 불편해할 일은 어떤 것도 부탁하지 않습니다. 부친께서 최선을 다해주신 데 대해 감사드립니다."

이 일이 있었던 즈음에, 나는 부통령 휴버트 험프리Hubert Humphrey가 UFO와 관련된 기술 프로젝트들을 조사하기 위해 비밀리에 커크랜드 공군기지와 산디아국립연구소Sandia Labs에 갔었다는 사실을 알게 되었다. 그는 그곳에서 외계물질을 가지고 진행하는 비밀프로젝트들에 대해 알았다. 그 당시 산디아연구소에 있던 한 증인은 자신이 거기서 UFO 프로젝트들과 외계 분해공학 프로그램, 특히 전자공학 분야에서 일했다고 은밀히 말해주었다.

험프리 부통령은 이 시설에 와서 거기 무엇이 있는지를 알고 싶어 했다. 그러나 부통령은 이런 말을 들었다.

"각하, 각하께서는 이 지역에 들어오실 수 없습니다. 계속 진행하시겠다면 저희는 각하를 사살할 것입니다."

나는 이 증인에게 물었다. "그들이 진심이었나요? 그들이 정말 미합중국 부통령을 쏴 죽이려 했어요?"

그가 말했다. "당연하죠. 그는 고인이 됐을 겁니다."

CHAPTER 26

"절대, 절대, 절대 포기하지 마세요"

그들은 내게 말한다. "절대 포기하지 마세요." 그러나 행동보다 말이 더 쉽다. 그들은 당신의 가장 친한 친구를 죽였고, 당신은 전이성 암에 걸렸으며, 당신은 '본업'을 저버렸고, 또 당신에게는 대학에 보내야 할 아이들이 있으며, 당신은 인터넷에서 사악한 의사라고 불리는 등등, 이 일을 계속하는 것은 정말 의기소침해지고 힘든 일이다. 계속 나아가기가 어려운 일이다.

신의 현현 - 신성 - 이 이 물질차원으로 들어올 때, 그것은 마치 영적인 봄날과도 같이 창조물의 모든 측면에 활기를 불어넣는다. 영과 지식과 지성과, 모든 사물들과 모든 존재들 안에서 영의 더 깊은 영역에서 세워지는 신성한 계획이 새롭게 바뀐다.

그것은 창조의 직물에 끼어 들어가서 모든 창조물들과 모든 원자까지도 말 그대로 소생시키고 생기 있게 한다. 모든 것이 바뀐다. 그리고 갑자기 과학, 사회사상, 영적인 발상에 '저절로' 거대한 돌파구가 생기고 사람들이 한데 모이게 된다. 과학과 사상에서의 모든 엄청난 변화와 발전은 이 영적인 힘과 신성한 계획의 촉발로 이루어진다.

지금의 새로운 영적 주기는 완전히 새로운 세상을 만들어놓았다. 그 새로운 주기 – 그러나 아직 배아기인 – 는 우리 주위의 모든 곳과 우리 안에서 펼쳐지고 있다. 세상에 역행하는 권력들이 맹렬하고 무모하게 저지하려 해도 이 일은 일어난다.

그것은 저절로 일어나지 않는다. 그것은 우리를 통해 일어난다. 이것이 인간으로 존재하는 것이 흥미로운 이유다. 인간에게는, 우리 중에서 누구에게라도, 우주 전체가 그 안에 깃들여 있다. 우리는 우리 안에 있는 이 모든 진실들을 알고 있다. 모든 진실은 모두 우리 안에 깃들여 있다. 사실 안과 바깥의 차이는 없다. '이것과 저것은 같다.'

우리 모두는 새로운 가능성에 도달했다. 우주의 모든 존재들에게는 새로운 능력이 있다. 우리가 들어선 주기는 단순히 세계의 평화가 아닌, 우주의 평화를 구가하는 시기다. 수천 년 동안의 은하전쟁에 열중해온 전쟁광들은 완전히 빗나갔다. 우리 사회의 그런 퇴행하는 세력들이 끝없는 전쟁의 낡은 패러다임에 얼마나 중독되어 있는지에 관계없이, 그런 시대는 곧 끝날 것이다. 그리고 우리는 지구 위에서 적어도 50만 년의 평화가 지속되는 시대로 들어가게 될 것이다!

우리는 지금 그 낡은 패러다임들이 고통스럽게 죽어가는 모습을 지켜보고 있다. 새벽이 오기 직전이 가장 어둡고, 심한 폭풍이 몰아치기 직전이 가장 고요하며, 새로운 시대가 영구히 세워지기 직전이 가장 힘들고 위험한 법이다. 이것이 바로 우리가 살고 있는 시대다. 지난 100~150년 동안 우리는 모든 수준의 – 영적, 우주론적, 사회적, 종교적, 정치적, 과학적인 – 모든 것들의 엄청난 변화를 목격했다.

지난 150년 동안, 그 이전의 세월 동안 있었던 것보다 더 많은 변화가 있었다. 어떻게 그런 일이 일어났을까? 그것은 이 주기가 열리면서 신성을 통해 새로운 창조가 일어났기 때문이다. 영적으로 그것은 천상 지식의 최고천(最高天)*의 영역에서 이미 존재하고 있다. 우리는 그 안으로 들어가 그것을 볼 수도 있다. 그것은 정말로 아름답다!

＊고대 우주론에서 신과 천사들이 산다고 말하는 가장 높은 하늘.

　구세계에 집착하고 있는 사람들의 비밀스러운 어젠다를 생각해보면, 모든 것은 진행 중이다. 나는 거기에 깊이 관여하고 있는 내부자들로부터 모든 것이 아직 미정이라는 말을 들어왔다. 어떤 길로도 갈 수 있다. 이것이 우리가 마지막 순간까지 우주의 평화가 오는 이 새로운 세상을 만들기 위해 분투해야 하는 이유다. 더 많은 사람들이 이 기만적이고 교묘한 어젠다에 눈을 뜰수록 우리 모두는 더 나아진다. 왜냐하면 우리가 그것을 알게 되면 스타워즈라는 어리석은 발상으로 발을 헛디디는 실수를 피할 수 있기 때문이다. 아는 것이 힘이다.

　9/11 이후로 많은 조작이 있어왔지만, 어떤 부류들은 자신의 힘을 과신했다. 그 결과 사람들은 미국 또는 세계의 안전과는 아무런 관계도 없는 어둠의 어젠다가 작동되고 있음을 보게 되었다. 9/11이 있기 전에 우리는 다음과 같은 사실에 대해 이야기하고 있었다. 곧, 세상에서 냉전이 무너지고 불량국가들이 등장할 것이며, 그 뒤에는 국제적인 테러리즘과 그에 이어 소행성과 외계인의 위협이라는 형태의 외계로부터의 위협이 있을 것이라고 말하는 복수의 정보제공자들이 있었다는 것이다. 그리고 우리가 와 있는 곳이 바로 이곳이다.

　그 계략은 점점 늦어지고 있지만, 문제는 얼마나 많은 사람들이 여전히 속고 있는가 하는 것이다. 그리고 또 다른 문제는 이 비밀프로그램들이 '우주적 통킹만 계획'을 성사시키려는 의지를 아직도 갖고 있는지의 여부다.

　이 프로젝트들에 속해 있는 많은 사람들은 그 진짜 어젠다가 무엇인지 모르고 있다. 그것은 고도로 분획되어 있다. 전 세계적으로 이 일을 다루는 200~300명의 정책집단 속에서 이 모든 어젠다들을 아는 사람은 아주 소수에 불과하다. 그리고 이 책에서 내가 말하고 있는 것들이 그들 최악의 어젠다들이다. 이 수준까지의 계획을 아는 사람은 20여 명에 불과하다. 그들은 조직들을 분획해가면서 매우, 매우, 매우 엄격하게 통제하고 있다.

 우리의 가장 중요한 목표들 가운데 하나는 이 어젠다의 겹겹의 층들을 이 비밀집단에 있는 선량한 사람들에게 드러내는 것이다. 그렇게 해서 그곳에서 빠져나오는 사람들이 있다. 한편으로 이렇게 말하는 사람들도 있다. "동의하지 않아요. 나는 이 기술들을 적들이 무기화하지 않도록 비밀로 지키고 있던 거니까요." 또는 "나는 세계 경제시스템의 안정을 유지하기 위해 이 비밀을 지키고 있었어요." 또는 "나는 우리가 석유산업을 갑자기 무너뜨리지 않으려고 이 비밀을 지키고 있었어요." 그러나 그들이 이 어젠다들의 일부에 대해 알게 되면 그들은 이렇게 말한다. "잠깐만요! 뭐라고요?"

 이 프로젝트들에 관여하는 수천 명의 사람들과 정책운영에 관여하는 수백 명의 사람들 가운데 대부분은 그 궁극적인 어젠다에 대해 속고 있다.

 그것이 우리가 이 활동들에 관련된 사람들에 대해 아무런 편견을 갖지 않으려 하는 중요한 이유다. 많은 사람들은 조종당하고 있는 선량한 사람들이다. 그래서 이 집단의 핵심인물들이 내게 계속 전화해서 이렇게 말한다. "계속 앞으로 나아가세요. 우리는 이 일을 바로잡길 원해요." 어떤 사람은 나에게 이런 메시지를 보냈다. "절대, 절대, 절대, 절대, 절대, 절대, 절대, 절대, 절대, 절대, 절대로 포기하지 마세요."

 물론 행동보다는 말이 더 쉽다. 그들은 당신의 가장 친한 친구를 죽였고, 당신은 전이성 암에 걸렸으며, 당신은 '본업'을 저버렸고, 또 당신에게는 대학에 보내야 할 아이들이 있으며, 당신은 인터넷에서 사악한 의사라고 불리는 등등. 이 일을 계속하는 것은 정말 의기소침해지고 힘든 일이다. 계속 나아가기가 가장 어려운 일이다.

이 초극비 프로젝트들에 있는 일부 사람들은 우리가 하는 일에 무척 고마워한다. 우리가 프로젝트를 시작할 무렵에는 비밀이 공개되는 것을 보고 싶어 하는 이 통제자들이 1/3 정도였지만, 지금은 45~50%가 된다. 그러나 그곳에는 여전히 무자비하고 막강한 힘을 가진 부류들이 존재한다. 전직 CIA 국장인 빌 콜비는 어떤 의미에서 하나의 본보기였다. 그런 위치에서 이탈하는 사람들은 용서받지 못한다.

하지만 그 일은 거의 10년 전 일이고 세상은 변했다. 과거를 바라보며 미래를 판단할 수는 없다. 특히 지금 같은 시기에는 더 그렇다. 많은 것이 진화하고 있다. 우리는 이 모든 사람을 교육시킬 수 있다는 생각을 가져야 하며, 그들이 더 나은 인식을 갖도록 바꿀 수 있다. 많은 사람들이 앞으로 나와서 우리를 도울 것이다.

나는 반복되는 생생한 예지몽을 꾸었는데, 그것은 내가 미국 남서부의 어떤 장소에서 대낮에 외계존재들을 유도하여 아주 높은 지위의 영적이고 외교적인 고령의 존재와 접촉하는 꿈이었다. 그것은 평화롭고 공개적인 행사였고 이 비밀군사프로그램들의 우호적인 사람들에 의해 추진되고 있었다.

이 놀라운 사건은 1990년대 초반에 내게 보였다. 나는 이런 일이 실제로 일어날 기회가 시간이 지나면서 무르익고 있다고 생각한다.

이 모든 초특급 비밀프로젝트들은 언제 시작되었을까? 진실은 이렇다. 여전히 기밀이 해제되지 않은 검은 프로젝트들이 20세기의 시작과 제1차 세계대전 때부터 있어왔다는 사실이다.

우리 사회에는 수천 년 동안 이런저런 방식으로 존재하는 비밀을 지키려는 집단들이 있어왔다. 거기에는 항상 카르텔cartel들이 있었다. 거기에는 비밀스러운 권력을 유지하려는 비밀사회들이 항상 있어왔다. 그리고 그들은 시간과 장소에 따라, 그리고 정치적, 기술적 환경에 따라 다양하게 모습을 바꾸었다.

그러나 20세기에는 이 기술들, 특히 테슬라Nikola Tesla가 발견한 일명 프리에너지 전자기시스템에 관해 알고 있는 산업적 이해관계와 연결된 비밀프로그램들이 분명히 있었다.

패러데이Michael Faraday도 1800년대에 했던 실험에서 '오버 유니티 효과over unity effect'*를 발견했다. 또 그런 신기술들을 아주 오랫동안 억누르고 침묵시켰던 이해관계들이 존재해왔다.

밴더빌트가the Vanderbilts와 록펠러가, 그리고 스탠더드 오일Standard Oil의 시대였던 1800년대에, 그 프리에너지 기술을 비밀로 묶어두길 원했던 강력한 이해관계들이 있었다. 한때는 스탠더드 오일이 미국 정부보다 더 많은 수입을 올리기도 했다. 록펠러가에 의해 통제되던 그 기업은 그만큼 거대했고 그만큼 막강했다.

그러한 독점적인 산업 환경에서 테슬라나 타운센드 브라운Thomas Townsend Brown, 그리고 여러 사람들이 나타났다. 그들은 일명 영점에너지와 프리에너지 장치, 그리고 초창기의 고전압 반중력 시스템을 갖고 있었다.

그리고 1800년대 후반에 외계비행체에 대한 보고들이 있었다. 그것이 바로 유명한 1896년의 '비행선 사건airship scare'**이었다. 나는 믿을 만한 정보제공자로부터 맥아더Douglas MacArthur 장군이 1930년대에 중국에서 외계비행체의 잔

*장치의 작동을 위해 투입된 에너지의 총량보다 출력되는 에너지의 총량이 더 많아지는 효과.

**1896~1897년에 걸쳐 미국 전역에서 괴비행물체들이 수많은 사람들에게 목격되어 큰 논란을 일으켰던 사건으로 미국에서 일어난 최초의 UFO 사건으로 꼽히기도 한다.

해를 수거하는 데 실제로 관여했었다는 사실을 알게 되었다.

따라서 지난 100년 동안 외계 관련 문제를 감시하는 동시에 기술적인 주제를 통제하려는 프로그램들이 있어왔던 것이다. 그러나 제2차 세계대전 기간 동안에 이 프로그램들에서 양자적인 도약이 일어났다.

우리가 열핵무기에 대한 지식을 개발하고 우주탐사를 시작하던 초기에, 비행접시처럼 보이는 추진시스템을 연구하는 프로그램들이 있었다. 폰 브라운과 에드워드 텔러, 그리고 바네바 부시Vannevar Bush 박사와 다른 연구자들이 여기에 참여했다. 고더드Robert H. Goddard가 1936년과 1937년에 테슬라의 작업을 발전시키고 있었고, 그들은 테슬라의 반중력장치 연구를 훔쳐다 1930년대 중엽 나치에 팔아넘겼다.

그러나 우리가 열핵무기와 비밀 반중력 추진시스템을 실험하고 개발하는 단계에서 일단 그것들을 사용하는 단계로 옮겨가자, 수천 년 동안 지구를 지켜보고 있던 외계존재들은 깊이 우려하기 시작했다. 그들은 인류가 그 시점의 기술적인 수준에서 우주공간으로 나가는 능력을 갖게 되는 데는 시간이 얼마 걸리지 않을 것임을 알고 있었다. 그리고 여기 이 아름다운 지구 위에서 마차를 타고 다니던 사람들이 불과 수십 년 만에 반중력장치와 전자기 무기시스템, 그리고 열핵장치를 사용하고 있는 것이다. 이런 일이 일어나는 광경을 보며 걱정되지 않는다면 아마도 은하계적 뇌사상태임에 틀림없을 것이다!

제2차 세계대전 도중과 종전 후에, 외계존재들의 정찰과 한정된 간섭이 증가했다. 그들은 우리가 파괴적인 궤도를 따라가는 속도를 늦추기 위해 노력하고 있었다. 우리 프로젝트의 증인들은 반덴버그Vandenburg 공군기지와 남대서양에서 발사된 대륙간탄도미사일들을 외계비행선들이 요격했다고 증언하고 있다. 외계존재들은 서로를 파괴할 것이 확실한 우리의 거친 저돌성을 잠재우기 위해 노력하고 있던 것이다.

원자력위원회에 있었던 디드릭슨Ross Diedrikson 대령 같은 사람들은 외계존재들이 우리의 모든 핵시설에 깊은 관심을 갖고 있음을 관찰했다. 그는 달에서 폭발하도록 특별히 개발된 대륙간탄도미사일이 요격된 사건을 개인적으로 알고 있었다. 외계존재들은 그것이 대기권을 벗어나지 못하게 가로막았다.

1940년대에 우리는 그 당시 우리의 유일한 핵무기 기지가 있었던 뉴멕시코 주 로즈웰 근처에서 외계비행선을 실제로 추락시켰다. 우리는 FBI 국장이던 존 에드가 후버John Edgar Hoover에게 보내진 문서를 갖고 있는데, 여기에는 특별히 설정된 레이더시스템이 외계비행선을 추락시킨 원인이었다고 언급되어 있다. 1960년대에는 벤 리치Ben Rich*의 말처럼 '별들을 여행하는' 능력을 갖게 되었다. 못된 비밀프로젝트들은 사람의 의식을 바꾸고 해를 입힐 수 있는 전자기시스템을 개발했다.

그러나 테슬라는 라이트Wright 형제가 하늘을 날기 전에 실제로 반중력 실험에 성공했었다.

아이젠하워 대통령의 행정부 시절, 합헌성과 적법성에 의거해 이 프로젝트들을 통제하려던 시도가 실패로 돌아갔고, 그 뒤로 프로젝트들은 국가의 통제를 벗어나게 되었다. 그림자정부는 아이젠하워를 배신했다.

* 1925~1995. 록히드사의 비밀프로젝트팀 국장이었던 인물로 '스텔스기의 아버지'로 불린다. 사망 직전에 UFO는 존재하며 인류가 이미 별들을 여행하고 있다고 고백한 것으로 전해진다.

CHAPTER 27

신성한 존재의 보호를 받다

사람들은 흔히 이렇게 묻는다. "UFO 가까이 있을 때 해를 입을까 봐 걱정은 안 되세요?" 나는 말한다. "전혀요. 근처에 다른 사람들이 있는 경우를 빼고요." 위협은 항상 인간들로부터 오지 외계존재들로부터는 아니다. 우리는 사람들이 총을 빼들고 UFO를 향해 쏘아댄 많은 사례들을 알고 있다. 더 말해 무엇하랴! 어떤 경우에는 그들이 CSETI 일행을 쏘려고 했던 적도 있었다.

나는 첫 번째 부시 대통령 행정부의 주택도시개발국에서 일했던 캐서린 오스틴 피츠Catherine Austin Fitts 같은 사람들로부터, 모든 정부 부처로부터 유령 프로그램을 통해 막대한 금액의 비밀자금이 추출되어 암흑 프로젝트들로 투입되고 있다는 사실을 알게 되었다. 캐서린이 이것을 발견했을 때, 그들은 재정적으로, 직업적으로 그녀를 파괴하려고 했다. 미국 최고의 투자금융기관에 있는 주류의 신용 있는 사람을 말이다. 그녀는 주택도시개발 차관보였다. 국방부에 있는 내 친구들 말처럼, "여기서 10억 달러, 저기서 10억 달러, 금방 큰돈 될 거야".

이 다양한 프로젝트들에는 수천 명의 사람들이 고용되어 있지만, 그들은 자신들이 하는 일의 세부사항을 전혀 모른다. 누군가가 일하고 있을 조직의 한 부서는 다른 부서의 일부이고 이것 또한 다른 부서의 일부다 – 그것은 아주아주 철저하게 통제된다. 정책집단 또는 통제집단은 200~300명 정도이며, 그것도 초국가적이다. 미합중국은 이 활동의 유일한 중심축이 결코 아니다. 이 집단에는 중국, 라틴아메리카, 교황청, 다양한 기관들, 유럽, 러시아의 중요한 대표들이 있다. 국가적 경계는 사실 아무런 의미가 없다. 국가적인 이슈들과도 무관하다. 그것은 여러분과 내가 통상적으로 생각하는 그런 정부에 대한 것마저도 아니다. 그것은 기업적, 재정적, 초국가적, 그리고 종교적 이해관계로 결집된다. 그들은 정부를 손으로 주무르고 있다. 오늘날 이 집단 내에서 유일하게 가장 강력한 단체는 모르몬Mormon 제국이다. 모르몬의 고위층은 이 비밀프로그램들과 연결된 방대한 재정적, 기업적 지분을 갖고 있지만, '일반 구성원'들은 의도적으로 그것과 아무런 관계도 맺지 않는다.

강조하고 싶은 것이 있는데 나는 항상 사람들에게 이렇게 말한다. "CIA? 그 친구들은 애완용 고양이일 뿐이야." 여러분이 걱정해야 할 사람들은 록히드나 이시스템즈를 위해 일하는 청부업자들이나, 모터사이클 갱단인 '악마의 사도Devil's Disciples'라고 불리는 패거리들과 유착된 이 집단의 청부업자들이다. 이들은 '지옥의 천사Hell's Angels'의 하부집단으로 어떤 상황에서의 비밀을 강요하기 위해 일상적으로 고문과 인신공양과 생체 해부를 자행한다. 그들은 특정 상황들에서 비밀을 강요하기 위해 사람의 몸을 산 채로 절개한다.

내가 아는 에너지과학자와 함께 일했던 사람이 '악마의 사도'에게 희생당했다. 그들은 사람을 죽일 때마다 그들의 이를 목걸이에 덧끼워 걸고 다닌다. 그들은 그 희생자의 이를 뽑고 내장을 들어내서 죽도록 내버려두었지만 그는 살아남았다. 지금 그는 사회와 인간들에 대한 심각한 혐오와 거부감 속에서 살아가고 있다.

'악마의 사도'는 이 비밀의 핵심에 관여하고 있는 범죄 기업들과 계약을 맺고 일한다. 이 기업들의 보안은 전통적으로는 워큰헛Wackenhut과 같은 외부업체에 위탁하지만, 이런 부류의 비전통적인 하수인들도 있다.

내가 아는 애리조나의 한 비밀공작원이 입수한 비디오테이프에는 외계복제비행선 아니면 실제 외계비행선이 통제력을 잃고 캐나다의 한 군사시설 근처에 추락, 착륙하는 장면이 들어 있다.

수거 작전 과정에서 특수팀의 한 사람이 그 비행선을 필름에 담았다. 이 필름은 몰래 촬영된 것이므로 영상이 몹시 흔들렸다. 나는 그것을 갖고 있다. 그것은 외계생명체처럼 보이는 것의 사진 몇 장과 함께 나에게 보내졌다. 그것을 찍은 사람은 필름을 들고 자신을 UFO 연구자이자 디지털 영상분석가라고 소개하는 비밀공작원에게 갔다. 이 사람은 필름을 촬영한 사람에게 애리조나의 자기 목장에 있는 '안전한 집'을 제공했다. 물론 나는 그곳이 조금도 안전한 집이 아니었다고 확신한다. 어느 날 청부업자가 목장에 찾아왔고 부서진 우편함에 손가락 하나와 쪽지 한 장을 남겼다. 쪽지에는 'TWEP'*라고 쓰여 있었다. 희생자는 다시는 찾아볼 수 없었고, 살해당한 것으로 추측된다. 그 목장 주인이 이 이야기를 내게 해주었다.

이들 집단의 핵심적 역할을 하는 사람들은 보통 세습적으로 그 집단에 이끌려 들어온다. 예를 들면 앞에서 마릴린 먼로의 전화 도청을 승인해준 제임스 지저스 앵글턴을 언급했다. 나는 그의 후손 한 명을 만났는데, 이 사람은 거부이면서 이 비밀집단에 관련되어 있지만, 국가정보기관과는 관계 맺지 않았다. 중요한 모든 것들은 국가정보기관의 밖인 사적인 세계에 있다. 디스클로저 프로젝트 행사가 끝난 뒤 그는 나에게 전화를 걸어

* '극도의 편견 때문에 처단함(terminate with extreme prejudice)'이라는 완곡한 뜻의, 주로 암살에 사용되는 용어.

말했다.

"선생은 이 정보를 공개하는 예정시각을 6년에서 12년 앞당겼습니다."

"잘됐군요."

"우리는 이 문제를 NATO와 함께 지켜보고 있습니다. NATO 본부에는 이 문제를 다루는 분리된 활동이 있습니다. 유럽에서요."

그는 계속했다. "하지만 우리가 계획하고 있고, 또 선생과 함께 일했으면 하는 것은, 몇 년 안에 우리가 전 세계의 정계, 군대, 종교계의 중요 지도자들이 외계생명체들이 발견되었으며 우리가 혼자가 아니라 외계존재들이 있다는 증거를 갖고 있다고 발표하게 하는 것입니다."

나는 말했다. "그러려면 조금 늦었죠, 그렇게 생각하진 않습니까?!"

그는 그들의 시간표에 맞추도록 정보의 공개를 늦춰달라고 말하려 하고 있었다. 물론 이런 식의 접근은 전에도 있었다. T.E. 장군이 기억나는지……. 나는 말했다. "제가 우려하는 점은 공개를 늦추면 그것이 지구가 가야 하는 방향과는 정반대인 어젠다를 둘러싼 힘이 더 강화될 기회가 될 수도 있다는 것입니다."

이 신사, 앵글턴을 비롯하여 이 집단의 비교적 우호적인 구성원들은 차라리 일찌감치 이 정보가 공개되는 것이 나으리라는 생각들을 갖고 있다. 그림자정부 안에서도 스파이전이 치열하며, 아주 많은 파벌이 있어서 계속 동맹을 옮겨 다닌다. 지극히 역동적이다. 사람들은 이 비밀통제집단이 단일체이며 고정된 것으로 보는 경향이 있지만 실상은 그렇지 않다. 비밀통제집단은 아주 역동적인 동시에 분열되어 있기도 하다.

우리는 디스클로저 프로젝트를 진행하면서 비일상적인 곳으로부터 오는 큰 보호를 받고 있다. 1998년 이후로 우리의 증인들은 그 누구도 "입 다무시오."라는 말을 들은 적이 없다. 단 한 사람도. 그 누구도 협박당하지 않았다.

나는 2001년 내셔널 프레스 클럽에서의 디스클로저 프로젝트에 앞서 그림자정부의 한 조직원과 만나 이렇게 말했다. "선생 쪽 사람들에게 이렇게 전해주십시오. 우리는 여러분의 지지 또는 중립적인 입장을 환영합니다. 그러나 우리 쪽 사람들이나 이 프로젝트에 관련된 사람들의 머리카락 하나라도 건드리거나 조금이라도 위협한다면, 아니면 내가 워싱턴 D.C.의 모임에 가는 길에 버스에 치이기라도 한다면, 심각한 결과를 초래할 것이라고요." 그들은 이 말이 무슨 뜻인지 알고 있었다. 우리에게는 지상과 그 밖의 곳에서 우리를 지켜주는 특별한 영적인 전사들이 있다. 그렇다고 우리가 천하무적이라는 뜻은 아니다 – 그와는 거리가 멀다. 그것은 힘의 견제와 균형, 그것뿐이다.

거기에 약속이란 있을 수 없다. 내가 아는 모든 것은 바로, 이루어질 수 있는 모든 것은 이미 이루어지고 있다는 점이다. 17세 때의 임사체험 이후로, 나는 인생이 무엇인가에 대해 아주 색다른 견해를 갖게 되었다. 그 경험으로 나는 내가 한 모든 일의 의미를 알게 되었다. 우리는 잠깐 여기 있을 뿐이지만, 우리의 삶은 영원하다. 우리는 자신의 길을 걸어가며 우리의 운명을 완수해야 한다. 그리고 여기에 의미가 있다.

그래서 나는 내 의사로서의 일을 제쳐두고 이 일에 전념했다. 고백하건대 나는 환자를 직접 돌보는 일이 정말 그립다. 하지만 지금의 나에게는 지구와 그녀의 자녀들이 내 환자들이며, 그들을 돌보는 데 최선을 다해야 한다. 지구와 그 자녀들을 돌보는 것은 희생할 만한 가치가 있는 일이다. 왜냐하면 우리가 사는 이 시간은 인간 진화의 다음 50만 년을 위한 방향을 설정하는 시간이기 때문이다. 우리는 진정 양자적인 우주적 순간에 살고 있는 것이다.

좀 우습지만 사람들은 흔히 이렇게 묻는다. "UFO 가까이 있을 때 해를 입을까 봐 걱정은 안 되세요?" 나는 이렇게 말한다. "전혀요. 근처에 다른 사람들이 있는 경우를 빼고요." 위협은 항상 인간들로부터 오지 외계존재들로부터는 아니다. 우리는 사람들이 총을 빼들고 UFO를 향해 쏘아댄 많은 사례들을 알고 있다. 더 말해 무엇하랴!

어떤 경우에는 그들이 CSETI 일행을 쏘려고 했던 적도 있었다. 1997년 멕시코에서 접촉 작업을 하던 5일 중의 4일 밤 동안 우리는 강도 떼처럼 배회하면서 사람들로부터 돈을 갈취하는 무장 경관들의 공격을 받았다.

어느 날 밤 아틀리마야야 근처 화산 기슭에 있는 오래된 요새 옆에서 작업을 하고 있었다. 갑자기 우리를 향해 천천히 다가오는 경찰차 한 대가 보였다. 차 앞에는 무장한 경관이 라이플을 겨누며 걸어오고 있었다.

나는 정신적으로 그들이 우리를 강탈하고 죽일 것이라는 섬광 같은 영상을 보았다. 우리는 명상 상태에 들어 있었으므로 '신성한 존재'에게 보호를 요청했다. 특히 경관들에게 평화와 신성한 보호를 집중했다.

처음에 경관들은 불안하고 적대적이며 아주 위협적이었다. 그러다가 순간적으로 거의 평온한 상태가 되었다. 그들은 이해할 수 없는 행동으로 총을 내려놓더니 경찰차에서 기타를 꺼내 주저앉아 연주하기 시작했다!

내가 일행들에게 말했다. "천천히 가진 것들을 모두 들고 차를 타고 떠나야 합니다." 우리는 아주 조심스럽게 떠나면서 기타를 연주하는 그들에게 한마디 했다. "아디오스!" 극도의 두려움에서 극도의 평화로움으로 상황은 바뀌었다. 신성한 손길이 작용한 것이었다.

우리는 차에 올라타서 엄청난 속도로 숙소로 돌아왔다. 얼마나 오랫동안 그들이 그렇게 차분하고 몽환적인 상태로 있을지는 알지 못했다. 그들은 무장했고 위협적이었으며 우리를 공격할 준비가 되어 있었다 — 그리고 나는 우리의 안전을 지켜야겠다고 결정했다.

그러나 이 일은 우리가 그 '힘'을 요청하기만 하면, 신성하고 우주적인 '존재'가 신비롭고도 빠르게 상황을 바꿀 수 있음을 보여준 경험이었다.

CHAPTER 28

내셔널 프레스 클럽에서의 폭로

> 자유로운 언론은 비주류 언론들뿐이다. 그리고 사람들은 이 사실을 짐작도 못한다. 사람들은 이렇게 말한다. "하고 싶은 말을 다 하세요." 그러면 나는 말한다. "인터넷에 올리거나, 몇몇 비주류 잡지에 실을 수도 있겠죠. 하지만 당신이 대형 할리우드 영화사, 대형 출판사, 대형 신문, 대형 전자미디어를 말한다면, 그들은 완전히 부패했고 비밀정부의 앞잡이들에게 통제되고 있어요."

    우리 가족은 1998년 봄에 노스캐롤라이나 주 애쉬빌에서 버지니아 주에 있는 토머스 제퍼슨의 앨버말 카운티로 이사했다.

    우리는 1993년부터 1998년까지 5년 동안 행정부, 대통령, 군대, 국제사회와 의회의 행동을 촉구했지만 그들은 겁먹거나 좌절했다.

    우리는 더 많은 증인들이 앞으로 나서도록 설득했다. 1990년대 초반에는 10여 명 남짓했던 증인들은 군대와 정부, 그리고 기업의 내부자들로 400명을 넘어섰다. 직원 한 명, 사무실 하나 없이, 그리고 주 수입원도 없이, 우리는 디스클로저 프로젝트를 진행해왔다. 1998년 우리는 연구와 전 세계적인 여행, 영상촬영, 파일보관, 사진인화, 내셔널 프레스 클럽에서의 행사 준비, 홍보회사와의 계약, 디스클로저 프로젝트의 출범을 위해서는 200~300만 달러가 필요하다고 추산했다.

디스클로저 프로젝트가 구체화되어가던 2000년, 한 여성이 우리와 연결되었다. 그녀는 이렇게 말했다. "증인들의 다큐멘터리에 지분을 갖는 조건으로 우리가 이 일에 자금을 대겠어요." 그녀는 이 일에 200만 달러를 대겠다고 말했다.

그러나 한두 달 만에 그녀는 모든 일에서 손 떼기 시작했다. 나는 모든 비용을 내 신용카드들에 의지했다. 장비, 유럽에 있는 증인을 취재하는 여행경비 등등을. 하지만 그녀는 그 비용을 지불하려 하지 않았다. 그녀는 자신의 말이나 서명에 진실성이 없었다. 그래서 나는 내 신용카드로 10,000달러가 넘는 금액을 지불해야 했다!

그렇게 2000년 6월에 시작된 프로젝트는 그해 8월에 다시 멈춰 서게 되었다. 역사적인 이유 때문에, 사람들에게 우리가 부딪친 이런 형태의 속임수에 대해 알려주는 일이 중요하다고 생각한다.

나는 그 당시 내가 '살인주식회사'라고 부르는 집단을 겪어나가던 시점에, 이제는 이런 종류의 유인 상술과 배신에 넘어가게 된 것에 심한 혐오감을 느꼈다! 암과 싸우면서 샤리와 빌 콜비를 잃었고, 거기서 생존하자 버지니아로 이사해서 내 몸과 영혼을 함께 지키려 노력하면서, 내 의사 직업을 뒤로하고, 이토록 잔인한 배신을 당하다니. 그것도 우리 프로젝트가 공개적으로 발표된 시점에서! 그것은 너무나 받아들이기 힘든 일이었다…….

나는 그해 8월, 이 모든 프로젝트들을 중지하려고 했었다. 그리고 그때 잔 브라보Jan Bravo 박사가 나타났다. 잔은 디스클로저 프로젝트에 상당한 금액의 기부를 했고, 그것으로 2001년 디스클로저 행사를 마칠 때까지 우리의 모든 경비를 지불할 수 있었다. 만일 잔이 아니였다면, 더 이상 말할 필요도 없이 나는 모든 프로젝트를 중단했을 것이다. 감사합니다, 잔.

일단 일이 정상화되자, 나는 카메라를 들고 여행하면서 증인들 대부분을 내 스스로 촬영했다. 나와 기계에 대해 아는 사람이라면 웃을 수밖에 없을 것이다! 차를 공중에 뜨게 하는 일은 오히려 쉽다. 기계에 관한 한 지구 위에서 가장 바보먹통인 내가 혼자서 디지털 카메라를 사용하다니. 그것은 정말로 기적이다! 나는 목에 관통상을 입은 사람에게 삽관하거나 심장의 세동(細動)을 멎게 하는 데는 아무런 문제가 없다. 그러나 디지털 비디오카메라라니!

일단 충분한 수의 증인들을 찾아내자, 그들의 목록을 만들고, 데이터베이스에 입력하고 나서 우리는 공개행사를 위한 날짜를 잡았다. 그것은 최소의 자원으로 모든 자원자들이 함께 이룬 엄청난 작업이었다.

우리는 구소련에서부터 스페인, 이탈리아, 영국, 프랑스, 라틴아메리카와 미국 전역에서 110시간이 넘는 분량의 비디오 증언 영상을 확보했다. 우리는 모든 시기에 걸쳐 – 1940년대부터 1990년대까지 – 모든 기관의 내부자 증언을 갖고 있다.

나는 모든 원본 디지털 비디오테이프를 가지고 두 대의 G4 애플 컴퓨터와 간단한 비디오편집 프로그램을 사용하여, 모든 비디오를 검토하고 편집하고 골라내고 모든 장면과 모든 증인들에 대한 기록을 만들었다. 이 일을 나 혼자 했는데, 전체 구도를 잘 아는 사람이 영상을 편집해야 했기 때문이다.

110시간짜리 증언을 35시간 정도로 편집했고, 다시 이것을 18시간 정도로 편집했다. 이 18시간짜리 비디오영상을 제프 틸Jeff Thill – 그에게 축복을! – 에게 주었고, 레이저 퍼시픽Laser Pacific에서 풀타임으로 일하며 두 어린아이들을 기르는 그는 시간 날 때마다 작업해서 '디스클로저 프로젝트'라는 이름의 비디오로 만들었다. 우리는 예산이 전혀 없었다. 이것은 오로지 자원봉사와 기부된 재료와 정성 어린 헌신으로만 이루어진 것이다.

또한 그 35시간짜리 비디오는 35시간짜리 오디오테이프를 만드는 데 사용되었다. 이 오디오테이프는 글로 옮겨졌고, 이것을 내 컴퓨터 하드디스크에 옮겨놓았다.

이 녹취록은 무려 1,200페이지의 분량이었다! 이 기록은 《디스클로저》 책으로 엮기 위해 압축되어야 했고, 정부의 모든 관련 문서와 기타 문서, 그리고 성명서들이 들어가야 했다. 그리고 나는 그 600페이지 분량의 책을 만들기 위해 두 달여 만에 모든 내용을 정리해서 써야만 했다. 그것은 온 마음을 다 빼앗는 작업이었다.

우리는 내셔널 프레스 클럽에 예약했고 저명한 백악관 특파원인 사라 맥클렌든Sarah McClendon이 공식적인 진행자가 되어주었다.

내셔널 프레스 클럽에서 이 행사를 개최하기 위한 일에 착수했을 때, 우리가 고용한 홍보사 직원을 위해 제공할 수 있었던 모든 것은 여성 혼자 일할 수 있는 작은 공간뿐이었다. 나는 언론에 제공하기 위한 공식성명을 작성했고 그녀와 나는 UFO 사건들에 대한 수십 명의 군 관련 극비 증인들이 참석하는 중요한 행사가 열리게 됨을 언론에 알렸다. 우리는 도화선에 불을 붙였고, 모두가 2001년 5월 9일에 일어날 사건을 고대하고 있었다.

"이 행사에 홀로만 룸을 내드리겠습니다. 그 정도 크기면 충분하실 겁니다."

"아뇨, 볼룸이 필요한데요."

"하지만 그 방은 아주 크고 중요한 행사가 아니면 사용 못 합니다."

"이게 아주 크고 중요한 행사가 될 겁니다!"

"농담이시죠?"

"아니요. 볼룸 전부가 필요해요!"

"그렇지만 레이건 대통령이나 와야 그 방이 꽉 찰 건데요!"

"그냥 내주세요."

"알겠습니다. 제 말을 듣지 않으시니……. 그렇게 해드리겠습니다."

행사가 있던 그날, 프레스 클럽의 이 직원은 볼룸을 내준 것을 무척 기뻐했다. 그 방은 22대의 방송사 카메라와 많은 언론사 기자들로 들어찼기 때문이었다. 21명의 군과 정부에 관련된 증인들이 참석했다.

커넥트 라이브Connect Live는 내셔널 프레스 클럽의 공식적인 웹 캐스트와 인터넷호스팅업체였고, CNN과 국방부에도 방송을 제공하고 있었다. 그들은 그 행사 전체를 생방송으로 중계하고 있었다.

그러나 커넥트 라이브의 사장은 행사가 끝난 뒤, 우리가 생방송을 진행할 때 증언의 처음 한 시간 동안 외부적이고 전자적인 혼선이 있었다고 말해주었다! 그는 이런 일은 결코 생긴 적이 없다고 했다! 우리는 웹 캐스트를 방해하기 위한 NSA의 시도가 있을 것임을 알고 있었고, 그 전날 밤 보안요원은 그런 일을 초래한 활동, 곧 실행계획이 세워지는 광경을 목격했다. 나중에 알게 된 사실은, 이 웹 캐스트는 한 시간이 지난 뒤에 정상화되었고 인터넷 역사상 가장 많은 사람이 시청하는 가운데 끝맺게 되었다는 것이다! 커넥트 라이브 사람들은 나를 이끌더니 그때 사용되었던 대역폭을 보여주었다. "이 행사에서 모든 T1 라인이 사용되었습니다. 우리는 뉴스 웹 캐스트에 이만큼 많은 양이 사용된 것을 본 적이 없어요!" 이 행사를 생방송으로 보고 있었던 사람들의 수는 50만 명이었고, 얼마나 많은 사람들이 이 방송에 접속하려고 시도했지만 결국 시청하지 못했는지는 알 수가 없다.

결과적으로 그 두 시간짜리 행사 전체를 본 사람은 300만 명이 넘었다. 이 행사는 CNN과 BBC와 그 밖의 대부분의 큰 뉴스프로그램에서 간략하게 다루어졌다.

내셔널 프레스 클럽의 총지배인은 그곳에 와 있는 방송사 사람들을 보고 할 말을 잃었다. 뉴스 네트워크들은 다른 방송 프로그램을 취소하고 있었고 사람들이 "이것이야말로 진짜 X파일이야!"라고 말하는 것을 들었다. 이 행사는 엄청난 흥분을 몰고 왔다.

이 일로 이 주제와 대중매체에 대한 국가안보 그림자정부의 통제력은 시험대에 오르게 되었다. 그들이 이 일을 어떻게 다룰지 지켜보는 것은 흥미로운 일이었다.

이 행사에 대한 소문은 퍼져나갔다. BBC와 '미국의 소리'의 취재와 다른 많은 매체들이 이 소식을 전한 결과, 수억 명의 사람들이 그것에 대해 듣게 되었다. 내셔널 프레스 클럽의 직원들은 우리가 수백만 달러의 예산과 수많은 직원들을 가진 것으로 생각했다. 그러나 우리가 가진 모든 것은 우리 자원봉사자들의 놀라운 헌신뿐이었다!

우리에게 한 명의 임시 홍보담당 여성을 제외하곤 고용된 사람이 단 한 명도 없다는 사실을 알고서 그들은 믿기 어려워했다. 총지배인은 이렇게 말했다. "이번 행사는 여기서 열렸던 행사들 가운데 가장 잘 조직된 것입니다!" 그들은 로널드 레이건이 그곳에 왔던 이후로 내셔널 프레스 클럽에 가장 많은 매체들이 참석했던 행사였다는 점도 말해주었다.

대중매체가 이 행사를 어느 정도까지는 다루도록 허용되었거나, 아니면 덮어버리기에는 너무도 많이 알려진 행사였을지도 모른다. 그러나 일단 이 일은 방송전파를 타고 아주 빠르게 전해졌다. 'CNN 헤드라인 뉴스'에서 간략히 다루어졌고, 'CNN 인터내셔널'은 실제로 유럽에서 상당히 많은 분량을 다루었다. 러시아의 《프라우다Pravda》와 중국의 관영통신도 그것을 다루었다.

그러나 나를 취재한 《월스트리트저널》과 큰 뉴스매거진 같은 대형 언론사들이 이 일을 흐지부지하는 모습을 지켜보는 것은 재미있는 일이었다. 그들은 "이것이야말로 정말로 중요한 사건이네요!"라고들 말하지만, 나중에는 돌아와서 이렇게 말하곤 한다. "'그들'이 이 이야기를 계속 다루게 하질 않을 겁니다."

ABC 뉴스의 제작책임자인 아이라 로슨Ira Rosen은 마이크 월러스의 '60분'에서 일해온 핵심 조사관이었고, 에미상을 수상하기도 했었다. 그는 우리가 하는 일에 일 년 이상 관여해왔고 우리 집에 오기도 했다. 그는 모든 기삿거리들을 찾아다닌다. 우리는 그에게 엄청난 양의 문서들과 증언과 정보를 주었다. 그는 이 주제에 대해 '프라임타임 라이브'와 비록 시리즈로는 아니지만 '20/20'에서 다루고 싶다는 강한 의욕을 내보였다. 그러나 내셔널 프레스 클럽 행사 뒤에 그는 전화를 걸어 내게 말했다.

"이 내용을 다룰 수 있을 것 같지 않네요."

"왜요?"

"그들이 이 일을 하도록 내버려두질 않아요."

나는 물었다. "'그들'이 누굽니까?"

"닥터 그리어, 누군지 알잖아요······."

우리 집에서 함께 점심을 먹었을 때, 그는 나와 내 아내에게 이런 말을 했었다. 마틴 루터 킹을 저격한 비밀스러운 FBI의 이해관계들을 밝히는 데 그들이 '함께 갈 수' 없었다는 믿을 만한 정보를 가졌다는 것이다. 로슨은 이 사건의 원인을 파헤치고 있었지만, 그들은 이 이야기 또한 싣지 않았다. 따라서 ABC가 결국 UFO 문제로부터 어떻게 뒤로 물러서야만 했는지를 지켜보는 일은 흥미로웠다. 거기에는 이 일이 너무 많은 관심을 끌게 내버려두지 않으려는 엄청난 압력이 있었던 것이다.

비밀통제자들은 대형 방송사들이 이 일에 대해 떠들어대고 파헤치기 시작하면 완전한 은폐가 이루어지지 못함을 알고 있었다. 우리는 그 전체 틀을 헤집을 만큼의 충분한 자산과 충분한 정보를 갖고 있다. 그리고 이 비밀을 지키고 싶어 하는 이해집단들은 분명히 이 사실을 알고 있으며 더 자세한 내용들이 파헤쳐지지 않도록 압력을 가했던 것이다.

우리에게 정말 힘 있는 제도적 지원이나 자금이 있었다면 우리가 해낼 수 있는 일을 상상해보라! 우리에게 500만 달러 또는 1,000만 달러가 있었다면, 우리는 이 비밀을 완전히 종식시켰을 것이다.

이제 문제의 많은 부분은 대중의 손에 달렸다 – 정보는 이제 대중에게 있다. 사람들은 케이블 방송 채널에서 증언할 수도 있고 그들의 공동체들에서 그것을 보여줄 수도 있다. 그리고 이 일은 지금 전 세계적으로 일어나고 있다.

내셔널 프레스 클럽 행사가 있던 다음 날, 우리의 증인 한 명이 백악관 밖에서 디스클로저 프로젝트의 배지를 달고 서 있었다. 대통령의 수석보좌관인 앤디 카드Andy Card가 나와서 그것을 보더니 말했다. "아, 디스클로저 프로젝트. 우리는 이것을 지켜보고 있습니다. 행운을 빕니다!" 이 증인은 앤디 카드에게 브리핑 파일을 건네주었고 카드는 그것을 바로 백악관으로 가지고 들어갔다! 《워싱턴 타임스》는 그것에 대해 반 면짜리 커다란 기사를 실었고, 이 신문은 공화당의 유력 일간지이자 분명 백악관에서도 읽고 있는 신문이다.

행사가 있던 날 오후, 우리는 의회의 다양한 구성원들과 만나기 시작했다. 나는 개인적으로 상원의원 테드 케네디Ted Kennedy에게 브리핑 문서 전체를 건네주었다.

의회 안에서 진보적인 간부인 하원의원 쿠시니치Kucinich는 우리를 자신의 사무실로 초대해서 브리핑을 해달라고 했다. 프레스 클럽 행사가 끝난 바로 직후 9명의 우리 일행이 그곳에 도착했다. 그는 우리와 함께 앉아서 증인 한 사람 한 사람에게 UFO 문제에 대해 그들이 알고 있는 사항을 짤막하게 이야기해달라고 부탁했다.

모든 증인들의 이야기가 끝난 뒤 그는 내 눈을 보면서 말했다. "의회에서의 나의 경력을 통틀어 나는 오늘 여러분이 저 문으로 들어올 때의 그런 에너지와 기상을 결코 느껴본 적이 없었다는 것을 말해야겠습니다." 그리고 말을 이었다. "여러분이 여기 계신다는 사실은 그 시간이 얼마 남지 않았음을 말해줍니다." 그는 내가 만난 정부 지도자들 중에서도 가장 통찰력 있는 사람이었고, 틀림없이 가장 깨어 있는 사람이었다.

의회에는 우리 일에 대해 알고 있고 가까이서 함께하는 많은 사람들이 있다. 우리는 그 주에 의회의 많은 사람들을 만났다. 내셔널 프레스 클럽에서 나를 소개해준 배우 존 사이퍼John Cypher와 캐럴 로진은 당시 NASA의 수장이던 다니엘 골든Daniel Golden을 만났다. 골든은 SAIC에서 NASA로 왔다. (흠… 흥미로운 패턴이군…)

우리는 이에 대해 의회의 구성원들과 정기적인 만남을 계속 갖고 있다. 하원의원인 버질 구드Virgil Goode는 내가 사는 지역의 의원으로 백악관 국가안보위원회에 소속되어 있었고, 나와 개인적으로 한 시간 정도 만났다. 그가 말했다 "선생께서 하는 일에 대해 읽어왔습니다. 언제부턴가는 우리 가운데 많은 사람들도 읽고 있죠."

그는 말을 이었다. "하지만 그 쇼를 정말로 연출하고 있는 또 다른 집단이 있습니다. 선생이 쓴 것처럼 그들은 더없이 비밀스럽죠. 그리고 우리(의회 의원들)는 겉치레일 뿐입니다." 그는 솔직히 털어놓았다. "미합중국 의회에 있는 우리들은 허수아비들입니다." 내가 말했다. "예, 의원님, 저도 알고 있습니다. 반면에 여러분들께서 집단적으로 선택하신다면, 여러분은 뭔가 할 수 있는 충분한 힘을 갖고 계십니다." 그리고 우리는 이에 대해 의논했다. 이 만남이 끝나갈 무렵 그가 말했다. "나는 정말 그 기술들을 봐야겠습니다. 그리고 이것이 우리들이 고대하는 일이지요. 선생께서 다음번에 해야 할 일은 베일 뒤에 감춰진 기술들에 대한 증거를 모으는 일입니다." 나는 이 말을 많은 하원의원들로부터 들었다.

구드 의원과 나는 대중매체가 얼마나 부패하고 통제당하고 있는지에 대해서도 토론했다. 쉬프Schiff 하원의원이 그랬던 것처럼 누군가가 이 문제를 드러내려고 하면, 그는 차단되고 조롱거리가 되며 공격당하게 된다. 따라서 의회에 우리 프로젝트를 지지하는 사람들이 전혀 없는 것은 아니다. 정말로 있다. 하지만 그들은 자신들이 하고 싶은 일을 실행에 옮길 능력이 없다고 느낀다. '디스클로저'를 현실화시키는 데는 구조적인 장애물들이 있으며, 그 최악의 장애물은 대중매체의 부패와 통제다.

대형 매체들은 완전히 부패했고, 이 통제집단의 최악의 부류가 뚫고 들어가 있어서, 여기 미국에서는 중국의 관영통신보다도 더 이상 자유롭지 못하다. 사실 중국 관영통신과《프라우다》는 우리가 하는 일에 대해《워싱턴 포스트》,《뉴스위크》,《타임》등보다 훨씬 더 잘 보도했다.

자유로운 언론은 비주류 언론들뿐이다. 그리고 사람들은 이 사실을 짐작도 못 한다. 사람들은 이렇게 말한다. "하고 싶은 말을 다 하세요." 그러면 나는 말한다. "그래요. 온갖 디지털 잡동사니 속에서 무시되고 잊혀버릴 인터넷에 올리거나, 아니면 몇몇 비주류 잡지에 실을 수도 있겠죠. 하지만 당신이 대형 매체, 대형 할리우드 영화제작사, 대형 출판사, 대형 신문, 대형 전자미디어와 TV를 말한다면, 그들은 완전히 부패했고 비밀정부의 앞잡이들에게 통제되고 있어요."

거대한 대중매체의 제국은 비밀을 지키는 초국가적 그림자 조직 속으로 수평/수직적으로 통합되어왔다. 여우가 닭장을 지키고 있는 격이다. '타임라이프'의 이사였던 밥 슈왈츠는 대중매체가 왕의 오른편에 앉은 서기가 되어서 받아쓰기나 하고 있다고 털어놓았다. 그는 이 말을 1990년대 초반 뉴욕에서 내게 해주었다. 따라서 우리에게는 의미 있는 '제4

계급'*이 없는 셈이다. 미국 건국의 아버지들이 마음속에 그렸던 견제와 균형이라는 원칙은 수십 년 동안 자취도 없이 사라져버렸다.

높은 지위에 있는 명망 있는 소수도 이 정보가 퍼지는 것을 통제하곤 한다. 2001년 샌프란시스코에서의 디스클로저 행사 뒤에 Y.H.가 소개해 준 그런 사람들 가운데 한 명은 엄청나게 부유한 유럽의 자본가이자 호텔 경영자다. 그는 2,500여 명의 세계에서 가장 유력한 인사들과 함께 보헤미안 그로브Bohemian Grove**에 있었는데, 이곳은 캘리포니아의 러시안Russian 강 근처에 있는 휴양지로 세계의 파워 엘리트들이 모임과 레크리에이션을 위해 모이는 장소다.

이 모임은 디스클로저 프로젝트 행사가 여러 도시를 순회하며 열리던 것과 같은 때에 이루어지고 있었다. 이 남자는 보헤미안 그로브 모임에서 매우 영향력 있는 인사들이 디스클로저 프로젝트에 대해 물었다고 말해주었다.

이러한 관심을 억누르기 위해, 이 통제집단은 그 모임의 한 명망 있는 성원이 무대에 나가서, 자신이 정부를 위해 이 문제에 대해 조사하는 조직에 있어봤지만, 거기에 아무것도

* 언론인을 지칭하면서 저널리즘의 힘을 강조하는 용어.

** 미국 정·재계 유력인사 등의 엘리트 남성들로만 이루어진 폐쇄적인 사교모임인 보헤미안 클럽(Bohemian Club)의 모임 장소.

없었다고 모두에게 말하도록 했다! 사실 UFO 현상은 모두 늪지의 가스에 의한 것이거나 설명 가능한 운석들과 자연현상들을 오해했을 뿐이라는 것이다. 그리고 그 모임에 참석했던 이 부유한 남자는 이렇게 물었다. "왜 그들은 그런 지위에 있는 사람에게 그런 발표를 하게 했을까요? 그것도 샌프란시스코에서 여러분이 1,000여 명의 사람들과 이 행사를 하고 있을 때 말이죠." 내가 대답했다. "그들은 모든 조직에 그들의 허

위정보를 퍼뜨릴 소수의 '존경받을 만한' 인물들을 보유하고 있기 때문입니다. 빌더버그 그룹이든 외교관계평의회든 삼극위원회든 상원이든 교황청이든 말이죠. 이들 집단에 속한 사람들 대부분은 이 문제에 대해 아무것도 모르고 있습니다!" 이 일이 얼마나 통제되고 있는지에 대한 음모론자들의 생각은 모두 틀렸다. 프리메이슨 중에도 사실상 이 주제에 대해 아는 사람은 아무도 없다. 벌 입스는 내가 말했던 내용에 대해 거의 아는 바가 없었다. 그는 32도의 프리메이슨이었다.

그러나 그들 가운데에는 소수의 알고 있는 사람이 항상 있으며, 그들의 역할은 자신의 지위를 이용해서 그들은 사람들의 신뢰와 존경을 받고 있으므로 이렇게 말하는 것이다. "그 어떤 것도 사실이 아닙니다. 저를 믿으셔도 됩니다. 저는 여러분의 친구입니다. 저는 여러분과 같은 한 사람입니다." 이것은 컨트리클럽의 사고방식이다. 그들은 같은 지위에 속해 있고, 지명도 높은 사람들이다. 하지만 실제로 그런 사람들은 이 그림자 집단의 자산으로서 고용된 사람들이다.

그것이 비밀이 유지되는 방법이다. 사실 아주 단순하다. 그리고 많은 사람들이 생각하는 것처럼 그것은 결코 음모가 아니다. 그들이 그 정도 지위를 가진 사람들이고 '신뢰도 높고 많은 주목을 받는' 사람들일수록, 많은 통제점들을 필요로 하지 않는다. 그들은 "그 어떤 것도 사실이 아닙니다. 만일 그것이 사실이라면, 제가 말씀드릴 것이라는 걸 여러분은 알고 계십니다."라고만 말하면 된다. 사실이 그렇다.

CHAPTER 29

핵심 내부자의 증언

필름을 받아 UFO가 나오는 부분까지 감더니 가위를 꺼내 들고 그 부분을 잘라내 버렸어요. 그들은 그것을 다른 릴에 감더니 서류가방에 넣었죠. 나머지 필름은 만스만 소령에게 돌려주면서 말했어요. '자요, 보안위반의 중대함에 대해서는 말 안 해도 알 거요, 소령. 이 사건은 종료된 것으로 생각하겠소.' 그들은 필름을 가지고 가버렸고 만스만 소령은 다시는 그것을 보지 못했어요.

다음은 군, 정부와 기업에 관여했던 증인들이 디스클로저 프로젝트를 위해 면담한 내용들을 간추린 것이다. 전체 증언내용은 《디스클로저: 현대사의 가장 큰 비밀에 대한 군과 정부 증인들의 증언》에 들어 있다.

비밀에 대한 증언

◈ 멀 쉐인 맥도웰 – 미 해군 대서양사령부

"이 두 신사가 그 사건에 대해 묻기 시작했어요. 솔직히 말해 그들은 매우 거칠었어요. 나는 양손을 들다시피 하고 이렇게 말했던 것으로 기억합니다. '잠깐만 친구들. 나는 자네들 편이라고. 잠깐만.' 그들이 정말 거칠었기 때문이었죠. 그들은 무척 위협적이었고 여기서 본 것, 들은 것, 또는 목격한 것들이 아무것도 남아 있어서는 안 된다는 점을 아주 분명히 했어요. '당신은 동료들에게 그것에 대해 한마디도 해서는 안 돼. 그리고 기지를 떠나면 당신은 이에 대해 보거나 들은 것들을 그냥 잊어버리면 돼. 그것은 일어나지 않은 거야……'"

◈ **찰스 브라운**Charles Brown **중령 – 미 공군** (은퇴)

"좀 이상한 일이긴 하지만 우리는 범죄를 목격했다는 이유로 사람들을 감옥에 보내고 또 그들을 죽이기도 합니다. 우리의 법률제도는 대체로 그것에 기초를 두고 있죠. 지난 50년 동안 내가 겪은 공중에서의 이상한 현상들로 볼 때, 아주 평판이 좋은 목격자들이 무언가 미확인된 것을 말할 때면 그들에 대한 신임을 떨어뜨려버리는 이유가 있는 것 같아요."

"나는 우리의 정부기관들이 자료를 조작할 수 있다는 것을 알고 있어요. 또 그들은 원하는 것이라면 무엇이든지 만들어내거나 꾸며낼 수도 있죠. 비행체들, 곧 지적으로 조종되는 비행체들은 기본적으로 이 지구 위에서 우리의 물리법칙을 무시하고 있어요. 그것도 오랫동안 그렇게 했죠. 이 점에 대해 정부가 아무런 해명도 하지 않고 있다는 사실은 뭔가 심각하게 잘못되었음을 말해주는 겁니다. 내가 알기로 1947년부터 조사해왔는데도 말이죠. 우리의 과학이 무능해서일까요? 나는 그렇게 생각하지 않아요. 우리의 지능이 부족해서? 그렇다고 생각하지도 않습니다. 콘돈Condon 박사 팀에 의해서 프로젝트 블루북Project Blue Book*이 종료되었을 때, 나는 이것이 아무래도 고의적인 눈가림이라고 생각했어요."

> *1952년부터 1969년까지 진행된 미 공군의 UFO 조사계획.

"UFO는 더 오랜 기간 조사되어왔고, 일반 대중들이 그 전모를 알지 못하게 하고 있어요. 이런저런 잡동사니나 이미 계획된 반응이나 뭐 그런 것들이나 흘려주면서 말이죠."

◆ 댄 모리스 상사 – 미 공군, NRO 요원

"나는 UFO에 대해 조사하고 정보를 모으는 조직에 들어갔어요. 그것은 처음에는 블루 북, 스노버드Snowbird와 여러 비밀프로그램들 밑에 속해 있었어요. 나는 뭔가를 봤다고 주장하는 사람들을 만나보고 그들이 잘못 봤거나 헛것을 본 거라고 설득하는 일을 했어요. 그게 먹히지 않으면 다른 팀이 와서 온갖 협박을 늘어놓지요. 당사자와 가족과 그 밖의 사람들을 협박했죠. 그리고 그들의 신뢰를 떨어뜨려서 바보로 만드는 등등의 일을 하게 되죠. 또다시 그게 먹히지 않으면 그때는 다른 팀이 와서 문제를 종결짓게 되죠. 어떤 방법이라도 동원해서요."

◆ 로버트 우드Robert Wood 박사 – 맥도넬더글러스 우주항공엔지니어

"아실지도 모르겠지만, 선생께서 만일 이 비밀프로그램 가운데 하나에서 임무를 마치면 특별배지를 달게 되는데, 그러면 한 조직에 있는 사람들 누구와도 허심탄회하게 대화할 수 있다는 걸 알게 되죠. 그리고 그들과 한 배를 탔다는 느낌과 함께 크나큰 동지애가 생기게 돼요. 그리고 특별자료들을 접할 수 있게 됩니다. 그래서 우리가 할 수 있는 일 가운데 하나가 공군의 극비자료들이 있는 그 자료실에 들어갈 수 있는 겁니다. 내가 일반적인 업무를 맡으면서 UFO에 관심을 갖게 돼서 그들의 자료실에 뭐가 있나 살펴보기도 했어요. 그리고 약 1년 동안 나는 이 주제에 대한 다양한 보고서들 가운데 몇 가지 놀랄 만한 것들을 찾아내고 있었어요. 그러자 갑자기 그 자료들 전체가 사라져버렸어요. 비밀로 분

류된 것들 전체가 사라진 거죠. 나와 일하던 우리 조직의 사서는 자신이 그곳에서 20여 년을 일해왔기 때문에 일이 보통 어떻게 돌아가는지 정확히 알고 있다고 했어요. 이것은 놀라운 일이라고 그가 말했죠. 그는 '이런 일은 처음 보는데, 자네가 찾아보던 주제 모두가 사라져버린 거잖아. 자네가 뭔가 중요한 걸 찾아낸 것 같네.'라고 했어요."

"그 사이에 짐 맥도널드Jim McDonald와의 친분 때문에 생긴 일이 또 하나 있었어요. 정말 정열이 넘치는 물리학자이자 일을 지체 없이 처리하는 그 친구를 좋아했지요. 이를 악물고 캐낼 만한 대상을 찾아내면 그 친구는 그것에 대한 놀라울 만큼 확실한 이야기를 전문가 사회에 제공하곤 했죠. 그는 미국항공우주학회와 미국물리학회에서 그런 것들을 이야기하곤 했는데, 우연히도 나는 두 곳 모두의 회원이었어요. 그래서 그가 시내에 있을 때마다 나는 그를 태워 모시면서 편안하게 해주려고 했어요."

"언젠가 그가 사는 투손Tucson을 지나 여행할 때, 나는 그곳에서 비행기를 갈아타느라 2시간의 짬이 생겼고, 그가 나와 맥주를 한잔하기 위해 공항에 나왔어요. 나는 물었죠. '새로운 소식 있나, 짐?' '찾아낸 것 같네.' '뭘 말인가?' '해답을 찾은 것 같아.' '그게 뭔가?' 그가 말했어요. '아직은 말할 수 없네. 확인을 해봐야 하거든.' 그 친구가 자살을 시도한 게 그로부터 6주 뒤였어요. 2달 뒤 결국 죽고 말았죠."

"내가 지금 미국의 방첩부서들이 가진 기술을 의심하는 것 같기는 하지만, 그 친구가 스스로 그렇게 하도록 한 기술이 있다고 생각해요. 나는 그 친구가 그런 식으로 죽었다고 생각해요."

"분명히 이 주제를 효과적으로 통제하기 위해서는 모든 단계에서 그것을 통제해야만 합니다. 그리고 가장 뚜렷한 단계는 바로 대중매체죠. 따라서 모든 종류의 매체들을 주시해야 합니다. 물론 초기에는, 신문, 영화, 잡지가 다였죠. 지금은 인터넷과 비디오와 온갖 많은 매체들이 있어요. 그러나 이들 다른 분야에서 새로운 기술이 꽃폈을 때, 사람들은 그 분야도 곧바로 통제된다고 걱정하고 있어요. 그래서 새로운 분야가 나타날 때마다 그들은 새로운 일거리를 갖게 되는 것이죠."

◈ 폴 씨즈Paul Czysz 박사 – 맥도넬더글러스 전문엔지니어

"비밀예산의 세계는 마치 '꼬마 유령 캐스퍼'를 묘사하려고 하는 것과도 같아요. 그 만화영화를 봤는지 모르겠지만, 그가 얼마나 큰지, 지금 이 어디서 나오는지, 그런 예산이 얼마나 되는지 알 수가 없어요. 그들의 조직은 수없이 분할되어 있고 거기 사람들이 비밀을 서약했기 때문이죠. 내가 했던 일들 가운데 하나를 했던 사람들을 알고 있어요. 선생이 그들에게 가서 이 일에 대해 묻는다면, 이미 인터넷에서 떠돌고 있는 얘기들이라 해도 그들은 '아니, 지금 무슨 말을 하는지 도대체 모르겠네요.'라고 대답할 겁니다. 그 사람들은 지금 나이가 70대지만, 선생이 말하는 내용에 대해 자신들이 알고 있다는 사실조차도 결코 인정하지 않을 겁니다. 잘 모르시겠지만, 그 일은 선생이 생각하는 것보다 훨씬 더 큰 일이에요."

◈ 존 캘러헌John Callahan – 미 연방항공청(FAA) 사고조사부장

"그들은 일을 마치면 거기 있던 모든 사람들에게 이 일(UFO 사건)이 결코 일어나지 않았다고 선언합니다. 우리는 만난 적도 없고 기록으로 남는 것도 전혀 없죠."

"CIA에서 온 친구였어요. 그들이 그곳에 온 적도 없고 이 일이 일어난 적도 없다고 말했어요. 그 당시 나는 왜 당신들이 그렇게 말하는지 모르겠다고 말했어요. 내 말은 거기 뭔가가 있고 그것이 스텔스 폭격기가 아니라면, 그게 UFO라는 걸 알지 않느냐고요. 그리고 그것이 UFO라면

왜 당신들은 사람들이 알기를 바라지 않느냐고요. 아, 그런데 그 사람들은 내 말을 듣고 무척 흥분했어요. 그들이 무슨 말을 했는지 듣고 싶지도 않을 겁니다. 그가 말하기를 이 사건으로 UFO가 기록된 30분짜리 레이더 자료를 처음 갖게 되었다고 하더군요. 그들은 이 자료를 손에 넣고 그게 무엇인지 그리고 실제로 무슨 일이 일어난 것인지를 알고 싶어 모두 안달했어요. 만일 그들이 사람들에게 UFO를 만났다고 말하면 나라 전체가 혼란의 도가니로 빠질 거라고 말하더군요. 그래서 아무것도 말하면 안 된다고요. 그들은 이 자료 모두를 가져가려고 했어요."

"CIA가 우리에게 이 일은 일어난 적도 없고 우리가 만난 적도 없다고 말했을 때, 나는 그들이 사람들에게 이 일이 알려지지 않길 바랐다고 믿어요. 정상적이라면 우리는 이런저런 일이 일어났다고 뉴스를 내보내잖아요."

"맞아요, 나는 연방항공청에서 많은 것을 은폐하는 일을 해왔어요. 우리가 레이건의 참모들에게 설명할 때 나는 그 사람들 뒤에 있었어요. 그리고 그들은 방에 있는 모든 사람들에게 이 일이 결코 일어나지 않았다고 맹세하게 했어요."

◆ 로버트 제이콥스Robert Jacobs 교수 – 미 공군 중위

"UFO 사건에 관한 기사를 쓴 뒤에 난리가 났어요! 시달리기 시작했죠. 직장으로 이상한 전화들이 오기 시작했어요. 밤이면 집으로 걸려왔고요. 어떤 때는 밤 10시, 자정, 새벽 3시, 새벽 4시, 밤새도록 사람들이 전화를 걸어서 소리 지르기 시작했어요. '당신은 후레자식이 될 거야! 당신은 후레자식이 될 거야!' 그들이 한 말은 이게 전부였어요. 그들은 내가 전화를 끊을 때까지 계속 소리를 질러댔어요."

"어느 날 밤에는 누군가 내 우편함을 날려버렸어요. 거기에 커다란 스

카이로켓을 밀어 넣고 불을 붙인 거죠. 우편함은 화르르 타버렸어요. 그 날 밤 1시 전화벨이 울려서 받았어요. '한밤에 우편함 속의 스카이로켓이라, 멋진 광경이지? 이 후레자식아!'"

"그리고 이런 일들이 1982년부터 가끔씩 생겼어요."

"나는 UFO 문제를 둘러싼 이런 일들이 그것에 대한 진지한 연구를 억누르려는 조작된 노력의 일환이라고 믿어요. 어느 때라도, 그 누구라도 이 주제를 진지하게 연구하려 하면 조롱을 당합니다. 나는 비교적 큰 대학교의 정식 교수예요. 나는 대학의 동료들이 내가 UFO 연구에 관심을 갖고 있단 말을 들을 때면 내 뒤에서 나를 비웃고 비판한다고 확신합니다. 이런 일은 우리가 떠안고 살아야 하는 것들 가운데 하나일 뿐이죠."

"만스만Mansmann 소령이 나와 여러 사람들에게 말해준 것처럼 공군의 UFO 필름에 생긴 일은 그 자체로 흥미로운 이야기입니다. 언젠가 민간인 차림의 사람들이 와서 – 나는 그들이 CIA라고 생각했지만 그들은 아니라고 했고 CIA가 아닌 다른 사람들이었습니다 – 필름을 받아 UFO가 나오는 부분까지 감더니 가위를 꺼내 들고 그 부분을 잘라내 버렸어요. 그들은 그것을 다른 릴에 감더니 서류가방에 넣었죠. 나머지 필름은 만스만 소령에게 돌려주면서 말했어요. '자요, 보안위반의 중대함에 대해서는 말 안 해도 알 거요, 소령. 이 사건은 종료된 것으로 생각하겠소.' 그들은 필름을 가지고 가버렸고 만스만 소령은 다시는 그것을 보지 못했어요."

레이더와 조종사의 사례

◆ **존 캘러헌 – 미 연방항공청(FAA) 사고조사부장**

"747기에는 앞부분에 바깥의 기상정보를 수집하는 레이더가 있습니다. 레이더에 물체 하나가 포착되었고 맨눈으로도 그것을 볼 수 있었죠. 기장이 묘사하기로 그 목표물은 불빛들이 둘레를 돌고 있는 거대한 공이었어요. 그리고 그것이 747보다 네 배는 크다고 말했던 것 같군요!

나와 함께 있던 군관계자는 '그는 현재 앵커리지 북쪽 56킬로미터에 있음.'이라고만 말했어요.

그 UFO는 747 주위에서 왔다 갔다 하고 있었어요. 기장이 이것을 보고하려 하자 군관계자가 끼어들어서 '현재 2시 방향인지 3시 방향인지 확인 바람.'이라고 말했어요. 군 통제소에는 고도 측정 레이더가 있고 원거리 레이더와 근거리 레이더가 있어요. 그래서 그들이 어느 하나에서 포착하지 못하면 다른 것으로 찾아내죠. 그리고 군관계자가 '고도레이더 또는 원(근)거리 레이더에 잡았음.'이라고 말한다면 그들은 어떤 목표물을 포착했다는 것을 말해요. 그들은 31분의 레이더 영상 가운데 가장 좋은 부분을 가져갔어요.

다음 날 나는 레이건 대통령의 과학연구팀인지 아니면 CIA인지 확실하지 않은 사람에게서 전화를 받았어요. 그들은 이 사건에 대해 몇 가지 물었죠. 나는 이렇게 말했어요. '무슨 말을 하시는지 모르겠네요. 제독님(연방항공청 관리자)께 전화하는 편이 나을 것 같은데요.'

몇 분이 지난 뒤 제독이 호출해서 말했어요. '내일 아침 9시 라운드룸에서 브리핑을 할 거네. 관련 자료들을 다 가져오게. 거기 있는 사람들 모두 데려오고 그들이 원하는 걸 다 주게. 우린 빠졌으면 좋겠네. 그들이 뭘 원하든 그냥 내버려두게.' 그래서 나는 기술센터에 있는 사람들 모두를 데려갔어요. 우리는 프린트한 모든 종류의 자료들을 상자에 담아 가져갔어요. 그 방은 자료들로 꽉 찼죠. 그들은 FBI에서 세 명, CIA에서 세 명, 그리고 레이건의 과학연구팀에서 세 명을 데려왔고, 나머지 사람들은 누군지 모르겠지만 다들 흥분하고 있었어요.

조사를 마치자 그들은 거기 있던 모든 사람들에게 이 일은 이제 없는 일이라고 선언했어요. 우리는 만난 적도 없고 기록된 것도 없다고 말했죠.

TV에 나오는 유일한 UFO 목격자들은 밤에 너구리나 악어사냥을 나가는 시골 사람들이죠. 그 어떤 지식인들이나 전문가들 가운데서 '이봐, 내가 지난밤에 뭘 봤는지 얘기해줄게.'라고 말하는 사람은 찾아볼 수 없어요. 미국에서는 그들은 자신이 본 것을 내보이지 않아요. 따라서 선생이 UFO를 봤다고 말하면 선생은 웃기는 사람들의 부류에 스스로 들어가는 거예요. 이것이 아마도 그 이야기에 대해 더 이상 아무것도 듣지 못하는 이유의 하나일 거예요. 하지만 나는 레이더에서 30분이 넘도록 일본의 747기를 따라가는 UFO를 보았어요. 그것은 우리나라에서 내가 아는 그 어떤 것보다도 빨랐어요.

내가 이것들을 보았고 이것들에 대해 알고 있고, 그리고 그 진실을 알면서 살고 있는데, 아무도 그것에 대해 알고 싶어 하지 않는다는 것이 여전히 나를 괴롭게 해요. 그리고 이것이 나를 좀 초조하게 해요. 나는 우리 정부가 그런 식으로 준비해야 한다고는 믿지 않아요. 우리에게 이런 일이 생길 때, 그것을 덮어버리지만 말고 세상에서 일어나고 있는 일들에 대해 아마도 더 찾아낼 수 있다고 생각해요. 그들(UFO들)이 그런 형태의 기계장치로 이렇게 멀리까지 여행할 수 있다면, 그들이 여기서 국민 건강, 사람들, 그들이 줄 수 있는 식량, 우리가 치료할 수 있는 암에 대해 어떤 일을 할 수 있을지 누가 알겠어요. 그들이 그런 속도로 여행하려면 우리보다 더 많은 걸 알고 있어야 하죠.

어떤 사람들은 UFO들이 존재한다면 언젠가는 레이더에 잡힐 것이며, 그것을 목격했다고 주장하는 전문가들이 나올 거라고 말합니다. 나는 그들에게 이렇게 말하겠습니다. 1986년에 충분히 많은 전문가들이 그것을 보았다고요. 그것은 워싱턴 D.C.에 있는 연방항공청 본부로 보내졌습니다. 행정부에서도 그 테이프를 보았고요. 우리를 조사하던 사람들도 모두 보았습니다. 레이건의 과학연구팀에 속한 교수, 박사들 가운데 셋이 그것을 보았습니다. 그들은 내 생각을 확인한 사람들입니다. 그들은 자료들을 보고 매우 매우 흥분했고, 30분 정도의 영상에 UFO가 기록된 것은 그것이 유일하다고 말했습니다. 그리고 그들은 검토할 자료들을 전부 가져갔어요.

내가 말할 수 있는 것은 내 두 눈으로 그것을 봤다는 사실입니다. 나는 비디오테이프도 갖고 있어요. 오디오테이프도 있어요. 내가 말한 내용을 확인해줄 보고서 파일도 갖고 있습니다. 그리고 나는 선생이 정부 고위관료라고 부르는 사람 가운데 하나예요. 나는 연방항공청의 부장이었어요. 나와 그 제독 사이에는 서너 단계밖에 없었어요."

미 전략공군(SAC) / 핵무기 관련 증언

◆ **밥 살라스**Bob Salas **중령**

"그 UFO 사건은 1967년 3월 16일 아침에 일어났습니다. 나는 지휘관 프레드 마이왈드Fred Mywald와 근무하고 있었죠. 우리 둘은 490 전략미사일부대 예하의 오스카 편대에서 근무하고 있었고, 거기에는 그 비행중대에 할당된 5개의 발사통제시설이 있었습니다.

밖은 아직 어두웠고 우리는 대륙간탄도미사일 발사통제시설의 18미터 지하에 있었죠. 나는 지상의 비행안전통제관으로부터 전화를 받았어요. 그는 자신과 요원 몇 명이 발사통제시설 주위에 이상한 불빛들이 날아다니는 것을 보고 있다고 말했어요. 그들이 아주 특이하게 날아다니고 있다고 했어요. 내가 말했죠. 'UFO를 말하는 건가?' 그는 그것들이 무엇인지 잘 모르겠고 그냥 빛들이 날아다니고 있다고 했어요. 그것은 비행기도 아니었고, 어떤 소음도 나지 않았어요. 그렇다고 헬리콥터도 아닌 것이 이상하게 움직이고 있었는데 그는 설명하지 못했어요.

얼마 지나지 않아 –아마도 30분쯤 뒤에– 그는 다시 전화했고 이번에는 무척 놀라 있었어요. 많이 흥분한 목소리였죠. 그가 말했어요. '중령님, 앞쪽 게이트 바로 밖에 빛나는 빨간색 물체가 떠 있습니다. 저는 지금 바로 그것을 보고 있습니다. 여기 있는 모든 부하들에게 무기를 들고 나가게 했습니다.'

나는 잠시 눈을 붙이고 있는 지휘관에게 바로 달려가서 –우리에게는 쉬는 시간에 쓸 수 있는 간이침대가 있어요– 그 내용을 보고했어요. 내가 그에게 이 사건을 설명하는 동안 우리의 미사일들이 하나씩 하나씩 꺼지기 시작했어요. 꺼졌다는 의미는 그것들이 발사될 수 없음을 의미하는 '노고nogo' 상태를 말합니다. 그래서 우리는 노고 상태에 사용하는 적색경보를 울렸죠.

이 무기들은 미니트맨Minuteman1 미사일이었고, 물론 핵탄두가 탑재되어 있었어요.

미사일들이 꺼지기 시작하자 그는 벌떡 일어났고 우리는 상황실을 점검하기 시작했어요. 우리에게는 그 원인을 조사해서 찾아낼 능력이 있었죠. 조사 결과 그 대부분이 유도 및 통제시스템의 오류였어요. 그리고 그는 지휘본부에 보고하기 시작했죠. 그동안 나는 위층에 전화해서 그 물체에 대해 물었고 통제관은 그 물체가 엄청난 속도로 떠났다고 했어요.

공군은 이 사건에 대해 추가적인 조사를 했지만 타당한 원인을 찾지 못했어요. 그리고 나에게는 이에 대해 증언할 증인 몇 명이 있고 -그 조사팀에 있었던 두 사람이 있어요- 실제로 그 조사팀을 꾸렸던 사람으로부터 받은 서신도 있어요. 다수의 대륙간탄도미사일이 작동불능 상태가 된 상황에 대해 어떤 적절한 설명도 하지 못했어요. 미사일 하나하나는 기본적으로 자가 독립적이에요. 그 대부분은 상업전력이 공급되기는 하지만 각각의 미사일은 독자적인 발전기를 갖고 있어요.

우리 기지의 6~8기의 미사일이 꺼져버렸지만 그것들이 연거푸 꺼져버리는 일은 극히 드문 일입니다. 한 기 이상의 미사일이 아무런 이유 없이 꺼져버리는 일은 거의 없었어요.

내가 위층에 전화한 뒤, 지휘관은 지휘본부에 전화했어요. 전화를 끊은 그는 나를 보며 말했어요. '같은 일이 에코ECHO 편대에서도 발생했다네.' 에코 편대는 또 다른 비행중대입니다. 그곳은 우리 기지에서 80~90킬로미터 떨어졌는데도 같은 일이 일어났던 것이죠. 그곳에서도 UFO가 떠 있었지만 발사통제시설이 아니라 미사일이 있는 실제 발사시설 위에 있었다고 했어요. 그 시간에 관리팀과 안전팀 사람들이 밖에 있다가 거기서 UFO를 목격한 거죠. 그들은 10기의 미사일을 잃었습니다. 10기 전부를요.

같은 날 아침에 일어난 일이에요. 우리가 16~18기의 대륙간탄도미사일을 동시에 잃은 그날 아침 UFO가 그 지역에 있었고 공군관계자들에게 목격된 것이죠. 돈 크로포드Don Crawford 대령의 증언을 들어보면 그 미사일들은 그날 내내 꺼져 있었어요. 대령은 에코 편대의 지휘관과 근무교대했고 미사일들이 비상대기상태에 있는 동안 그곳에 있었는데 하루 종일 그 상태였다고 했어요. 그래서 나는 UFO가 미사일들을 종일 그 상태로 있도록 하기로 했다고 추측합니다.

나는 이 사고에 대해 내 상황일지에 보고서를 써서 제출했어요. 우리가 기지에 갔을 때 우리는 곧바로 비행중대 지휘관에게 보고해야 했어요. 그 방에는 내 지휘관과 함께 공군특별수사대에서 온 친구가 하나 있었어요. 그는 내 일지에 대해 물었고, 내가 보기에 그는 이미 이 일에 대해 아주 잘 알고 있는 듯했지만 빠른 브리핑을 해주길 원했어요. 우리는 브리핑을 했고 그는 우리 둘에게 이것은 기밀 정보이기 때문에 타인에게 말해서는 안 된다는 내용의 비공개동의서에 서명하라고 요구했어요 – 우리는 이 일을 누구에게도 말할 수 없었어요. 그는 우리가 이에 대해 아무에게도, 다른 팀원에게도, 배우자에게도, 가족에게도, 심지어 우리 둘끼리도 말해서는 안 된다고 했어요.

나에게는 그 사건 직후 정보공개법에 의해 전략공군 본부가 말스트롬 Malstrom과 여러 기지에 보낸 텔렉스 사본이 있어요. 거기에는 그들이 이 사건을 설명할 수 없어서 극도로 우려하고 있다고 적혀 있죠. 아무도 그 일을 설명하지 못했고 아직도 우리는 설명을 듣지 못했어요. 또 우리는 핵무기를 다루고 있었기 때문에 매우 높은 등급의 기밀취급자 승인을 받았어요.

우리는 미사일이 꺼졌을 때 보안경보를 발령했어요. 미사일 하나가 유도장치이상 같은 문제로 꺼져버릴 때는 보통 보안경보를 발령하지 않기 때문에 그 상황은 흔치 않은 일이었죠. 그것은 뭔가가 울타리를 통과해 기지 경계에 구멍이 생겼거나, 뭔가가 발사시설 주위의 보안경보시스템을 망가뜨렸음을 의미하죠. 나는 우리 요원들을 보내서 그 시설들 두 곳을 조사하도록 했어요.

이 사건이 대단히 중요한 이유는 1966년 8월 노스다코타 주의 마이닛 Minot 공군기지의 발사통제시설에서도 아주 비슷한 일이 일어났기 때문이죠. 그들도 우리와 같은 종류의 미사일시스템, 곧 M1 미사일을 갖고 있었어요. 그것(UFO)이 레이더에 포착되었을 때, 통신의 일부가 두절되었고 그 물체는 발사통제시설 위에서 목격되었죠. 그 사건은 1966년 8월에 일어난 일이고 기록으로 잘 남겨졌어요.

1967년 3월에 우리에게 일어난 사건이 있기 일주일쯤 전에, 나는 한 보안 요원이 밖에서 발사시설을 둘러보다가 내가 언급했던 것과 매우 비슷한 물체를 목격하고 전화한 기록을 입수했습니다.

마이넛 기지의 밥 코민스키Bob Kominski는 통제소로 갔는데 모든 시스템이 꺼져버린 것을 보았어요. 나중에 코민스키는 그 기지의 부대장에게서 '조사를 중단하게. 더 이상 하지도 말고 보고서를 쓰지도 말게.'라는 말을 들었다고 편지로 알려주었어요. 전략공군 본부의 총사령관이 이 일이 정확히 어떻게 일어났는지를 찾아내는 것이 극도로 중요하다고 말했다는 걸로 볼 때 이 일도 특히 이상한 점이 있어요. 게다가 조사팀장이 조사를 진행하던 중에 더 이상의 조사를 하지 말고 최종보고서도 쓰지 말라는 말을 들었다는 것이요."

◆ **로버트 제이콥스 교수 – 미 공군 중위**

"우리는 UFO 필름을 기지로 보냈고 – 시간이 얼마나 지난 뒤에 그랬는지는 정확히 기억이 나질 않지만 아마도 하루나 이틀 뒤였을 겁니다 – 나는 전략항공우주국 본부에 있는 만스만 소령의 사무실에 불려갔습니다. 그의 사무실에 들어가니 16밀리 프로젝터와 스크린이 설치되어 있더군요. 만스만 소령은 나더러 앉으라고 했습니다. 거기에는 민간인 차림의 회색 정장을 입은 두 사람이 더 있었는데 흔치 않은 모습이었습니다. 만스만 소령은 '이걸 보게.'라고 하며 프로젝터를 작동시켰습니다. 나는 스크린에서 하루나 이틀 전에 담은 미사일의 발사장면을 봤습니다.

우리는 미사일이 3단계 분리되는 모습을 지켜봤습니다. 그리고 망원

경으로 본 핵탄두도 확인했습니다. 탄두는 날아가고 있었고 그 장면으로 뭔가가 들어왔습니다. 그것은 장면으로 들어오더니 탄두에 빔을 쐈습니다.

탄두는 엄청난 속도로 날고 있다는 사실을 기억하세요. 이것(UFO)은 탄두에 빔을 쏘아 맞추더니 또 다른 쪽으로 가서 또 빔을 쐈습니다. 그리고 다시 움직이더니 또 쏘고, 아래로 가더니 다시 한 번을 쏘고 나서 왔던 방향으로 날아가버렸습니다. 탄두는 우주공간으로 떨어져나가 버렸죠. 그것은 고도 100킬로미터쯤 높이에서 날고 있었어요. UFO가 미사일을 따라잡아 그 주위를 돌다가 사라져버렸을 때 미사일은 시속 18,000~23,000킬로미터의 속도로 어딘가를 향해 날아가고 있었습니다.

내가 그것을 직접 봤어요! 다른 사람이 그런 이야기를 해도 그를 무시하지 않아요. 내가 필름에서 그걸 봤어요! 내가 그 자리에 있었다고요!

방의 불이 켜졌을 때 소령은 나를 돌아보더니 말했어요. '자네들은 이걸 못 보고 거기서 빈둥거리고 있었던 겐가?' '아닙니다. 소령님.' '그럼 저게 뭐였나?' '제가 보기론 UFO인 것 같습니다.' 우리가 본 물체는 둥근 모양이었고 마치 두 개의 접시가 맞붙어 있고 그 위에 탁구공이 있는 것 같은 모습이었습니다. 빔은 그 탁구공에서 나왔죠. 그것이 내가 필름에서 본 모습이었습니다.

만스만 소령은 이에 대해 논의를 한 뒤 내게 이 일에 대해 다시는 말해서는 안 된다고 말했습니다. 내가 아는 한 이 일은 결코 일어나지 않았다고요. 그는 또 이렇게 말했어요. '보안사항이 누설될 경우 그 끔찍한 결과는 알고 있겠지?' '알고 있습니다.' '좋아. 이건 없었던 일이네.' 내가 막 나가려 하자 그가 말했습니다. '잠깐만. 몇 년이 지난 뒤에 누군가 이 일에 대해 말하라고 강요한다면 그것은 레이저에 맞았다고 말하게. 레이저 추적 무기에 맞았다고 말이네.'

이것은 전해 들은 이야기가 아닙니다. 나에게 일어난 일이에요. 그리고 나는 미국 공군이 18년 동안 은폐했던 내용의 일부입니다."

◆ 로스 디드릭슨 대령 – 미 공군 / 원자력위원회(은퇴)
디드릭슨 대령은 미 공군에서 퇴역한 대령이다. 그는 스탠퍼드 대학교 경영대학원에서 경영학을 공부했다. 1950년대에 그는 원자력위원회에서 핵무기 비축량을 관리하고 무기들의 안전성을 점검하는 안전팀에서 근무했다. 다양한 핵저장 시설들과 일부 제조단지들에서 UFO들이 목격되었다는 많은 보고들이 계속 나오고 있었다. 그 자신도 여러 번 그들을 보았고 그 유명한 1952년 7월에 워싱턴 D.C. 상공에 나타났을 때도 그곳에 있었다. 그 사건에 대해 그는 빛나는 디스크 형태의 9개 비행체를 보았다고 회상한다. 그는 외계존재들이 우주공간으로 향하는 핵무기들을 파괴했던 적어도 두 사례에 대해서도 이야기하는데, 그 가운데 하나는 폭발 실험을 위해 달을 향하고 있었다. 그것은 '우주에서의 핵무기는 외계존재들에게 허용되지 않기' 때문에 파괴되었다.

정부 내부자들 / NASA / 핵심 내부자들

◆ 멀 쉐인 맥도웰 – 미 해군 대서양사령부
맥도웰 씨는 1978년 해군에 들어가 극비사항을 다루는 제브라 스트라이프를 가진 특별구분정보SCI 취급 인가를 받았다. 그는 대서양 사령부 작전 지원시설의 트레인 제독 밑으로 배속되었다. 맥도웰 씨는 UFO가 빠른 속도로 대서양 해안을 오르내리는 것을 레이더가 추적하고 조종사들이 목격했을 때 그곳에 있었다. 지휘본부는 제브라 경보를 발령했고 트레인 제독은 UFO를 격추시키라고 명령했었다. 맥도웰 씨는 그 사건에 이어졌던 위협, 협박과 관측일지의 압수에 대해 언급한다.

"조기경보시스템이 우리 영공에 미확인 비행물체가 들어왔다고 알려왔어요. 그 당시 그 경보는 그린란드 아니면 캐나다 노바스코샤Nova Scotia에서 왔다고 나는 믿고 있어요.

몇 분 만에 트레인 제독이 지휘본부로 뛰어 들어오더니 중이층 바로 아래에 있는 그의 관측 부스로 들어갔고, 제독이 맨 먼저 알고 싶어 했던 사항은 몇 번이나 그것을 포착했는지, 그들이 어디 있는지, 또 어디를 향해 가는지, 그리고 소련의 반응은 어떤지 등이었어요. 우리는 영공에 들어온 물체가 소련 것이 아님을 알고 있었기 때문이죠. 그건 처음부터 확인된 내용이었어요.

트레인 제독이 그것을 알고 이 위협에 대한 소련의 반응이 어떤지를 알고 싶어 했을 때, 그는 전투기 두 대를 띄워서 그것이 무엇인지 확인하도록 허가했습니다. 그렇게 해서 동부 해안을 따라 이리저리 추격전이 벌어지게 된 거죠. 우리는 최북단 그린란드에서부터 최남단 오세아니아 해군 항공기지에서까지 전투기를 발진시켰어요. 이 물체는 우리 레이더로 추적되고 있었고 이 사건은 거의 한 시간 동안 계속됐어요. 지휘본부로 송신되어오는 조종사들의 생생한 목소리를 들을 수 있었어요. 그리고 그들은 육안으로 그 물체를 확인하고 그것에 대해 묘사해주었어요. 조종사들은 몇 배나 더 가까이 그 물체에 다가가서 그것이 우리에게 익숙한 항공기가 아님을 볼 수 있었어요 - 우리나 소련이 갖고 있지 않은 것이었고, 그렇다는 것은 바로 식별되었죠. 이 비행체 또는 무엇이었든 간에 그것은 쫓기면서도 해안을 따라 오르내리며 매우 변덕스러운 움직임을 보였어요. 엄청 빨랐죠.

어느 순간에는 여기 있다가 다음 순간에는 해안을 따라 수백 킬로미터를 내려와 있었어요. 그것은 숨바꼭질이었어요.

북미의 북쪽 해안에서 처음 그것과 조우한 전투기에서 찍은 사진들이 나중에 지휘본부에 제출되었어요. 충분히 가까이 다가가 사진 몇 장을 찍은 것이죠.

트레인 제독을 정말 괴롭게 했던 것은, 그리고 그를 정말 미치게 만든 것은 이 상황을 완벽하게 통제하면서 순식간에 원하는 곳 어디라도 가 있을 수 있는 이 문제의 물체였어요. 일순간에 우리는 메인의 해안에서 떨어진 곳에서 그것에 다가갔다 싶으면, 다음 순간에는 노어포크에서 남쪽 플로리다를 향해 가고 있었던 것이죠. 우리가 할 수 있는 것은 조기경보 레이더로 해안을 따라 오르락내리락하는 이 물체가 우리를 농락하는 것을 지켜보는 일이 전부였어요.

트레인 제독과 그의 부하들은 솔직히 말해 정말로 그 물체에 대해 우려했어요. 그들은 특히 소련 것도 아니고 우리 것도 아니면서, 그렇게 쉽고 빠르게 움직일 수 있는 비행체를 만드는 기술을 가진 주체를 자신들이 알지 못한다는 사실을 걱정했어요. 나는 일렬로 늘어서서 완전한 혼란 속에서 넋 놓고 그 물체의 움직임을 지켜보고 있던 그들의 모습이 인상 깊었어요. 그것이 무엇이었든지 간에요.

그 UFO는 너무도 변덕스럽고 너무도 빨리 해안을 따라 오락가락 움직이고 있었어요. 그들은 할 수 있는 최대한 해안을 따라 이 물체를 추적하라고 하거나 전투기를 발진시키라는 명령을 통지하느라 바빴어요. 트레인 제독은 왼쪽 그리고 오른쪽, 위 그리고 아래로 동부 해안지역 전체를 종횡무진하면서 이 물체를 저지시키고 또 일부 전투기들에게 그것을 추적하여 격추시키도록 긴급 이륙 승인을 내리고 있었어요. 그들이 가능한 모든 수단을 동원해서라도 사태를 수습하고 그것을 강제로 착륙시키려 했다는 점은 명백하죠.

가능하다면 어떤 방법을 써서라도 이 물체를 하늘에서 끌어내리라는 그 명령은 트레인 제독이 내린 것이었습니다.

이 상황은 우리가 쫓던 그 물체가 대서양을 향하더니 아조레스 제도 너머로 가버린 뒤에야 끝났어요. 나는 그것이 아조레스에 가까워질 때 감속하거나 아무것도 하지 않은 채로 갑자기 66도의 각도로 방향을 바꾸더니 대기권을 벗어나서 우주로 가버렸다고 그들이 했던 말을 기억합니다. 그냥 순식간에 사라져버렸어요. 눈 깜짝할 사이에 수천 킬로미터를 날아다니다가 그렇게 사라져버리고, 남은 사람들은 머리만 긁적이고 있었던 거죠. '우와, 저게 뭐였을까.'

미국의 광범위한 군대가 그것이 무엇인지, 어디서 왔는지, 어디로 갔는지 알 수 없는 무엇을 놓고 머리를 긁적이고 있는 모습은 정말 우스꽝스러웠습니다. 그들이 아는 유일한 사실은 그것이 소련 것이 아니었다는 점과 자신들이 이를 확신했다는 것뿐이었습니다.

만일 이 물체가 우리에게 적대적이어서 무기를 떨어뜨리거나 우리 또는 어떤 곳에 미사일을 쏘려고 했다면 무척 쉬운 일이었을 겁니다. 거기에 대해서는 의심의 여지가 없었어요. 그 당시 우리에게는 이것과 비교할 만한 것이 하나도 없었어요. 그것은 우리 영공을 맘대로 돌아다니면서 원하는 일을 다 할 수도 있었어요. 우리는 그것에 아무런 위협도 주지 못했어요. 고통스럽지만 그것은 확실해요. 그것도 아주 많이요. 나는 트레인 제독도 이 사실을 알고 있었고 무척 두려워했다고 믿어요. 한 마디로 말하자면 그 양반은 분명히 무서워했어요.

이 UFO를 실제로 레이더로 포착했던 기지들은, 5개였다고 확신합니다만, 그린란드에서부터 플로리다까지 걸쳐 있었고, 내가 모르는 기지들이 더 있었을지도 몰라요. 트레인 제독이 오세아니아 미 해군 항공기지에 내리는 명령을 들었기 때문에 이것을 알아요. '거기서 비행기 몇

대를 띄우게. 전투기들을 빨리 이륙시키라고.' 그는 도버 공군기지, 메릴랜드 주 패턱센트Patuxent 강 해군항공기지, 플로리다 주 세실Cecil 공항에 경보를 알리는 전화를 걸었습니다."

◆ 힐 노튼 경 제독 – 5성 장성, 영국 국방부장관

힐 노튼 경은 5성 장군이며 전직 영국 국방부장관으로, 공직재임 기간 동안 UFO 주제에 대한 정보를 아무것도 모르고 있었다. 짧은 면담에서 그는 이 주제가 막대한 중요성을 갖고 있으며 더 이상 부인되고 숨겨져서는 안 된다고 말했다. 그는 이 점을 강조했다. "바깥세계, 다른 문명들로부터 온 사람들이 우리를 방문하고 있으며 또 오랫동안 방문해왔을 가능성은 매우 높네. 그들이 누구인지, 어디서 오는지, 무얼 원하는지 마땅히 알아야 하네. 이것은 과학적으로 엄밀한 조사가 이루어져야 할 주제이네. 타블로이드신문에나 나오는 시시한 주제가 아니고 말일세."

◆ 클리포드 스톤Clifford Stone 병장 – 미 육군

스톤 병장은 1940년대 초반과 아마도 그 이전까지 거슬러 올라가는 UFO의 역사에 대한 놀라운 이야기를 들려준다. 더글러스 맥아더 장군이 이 주제를 연구하기 위해 1943년 '행성 간 현상 연구부대Interplanetary Phenomena Research Unit'라고 부르는 조직을 만들었는데 이것은 오늘날까지 이어지고 있다. 그들의 목적은 근원을 알 수 없는 물체들, 특히 지구에 그 근원을 두지 않은 물체들에 관한 문제를 해결하는 것이다. 그들은 현장 정보를 확보해서 그것을 '이 정보의 관리자들keepers'에게 넘겨준다. 스톤은 블루 북 프로젝트에도 그 외곽에 엘리트 조사부대가 있었다고 말한다. 이 부대는 블루 북과 결합하여 일하고 있었지만 사실은 그렇지 않았던 것으로 보인다. 스톤은 추락한 외계비행선을 수거하는 한 육군 전

담반에서 일하면서 살아 있거나 죽은 외계존재들을 보았다.*그는 외계존재들이 우리가 영적으로 성장하는 법을 배울 때까지는 지구 바깥 멀리까지 탐험하도록 놔두지 않을 것이며, 우리가 그들의 존재를 먼저 알아차리지 못하면 그들이 스스로 모습을 드러낼 것이라고 생각한다.

◆ 돈 필립스Don Phillips – 록히드 비밀프로젝트팀, 미 공군, 그리고 CIA 도급자

돈 필립스는 라스베이거스 북서쪽의 찰스턴Charleston 산 근처에서 엄청난 속도로 움직이는 UFO가 목격되던 당시에 라스베이거스 공군기지에 있었다. 더욱이 그는 록히드의 비밀프로젝트팀인 스컹크 웍스Skunk Works에서 켈리 존슨Kelly Johnson과 함께 U2와 SR71 블랙버드**의 설계와 제작 분야에서 일했다. 그는 우리가 외계에서 온 장치들을 갖고 있을 뿐만 아니라 그것들에 대한 연구로 엄청난 기술적 발전을 이루었다고 증언한다. 그

*다른 자료에 의하면 스톤 병장은 2001년 내셔널 프레스 클럽에서 증언하면서, 당시 자신이 57종의 외계존재들에 대해 기술한 현장 지침서를 갖고 있었으며, 그들 모두가 우리와 비슷하게 생겼다고 말했다.

**미국의 대표적인 전략 정찰기들.

는 1950년대와 1960년대에 NATO가 외계종족들의 기원에 대한 연구를 했었고, 다양한 국가들의 지도자들에게 그 보고서를 퍼뜨렸다고 말한다. 게다가 필립스 씨는 1954년 캘리포니아에서 외계존재들과 미국 지도자들의 만남을 담은 기록과 필름이 존재한다고 말한다. 그는 컴퓨터 칩, 레이저, 암시(暗視)장치, 방탄조끼 등과 같이 외계존재들 덕분에 발전시킬 수 있었던 기술들 몇 가지를 예로 들고 나서 결론 삼아 말했다. "이 외계사람들이 적대적일까요? 글쎄요, 그들이 적대적이었다면 그들의 무기로 우리를 이미 오래전에 파괴했겠죠. 아니면 엄청난 피해를 주

었거나요." 필립스 씨는 지금 행성 지구의 자연에너지를 이용하는 에너지 발전시스템과 같이 환경오염물질을 제거하고 화석연료에 대한 필요를 줄이는 데 도움이 되는 기술들을 개발하고 있다.

기술 / 과학

◆ 프레드 쓰렐펠Fred Threlfell – 캐나다 공군

쓰렐펠 씨는 1953년 토론토의 캐나다 공군기지에서 통신교관이었는데, 그때 물체를 성공적으로 비물질화시켰다가 다시 물질화시키는 실험을 목격했다. 극비기밀취급허가를 갖고 있었기에 그도 기지자료실에 있는 자료들과 제2차 세계대전에 쓰인 비행기들의 건 카메라로 찍은 원본 필름들을 검토하게 되었다. 이 필름들을 재생하면서 그는 UFO들이 등장하는 장면을 많이 보게 되었다. 각기 다른 위치와 다른 형태를 가지고 있었지만 분명히 UFO들이었다. 그 자신 역시 하늘에서 날아다니는 UFO들을 목격한 적이 있다.

CHAPTER 30

아마겟돈을 광신하는 이익집단

광신적인 종말론적 관점에서 보면, 우리 아이들에게 떠넘겨질 8조 달러의 채무에 매년 5,000억 달러가 추가된다는 사실도 말이 된다. 북극의 빙하가 녹고 있다는 사실을 알면서도, 지구를 살리는 기술들을 수십 년 동안 부여잡고 있다는 것도 말이 된다! 또 수천 종의 동식물들이 멸종해가도록 놔두면 또 어떤가? 세상은 어떻게든 끝나가고 있는데!

UFO에 관한 비밀프로그램을 운영하는 사람들은 상대적으로 적은 수에 불과하다. 이에 대한 충분한 지식을 갖고 그것을 집행하는 권한 – 행정권한 – 에 있어서는 미국의 대통령이나 의회와는 아무런 관련도 없다.

사실 이시스템즈의 한 간부는 내게 그들이 이 분야에 깊이 관여하고 있다고 했다. 그는 이렇게 말했다. "회사에서 일하는 극소수의 사람들만 그것을 알고 있어요."

그런 기업들이 받는 돈은 위장 프로젝트들을 통해 다양한 정부기관들로부터 나와서 이들 초극비의 검은 프로젝트들로 들어가게 된다.

기업체, 협회단체, 금융계와 종교계 사이에는 서로 맞물린 힘의 구조가 있다. 그들은 미국과 여러 나라들의 법률이나 헌법이라는 것은 전혀 따르지 않는다.

  이 그림자세계에는 주 비밀활동으로부터 갈라져 나온 악당 같은 조직들이 있다. 미국과 다른 나라들, 그리고 특정 비밀집단들 속에는 아주 막강한 불법 조직들이 몇몇 있다. 그들은 본조직과 비밀스럽게 연결되어 있기는 하지만, 독자적으로 활동하며 가끔은 본조직의 어젠다에 맞서기도 한다. 따라서 그것은 무척 복잡하며, 마치 양파 껍질과도 같다. 그 중심까지 들어갔다 싶으면 20겹은 더 벗겨야 할 층들을 마주치게 된다. 나는 지금까지 15년 정도 이 층들을 벗겨온 결과 이 사람들이 누구이고 어떻게 이루어져 있으며 또 그들의 어젠다가 무엇인지를 간파하게 되었다.

  그 핵심 통제집단에는 정부와 연결된 사람들이 있지만, 이들은 연방긴급관리국FEMA이나 모르몬 제국, 또는 인류 문제들에 대한 종말론적인 해결책과 관련된 괴상하고 음침한 계획들 속에서 무슨 일이 일어나고 있는지 전혀 알지 못한다.

  1990년대 중반에 나는 샌프란시스코의 퍼시픽 하이츠Pacific Heights에 있는 한 '살롱'에 초대받았다. 고든 게티Gordon Getty, 윌리 브라운Willy Brown, 그리고 (벡텔기업의) 스티븐 벡텔Steven Bechtel과 친분이 있는 한 사교계 명사는 내가 그녀의 친구들에게 이 주제에 대해 설명해주기를 원했다. (그런데 벡텔은 그림자정부와 큰 계약을 맺고 있고, 조지 슐츠George P. Shultz*는 그들과 관련되어 있다. 그들은 모두 이 비밀정부조직의 일부다. 국제금융기업들에는 전직 국무장관, 미국 대통령, 그리고 전직 국방장관이 관여하고 있는 매우 막강한 조직이 있다.)

  에이티엔티AT&T의 회장과 스탠퍼드연구소SRI의 전직 소장이 거기 와 있었다. 나는 그들에게 우리가 아는 내용을 설명하고 미래의

* 1920~현재. 미국의 노동장관, 재무장관, 국무장관을 역임했다.

우리 계획을 논의하기 위해 그곳에 있었다. SRI 전직 소장이 내 옆에 앉아 있었다. 나중에 그는 나에게 몸을 기울이더니 말했다. "나는 그 문제에 대해 아무것도 몰랐어요. 하지만 그 일부는 SRI에서 연구했어야 했다는 건 알아요. 또 다른 문제에 대해서는 무얼 알고 있나요?" 그는 나에게 이런저런 것들을 물어왔다. 그는 내가 브리핑했던 CIA 국장처럼 한 집단의 관리자였지만, 그것에 대해 알 필요도 없었고, 그 프로젝트들에 대해서 아무도 알려주지 않았다고 했다!

그는 말했다. "나는 근본적으로 관료였어요. 돈이 이 거대한 활동으로 흘러들어가도록 하고 다니는 수금원이었죠. 하지만 만일 미방위고등연구계획국Defense Advanced Research Projects Administration이 프로젝트 하나를 진행했다 해도, 나는 그 세부사항을 정말이지 하나도 몰랐어요! 여기저기서 귀동냥은 했겠지만 이 프로젝트들은 철저하게 통제되고 있었고, 내가 SRI 소장이라는 사실과는 아무런 관계가 없었어요. 그리고 선생이 너무 많은 질문을 하지 않는다는 걸 알고 그걸 깨닫게 됐어요! 그러니 이젠 내가 묻고 싶어요!"

이란-콘트라 사건* 청문회 때 이노우에Inouye 상원의원은 그들만의 공군과 해군과 자금줄을 가진, 그리고 법을 초월한 어둠의 집단이 있다고 언급했다. 이것은 특히 첨단비밀기술들, UFO, 외계 문제, 그리고 이와 관련된 무기시스템의 영역에서 사실이다.

1960년대부터 지금까지 진전되어왔던 가장 위험한 흐름의 하나는 이 그림자정부가 스스로 자금을 조달하게 되면서 엄청나게 강력해졌다는 점이다. 이것을 설명해보겠다. 1,000억 달러 이상의 검은 불법예산이 있다고 말한 상원세출위원회의 딕 다마토의 말이 옳다. 하

*1986년 레이건 행정부가 레바논의 친(親)이란 무장단체에 납치된 미국인을 구하기 위해, '적대국' 이란에 무기를 팔고 그 대금으로 니카라과의 콘트라반군을 지원하다 들킨 스캔들.

CHAPTER 30 아마겟돈을 광신하는 이익집단 · 327

지만 정말 큰 움직임은 기업과 사금융권에서 이루어진다. 여러분이 머레이힐Murray Hill에 있는 벨연구소Bell Labs에 있다고 해보자. 우리와 일하는 한 증인은 그의 거의 모든 경력을 벨연구소에서 쌓았다. 그는 외계의 통신장치와 회로들을 보유한 군사활동과 많은 초극비 계약을 맺고 있던 조직의 일부였다. 이들 기업형 연구소들은 이 기술들을 연구하고 그것들이 어떻게 작동하는지와 활용 가능한 용도를 밝혀낸다. 그들은 자신들이 특허를 낸 A 또는 X라는 장치를 발표하고, 이제 이것은 수천억 달러 규모의 산업이 된다. 광섬유와 IC회로와 레이저 같은 것들을 생각해 보라.

이 비밀정부 자금이라는 암세포는 수많은 기업, 금융과 기술자산으로 전이되어간다. 그리고 이제 비밀 사기업들은 국방부정보국, CIA 또는 수많은 정부기관들의 기술들을 능가하는 기술을 갖게 되었다.

내가 면담한 또 다른 기업 관련 증인은 벨연구소에 있는 동안 그들이 획득해서 감춰두었던 프리에너지 장치 28~29개를 보았다고 했다. 이 증인은 이 기술 분야에서 일했고 지금은 은퇴했다.

제너럴 모터스General Motors와 여러 대기업들도 지구를 살리는 기술들을 깔고 앉아서 대중들에게 내놓지 않으려 한다.

이들 서로 맞물린 다국적 기업과 금융 관련 이해 당사자들은 국방부나 미국 정부 또는 지구 위의 그 어떤 나라의 힘도 능가하는 수조 달러 규모의 사업체들이다. 그들은 제지당하지 않는 괴물이자 부패한 기업이며 부분적으로만 정부적인 비밀 권력이다. 그러므로 불행하게도 비록 사람들이 말하는 '정부'에서 일하면서 진실을 밝히기 원하는 유력한 사람일지라도, 그는 이들 다른 '특별한 이해관계'들에 의해 억눌리게 된다는 것을 느끼게 된다.

나는 2004년 2월 의회에너지위원회의 한 위원과 이야기한 적이 있다.

그가 딕 체니Dick Cheney와의 모임에 있을 때 이렇게 말했다고 했다. "체니는 모임을 주관하면서 정확히 석유회사 중역처럼 생각하죠. 모든 걸 석유회사 중역의 관점으로 봐요."* 우리가 지금 보고 있는 상황은 정부의 민영화다. 세계의 모든 정부들이 하나의 어떤 어젠다를 향해 민영화되고 있다. 몇 년 동안 나와 일했던 한 사람은 이런 종류의 공작활동에 관여했던 비밀기업조직원이다. 내가 그에게 앞으로 나서라고 요청했을 때 그는 이렇게 말했다. "세상의 어떤 기관이나 정부도 나를 이 집단으로부터 보호해주지 못해요. 그들은 이 정부들 바깥에 있고 훨씬 더 힘이 세기 때문이죠."

*딕 체니는 부통령이 되기 전에 실제로 석유 시추회사 대표이사였다.

크고 복잡한 조직에는 공동의 이해관계와, 분리된 이해관계 둘 다에 관련된 사람들이 있다. 또 그 이해관계가 분리될수록 거기에는 이탈한 범죄집단이 있을 가능성이 높아진다. 가장 폭력적인 범죄활동들은 돈뿐만 아니라 이념과 연결되어 있으며, 이념적이고 종말론적인 특정 세계관에 뿌리를 두고 있다.

이들은 파괴의 세계관을 갖고 있으면서, 그리스도가 재림하는 유일한 방법은 세상이 파괴되고 수십억의 사람들이 죽는 것뿐이라고 믿는 사람들이다. 이런 신념체계를 부여잡고 있는 대단히 막강한 집단이 있다. 하지만 그들은 사실 백미러만 들여다보고 있다. 그들이 고대하고 있는 일은 이미 실현됐다. 그들은 우리가 이미 들어서 있는 주기에 대해 알지 못한다. 우리가 들어서 있는 새로운 세기는 말할 필요도 없다.

따라서 그들은 인간 진화의 타임라인에서 완전히 벗어났지만 그 사실을 알지 못한다. 그들은 예언에 대한 자신들의 해석을 실현시키기 위해 세상을 그 방향으로 몰아가고 있지만, 그것은 이미 일어났다. 아, 그것은 그들이 무지와 미신과 증오로 창조해내는 아마겟돈의 자기실현적 예언일 것이다. 그러므로 궁극적으로 문제는 무지에서 비롯되며, 그 해결책은 깨달음과 바른 지식과 진정한 영성이다.

문제는 복잡해 보이지만 아주 쉽게 해결될 수 있다. 어두운 곳에 우리는 불을 켠다. 그래서 우리에게 필요한 일은 이 주제에 빛을 비추고, 사람들이 자신의 믿음을 실현하기 위해 세계의 패권이나 지구적 파괴에 매달릴 필요가 없음을 이해하도록 새로운 전망들을 보여주는 것이다.

나는 다른 사람도 아닌 레이건의 내무장관인 제임스 와트James Watt가 레이건 집권시절 한 모임이 끝난 뒤에 했던 말을 사람들에게 환기시킨다. "이 환경주의자들 말이야, 그들은 환경에 대해 하나도 걱정할 필요가 없어. 세상의 종말이 금방 올 테고 그리스도께서 다시 오고 계시잖아. 게다가 세상은 어떻게든 끝장날 거야! 하나님은 우리 선한 기독교인들이 아직 시간이 있을 때 어서 그것들을 다 써버리길 바라셔." 나는 그의 말을 완곡하게 옮기고 있지만, 본질적으로 이것이 미국의 내무 전반에 대한 정책을 책임지는 사람의 입에서 나온 말이었다!

이런 유형의 미신적이고 퇴행적인 신념체계들이 실제로 의사결정과 정책들을 이끌고 간다는 사실을 사람들은 알아야 한다. 이것은 비극이다. 말도 안 되는 일이다. 와트가 한 말은 그것이 기록되거나 사람들이 듣고 있음을 모르고서 한 실언이었다. 그러나 나는 이런 영향력 있는 지위에 있으면서 이런 신념을 고수하는 많은 사람들을 만났다. 현재 미국 정부는 이런 종말론적 신념체계를 가진 사람들이 철저히 침투해서 관리하고 있다.

생각해보자. 여러분이 만일 이런 신념을 갖고 있다면, 여러분은 지구 온난화나 8조 달러의 채무에 대해 전혀 신경 쓸 필요가 없다. 세상의 마지막이 다가오고 있다면 아무튼 세상은 끝장날 것이고 지구 위의 모든 생명이 죽을 것이며, 선한 기독교도들은 하늘로 들어 올려져서 예수에게로 가기 때문이다. 무슨 상관인가?

이것은 평범한 사람들에게는 기괴한 소리로 들릴 것이다. 하지만 종말론적인 세계관은 세상의 비밀스러운 의사결정의 많은 부분을 좌지우지하고 있다. 특히 그런 집단의 구조가 비밀 모르몬, 교황청과 그 밖의 극단적인 종교적 이익집단에 의해 심각하게 장악된 뒤로 말이다. 나는 그런 이익집단들을 직접 만난 적이 있다.

물론 비밀세계에 관련된 사람들 가운데에는 관습적인 탐욕, 권력, 돈과 통제력에만 관심을 가진 사람들도 있다. 또 기득권이 흔들리지 않기만 바라는 사람들도 여전히 있다. "나이아가라폭포로 배가 떨어진다고 해서 배를 뒤흔들지는 맙시다!"라고 말하는 사람들 말이다. 서로 다른 어젠다들이 작동하고 있지만, 그중에서 가장 괴상망측한 것들이 가장 큰 힘을 가진 어젠다들이다. 그것들은 퇴행적이고 광신적인 종교성과 미신에 뿌리박고 있다.

"광신은 목표를 잊어버렸을 때 더 많은 노력을 쏟아부으면서 생긴다."고 말한 철학자 조지 산타야나George Santayana가 정말 맞다.

광신적인 종말론적 관점에서 보면, 우리 아이들에게 떠넘겨질 8조 달러의 채무에 매년 5,000억 달러가 추가된다는 사실도 말이 된다. 북극의 빙하가 녹고 있다는 사실을 알면서도, 지구를 살리는 기술들을 수십 년 동안 부여잡고 있다는 것도 말이 된다! 또 수천 종의 동식물들이 멸종해 가도록 놔두면 또 어떤가? 세상은 어떻게든 끝나가고 있는데! 이 종말론적 패러다임을 철저히 신봉하지 않는 한, 그 해결책을 알면서도 이 상황에 안주하려는 사람은 아무도 없으리라.

세계 파괴라는 이 비밀 어젠다를 찾아내면서 모든 것이 착착 맞아떨어졌다. 나는 이들 독자적인 범죄집단에 관련되어 있던 악마적인 광신자들을 만나기 시작했다. 그들은 파괴에 중독되어 있고 고문과 고통과

가학증을 즐긴다. 또 그들은 세상의 종말을 기도하는 이들과 한통속이라는 사실을 알게 되었다. 그것은 정말 이상한 연관성을 가진 집단이다. 그들은 문자 그대로의 종말을 생각하고 있지만, 사실상 그것은 하나의 신성한 주기가 끝나고 또 다른 주기가 열리게 된다는 의미다!

경전과 예언에 대한 이 단순한 몰이해는 엄청난 결과를 가져왔다.

내가 보기에 그 해결방법은 새로운 관점을 보여주는 것이다. "그래요, 우린 한 주기가 끝난다고 생각해볼 수도 있어요 - 그것은 하나의 세상이 끝나는 거지요. 오래된 세상 말이에요. 하지만 그것은 우리가 말 그대로 지구를 파괴하는 동안 뒷전에 물러나 있어야 한다는 걸 뜻하지는 않아요."

우리가 그들을 꼭 바꾸지는 못할 것이다. 그러나 우리는 너무 늦기 전에 그들이 이해하도록 설명해주고 그들의 일부가 해결책을 찾도록 희망을 줄 수는 있다.

우리가 집 안을 가득 채울 만한 광섬유와 IC회로와 랩톱 컴퓨터를 갖고 있으면서도, 지구 위의 가장 선진국에서 필요한 전기의 절반을 여전히 석탄을 태워서 얻고 있다는 것은 말이 되지 않는 사실이다! 오, 제발. 이것을 이해하기 위해서는 인류의 미래를 납치해버린 사람들의 가슴과 마음속에 무엇이 들어 있는지를 알아야 한다.

일단 기업의 탐욕이 발을 들여놓자, 이 프로젝트들은 아이젠하워와 여러 사람들의 통제를 벗어나 달아나버렸다. 그 뒤에 아주 비밀스러운 종교적 어젠다를 가진 사람들이 정부기관들과 기업들에 스며들어 가서 지금 그들을 지휘하고 있다. 나는 아주 막강한 우익 모르몬 이익집단들이 제 몫을 찾아 CIA, FBI, 군대, 그리고 엄청난 수의 대학들, 연구소들과 기업들의 상부로 들어갔다는 말을 들어왔다.

대부분의 사람들이 알아차리지 못하고 있는 사실은 우리가 이미 드러나지 않는 신정(神政) 아래 살고 있다는 점이다. 단지 사람들이 이런 말을 아직 들어본 적이 없을 뿐이다. 이 일은 아주 조용히, 아주 비밀스럽게 이루어졌다. 광신적인 나치와 툴레Thules*가 공공연하게는 이루지 못했기 때문에, 그들은 이 일을 은밀하게 하기로 결정했다. 이것은 제2차 세계대전의 연속판이다.

사람들이 이런 내용을 알고 싶어 하지 않음을 나는 안다. 이것은 충격적이고도 우리가 믿도록 이끌려왔던 신화에 반하는 내용이다.

이런 종교성과 세계관에 빠져든 사람들 가운데는 그런 신념체계나 그리스도의 존재 같은 것은 신경 쓰지도 않는 이들도 있다. 그들은 오히려 악마적인 세계관을 갖고 단지 파괴와 고통을 즐길 뿐이다. 그들은 종교인들의 한가운데에 있지만, 종교인들은 자신들을 이끌고 있는 사람들이 정말로 누구인지를 모른다.

*히틀러가 가입했던 독일노동자당의 자금을 지원한, 범게르만국가의 수립과 오컬트를 신봉하는 비밀결사.

우리는 인류역사의 한 장을 끝맺고 새로운 장을 열어가고 있다. 하나가 끝나고 다른 하나가 열릴 때는 많은 혼란이 있기도 한다.

지구 위에는 놀라운 일들이 일어나고 있고 지난 150년 동안 그래왔다. 놀라운 새로운 사상들, 새로운 제도들, 새로운 삶의 방식들, 새로운 기술을 위한 잠재력 같은 지극히 촉망되는 많은 것들이 있다. 한편으로 구세계는 죽어가고 있으며, 죽음의 고통을 겪고 있다. 그리고 여기 새로운 세상이 이미 태어나서 자라고 있고 수천 년 동안 이어질 것이다. 그것이 이 세상의 종말이 되지는 않을 것이다 – 그것은 구세계의 종말이며 이와 동시에 신세계가 세워지는 것이다. 우리는 이미 인류의 황금시대의 첫 계단에 올라서 있다. 50만 년 동안 계속될 그런 황금시대 말이다.

그러므로 우리가 이들 정신 나가고 무지하기 그지없는 드라마들에 대해 알고 있을 때마저도, 이 새로운 비전은 흥분되고 아름다우며 널리 공유되어야만 한다. 우리가 비록 주위에서 일어나고 있는 다른 일들을 알아차리고 있을지라도, 지금 오고 있는 선하고 긍정적인 것에 의식을 모을 필요가 있다. 상황을 잘 살펴볼 필요가 있기 때문이다.

우주선 지구호는 이 기간 동안 그것이 의도했던 문명으로 이끌어지고 확고하게 안착되어야 한다. 외계의 문명들이 그것을 돕기 위해 기다리고 있고, 어느 한 순간에 모든 일은 매우 빠르게 변할 것이다.

이 변형은 스스로 일어나지 않는다. 우리 인류가 그것을 이끌고 그것을 북돋아야만 한다. 하지만 우리가 이 일을 혼자 하게 되지는 않을 것이다. 인류와 지구의 운명은 결코 혼자였던 적이 없었다. 도움받지 않은 적이 결코 없었으며, 그것은 의심의 여지가 없다. 우리의 미래와 우리의 운명이 어떤 모습일지는 의문의 여지가 없는 것이다. 유일한 질문은 우리가 현재 상황을 어떻게 돌파해서 평화와 정의의 길 위에 우리 세상을 확고하게 세울 것인가 하는 문제일 뿐이다.

이곳은 자유의지의 행성이다. 이 변형이 일어나도록 우리는 자유의지를 사용해야 할 것이다. 이것이 우리가 배워야 하는 교훈이다. 그리고 우리가 모두 함께 이 일에 자유의지를 모으자마자, 그 일은 일어날 것이다.

우리는 교육시스템과 사회에 단순히 순응하도록 훈련되어왔다. 하지만 여러분은 무엇을 알고 있는가? 만일 여러분이 완전히 정신 나간 시스템에 순응하고 있다면 그것은 문제다. 또한 우리를 둘러싼 세상은 지금 몹시도 제정신이 아니다. 따라서 우리는 그것의 실상을 알아채고, 그것으로부터 떨어져 나와서, 바로 거기서 우리를 기다리고 있는 좋은 미래를 드러낼 필요가 있다. 마치 나무에서 우리 손안으로 떨어질 준비가 되어 있는 잘 익은 과일처럼 말이다.

지구와 인류는 꽃 피어날 준비가 되어 있다. 그리고 이것은 그저 지구만의 봄날이 아니다. 이것은 우주 전체의 봄날이다.

CHAPTER 31

정교분리는 환상일 뿐이다

그림자정부의 존재를 이해하는 사람들마저도 비밀스러운 종교적 이해관계들이 조직에 어느 정도 침투하고 있는지를 믿지 못한다. 진실은 그 자신을 감춘다. 달리 말하자면, 여러분이 만일 입맛에 맞는 버전의 진실을 말하면 그것은 받아들여진다. 그러나 실제로 진실을, 모든 진실을 말해버리고 베일을 확 걷어버리면 그것은 믿기 어렵기 때문에 스스로를 숨겨버린다.

나는 항상 의식과 그것의 현현에 대해 탐구하는 것을 좋아했다. 한번은 콜로라도의 블랑카피크에서 야외작업을 하고 있었는데 그 지역에 몰아친 폭풍우 때문에 차 안에서 일을 했다. 거기서 나는 '무한 마음'으로 들어가는 테크닉을 행했고, 마음속으로 마치 메르카바Merkaba*처럼 서로 반대로 회전하는 두 개의 디스크들을 그리면서 그 지역에 엄청난 에너지를 쏟아붓기 시작했다. 일순간, 우리의 차는 반중력 부양 상태로 떠올랐다. 근처의 다른 차들도 똑같이 했다. 동료가 물었다. "원 세상에, 어떻게 된 거야?" 나는 미소 지으며 말했다. "우린 그냥 의식이 할 수 있는 일을 즐기고 있을 뿐이야……."

* 카발라 신비주의에서 이야기하는 빛의 장(場)으로 이루어진 신의 보좌.

우리가 할 수 있는 일은 아주 많다. 하지만 지구는 현실적인 문제 때문에 비명을 지르고 있다. 우리는 100년 전처럼 아직도 대부분의 전기를 얻기 위해 석탄을 태우고 있다. 인간의 진화는 무지와 탐욕의 힘들에 의해 100년 동안 정체되어왔다. 이제는 지구를 위해 일해야만 한다.

붓다가 한 남자를 만났던 이야기가 생각난다. 그 남자는 물 위를 걸어 개울을 건너는 법을 배우기 위해 30년을 소모했다. 그 근처에는 다리가 있었다. 이 사람은 자신의 성취를 무척 자랑스러워하고 있었다. "깨달은 이시여, 보소서." 그리고 그는 물 위를 걸어서 개울 건너로 갔다. 붓다는 다리를 건너가서 말했다. "그렇군요. 하지만 그대는 물 위를 걷기 위해 30년을 쓰는 대신 다리로 개울을 건널 수 있었습니다."

이런 능력들이 놀랍지 않다고 말하려 함이 아니다 - 그것은 놀라운 일이다. 그러나 어떤 사람들은 그런 능력을 얻기 위해 엄청나게 많은 시간과 노력을 허비하기도 한다. 그동안에 우리는 지구를 파괴하고 있고 우리 문명은 끝에 다다랐다. 그러므로 가장 커다란 임무가 눈앞에 있다면, 중요한 일마저도 잠시 제쳐놓아야 한다.

의식의 이런 능력들은 마음의 본성과 물질의 본성, 그리고 그 어떤 물질도 의식과 완벽하고 완전하게 통합된 상태로부터 분리되지 않는다는 사실을 이해하자마자 계발된다. 아무것도 마음과 분리되어 존재하지 않는다. 모든 물질과 에너지는 단순히 서로 다른 방식으로 변조modulate하고 변화하고 공명하는 깨어 있음이다.

이 사실은 프린스턴 대학교의 로버트 얀 Robert G. Jahn* 박사와 여러 사람들이 했던 다양한 실험으로 증명되었다. 그것은 모두가 비국소적이다. 거기에 시간과 공간의 장벽은

* 1930~현재. 미국의 전기공학자로 1979년 프린스턴공학이상현상연구소(Princeton Engineering Anomalies Research)를 설립하고 의식이 물리현상에 미치는 영향에 대한 큰 연구업적을 남겼다.

없다. 일단 이것을 이해하고 충분한 연습과 주의를 모으면, 말 그대로 그 어떤 것이라도 이루게 된다.

이탈리아와 영국, 그리고 프랑스에 간 적이 있었다. 교황청에서 파올라 해리스Paola Harris는 나와 몬시뇰Monsignor* 발두치Balducci의 만남을 주선했다. 그는 교황의 고위신학자다. 우리는 면담을 위해 성 베드로 성당이 건너다보이는 그의 아파트로 향했다. 그는 무척 귀족적이고 품위 있으며 무척 다정한 분으로 진정으로 영적인 멋진 분이었다. 나는 그에게 물었다.

* 가톨릭 고위성직자에 대한 경칭.

"이 외계존재들이 어떤 식으로든 위협이 되거나 적대적이라고 생각하십니까?"

"오, 전혀요! 그리고 우주 전체를 통틀어 인류보다 못한 존재는 있을 수 없지요!"

나중에 그는 이런 말도 했다.

"하느님은 이 행성 위의 지적인 존재들에게 그의 모든 희망을 다 걸 만큼 어리석으시지는 않습니다."

베드로 성당과 교황청이 보이는 발코니에서 그는 말했다.

"성하(聖下)님의 승인 없이 이런 말을 할 수는 없습니다."

이 말은 교황이 그에게 외계문명의 실상에 대해 말하도록 지시했다는 의미다! 그는 이 주제에 대해 말하고 또 UFO가 실재하며 그들이 선한 존재들이라고 인식하도록 교황의 허락을 받았다고 털어놓았다. 우리는 아무런 걱정도 할 필요가 없는 일이었다. 내가 외계비행선을 겨냥하는 무기를 우주공간에 배치하는 문제에 대해 물었을 때, 그는 몹시 흥분하면서 이것은 절대적으로 잘못된 일이라고 말했다.

나는 교황청 천문학자와도 만났는데, 그는 같은 이야기를 했고 UFO

들과 외계존재들이 실재한다고 알고 있었다. 우리는 교황청 내부와 가톨릭 신자 모임인 오푸스 데이의 내부에 있는 비밀조직들을 알고 있는데, 이들은 이 모든 주제들을 매우 어두운 시각으로 보고 있으며, 교황청에서 다른 이들이 이 정보를 접하지 못하도록 떼어놓았다. 미국에서처럼, 교황청 내부도 아주 복잡한 미로와 같고 분획되어 있다. 매우 비밀스럽다.

전통적인 종교구조 속에 있는 교황들과 교황청 고위성직자들은 지금껏 자신들의 체제 안의 그런 어둠의 조직들에서 어떤 일이 벌어지고 있는지 알지 못한다. 이것은 반복되고 또 반복되는 동일한 모티프다.

종교집단, 정치집단, 과학집단, 정부기관 또는 군대, 그 어디에 가도 이 모티프는 되풀이된다. 이 모티프를 기억하기 바란다. 한 기관 안에서의 불법적이고 분획되어 있고 비밀스러운 활동의 모티프를 이해하고, 그 과정을 하나의 프랙털fractal 구조로 확대해보면, 이것은 전 세계로 확대된다.

로마에 머무는 동안 나는 몰타기사단Knights of Malta – 그것은 존재한다 – 의 한 사람과 예수회비밀정보부the Jesuit Secret Service와 교황청비밀정보부the Vatican Secret Service의 한 대표도 만났다. 이 집단들은 이 주제와 관련된 전 세계적인 금융과 기술문제에 직접적으로 관여하고 있다. 그들은 이 계층에서 핵심적인 사람들이다. 그들은 내가 정부, 의회와 대통령 같은 정규적이고 전통적인 세계, 곧 '밝은 세계'의 지도자들에게 제공했던 자료들을 요청했다. 물론 나는 그렇게 했다.

그러나 이런 말도 해주었다. "수 세기 동안 존재해온 비밀과 비밀권력의 전통이 있습니다. 그러나 이 활동들이 투명하고 정직하게 이루어지는 다른 형태로 바뀔 시간이 되었습니다. 모든 인류에게 유익한 방법으로요." 그들은 아주 정중하게 경청했고 지대한 관심을 보였으며, 또 적잖이 흔들리는 모습을 보였다.

몰타기사단과 교황청비밀정보부, 그리고 예수회비밀정보부는 외계존재 관련 주제에 대한 비밀을 유지하는 데 매우 핵심적인 역할을 하고 있다.

카터 대통령이 직위 인수과정에서 CIA 국장이던 조지 부시(아버지)에게 가서 UFO에 관한 정보를 요구했다. 부시는 딱 잘라 거절했다. "안 됩니다. 그렇게 할 수 없습니다. 할 수 있으시다면 의회조사국에서나 알아보시죠." 여기 이 문제에 대해 많은 내용을 알고 있는 현직 CIA 국장 조지 부시가 새로 당선된 미국 대통령에게 정보를 거부하고 있다! 이 일은 사실이다. 우리는 이 일에 대한 증인을 확보하고 있다.

그래서 카터는 의회조사국과 관련된 사람들에게 무슨 일이 일어나고 있는지 알아보도록 했다. 그들은 법률회사인 크리스틱 인스티튜트Christic Institute의 설립자이자 예수회의 워싱턴 D.C. 대표를 맡고 있던 변호사 다니엘 쉬한Daniel Sheehan에게, 교황청에서 이 정보를 구할 수 있는지 알아봐 달라고 요청했다. 쉬한은 대통령 당선자를 대신하여 교황청과 접촉했다. 그들은 이렇게 대답했다. "안 됩니다. 우리는 이것을 제공할 수 없습니다." 그들은 분명히 "우리는 갖고 있지 않습니다."라고 말하지 않았다. 대신 "우리는 당신이나 대통령에게 제공하지 않을 것입니다."라고 말했다. 교황청의 비밀도서관과 파일들에는 이 모든 주제들에 대한 광범위한 정보가 있다. 1994년 한 비밀정부 내부자가 외계기술 이전과 관리에 관한 문제라면, CIA 국장이나 미국 대통령보다는 어느 예수회 수사집단에 물어보는 편이 더 나을 거라고 내게 말했다는 사실을 기억하시라. 그가 전적으로 옳았다.

우리에게는 대서양에서 그들이 '자기이상현상magnetic anomalies'이라고 부르는 현상을 조사하는 임무를 수행했던 한 해군 증인이 있다. 그들에게 '자기이상현상'이라는 것은 물속의 외계비행체를 말하는 은유적인 표현이다. 그들은 바닷속의 UFO를 찾기 위해 특별한 장치를 가진 핵잠수함을 사용했다.

그들이 이 비밀임무를 위한 준비를 하고 있을 때, 리무진 한 대가 들어오더니 정장 차림의 사내(이름을 밝히지 않은 비밀정보요원)와 성직자 차림의 사제가 차에서 내렸다. 그들이 잠수함에 탑승하자 잠수함은 출발했고, 그들은 온갖 지시들을 내리기 시작했다.

잠수함은 400~500노트(시속 약 700~900킬로미터)의 속도로 다니는 거대한 외계비행체를 여러 번 발견했던 지역으로 갔다. 이 UFO들은 물속을 제트기의 속도로 쌩쌩 다니면서도 아무런 흔적도 남기지 않았다. 갑자기 두 개의 UFO가 잠수함의 양쪽에서 다가왔고 잠수함의 모든 핵추진장치는 꺼져버렸다. 핵잠수함은 앞으로도, 뒤로도 그 어떤 방향으로도 움직이지 못했다. 그들은 그냥 거기에 멈춰 서 있었다.

잠수함에는 이 일이 일어나는 동안 자료를 수집하는 정교한 전자장치가 있다. 나중에 잠수함이 기지로 돌아왔을 때, 이 모든 자료들은 취합되어 미국인이 아닌 그 사제에게 넘겨졌다. 그는 교황청에서 나온 사람이었고, 모든 자료를 받아 들고서 떠났다. 그것은 교황청에 의해 지시되고 교황청을 위한 특별임무였다. 미 해군의 핵잠수함을 사용해서 말이다!

그 증인이 이 일을 나에게 말해주기 전에는, 그는 왜 가톨릭 사제가 그런 임무의 책임자 역할을 했는지 이해가 안 되었다.

우리는 그 이유를 이해하고 있다. 교회와 정치의 분리라는 신화가 바로 그것이다. 그것은 신화일 뿐이다. 그림자정부의 존재를 이해하는 사람들마저도 비밀스러운 종교적 이해관계들이 조직에 어느 정도 침투하고 있는지를 믿지 못한다. 이것이 정보에 대한 통제력이 유지되는 방법인 것이다.

진실은 그 자신을 감춘다. 달리 말하자면, 여러분이 만일 입맛에 맞는 버전의 진실을 말하면 그것은 받아들여진다. 그러나 실제로 진실을, 모든 진실을 말해버리고 베일을 확 걷어버리면 그것은 믿기 어렵기 때문에 스스로를 숨겨버린다. 하지만 가장 믿기 어려운 것들이야말로 바로 진실이다.

역설적인 방법으로 이 주제에 대한 진실은 전통적인 지혜와 신념의 틀 밖으로 너무나 멀리 떨어져나갔기 때문에, 모든 진실을 말하기란 어려운 일이다. 이것이 지난 12년 동안 나에게는 투쟁이었다. 그런 수준의 비밀정보를 알아내면 나는 이런 생각이 든다. '대체 이것을 누구에게 말할 수 있을까?'

듣는 사람이 이해할 수준의 진리를 전해주는 것이 지혜로운 방법이다. 2 더하기 2를 배우고 있는 유치원 아이에게 미적분을 가르치면 무슨 소용이 있겠는가?

그리고 동시에 이 정보를 알면서도 그것을 공유하지 않는다는 것은 나에게는 아주 힘든 일이다. 그래서 지금 진실을 말하고 있다. 그것으로 인해 나에 대한 신뢰를 잃을지라도……. 우리는 그 알고리즘의 마지막 단계에 다가가고 있다. 디스클로저 프로젝트로 인해 공개청문회를 요구하는 수만 명의 사람들이 생기고, 그런 가능성을 진지하게 조사하는 의회 의원들이 생긴 뒤에 일어난 9/11 사건을 보면서, 우리는 그 어젠다가 더 빠르게 진행되고 있음을 알았다.

그리고 전 세계적인 테러리즘이 끝나면 이 알고리즘에는 또 어떤 일이 기다리고 있을까? 외계로부터의 꾸며진 위협이다.

비밀 메타정부가 내놓을 마지막 카드는 외계존재들과 관련된 외계로부터의 거짓 위협이 될 것이다. 따라서 우리는 그 알고리즘의 마지막에 아주 가까이 왔다. 시간은 진실에 대해 침묵하는 사치를 용납하지 않는다. 그것이 '금지된 진실'일지라도 말이다.

CHAPTER 32

무대 뒤에서
일어나고 있는 일들

> 나는 지난 15년 동안 가장 실망스러웠던 일이 무엇이었는지 수없이 질문을 받아왔다. 단연코 그것은 나와 많은 시간을 함께 보내면서 이 정보를 사실로 받아들이고, 또 그들이 엄청나게 많은 좋은 일을 할 수 있는 막강한 지위에 있으면서도 그 정보에 뒤이은 생산적이고 건설적인 행동을 취해야 할 근본적인 시점이 되면, 꼬리를 감추고 달아나는 사람들이 있다는 사실이었다.

9/11이 일어나고 많은 주류의 사람들은 무대 뒤에서 정말로 무슨 일이 일어나고 있는지 묻기 시작했다. 어떤 불길한 조작이 있음을 많은 사람들은 분명하게 느끼고 있었다. 나는 우리가 가진 모든 정보들을 제쳐놓고서 그것이 음모이론일 뿐이라고 생각하지는 않는다. 나는 그것이 사실임을 알고 있다. 내가 가졌던 유일한 질문은 이것이었다. 언제쯤이나 이것들을 모두 꿰어서 사람들이 이해하도록 설명할 수 있을까? 그리고는 그들에 귀에 대고 경종을 울리는 것이다. "잠에서 깨어나세요, 그리고 속지 마세요." 사람들이 외계존재들을 두려워하도록 세뇌되어 외계문명에 대항하는 스타워즈를 공개적으로 지지하기 시작해서는 안 된다. 이들 비밀스러운 특별한 이해관계들은 평화와 희망으로 세상을 통

합하는 대신 두려움으로 세상을 통합하고 통제하길 원한다. 이것은 우리 진화의 여정에 있는 이 시간에 우리가 있어야 하는 곳과 정반대의 방향이다. 그러므로 그런 노력들은 지구의 생명을 유지하고 좋은 미래를 보장하기 위한 노력과는 반대되는 것이다.

대부분의 사람들은 거기 비밀 프로젝트들이 있다는 사실을 알 것이다. 더 적은 수의 사람들은 초극비의 검은 프로젝트들이 있다는 사실도 알 것이다. 정부에 있는 모든 이들이 그것을 알고 있다. 또 그 가운데 일부는 그 프로젝트들이 독립된 불법적이고 잘못된 프로젝트들에 연관될 가능성과, 첨단 에너지시스템과 UFO를 다루는 기업 및 군산업연구소의 복합체에 집중되어 있다는 사실에 눈떴을 것이다.

그러나 여러분은 이제 더 적은 사람들의 집합에 들어가게 되었다. 곧, 이들 불법집단의 일부는 UFO처럼 보이는 완전 가동되는 장치들을 갖고 있고, 외계인처럼 보이는 인공생명체들을 만들었으며, '외계인납치'라고 부르는 사건들을 날조하고 있고, 가축을 도살함으로써 대중과 UFO 문화, 대중매체, 공상과학소설 애호가 같은 사람들에게 두려움이라는 씨앗을 퍼트리고 있다는 사실을 알게 되었으니 말이다. 그러나 또 그보다 더 적은 사람들은 무대 뒤에서 당겨지고 있는 줄이 초국가적이며 히틀러의 출현 배후에 있던 툴레와 다를 바 없는 파시스트 지향의 집단이라는 사실을 알고 있다. 제3제국* 동안에는 공공연하게 하지 못했던 일을, 그들은 은밀하게 해냈다. 그리고 종이클립작전Operation Paperclip**을 통해 우리는 그들을 미국으로 데려와서 항공우주산업과 CIA에 심어 넣었다.

* 1933~1945년 동안의 히틀러 치하 독일.

** 제2차 세계대전이 끝나기 전후에 독일 과학자들을 빼돌렸던 미국의 비밀작전.

이렇게 제2차 세계대전의 와중에는 장악하지 못했던 전 세계적인 사회주의 파시스트의 노력은, 지하활동을 통해 그때부터 계속되어

CHAPTER 32 무대 뒤에서 일어나고 있는 일들 • 343

왔다. 이제는 완벽한 환경이 만들어진 세상에서 권력을 강화하려는 그들의 시도가 대규모로 드러나는 광경을 우리는 이제 막 목격하려 하고 있다. 한편으로 그들은 민주주의를 말하지만, 실은 확인되지 않고 알려지지 않은 권력구조에 의해 비밀리에 운영되는 중앙집권적으로 통제되는 사회의 가짜 민주주의를 의미한다.

이런 사실들이 충격적이라면 당연히 그래야 한다. 이에 대해 내가 볼 수 있는 유일한 해결책은 지식과 진실이며, 충분히 많은 사람들이 무슨 일이 일어나고 있는지를 알아서 더 이상 속지 않게 하는 일이다. 이 비밀 어젠다를 가동하고 있는 사람들은 우리의 집단적인 무지를 믿고 있기 때문에, 그들이 의지하는 것은 모든 이들을 잘못된 신념체계와 물질주의에 푹 빠져 있도록 잘못 교육시키고 부정적으로 교육시키며 허위정보를 제공하는 일이다. 다양한 물질적 중독과 혼합된 거짓 신념체계에 의해 대중들은 잘못된 선택을 하게 된다.

하지만 가슴과 가슴으로 공유하면, 우리는 사람들에게 진실을 말하고 지구와 그녀의 자녀들을 기다리고 있는 좋은 미래에 대한 새로운 비전을 설명하게 된다. 우리는 이런 두 극단의 시대를 살고 있다. 칠흑 같은 어둠과 광명의 빛이 함께 공존하는 시대 말이다. 우리는 진실로 놀라운 변화의 시대를 살고 있다.

국방부, 백악관, 그리고 CIA에 있는 대부분의 사람들은 이 초극비 어젠다들에 대해 아무것도 모르고 있다. 그들은 기계의 톱니바퀴에 불과하며, 역시 무지의 희생자들이다. 대부분 자신들의 의지에 관계없이 기계의 부속으로 끼워져 들어갔을 뿐인 선량한 사람들이며 그런 지식에 대해 거의 알지 못한다. 이 지식을 정부와 군에 있는 사람들을 포함한 모든 이들과 나누는 것이 우리의 일이다. 지난 12년 동안 우리는 이 정보들을 그런 조직들로 실어 보냈고, 많은 이들이 자신들이 속아왔음을 알아차리고 있다. 그렇게 해서 그들은 디스클로저 프로젝트를 지지하고 있다.

9/11이 생기기 직전 나는 오리건 주에서 강의하고 있었다. 강의가 끝나고 자신의 경력 전체를 군에서 일했던 한 남자가 다가왔다. 그는 친구 한 명과 같이 있었고 무척 조심스러워했다.

대부분의 사람들이 자리를 떠나자, 우리 프로젝트의 자원봉사자인 조단 피즈Jordan Pease가 이 사람들이 나와 조용히 이야기하고 싶어 한다고 알려주었다. 한 사람은 - R.J.라고 부르겠다 - 이른 나이일 때부터 군에 몸담아왔고 1960년대에 이들 비밀프로젝트들에 이끌려 들어갔다. 그가 일했던 한 프로젝트는 우주로부터의 스파이기술에 관한 것이었는데, 이 기술은 놀라울 만큼 발달해서 우주에서 사람들이 이야기하는 내용을 감청하고 그들이 하는 모든 일을 감시할 수 있었다. 이것이 1960년대에 있었던 일이다!

저 밖에 있는 그 기술들은 뉴스에서 보도되었던 그 어떤 것보다도 훨씬 앞선 것들이다. 그래서 그들이 "오사마 빈 라덴Osama bin Laden이 어디 숨었는지 찾을 수가 없어."라고 말할 때 나는 웃는다. 그렇다. 다 거짓말이다. 오, 제발. 우리를 얼마나 바보로 여기는 건가? 그러나, 이 문제는 나중에 더 자세히 다루기로 하자.

R.J.는 그가 가진 기술 때문에 이 프로젝트들에 점점 더 깊이 끌려 들어갔고, 결국 UFO를 다루는 프로젝트에 들어가게 되었다. 그는 이렇게 말했다.

"선생께선 외계인이라고 생각하는 이것들이 무엇인지 이해하지 못할 겁니다."

"아, 사람이 만든 프로그램화된 생명체들을 말씀하시는 건가요?"

그는 탁자에서 물러나 앉으며 물었다.

"그걸 어떻게 알았습니까?"

"우리에게는 이 가짜 외계인들에 관한 일을 했던 10여 명의 증인들이 있습니다. 하지만 너무 많은 걸 말하면 사람들은 내가 정신이 나갔다고 할 겁니다."

"내가 무슨 일을 했는지 말해드리겠습니다."

그는 이어서 자신이 미국과 오스트레일리아에서 참여했던 프로젝트들에 대해 말해 주었다.

"우리에게는 작동 가능한 외계의 장치들이 있었고, 반중력 비행선을 만들 정도의 첨단 기술을 개발했습니다. 나는 초차원적으로 작동하는 것들도 봤습니다. 시간을 앞서 갈 수도 있고 거슬러 갈 수도 있습니다. 나는 거기서 모든 종류의 것들을 봤습니다."

(우리에게는 보잉사와 맥도넬더글러스에서 일하면서 이런 기술들을 다루는 '프로젝트 레드 라이트Project Red Light'와 '거울작전Operation Looking Glass'에 대해 알고 있는 또 다른 증인이 있다.)

R.J.는 말했다. "내가 사람들이 납치현상이라고 부르는 많은 일들을 실행하는 프로젝트들을 취합하는 일을 했었다는 사실을 대부분이 모릅니다! 우린 사람들이 외계인을 접촉했다고 생각하는 많은 납치사건들을 꾸미고 있었습니다. 내가 일했던 한 곳은 지하에 있었는데 거기에 컨테이너들이 있습니다. 거기에는 서로 다른 발달단계의 배양기에서 자라고 있는 이 생명체들이 있습니다. 또 이 생명체들은 사람들이 보통 외계인이라고 생각하는 그런 모습을 가졌습니다."

R.J.는 이들 인공생명체들에는 몇 세대가 있다는 사실을 말해주었다. 그들은 자신들의 인공 외계인들을 완성하려 하고 있었고, 이 나치 같은 유전실험들을 1940년대, 1950년대부터 그가 이 프로젝트들에서 나올 때까지 계속하고 있었다. 이 가짜 외계인들은 거의 기록보관소처럼 모두

열을 이루고 있다. 그는 최신의 것은 정말로 훌륭하고 그럴듯했다고 말했다.

"물론 우리는 이것들을 인조인간처럼 만들어서 사람들이 외계우주선이라고 생각하는 것들에 태워 인간의 지휘를 받게 했습니다." 내가 이런 조작극들이 실제로 이루어지고 있으며 또 아주 정교함을 이미 알고 있다는 사실을 R.J.는 몰랐다. 그는 대부분의 UFO 연구자들처럼 나도 속고 있다고 생각했다.

"아니요. 나는 이것을 아주 오래 전부터 알고 있었습니다."

"그러면 왜 그것에 대해 말하지 않습니까?" 그가 물었다.

"왜냐하면, 사람들이 UFO 같은 것들이 진짜로 있다는 것이라도 알게 해주려고요."

"네, 선생님 처지가 이해가 되는군요." 그가 계속했다. "선생께서 이것을 알고 있어서 아주 기쁩니다. 하지만 다른 것들도 알고 있나요? 이 생명체들의 많은 수가 전 세계에 있는 시설들에 있습니다. 아마존 정글, 오스트레일리아와 여러 오지들에도 있습니다. 마침내 저는 점점 더 깊은 레벨의 위치에 배속되었고, 오스트레일리아의 이 장소에 배치되기 전에 그들은 나를 한 단계 높은 교육프로그램에 집어넣었습니다. 정말 거기서 무슨 일이 일어나는지 상상도 못 할 겁니다."

그는 악마적인 가입식을 목격했노라고 말했다. 참석자들은 피를 나누었고 거기에 희생양과 고문이 있었다. 그는 악마숭배와 악마적 희생, 그리고 피에 굶주린 양 아무 잘못도 없는 사람들을 죽이는 프로그램에 적응하고 있었다. 그는 자신이 그 레벨에 오르자 루시퍼Lucifer에게 서약을 해야 했다고 했다. 그는 그렇게 했다.

이런 프로그램에 대해 말해준 사람이 그가 처음은 아니다. 그는 오스트레일리아의 파인갭Pine Gap으로 옮겨졌고, 그것은 가장 신기한 경험이었다고 말했다. 그는 한밤에 헬리콥터로 이 시설에 도착했다. 헬리콥터가 이 언덕에 접근하자 평범한 땅처럼 보이던 곳이 열렸다. 그것은 마치 홀로그램과도 같았고 그들이 접근하자 언덕의 한쪽이 열리더니 헬리콥터는 땅속으로 날아 들어갔다. 그들은 내부 깊은 곳까지 갔는데, 거기에는 인간이 만든 거대한 UFO들이 있었다. 거기에는 커다란 삼각형 UFO도 있었다. 그가 말했다.

"우리는 이런 시설들을 전 세계에 가지고 있습니다."

자신의 경험담을 내게 이야기해주면서 그는 가끔씩 말을 멈추더니 이렇게 말했다.

"선생께서 내가 이런 이야기를 꾸며내고 있다고 생각하리라는 걸 알고 있습니다. 믿지 못할 거라는 것도 압니다."

"이걸 알려드리고 싶네요. 나에게는 선생님 같은 복수의 증인들이 있습니다. 선생께서는 분리된 프로젝트에 있었기 때문에 그 사람들을 알지 못하겠지요. 그들은 다른 시간 다른 장소에서 일어났던, 사실상 같은 이야기를 해주었습니다. 그리고 나는 이 일이 실제로 일어나고 있다는 것을 의심치 않습니다."

그는 숨을 깊이 들이쉬더니 다시 내쉬었다. 안도의 한숨이었다.

이런 종류의 시설들 가운데 가장 정교한 것이 영국에 있다. 사람들이 외계에서 왔다고 생각하는 '파충류'처럼 생긴 많은 생명체들은 프로그램화된 생명체들이자 생체기계biomachines들이며 그곳에서 만들어진다.

아주 솔직히 말해 대부분의 사람들은 이 수준까지의 상세한 내용들까지는 들으려 하지 않는다. 하지만 우리가 어떤 종류의 사고방식을 다루고 있는지 이해하는 일이 중요하다. 나와 일하고 있는 한 신사는 유력한 억만장자 집안사람인데 그 가족은 외교와 첩보활동에 깊게 관여하고 있었다. 그는 어느 명상기관에서인가 그들의 프로그램을 이수했으며, 레벨 14의 훈련과정에까지 올랐다. 그들은 해당자에 대해 파악하고, 그가 공격적이고 폭력적이고 파괴적인 '칭기즈 칸의 오른팔'이 될 가능성이 있는지를 확인하지 않고서는 그 레벨을 통과시키지 않는다고 했다. 그러나 그 신사는 극도로 폭력적이고 증오로 가득 찬 사람이 될 수 없었으므로 그들은 더 이상 그에게 관여하지 않았다.

그는 그들이 나와 디스클로저 프로젝트에 대해 많은 말을 했다고 했고, UFO와 외계존재들이 실재한다고 알리고 다니는 나의 행동을 무척 기뻐한다고 했다. 그러나 그들은 내가 날조된 UFO 현상들과 그들의 거짓 어젠다를 밝히고 있는 데에는 깊은 증오와 분노를 보였다고 했다. 그들은 핵심적인 비밀 어젠다인 행성 간의 전쟁이라는 이 마지막 전투에 전념하고 있다. 그들은 내가 자신들의 어젠다에 동조하지 않고, 외계인의 공격을 가장하는 그들의 계획을 찾아냈으며, 그리고 그것을 국방부와 여러 사람들에게 노출시키고 있다는 사실에 노발대발했다. 그들은 내가 없어져버리기를 바란다고 했다. 그들은 무게 있는 누군가가 외계존재들이 실제로는 무척 온화할 뿐만 아니라 지극히 협조적이며 고도로 깨달았다고 말하고 다니는 것을 원하지 않는다.

"그들이 선생을 얼마나 증오하는지 아세요?" 그가 물었다. "물론입니다." 나는 대답했다. "하지만 그들이 우리를 아무리 미워하고 위협해도 진실을 말하는 일은 결코 멈추지 못할 것입니다."

디스클로저 프로젝트가 물살을 타게 되자, 우리가 만일 그들이 주류 대형 언론매체를 이용해 통제할 수 있는 그 이상을 넘어가면, 우리의 프로젝트는 끝장나게 되리라고 나는 경고 받아왔다. 나는 이 경고를 분명하게 들었다.

9/11에 나는 시애틀에 있었고, 그 전날 밤 밴쿠버에 있는 사이먼 프레이저Simon Frazier 대학교에서의 강의를 마치고 돌아와 있었다. 그날 아침 나

는 텔레비전을 켰고 내가 보고 있는 장면이 영화라고 생각하고 있었다. 이것이 영화가 아닌 실제 상황이라는 사실을 알고 나서, 모두 별일 없는지 알아보기 위해 아내에게 전화했다. 다음번 전화는 워싱턴 D.C.에 있는 딸아이에게 했는데 그 아이가 워싱턴 D.C.을 벗어나기를 바랐기 때문이었다.

그러나 모든 전화가 완전히 불통이었으므로 워싱턴 D.C.에는 전화하지 못했다. 그래서 다음번 전화는 내 군사고문에게 했다. 내 입에서 나온 첫마디는 이랬다. "사람들이 미국의 안보에 책임이 있다고 생각하는 전통적인 기관들은 아무런 최첨단 장비도 없고, 사람들도 부적합하고, 이런 사건들을 실시간으로 감시할 수 있는 사람들은 악당 같은 검은 조직이에요. 그 둘은 천지차이예요."

나는 집에서 5,000킬로미터나 떨어져 있었다. 이 혼란 속에서 내 가족과 함께 있지 못한다는 사실이 나를 무척 힘들게 했다. 그러나 그날 밤 나는 그 지역의 의사회에서 강의가 예정되어 있었다. 나는 기획자에게 전화해서 말했다. "어떻게 하죠? 취소하는 겁니까? 지금은 국가적인 비상사태입니다." 그쪽에서 말했다. "사람들이 전화를 걸어와서 여전히 선생님 이야기를 듣고 싶다고 하고 있어요."

나는 솔직히 강의할 기분이 아니었지만 그렇게 했다.

그곳은 빈자리가 없을 정도로 만원이었다. 내 기억에 가장 많은 의사들이 모인 자리였다.

나는 우리가 하는 일을 설명해주었고, 우리를 초강대국끼리의 냉전에서부터 세계적 테러리즘, 그리고 마침내는 외계로부터의 위협으로 끌고 가는 의도된 어젠다의 틀과 관련지어서 이야기했다. 전통적인 군대, 전통적인 정보기관, 전통적인 권력계층이 아닌, 이런 상황들을 조작하고 있는 악당 같은 조직들 안에 이 사건의 배후가 있다고 말했다. 또 우리는 역사의 이 시점에 와 있으며, 이 집단이 누구이고 그들의 어젠다와 사고방식이 무엇인지를 알고 있는 우리에게는 이 사건이 놀랄 일도 아니라고 말했다.

청중들이 너무 조용해서 숨소리조차 크게 들릴 정도였다.

이런 사람들이 모인 자리에서 이 주제에 대해 말한 것은 그때가 처음이었다 – 이 사람들은 모두 동료 의사들이었다. 이것은 뉴에이지 UFO 컨퍼런스가 아니었다! 하지만 나는 말했다. "여러분은 이해해야 합니다. 이것은 모두 권력과 관계되어 있습니다. 거대한 지정학적인 권력 말입니다." 이 프로그램들을 운영하는 사람들은 '우주의 주재자' 콤플렉스, 곧 '신 콤플렉스'를 갖고 있다. 그것은 힘에 대한 과대망상증이다. 그리고 솔직히 말해 그것은 여러분이 정신을 바짝 차려야만 이런 행동을 부추기는 원인이 무엇인지를 이해할 수 있는 사고방식이다.

"그것이 그토록 알아차리기가 어려운 것일까요? 개인적으로 이스라엘에서 3년을 살면서 두 번이나 테러리스트의 폭탄에 죽을 뻔했지만 그 무엇도 저를 놀라게 하지 않았습니다. 우리는 첫 번째 걸프전 이후로 10년 동안 중동에 있었습니다. 오사마 빈 라덴과 다른 광신자들에게 점점 더 분개하면서 말이죠. 하지만 아프가니스탄에서 소련과 싸울 때 그는 우리의 동맹이었습니다. 그러나 중동의 토박이들은 우리가 그들의 성지 사우디아라비아에 있다는 데 몹시 화나 있었습니다." 그리고 나는 물었다. "우리가 왜 거기 있습니까? 경치가 좋아서요? 문화가 독특해서요? 아니면 우리가 메카Mecca를 좋아하나요? 50도의 기온이 좋아서요? 우리는 하나의 단어를 위해 거기 있습니다. 바로 석유죠. 우리는 석유를 위해 아직 거기 있고, 여전히 석유를 쓰고 있죠. 왜냐하면 이 기술들이 비밀로 지켜져왔기 때문입니다. 저는 결코 테러리스트들을 옹호하지는 않겠습니다. 그러나 왜 갑자기 우리가 그들의 커다란 목표물이 되어버렸는지 이해해야 합니다. 물론 갑자기 그렇게 되지는 않았습니다. 오랜 시간에 걸쳐 그렇게 되었죠. 그리고 이것이 오랜 시간에 걸쳐 오고 있었음을 알았던 사람들이 틀림없이 있습니다. 제가 함께 일해온 사람들은 오랫동안 자업자득의 의미에 대해 말해왔습니다. 솔직히 말하면 중국 속담처럼 될지도 모릅니다. '우리가 방향을 바꾸지 않으면, 우리는 우리가 가는 곳에서 끝나게 되리라.' 하지만 아무도 우리가 가고 있는 곳을 바라보지 않습니다. 지금은 깨어나서 우리가 어디로 가고 있는지 보아야 할 중대한 시간입니다."

나는 계속 말했다. "지금 우리는 이런 일의 재발을 막기 위해 전술적인 일들을 해야만 할 것입니다. 왜냐하면 전통적인 군대와 정보기관들은 반작용하는 식으로 이 일에 대응하느라 허둥지둥할 테니까요. 그러나 그 뒤에 원인이 되는 어떤 역학관계가 있는지 아무도 보고 있지 못합니다."

9/11 이후로 모든 공항이 폐쇄되었지만, 나는 태평양연안 북서부지역으로 이미 계획된 강의여행을 계속했다. 그래서 우리는 9/11의 공포에도 불구하고 '디스클로저' 투어를 계속하기로 했다.

그 마지막 행사는 워싱턴 주의 시골지역에서 여배우 린다 에반스Linda Evans가 지원하는 집단과 함께 열렸다. 우리는 함께 저녁을 먹었고 이 모든 주제들에 대해 오랜 시간 이야기했다. 린다 에반스는 우리 일을 많이 지원해주고 있다.

내가 예정대로 집으로 돌아오기로 했던 날은, 시애틀 공항에서 정상적으로 여객기 운항을 재개하는 첫날이었다! 나는 티켓을 바꿀 필요도 없었고, 비행기를 놓치지 않아도 됐다. 마치 우리가 9/11 때문에 전혀 놀라지 않은 듯했다. 그리고 거기에는 깊은 메시지가 있다. 세계적인 혼란이 생길 때일지라도, 우리는 진실을 말하고, 수천 명의 사람들을 만나고, 이 놀라운 시대의 한가운데서 우리의 길을 계속 가야 한다는 사실이다.

만일 여러분이 옳은 일을 하고 있고 진실을 말하고 있다면, 가장 큰 장애물마저도 여러분의 길에서 비켜설 것이다. 우리는 신비주의적인 길을 현실적인 발걸음으로 걸어야 한다.

마이클 무어Michael Moore*는 그가 믿는 유일한 음모들은 진실인 음모들이라고 말했다.

'주류' 대중매체와 엘리트들에게는 프로그램화된 거의 조건 반사적인 반응이 있다. 우리가 '음모' 같은 단어들을 쓰면 즉각적으로 그것은 '괴짜'와 연관된다.

* 2004년의 디큐멘터리 영화 「화씨(Fahrenheit) 9/11」의 감독.

또 'UFO'라는 단어를 쓰면 즉각적으로 '납치'와 '괴짜'라는 단어가 따라온다. 그래서 우리 문화에는 특히 대형 대중매체에 의해 프로그램화된 자동반응이 있다. 못된 국가안보집단과 심리전 종사자들이 어떻게 활동하는지를 주의 깊게 분석해보면, 그런 이슈들이 부각될 때 어떻게 반응할지에 대한 프로그램을 그들이 미리 짜놓았다는 사실을 알게 된다. 이 전략은 수십 년 동안 대단히 주도면밀하게 만들어져왔다.

우리에게는 말이 되는 믿을 만한 방법으로 이 일을 해야 할 책임이 있지만, 중대한 문제들 가운데 하나는 이것이다. 곧, 숨겨진 진실에 다가가면 갈수록 그것은 점점 더 믿기 어려워진다. 그리고 우리에 대한 신뢰는 점점 위태로워진다.

그래서 이것은 진퇴양난이다.

나는 지난 15년 동안 가장 실망스러웠던 일이 무엇이었는지 수없이 질문을 받아왔다. 단연코 그것은 나와 많은 시간을 함께 보내면서 이 정보를 사실로 받아들이고, 또 그들이 엄청나게 많은 좋은 일을 할 수 있는 막강한 지위에 있으면서도 - 상원의원이든, 대통령이든, 또는 UN의 관료 또는 군의 장성이든, 아니면 원로 과학자이든 간에 - 그 정보에 뒤이은 생산적이고 건설적인 행동을 취해야 할 근본적인 시점이 되면, 꼬리를 감추고 달아나면서 "나는 못 해."라고 말하는 사람들이 있다는 사실이었다.

헨리 키신저Henry Kissinger가 이렇게 말한 적이 있다. "이것은 우주에서 가장 뜨거운 감자입니다. 나는 그것을 너무 많이는 다루지 않을 겁니다." 그는 이 문제에 대해 알고 있었지만, 이런 사람들의 대다수가 그냥 포기하려고 한다. 이것은 엄중한 책임을 물어야 하는 일이다. 특히 미합중국의 대통령이 그것을 외면해버렸다면 뉘라서 그 일을 하려고 할 것인가?

어젠다 속에는 다른 어젠다가 있고, 그 속에 또 다른 어젠다가 있고, 그 속에 또 있다. 어떻게 하면 힘을 가진 충분한 사람들과 대중들에게 충분한 정보를 전해서, 바른 지식을 제공하고 어두운 구석에 빛을 밝힐 수 있을까? 아울러 그들에게는 분명한 대안도 제시해주어야 한다.

9/11 뒤에 바로 나는 우리가 디스클로저 프로젝트를 진행하면서 신속하게 이 새롭고 지구를 살리는 기술들을 찾아내서 대중들에게 돌려주어야만 한다고 결정했다. 우리는 50년이 넘도록 전횡을 일삼고 있는 이 집단에 대한 대항력이 될 충분한 지원과 잠재적인 자금을 이끌어내기 위해 무언가를 해야만 했다. 우리가 군대의 증인들과 비밀문서에서부터 이제는 실제 기술들까지 다뤄야 할 때가 된 것이다. 9/11 사건이 일어났을 때, 우리는 이 게임에서 우리가 많이 늦었다는 사실을 알았다.

2001년 가을에 우리는 공간에너지획득시스템SEAS을 결성했다. 많은 사람들이 수십만 달러를 모아주어서 우리는 비밀영역이 아닌 곳에서 공개적으로 이용될 기술들을 찾기 위해 조사를 시작했다. 우리는 이론적으로 활용 가능한 단계에 있는 몇 가지 기술들을 찾아냈지만, 그때까지는 세상에 프리에너지시스템이라고 내놓을 준비가 된 것들이 아무것도 없었다. 더 진보한 그런 장치들은 – 우리는 그 몇 가지를 직접 눈으로 확인했다 – 극도로 겁에 질려 있거나 비밀로 묻어두도록 세뇌되어온 과학자들의 손에 있었다.

예를 들면, 우리 팀의 로더 박사와 한 엔지니어가 이 과학자들 가운데 한 명을 만나러 갔는데, 이 사람은 그에게 종말론적인 신념체계를 주입해온 한 물리학자에게 사로잡혀 있었다. 물리학자로 가장한 이 첩보원은 그 발명가에게 이렇게 말했다.

"세상이 무너지기 전에는 당신의 기술을 절대로 내놓지 마시오. 그리고 그때, 마치 불사조처럼 당신은 과학의 구세주가 되어 모든 것이 산산이 부서졌을 때 이 기술을 내놓으시오."

그래서 근본적으로, 이 사람은 종말론적인 타임라인에 세뇌되어서 대재앙이 올 때까지 그 기술을 보류하고 있는 것이다. 물론 이것은 자기실현적 예언이다. 우리가 석유의 고갈과 생태계 파괴를 늦출 무언가를 갖지 못한다면, 이 끔찍한 사건은 일어날 것이다. 그러므로 이것은 순환논리다. 그러나 누군가 이 신념체계로 한번 세뇌되면 우리는 정말이지 아무것도 하지 못한다.

우리는 어둠의 영역 밖에서 개발 초기단계에 있는 반중력시스템도 찾아냈다. 충분한 자금이 주어진다면, 그것은 프리에너지시스템과 반중력시스템으로 무르익을 것이다. 세상은 지구를 살릴 이 기술들을 절실하게 필요로 하고 있다.

CHAPTER 33

늦어도 50년 안에
이루어질 일들

인류는 이미 아무런 오염 없이 물건을 만들어내고, 모든 폐기물을 100퍼센트 재활용하고, 통신과 교통을 위한 에너지를 오염 없이 만들어낼 수 있었다. 에너지 자체에는 아무런 비용이 들지 않는다. 지금 세상의 많은 곳에서 부족하며, 그것을 설치하기 위한 수조 달러의 전력망시스템이 필요 없다. 이 새로운 프리에너지 기술들은 인간의 역사에 가장 큰 변화를 가져오게 된다.

이제 극비사항들에 대한 증언과 문서들에서 실제적인 기술로 초점을 옮겨야겠다. 우리가 사는 세상은 물질과학의 세상이기 때문이다. 우리는 이 새로운 에너지기술들에 대해 알고 있는 일부 과학자들에게 문이 열려 있다고 설득해야 한다. 우리가 지금 그 열린 문을 지나 나아가지 않는다면, 대체 우리가 기다리는 것은 무엇이란 말인가? 우리는 그 누구에게도 이것을 강요하지는 못한다. 이것은 자발적인 연대다. 그러므로 우리 최선의 일은 우리에게 준비된 안전장치가 있다는 사실과, 왜 지금이 이 놀라운 신과학을 현실에 적용해야 하는 때인가를 설명해주는 일이다.

우리는 이제 무대 뒤에 있는 전술적 안전장치*와 함께 내가 '전략적인 안전장치'라 부르는 것을 갖고 있다.

이 비밀집단 안에는 우리를 지지하는 매우 유력한 사람들이 있으며, 그들은 우리에 대한 위협이 있을 경우 그에 대응할 것이다.

*증인들과 정보제공자들을 말한다.

또 우리에게는 우리가 하는 일을 알고 있는 수백만 명의 사람들이 있다. 1990년 내가 CSETI를 만드는 일을 구상하고 있을 때 국가안보 관련 일을 하던 변호사가 해준 말이 기억나는가. "걷지 말고, 뛰세요. 그리고 이 정보를 많은 사람들 앞에 내놓으세요."

그래서 나는 '래리 킹 라이브'나 '48시간' 같은 많은 쇼에 나가는 데 동의했는데, 여론이 좋든 나쁘든 간에 우리가 하는 일을 지켜보고 있는 수백만의 사람들이 있다는 사실은 거대한 안전장치가 된다.

그렇게 노출시키면서 10억 와트의 스포트라이트가 우리와 우리가 함께 일하는 모든 사람을 비춘다. 그리고 여기 그것에 대한 좋은 소식이 있다. 비밀스러운 힘은 비밀이라는 어둠 속에서만 번성한다.

우리의 노력에 거대한 스포트라이트가 비치고 있을 때 그들이 거기에 발을 들여놓는다면, 수많은 사람들이 그들의 추한 행동을 실시간으로 보게 될 것이다.

우리가 하는 모든 일들, 우리가 알아낸 모든 사실들, 우리의 모든 증거들과 그 밖의 모든 것들은 복사되어서 중요한 핵심 전달자들에게 건네지고 있다. 만일 우리에게 무슨 일이 생긴다면 그들은 이 정보를 라디오와 인터넷과 텔레비전을 통해 세상에 공개할 것이다.

새로운 기술들에 대해서도 이렇게 한다면, 그것은 사라지지 않고 오히려 광범위하게 공개될 것이다. 그때가 되면 우리를 해쳐도 아무 소용이 없다.

이것은 많은 과학자들이 납득하기 어려워하는 상식에 어긋나는 전략이다. 우리가 다루고 있는 집단에 맞서서는 비밀을 유지하기가 불가능하다. 그들은 의식과 접속하는 전자시스템을 갖고 있다. 우주공간에 있는 NSA의 구식 장비는 잊어버리라. 그것은 1960년대의 기술이었다.

그들은 일어나는 모든 일들을 실시간으로 감시한다. 그리고 우리가 하는 일을 그 집단으로부터 비밀로 지킬 방법은 없다. 따라서 우리는 이 일을 하는 데 어떤 시간이나 노력이나 생각도 허비하지 않는다. 이 막강한 비밀기계의 감시망을 피해서 무언가를 하겠다고 하는 생각은 망상이다.

그러면 여러분은 어떤 선택을 해야 할까? 그것은 합기도처럼 하기이다. 상대의 에너지를 취해서 그것을 상대를 제압하는 데 사용하면서 여러분은 완전히 열려 있고 투명하게 행동하기만 하면 된다. 따라서 불투명하고 비밀스럽게 슬그머니 하지 말고, 분명한 시각으로 그것을 하고, 가능한 한 신속하게 실시간으로 그것을 대중들에게 전달하시라.

그래서 로더 박사와 SEAS의 한 위원과 나는 2003년 한 에너지 장치를 찾아냈던 연안지역에서 돌아오자마자, 앞으로 나서서 수백만 명이 듣는 가운데 그것을 이야기했다.

더 많은 사람들이 알수록, 이 못된 이익집단들이 행동할 여지는 적어지는데, 그런 노력에는 큰 스포트라이트가 비춰지기 때문이다. 그들은 드라큘라와 같은 뱀파이어들이다. 그들은 햇빛 아래로 나오려고 하질 않는다. 해가 떠오르면 그들은 바퀴벌레처럼 달아난다. 여러분이 불을 켜면 바퀴벌레들은 모두 틈으로 달아난다.

그들은 대중의 관심을 받는 집단에 대해 비밀스럽고 살인적이며 분열적인 활동을 하고 싶어 하지 않는다. 나는 이런 말을 하는 주류 대중매체 사람들과 이야기한 적이 있다. "우리가 단순히 UFO에 관한 이야기 같은 정보를 내놓기는 아주 힘들 테지만, 만일 선생님이나 다른 사람들이 위협을 받는다면, 그리고 선생님이 그것을 증명하거나, 아니면 선생님에게 무슨 일이 생긴다면, 그것은 큰 화젯거리가 되겠지요. 왜냐하면 스캔들이 되기 때문이죠. 또 수백만 명이 선생님과 선생님 사람들에게 도대체 무슨 일이 생겼는지 의문을 가질 겁니다."

우리에게는 테이프들도 있는데 이것들은 이미 복사되어서, 때가 되면 바로 공개하게 될 사람들의 손에 있다. 여기에는 이 비밀집단에 관련된 핵심시설들과 많은 사람의 이름이 들어 있다.

하지만 이 과학자들의 다수가 두려움과 정신적 외상, 곧 일종의 '신에너지외상후스트레스증후군' 속에서 살고 있다.

이들은 심리전 전술에 의해 편집증적이고 지나치게 비밀스러워지도록 설득되어왔지만, 이 전술은 그들에게나 먹혀 들어간다. 이 과학자들은 결코 비밀게임에서 이기지 못하겠지만, 우리는 디스클로저 프로젝트를 성공시킬 수 있다!

신속함과 개방성 속에 안전이 있기 때문이다 – 사람들의 생각과는 반대로 말이다.

여러분이 그 일을 비밀리에 할 방법은 없다. 여러분 최악의 적들은 여러분이 하는 모든 일을 실시간으로 알게 될 테지만, 여러분을 지원할 사람들과, 환경과 석유 문제를 걱정하는 대중들은 여러분이 무엇을 하는지 알지 못할 것이다. 이것은 지난 100년 동안 저질러졌던 실수다.

사람들은 이 행성의 환경, 석유와 빈곤 문제에 대한 해결책을 원한다. 이 문제들을 해결하는 데 도움이 되는 기술은 엄청난 지지를 받는다.

일단 대중의 지지를 받고 나면, 여러분이 그 기술을 움켜잡기 위해 특허국의 섹션 181법을 공표하기도 전에 사람들은 폭동을 일으키고 수도 워싱턴 D.C.을 불살라버릴지도 모른다!

테드 코펠이 나를 '나이트라인'에 초대해서 우리가 마침내 합법적인 프리에너지 장치를 찾아낸다면 어떻게 하겠느냐고 물었을 때 나는 이렇게 말했다. "이 쇼에 나와서 수백만 명이 지켜보는 앞에서 그 어떤 비밀 명령서일지라도 갈기갈기 찢어버리겠어요. 제가 그렇게 하도록 놔두신 다면요."

그는 나를 빤히 바라보다가 – 지금 테드 코펠과 마주 보고 있다 – 말했다. "그렇게 하겠습니다." 아무리 많은 돈도, 아무리 큰 위협도 옳은 일을 하려는 우리를 막지 못한다.

우리는 화석연료와 원자력이 필요 없게 해줄 기술이 없이는 인류를 기다리는 좋은 미래를 맞이하지 못한다. 그러므로 이 기술들을 평화적으로 응용하고, 그것들이 무기화되지 않도록 지키는 데 필요한 일이라면 그것은 가치 있는 일이다.

이것은 전적으로 실현 가능한 목표다.

이 기술들에 대한 비밀과 그것에 대한 가차 없는 억압은 권력과 관계되어 있다. 여러분이 세계경제에 5조나 6조 달러의 영향을 미치는 일을 하고 있다면, 그리고 이것이 세계경제의 패러다임을 작동하는 핵심이라면, 그것은 중대한 주제다.

많은 사람들은 미국 국가안보위원회의 중요한 관심사 가운데 하나가 바로 경제적인 국가안보라는 사실을 알지 못한다. 우리의 한 증인은 미 해군조사과의 책임자였던 한 제독의 밑에서 일했다. 이 제독은 어느 모임에서 "내 중요 임무는 세계 에너지공급망의 현상을 유지하는 일입니다."라고 털어놓았다.

왜냐하면 이렇게 상상해보라. 우리가 이 기술들을 세상에 내놓으면, 라틴아메리카 또는 사하라 남부 아프리카의 10억의 사람들, 또는 인도의 11억, 또는 아시아의 15억이나 20억 인구가 모든 마을에서 오염과 어떤 대가도 없이 맑은 물, 통신, 냉장, 교통, 조명에 필요한 모든 에너지를 생산하는 장치를 갖게 될 것이다. 이 장치를 만드는 비용은 발전기한 대 값보다도 비싸지 않을 것이다.

지금은 상상도 안 되는 가난 속에서 살고 있는 세계인구의 삶의 질이 엄청나게 좋아질 것이다.

세계인구 가운데 현대적인 편의시설과 문명의 이기 비슷한 것이라도 가지고 사는 사람들이 20퍼센트 정도에 불과하다는 사실을 우리는 잊고 산다. 그렇다면 나머지 80퍼센트는 정글에서 겨우 반걸음 정도나 나와 있는 것이다.

이런 상황에서 우리 세상의 한편에서는 위기가 늘어가고, 서구에 대한 분노가 늘어가고, 전쟁과 테러리즘의 가능성이 늘어가고 있다. 하지만 이 기술들이 세상에 나오면, 이것은 모든 배들을 물 위로 떠오르게 할 조류가 된다. 이야말로 정말 좋은 소식이다 – 여러분이 1조 달러짜리 유전을 갖지 않았다면 말이다.

인도, 사하라 남부 아프리카, 라틴아메리카와 아시아의 수십억 인구가 미국과 유럽을 능가하는 경제활동 수준에 이르게 된다면 어떤 일이 벌어질까?

세계 역사를 통틀어 가장 컸던 지정학적 힘은 갑자기 이동하게 되고, 그곳에서 '위대한 백인 아버지'*는 더 이상 모든 결정을 내리는 유일한 사람이 아니다. 그리고 진실은 이렇다(이 진실은 일부 통제조직에 들어 있는 파시스트들의 두려운 가슴을 두드리는 것이다). 일단 프리에너지가 세상에서 사용되면, 이 이익집단들은 실제로 다른 대륙과 다른 인종과 다른 문화들에서 온 사람들과 권력을 나누어야만 한다. 지정학적 힘은 인구의 규모에서가 아닌, 경제적 영향력에서 나온다!

인구만으로 세상의 힘이 결정된다면, 세상에서 가장 막강한 나라들은 인도와 중국이 될 테지만, 실상은 그렇지 않다. 힘은 기술적, 경제

*북미 아메리카 원주민들이 미국 대통령을 가리켜 부르던 말.

적 기량과 그에 따른 군사력에서 나온다. 바로 그것이고 그것이 전부다.

  소련은 경제적 기량이 파산했기 때문에 해체되었다. 그리고 지금 세계의 유일한 초강대국은 미합중국이다.

  그리고 인류는 이미 아무런 오염 없이 물건을 만들어내고, 모든 폐기물을 100퍼센트 재활용하고, 통신과 교통을 위한 에너지를 오염 없이 만들어낼 수 있었다 – 에너지 그 자체에는 아무런 비용이 들지 않는다. 지금 인도와 세상의 많은 곳에서 부족하며, 그것을 설치하기 위한 재원조차 없는 수조 달러의 전력망시스템이 필요치 않게 된다.

  이 새로운 프리에너지 기술들은 세계경제를 연간 30조 달러의 규모에서 100조 또는 200조 달러 규모로 도약하게 만든다.

  이러한 성장의 대부분은 미국과 유럽 밖에서 이루어지는데, 이 둘의 인구를 합해봐야 고작 6억밖에 되지 않는다. 세계 인구는 그 10배인 60억이지 않은가?

  이 일은 인간의 역사에서 지정학적 힘의 가장 큰 변화를 가져오게 된다. 그리고 이것은 정말로 갑자기 10에서 20년, 길어야 50년 안에 이루어질 일이다.

  비밀이 유지되는 핵심적인 이유들 가운데 하나가 이것이다. 그 비밀은 권력이라는 주제에 깊이 뿌리내리고 있고, 유감스럽게도 거기에는 좀 추한 인종차별주의자들의 저의가 깔려 있다.

  오래된 속담인 '평화를 원한다면 정의를 위해 일하라.'라는 말은 여기에 딱 들어맞는다. 소수의 사람들이 세상의 모든 자원들을 쓰고 있고, 반면 대다수의 사람들은 지긋지긋한 가난 속에서 살아가는 이런 세상에서 정의를 이루기란 정말 어려운 일이다.

  이 역학관계를 바꾸기 위해서는, 이 기술들이 세상에 나와야만 한다. 그렇게만 되면 세상은 모든 사람들을 먹여 살릴 것이다.

그러므로 이것은 중대한 질문이다. 우리에게는 지구의 모든 시민들을 위한 공평하고 풍요로운 세상을 만들고 진실로 세상과 힘을 공유할 의지가 있는가? 우리에게는 지정학적 힘을 모든 사람들에게 내줄 의지가 있는가?

지금껏 이 좋은 미래에 대한 우리의 대답은 '아니요!'였다. 이제는 '예!'라고 말할 때가 되었다.

오랫동안 발전이 보류되어왔던 세상의 여러 지역들에서 성장은 멋지고 빠르게 이루어진다. 그것은 수백 년 동안 유선전화 사용에서 소외되었던 지역이 곧바로 위성전화와 휴대전화를 사용하게 되는 경우와 비슷하다.

더 근본적이고 심오한 수준에서는, 이 지역들은 150년의 굴뚝 산업혁명을 건너뛰어, 전선과 연료 또는 값비싼 인프라를 필요로 하지 않는 지역 내 발전point of site시스템으로 바로 간다.

그렇게 해서 그들은 빠르게 산업화되겠지만 공해는 없다. 또 그와 함께 엄청난 경제활동, 기술발전과 지정학적 힘이 생기게 된다.

우리가 에너지를 만들어내는 방식의 변화는 문자 그대로 그리고 상징적으로 말해 힘의 분산을 초래한다. 전력power 생산은 탈중심화되고 권력정치power politics도 그렇게 된다. 모든 마을들은 자급자족적으로 변해가고 집중화된 통제는 최소화된다. 이 기술들을 이해하고 나면, 그것으로 지역과 모든 교통수단과 제조과정에 필요한 에너지를 생산해낼 수 있음을 이해하게 된다. 그리고 이 과학이 더 발달된 형태로 응용되면 그 지역에서 필요한 어떤 물질재료라도 만들어내게 된다.

따라서 이것은 지구의 물질적인 운명에서 놀라운 혁명이 될 것이다.

우리는 사람들이 한 뙈기 땅 또는 한 조각 금을 놓고 아귀다툼을 해왔던 시대에서 빠져나오고 있다 — 이것은 완전히 새로운 패러다임이다.

그러나 이 새로운 패러다임은 중앙 집중적이고 은밀한 비밀 사회들과 집권화된 금융과 과도하게 집중된 통제력을 더 이상 필요로 하지 않는다.

우리는 하나의 세계문명으로 통일되고 통합되겠지만, 지역 차원에서의 권한도 함께 늘어나게 된다.

한편으로 우리는 즉각적인 국제 통신수단과 교통수단 덕분에 하나의 지구촌으로 점차 통합되어갈 것이다. 한 대륙에서 다른 대륙으로의 여행은 새로운 반중력 추진시스템을 사용하여 지극히 빨라진다.

그리고 또 한편으로는 자급자족과 권한의 수준은 일차적으로 지역과 마을과 근린 수준에 모아진다.

마을이나 지역 수준에서의 권한은 늘어가지만, 지구촌공동체는 점점 더 통합되어가는 이 두 가지 역설적인 과정들은 동시에 일어난다. 이것은 완전히 새로운 세상이다.

R.E.M이라는 그룹의 노래가 생각난다. "우리가 그것을 알면 세상은 끝나겠지만, 나는 좋아요!"

이 지구적 변화가 인류 대부분, 그리고 지구에게는 멋진 일이 되겠지만, 세상을 확실히 주무르면서 머물고 싶어 하는 엘리트 집단에게 그것은 최악의 시나리오다. 왜냐하면 전력생산과 경제활동을 분산시키면, 지금 이 행성을 좌지우지하고 있는 심각하기 그지없는 도둑정치도 끝나기 때문이다.

나는 코르소Corso 대령이 여러 친구들에게 이야기했던 1956년 홀로만 공군기지에서 있었던 일이 생각난다.

그 당시 많은 외계비행체들이 기지 주위에 자주 출몰했고 레이더에 포착되기도 했다. 물론 그곳은 우리가 최초의 원폭실험을 했던 트리니티 사이트Trinity Site 근처의 아주 민감한 지역이었다.

어느 날 낮에 한 물체가 레이더에 포착되었다. 이 비행선은 하강하더니 기지 영내에 착륙했다.

코르소 대령은 지프에 올라타고 그곳으로 갔다. 그가 도착했을 때 거기에는 이음새 없는 은빛 달걀 모양의 우주선이 지면 바로 위에 조용히 떠 있었다. 그것은 완전히 물질화되어서 햇빛에 빛나다가 사라져버렸다 – 그의 눈에 보이는 것은 모래 위에 열로 생긴 아지랑이뿐이었다. 그것은 우주선 형태의 에너지장으로 비물질화되었다가 번쩍하더니 다시 물질화되었다.

갑자기 한 외계존재가 정신감응으로 대화하기 위한 어떤 통신수단을 갖고 우주선 밖에 나타났다.

코르소 대령이 물었다. "친구요, 적이오?"

외계존재가 대답했다. "둘 다 아닙니다."

그는 이어서 말했다. "우리는 여러분이 우리 우주선을 방해하고 있는 일부 레이더시스템을 그만 사용해주었으면 합니다……." (로즈웰의 추락 사건은 외계우주선의 추진장치와 항법시스템을 망가뜨리도록 특정 주파수로 조정된 고출력 레이더시스템 때문에 일어났다는 사실을 기억하기 바란다.)

좀 무모한 군인인 코르소 대령이 말했다. "그렇다면 그게 나에게 무슨 이익이 된다는 거요?"

외계존재가 그에게 말했다. "새로운 세상입니다. 여러분이 받을 수 있다면요!"

이제 50년이 지났고, 우리는 그것을 받는 법을 배워야 한다 – 우리에게 주어지고 있는 새로운 세상을 받아들일 방법을 말이다. 우리는 수십 년 동안 미뤄져왔던 새로운 세상을 받아들이고, 그리고 수천 년의 지속 가능하고 깨달은 문명을 세우기 위해 배울 필요가 있다.

이것이 외계문명들이 우리가 하기를 기다리고 있는 일이며, 우리는 그 일을 이루어야 할 바로 그 세대다.

CHAPTER 34

외계존재는 우리를 지켜보고 있다

> 지구는 지금 일종의 우주적인 격리 상태에 있다. 우리가 그런 첨단 기술들로 우주로 나가기에는 아직 사회적으로 영적으로 충분히 진화하지 못했기 때문에, 우리는 지금 날개를 묶인 상태에 있다고 알려져 있다. 우리가 우주에서 환영받기 위한 열쇠는 바로 평화다. 우주에는 고도로 발달했고 우리의 기술 수준에 있거나 아니면 이미 그것을 초월한 알지 못하는 세계들이 있다.

한 석유업계 사람이 나에게 이렇게 말한 적이 있다. 석유를 연료로 쓰는 것은 온기를 얻기 위해 벽난로에 피카소의 그림을 집어넣는 것과 같다고. 석유는 에너지로 쓰기에는 너무 귀한 것이다. 지구 위에 이어질 수십만 년 동안의 문명이 필요로 할 것을 생각하면, 우리는 합성화학제품, 윤활유, 플라스틱 등과 같은 필수적인 목적을 위해 비축하는 방법으로 석유를 아껴야 한다. 현명하게 사용한다면 지구는 수천 년, 그리고 아마도 수백만 년 동안의 진보한 문명에 사용될 만큼의 자원들을 갖고 있다. 하지만 우리가 지금처럼 어리석게 사용하면 지구는 우리를 지속시키지 못한다.

이것은 논리적인 사람이라면 누구라도 이해할 수 있는 사실이다. 그러나 우리의 의사결정이 정신 나간 두려움과 탐욕, 또는 일종의 세계 종말론적 신념체계에 바탕을 두고 있다면, 우리는 지금으로부터 수천 년을 신경 쓸 필요가 없다. 지금으로부터 20년도 걱정할 필요조차 없다.

이 기술들을 유예시킴으로써 우리 아이들의 아이들의 아이들의 아이들의 아이들의 아이들이 더 적절히 사용하도록 비축해둬야 하는 자원들을 우리는 말 그대로 태우고 있다.

내 아버지는 반은 체로키족이었고, 체로키는 우리가 무엇을 하든 아직 태어나지 않은 많은 세대들을 생각해야 한다고 믿었다. 역사 속의 이 시간에, 우리는 50만 년을 지속될 주기를 시작하고 있다.

따라서 우리가 오늘 하고 있는 일은 아직 태어나지 않은 2만 세대를 생각하면서 이루어져야 한다. 1990년대에 나와 함께했던 한 사람은 로널드 레이건의 국가안보위원회의 스태프였는데, 국가안보위원회의 장기계획이 6개월에 불과하다는 말을 했다! 그것은 단지 상황에 대처할 뿐이었다 – 위기에서 위기로 말이다.

이 새로운 에너지와 추진 기술들이 무기화될 가능성도 있다고 주장되어왔는데, 이것은 사실이다. 모든 것은 무기화될 수 있다. 응급실 의사로 일하면서 나는 맥주병 때문에 죽는 사람들을 보았다! 하지만 이것이 우리가 이 기술들을 가져서는 안 되고, 세상이 어리석음 때문에 서로를 잡아먹고 파괴하도록 놔둬야 한다는 것을 의미할까?

아니면 그 대신에, 그런 기술들의 안전한 사용을 보장하고 약속하며 또 강제하도록 국제적인 공조체계와 집단적인 안전체계를 만들어야 하는가? 이런 체계 밑에서는 그 기술들을 전쟁과 폭력 아니면 해를 끼칠 목적으로 사용하려는 어떤 사람이나 어떤 집단 또는 국가는 바로 제지될 것이다. 우리는 이 기술들을 풀어놓지 않으면 또 다른 히틀러나 사담 후세인Saddam Hussein이나 폴 포트Pol Pot는 나오지 않으리라 스스로 믿고 싶은 것이다.

이것은 오늘날 우리가 그런 문제들을 감시하는 수단과 안정적인 평화를 강제할 수단을 갖고 있다는 사실을 의미한다. 비밀세계에 지금 존재하는 기술들을 평화에 열성적인 사람들이 쓴다면, 우리는 이 새로운 에너지시스템을 해로운 목적으로 사용하는 그 어떤 행위도 실시간으로 감시하고 저지할 수 있다.

우리는 현실적이어야 한다. 모든 사람이 즉각적으로 삼매와 깨달음에 들어서고 비폭력적이고 평화적으로 되지는 않는다. 우리는 인간이다.

하지만 세상에는 충분히 많은 수의 선한 사람들이 있고, 또 세상에는 우리가 필요로 하는 리더십을 제공할 충분한 선한 지도자들이 있다. 폭력적이거나 잠재적으로 위험한 인물이 나타날 때, 우리의 정책은 다음과 같이 되어야 한다. 지구 위의 모든 문명국들이 일어나서 문제가 되기 전에 그를 제지해야 한다.

이 정책이 진실로 실행되었더라면 제1차 세계대전은 결코 일어나지 않았을 것이다. 제2차 세계대전도 발발하지 않았을 것이다. 지금은 통신수단과 감시수단이 있지 않은가 말이다. 하지만 의문이 생긴다. 우리에게 평화를 강요할 의지력과 뜻이 있는가?

사담 후세인과 그의 화학무기들을 예로 들어보자. 누가 그에게 그 기술과 화학물질들을 제공했을까? 독일과 미국과 프랑스가 했고, 러시아가 좀 도왔다. 럼스펠드Donald Rumsfeld 그 자신이 이 기술을 후세인에게 이전하는 데 관여했다.

그러면 이들이 화학무기 프로그램을 보장해주는 대가로 무엇을 받았을까? 석유다.

따라서 우리가 그것을 할 수 있느냐 없느냐와는 아무런 관계가 없는 문제이며, 사람들이 다음의 교훈을 빨리 배울수록 더 좋다. 곧, 세계의 상황은 대부분 분쟁으로부터 이득을 얻는 사람들에 의해 조작되고 있다.

우리는 제1차 세계대전과 제2차 세계대전을 겪으면서도 이 교훈을 분명 배우지 못했다. 그리고 지금 우리는 여기에 와 있다.

문제는 이것이다. 이 나라가 이 교훈을 배우려면 정확히 무슨 일이 일어나야 하는가?

우리는 이미 최대석유생산량에 도달했고, 마지막 배럴의 석유를 놓고 싸우는 내용의 영화 「매드 맥스Mad Max」처럼 되어가고 있다. 옳은 일을 해야 할 때가 되었고, 우리 문명이 그다음 수준의 발전단계로 옮아갈 때가 되었다.

우리는 하나의 문명화된 세계처럼 법규를 지키며 살려고 하는가, 아니면 악당 같고 불법적인 집단들과 '살인주식회사'가 사람들의 이익을 함부로 다룰 때 겁쟁이처럼 못 본 척하려 하는가?

우리가 이 기술들의 존재를 효과적으로 공개하기만 하면 대중들은 말할 것이다. "우리는 그것을 원해요!" 8기통짜리 픽업트럭을 가진 빌리 밥Billy Bob은 트럭을 몰기 위해 디젤 1갤런에 10달러나 치르고 싶지는 않다. 이 관심사들을 위기국면으로 몰고 가려 하는 세력들이 있으며, 이것은 필연적인 일이다. 그리고 필연적으로 우리는 이 국면을 타개할 것이며 세상은 이 비전을 껴안을 것이다.

그러나 얼마나 많은 혼란과 우매함을 겪어야 우리가 이 국면을 타개하게 될까? 이것이 유일한 질문이다. 집단으로서의 인간은 생존자들이며, 상황이 다급해지면 결국 우리는 생존을 선택하게 된다.

나는 이 기술들이 세상에 나오려면, 우리는 오로지 생존을 위해서라도 그들을 강제해야 하고, 지속 가능하고 평화로운 문명을 창조해야 한다는 사실을 기꺼이 받아들인다. 지금 더 이상 이 거대한 구조적인 문제와 환경 문제들을 등한시해서는 안 된다는 사실을 모든 사람이 알아가고 있다. 따라서 어떤 해결책이 나오면, 그것은 사람들의 주의를 모으고 마침내 우리가 수십 년 전에 이미 했어야 할 일을 하도록 요구할 것이다.

평화가 없이는 지구 위에서 더 이상의 진보는 불가능하다. 단순한 진리는 이렇다. 인간진화과정에서 우리는 오직 평화적인 미래만이 유일하게 가능한 미래가 된 지점에 도달했다.

많은 사람들이 이렇게 주장한다. "아, 우리는 결코 평화적이지 않아요. 우리는 언제나 서로를 죽이려고 할 거예요."

진실은 대부분의 사람들이 서로를 죽이기를 원하지 않는다는 사실이다. 60억의 사람들 가운데 대부분은 사실 아주 멋지고 평화적인 사람들이다.

유감스럽게도 우리는 습관적으로 나머지 대다수를 공격하기 좋아하는 극소수의 정신 나간 사람들을 제지시키려고 하지 않았다.

초극비 프로젝트들에는 영화「스타워즈」에서와 같이 결의를 불태우면서 우주로 나갈 것처럼 이 기술들을 사용하는 환상을 가진 사람들이 있다. 하지만 빛의 횡단점을 넘어가는 기술들은 무기시스템에 적용될 수도 없으며, 우리가 핵무기로부터 생존할 수 없듯이 그것을 사용하면 아무도 살아남지 못한다.

이 비밀프로젝트들에 있는 일부 사람들은 외계존재들의 행동을 오해했다. 예를 들어, 우리가 소련에게 막강한 미국의 힘을 보여주기 위해 달에 핵무기를 쏘았을 때, 한 외계비행체가 나타나서 그것을 요격하고 파괴해버렸다. 자, 여러분은 이것을 외계인들이 우리에게 적대적이라는 증거로 받아들일 수도 있겠지만, 실상 그들은 달에 있는 그들의 시설들을 보호하고, 대량파괴무기로부터 안전한 평화로운 장소로서의 우주공간의 신성함을 보호하려고 했던 것이다.

핵미사일이 달에서 폭발하는 광경을 보고자 했던 인간들의 입장에서는, 그들을 좌절시킨 존재들의 행동을 그들의 적대성의 증거로 간주하도록 하기에 충분한 일이었다!

이런 사건들이 많이 일어나면서 인간들은 그들의 행동을 적대성의 증거로 오해했지만, 사실 그것은 그들의 깨달음의 증거였다. 이 외계문명들은 단지 지구의 미숙하고 이성을 잃은 군사문명이 대기권을 탈출해서 우주로 나가는 일을 막기 위해 노력하고 있던 것이다.

이것은 관점에 따라 이렇게 보이기도 하고 저렇게 보이기도 한다. 나는 그들의 의도가 평화적임을 정말로 확신한다. 그러나 어느 사건을 이용하려고 한다면, 이를테면, 레이건 대통령이나 스타워즈를 지지하는 성향의 누군가에게 이렇게 말할 수도 있다. "저거 보세요, 우리가 위협받고 있잖아요. 우주에 무기를 배치해서 따끔한 맛을 보여줘야 해요!"

이런 사례들을 이야기하면서 나는 이론적으로 가능한 일을 말하는 것이 아니다. 이것은 실제로 일어난 일이고 외계비행체를 파괴하고 우주를 무기화하기 위한 정당한 구실이 되었다.

우리에게는 16~18기의 대륙간탄도미사일들이 완전히, 그리고 순식간에 못쓰게 되어버린 ET 사건에 대한 증인들이 있다(29장 밥 살라스의 증언 참조).

내가 이 증인들에게 "그들이 무얼 말하고 있었다고 생각하십니까?"라고 물으면 그들은 이렇게 답한다. "우리는 그들이 이 아름다운 행성을 제발 날려버리지 말아달라고 말했다고 생각합니다."

여러분은 같은 사건을 가지고 다른 분석을 내놓았을지도 모른다. "그들은 우리의 국가안보 대비 상태를 방해하고 있어요. 그들은 우리가 소련에 무방비 상태가 되도록 만들고 있다고요."

여러분이 편집증적인 사고방식에 빠져 있고 군산 예산의 증액에 관심을 갖고 있느냐에 따라 같은 행동이 다르게 해석되기도 한다.

외계존재들의 행동은 우리에게 많은 이야기를 해주고 있다. 우리가 지구생명의 생존을 위태롭게 하는 행동에 열중한다면, 그들은 개입해서 우리를 멈추게 할 것이며, 그것도 아주 빠르게 그렇게 할 수 있다.

이런 일은 계속해서 일어났다. 반덴버그 공군기지에서 발사된 미사일의 요격과 파괴, 달을 향하는 미사일의 요격, 16기 이상의 대륙간탄도미사일의 작동불능과 같은 일들 말이다. 외계문명들은 우리에게 이렇게 말하고 싶어 한다고 나는 확신한다. "서로를 파괴하는 길을 가지 마세요. 만일 그렇게 한다면 우리는 그것을 멈출 수 있습니다."

이와 비슷한 사건들이 소련에서도 정확히 동시에 일어났다는 사실을 많은 사람들은 모르고 있다. 외계존재들의 행동은 지구 위의 모든 대립 국가들에게 이렇게 말하고 있었다. "평화를 이루세요. 그래서 대량파괴의 길로 빠지지 마세요. 그래도 한다면 우리가 막겠습니다."

그들이 동시에 소련에서도 같은 일을 하고 있었다면, 그들이 소련 편을 들고 있는 것은 아니다!

외계문명들은 분명히 우리가 이 무기들을 우주로 보내도록 놔두지 않을 것이다. 만일 우리가 시도한다면 그들은 성가신 물건을 걷어내듯이 치워버릴 것이다.

비밀 그림자정부의 작전 세력이 외계복제비행선과 다른 최첨단 우주선을 타고 우주로 나가려고 시도했을 때, 그것들은 고장 나버렸다.

국방부정보국의 한 증인은 우주공간 바깥을 향하는 많은 정교한 인공위성시스템들이 있었다고 했다 – 그것들은 소련을 향하고 있지 않았다. 이 위성들은 우주공간에서 외계비행체들을 추적하고 조준하는 데 사용되고 있었다. 그는 외계존재들이 자기방어를 위해 일상적으로 이 시스템들을 마비시켰다고 했다. 하지만 그런 행동은 자신들의 계획이 좌절당하는 데 익숙하지 않은 이 '우주마왕' 같은 사람들을 화나게 했다.

그러므로 이 사건들을 편집증과 군국주의적 성향을 가진 사람들을 자극하는 데 써먹기 원한다면 그것은 쉽다. 그리고 이것이 지난 50년 동안 일어난 일이다.

　대통령이나 고위관료들은 이러한 '정보의 선별'과 그 사건들에 대한 외계공포증적인 의견에 쉽게 휘둘린다. 그리고 그런 사람들에게 다른 시각을 제시해줄 사람이 또 누가 있겠는가? 이것이 폐쇄적이고 비밀스러운 시스템들이 가진 진정한 위험들 가운데 하나다.

　그러나 외계존재들은 이런 역기능을 우리 스스로가 해결하길 바란다. 그들은 세계적인 핵전쟁이나 대규모 지구물리학적 재앙이 일어나거나, 또는 인간들이 우주의 평화질서를 뒤흔드는 행동을 취할 경우에만, 두드러지게 그리고 공개적으로 개입할 것이다.

　이것이 최선의 선택인 것은 아니다. 그것은 만일 한 문화가 다른 문화에 개입해서 인위적으로 무언가를 강요한다면, 그것은 보편적으로 거의 실패하기 때문이다.

　외계문명들이 지구에 와서 새로운 어떤 질서를 부여하리라는 생각은 환상에 불과하다. 이것은 소년기에서 갓 벗어나서 성숙하느라 휘청거리고 있는 우리가 배워야 할 교훈들이다.

　외계문명들은 아주아주 오랫동안 우리의 발전과정을 지켜봐 왔다 – 아마도 수천 년 또는 아마도 수백만 년 동안. 그들은 수십억 년 동안 발전해온 생물권biosphere, 또는 수십만 년에서 수백만 년 동안 지적 생명과 깨달음의 발전을 위한 장소로서 여기 있기로 한 하나의 세계를, 한 삐뚤어진 세대가 파괴해버리도록 놔두지는 않을 것이다.

　그동안 두 개의 우주프로그램들이 동시에 진행되어왔다. 그 하나는 내 삼촌이 일했던 전통적인 우주프로그램이다. 삼촌은 르로이 그러먼Leroy Grumman＊과 함께 제트추진엔진을 사용하는 달착륙선을 설

＊미국 그러먼 항공우주 산업사의 설립자.

계했던 수석 프로젝트 엔지니어였다.

이와 함께 병행되어온 또 다른 우주프로그램은, 광속보다 빠르게 나는 초기 반중력 우주선을 포함한 더 첨단의 기술들을 사용하는 것이다.

하지만 지구는 지금 일종의 우주적인 격리 상태에 있다. 우리가 그런 첨단 기술들로 우주로 나가기에는 아직 사회적으로 영적으로 충분히 진화하지 못했기 때문에, 우리는 지금 날개를 묶인 상태에 있다고 알려져 있다. 우리가 우주에서 환영받기 위한 열쇠는 바로 평화다.

우주에는 고도로 발달했고 우리의 기술수준에 있거나 아니면 이미 그것을 초월했으며, 전쟁이라는 개념조차도 알지 못하는 세계들이 있다. 그러므로 우리와 같은 세계는 우주에 공격을 퍼부을지도 모를 엄청나게 위험한 세계일 것이다. 우리는 아직도 너무 폭력적이고 너무 원시적이다.

우리가 비밀리에 발전시킨 모든 기술들을 사용하려고 하는 우리의 시도는 외계존재들의 강제력에 의해 지구에 격리되는 형태로 제지되어왔다. 그들의 임무는 기술이 사회적, 영적 발전을 앞질러버린 한 종족으로부터 우주를 보호하는 것이다. 이것은 우주적인 정의의 표현이다. 군국주의적인 인간들이 우주에 공격을 퍼붓는 일은 더할 나위 없는 광기이자 어리석은 짓이 될 것이다!

닐 암스트롱Neil Armstrong은 인류가 달에 착륙했을 때, 달의 분화구에서 우리를 지켜보는 많은 외계비행선들이 있었으며, 그들에게서 달을 떠나라는 경고를 들었다고 했다.

자, 이것을 생각해보자. 냉전의 절정에서 우주프로그램은 사실 군사적인 힘이었다. 그것은 달에 가려는 소련과의 경쟁적인 레이스였고, 군사시설을 달에 설치하려는 계획이 마련되어 있었다. 외계사람들은 우리가 지구 밖의 세계를 '우리 대 그들'의 영역으로 분할하고, 인간의 분쟁을 우주로 가지고 나오는 것을 원하지 않는다. 그것은 허락되지 않을 것이다.

다시 앞으로 돌아가서, 만일 여러분이 외계존재들의 행동을 어떤 식으로 돌리고 싶다면 이렇게 말할 수도 있다. "봐요! 저건 위협이잖아요." 사실 그들이 하고 있던 일은 분쟁과 전쟁으로부터 우주공간을 보호하기 위한 것이었는데도 말이다.

그러나 우리가 하나가 되어 평화라는 이름으로 우주로 나가게 되면, 우주는 우리에게 활짝 열린 한 권의 책이다.

인류가 달에 착륙했던 1969년 이전부터 이미 달에는 인공적인 구조물들이 있었다. 일부는 무척 오래되었고 다른 것들은 더 새롭고 기능적으로 보인다.

달과 가까운 우주공간에는 외계존재들의 아주 항구적인 시설들이 있으며, 화성의 지하에도 그들의 대규모 시설들이 있다.

달과 화성에 있는 고대의 구조물들은 물론 지구 위에 있는 고대의 외계존재들의 방문 흔적들을 토대로, 어떤 이들은 그들이 유전적 증진을 통해 인류의 진화를 부분적으로 도와왔다고 주장한다. 나는 이 주장이 일리가 있으며 논리적이라고 믿는다. 우리 진화의 타임라인에는 분명 잃어버린 고리가 있으며, 진보한 문명들이 우리 종족을 돕고 증진시켰다는 주장은 그럴듯해 보인다.

내가 이렇게 말할 때, 동시에 나는 우리가 그들에 의해 '창조'되었다고 말하지 않으려고 무척이나 조심스럽다. 나는 우리 모두를 창조한 무한한 신이 있다고 믿는다. 하지만 그것이 의사로서 내가 스스로 어떤 문제를 돕거나 해결하지 못한다는 뜻은 아니다. 과학적이고 종교적인 근본주의자들에게는 그렇지 않지만, 이 개념들이 상호배타적인 관계이지는 않다. 사람들은 이렇게 물을 수도 있다. "글쎄요, 그렇다면 신이 있다는 뜻인가요?"

물론 그렇다. 상대계를 가로질러, 그리고 모든 경로와 수단을 이용하여 움직이고 일하는 신성한 '창조자'가 있을 수 있다. 그리고 우리가 그 경로이자 수단들이다. 또 다른 행성들에서 온 사람들도 그렇다.

나는 NASA의 제트추진연구소Jet Propulsion Labs와 접촉한 적이 있었는데, 그들은 달과 화성의 구조물들이 고대의 것이라는 사실을 알고 있으며, 신학적이고 종교적인 이유로 이 정보가 억압되고 있다고 말했다. 전통적인 종교적 도그마의 정설은 그런 사실이 공개되면 뒤집히게 될 것이다.

무한한 창조자의 존재와 신성한 계획의 일부로서 인간의 진화가 도움받았을 수도 있다는 가능성은 서로 배타적인 개념이 아니다. 사실 나는 이것들이 무척이나 상호보완적이지만(아마도 이것은 진보한 신학개념일 것이다), 지성을 가진 지고의 '존재'가 존재한다는 근본적인 현실과도 서로 모순되지 않는다는 점을 알게 되었다.

그 이유는 이렇다. 우리가 신의 의도 또는 신성한 계획에 대해 희미하게나마 파악할 수 있다면, 외계존재들을 포함한 다른 사람들은 왜 하지 못하겠는가? 또한 왜 그들이 그런 지식을 갖고 행동하지 못하겠는가?

지적인 종족들은 보편적인 형태를 갖고 있다. 하나의 머리와 각각 두 개의 팔과 다리를 가진 직립하는 존재의 형태는 비국소적인 형태발생적 전파를 통해 우주적으로 일관성을 가진다.

쉘드레이크Rupert Sheldrake의 형태발생장morphogenic fields 이론에는 하나의 패턴이 일단 발전되면 그것은 복제되는 경향이 있는데, 알려진 국소적인 수단을 통해서뿐만 아니라, 원격의 장소들과 비국소적으로 동시에 연결됨으로써도 그렇게 된다는 개념이 있다.

이것은 마치 100번째 원숭이 현상과도 같은 현상인데, 한 섬에서 일정 수의 원숭이들이 어떤 기술을 배우게 되면, 직접적인 접촉 없이도, 갑자기 멀리 떨어진 곳에 있는 다른 원숭이들도 같은 행동을 하기 시작한다.

그러므로 진화와 지식의 패턴들도 비국소적으로 전이되고 있다는 것이다. 의식의 힘을 이해하고, 마음은 항상 편재하면서 궁극적인 비국소적 통합자integrator라는 사실을 이해하면, 우리의 생각과 기도와 비전은 지구 전체와 온 우주에 비국소적으로 영향을 미친다는 점이 명백해진다.

CSETI 원정의 중심 목적 가운데 하나는 모든 참가자들이 그 상태의 합일의식 수준에 머물면서 평화로운 우주를 함께 보고 함께 창조하는 것이다.

합일의식의 상태는 물질에도 영향을 미친다. 원격치유에 대해 들어보았으리라 생각한다. 글쎄, 어떻게 그런 일이 일어날까? 두 사람이 공간적으로 서로 떨어져 있지만 치유는 효과를 나타낸다. 이런 일은 모든 것이 비국소적이기 때문에 일어난다. 우리는 그것을 인지하지 못하지만, 사실은 물질마저도 서로 다른 공명주파수로 변화해가는 정신질료mind-stuff인 '깨어 있음'이다.

또 그래서 공간과 물질과 시간은 직접적으로 그리고 항상 의식에 연결되어 있다. 하지만 의식은 단일하다. 그것은 나누지 못한다. 우리는 지적인 마음속으로 그것을 나누지만, 이것은 인위적인 생각이다. 사실 의식이란 완벽하게 통합되어 있고 편재하며, 그래서 원격치유가 가능한 것이다. 이것이 텔레파시가 가능한 이유다. 이것이 시공간의 경계를 벗어나서 공간이나 시간에서 멀리 떨어진 곳을 보거나 원격적으로 변화를 일으키게 되는 이유다. 마음 그 자체의 본질은 언제나 비국소적이다. 그것은 편재하는 방식으로 모든 곳에, 모든 시간에 완전한 상태에 항상 있다.

이것이 물리적인 시스템이나 공학기술시스템 또는 유전시스템조차도 한 곳에서 진화하여, 또 그것이 아주 성공적인 것이라면, 우주의 다른 부분 어딘가에 비국소적으로 전파되기 시작하는 이유다. 이것은 의식의 완벽한 통합성을 통해 일어나는 비국소적인 결절전파nodal propagation이다.

CHAPTER 35

창조의 순간을 엿보는 명상법

이 무한하고 절대적인 '마음'으로부터 맨 처음 나오는 것은 소리와 생각과 소리 진동입니다. 이 안에 '씨앗 소리seed sound'와, 지금까지 있어왔고, 지금 있으며, 그리고 앞으로 있을 모든 관념idea들이 들어 있습니다. 그리고 '시원적 생각primal thought'으로부터, 모든 사물들, 장소들, 구조들, 형태들, 소리들, 곧 모든 창조물 안에서 존재하는 '씨앗 관념seed idea'이 있음을 봅니다.

우리는 순수한 마음 또는 의식의 완벽한 통합과 연결을 이용해서, 무한한 것에서부터 드러난 것, 시공간 내의 먼 곳까지, 모든 것들을 경험할 수 있다. 친구와 또는 여러 사람과 집단을 이루어 한 사람이 읽어주면서 다음과 같은 유도 명상을 해보기 바란다.

자, 이제 눈을 감습니다. 몸과 마음을 이완합니다. 그냥 듣고 이해하도록 하십시오. 하지만 무한함으로부터 뚜렷한 모습을 가진 창조물에 이르기까지, 우주의 포개진 질서와 구조를 함께 공유하면서 그것을 보고 또 경험하십시오. 여기 지구의 이 아름다운 곳에 고요히 앉아서, 자신의 내면에 집중하기 시작합니다. 그리고 우리가 깨어 있음을 느끼십시오.

이제 순수하고 생명이 가득 찬 공기를 코로 깊이 들이마시면서 횡격막이 늘어나도록 합니다. 그리고 입으로 숨을 끝까지 내쉽니다.

숨을 들이마실 때, 당신의 몸과 마음 전체가 우리를 둘러싼 생명과 빛과 에너지로 가득 차는 것을 봅니다. 그리고 숨을 내쉬면서 완전히 이완되어가는 자신을 지켜봅니다. 모든 스트레스와 모든 부정적인 것들이 당신의 몸과 마음을 떠나서 바람에 실려 날아가고 어머니 지구의 영원한 지혜로 정화됩니다.

숨을 들이쉴 때마다 새롭고 더 높은 수준의 에너지와 깨어 있음을 가져오고, 숨을 내쉴 때마다 완전한 고요와 이완의 상태로 더 깊이 들어가고, 그 어떤 한계나 부정적인 것도 풀어 놓아줍니다. 그것들이 대지의 광활함과 정화작용 속에서 깨끗이 씻겨가도록 하세요.

어머니 지구와 함께 숨 쉬고 있음을 느끼세요. 어머니 지구는 우리에게 이 공기를 주고 우리가 숨을 내쉴 때 그것을 받습니다. 그리고 이 한량없이 지혜로운 어머니의 의식 있는 생명과 빛을 들이마시고, 모든 걱정과 근심과 모든 아픔과 고통을 내보냅니다. 완전한 평온과 평화의 상태에 있는 자신을 알게 됩니다. 이제 그 완전한 고요와 평화 속에서 마음의 긴장을 내려놓고, 아주 부드럽게 숨이 들어오고 나가는 것을 지켜봅니다. 자신의 숨을 지켜보면서, 숨을 지켜보고 있는 깨어 있는 마음을 관찰합니다. 그것이 한결같고 언제나 여기 있음을 봅니다.

숨을 지켜보고 있는 것은 무엇입니까? 당신 안에서 변함없이 한결같으며 모든 것을 지켜보고 있는 깨어 있음이 있음을 보세요. 평화를 느끼세요. 이 아름답고 평화로운 상태에서 숨이 올라가고 내려가고, 들어오고 나가는 것을 지켜보면서, 당신은 이 고요히 바라보고 있는 마음이 깨어 있음의 무한한 바다라는 것도 보게 됩니다.

이제 우리는 이 광활한 바다 속으로 뛰어 들어가서, 모든 것들을 지켜보고 있는 고요하고 평화롭고 의식하는 마음 속으로 아주아주 깊이 들어갑니다. 그리고 우리 생명의 숨결과, 주위의 소리들과, 마음속에서 일어났다가 사라지며 오고 가는 생각들을 지켜봅니다 - 우리가 듣고 보고 느끼고 만지고 아는 모든 것들이 이 깨어 있음의 광활한 바다에 녹아들어 있습니다.

이 깨어 있는 마음으로 천천히 더 깊이 들어갑니다. 우리는 '나'라고 부르는 개성마저도 자각의 무한한 빛이 반짝이는 하나의 창 - 아주 깨끗하고 순수한 창 - 에 불과함을 봅니다. 이것을 보는 이 순간에, 의식의 바다 속으로 더 깊이 들어가면서, 그것이 유일하고 무한하고 편재하는 깨어 있음의 장이라는 것을 압니다. 그것은 우리의 개성을 통해 빛나고, 그것은 우리가 우리의 숨을 지켜보고, 소리를 듣고, 사물을 보고, 생각을 지켜보고, 우리 자신까지도 파악하도록 하는 이 깨어 있음입니다.

이 작은 자아를 뒤로하고 이 아름답고 무한한 의식하는 마음이라는 무한한 바다 속으로 완전히 자유롭게 들어갑니다. 그러면 우리가 깨어 있으며, 이 깨어 있음은 유일하며, 항상 나눌 수 없고, 모든 존재 안에서 빛나고 있음을 알게 되고, 여기 함께 앉은 우리 모두와, 지구 위의 모든 존재들과, 우주의 모든 존재가 이 하나의 나뉠 수 없는 의식의 빛, 걸림 없이 무한한 진정한 본성에 깃든 마음으로 깨어 있음을 알게 됩니다.

이제 이 무한한 마음의 날개를 달고, 헤아릴 수 없는 바다의 광대함으로 들어가면서, 우리 모두는 하나이며, 이 고요하고, 절대적이고, 무한하고, 영원한 깨어 있는 '존재'가 모든 것들 가운데 서서, 모든 원자 속에서 빛나고, 모든 광자를 움직이며, 모든 영혼을 밝히며, 모든 별들로부터 반짝이고 있음을 알게 됩니다.

그리고 이 순간에 우리는 우주만물과 존재하는 모든 것이 이것과 같은 깨어 있음이며, 고유한 형태와 모습으로 빛나고, 움직이고, 변화하고 있음을 봅니다. 그러나 이들 모두가 하나입니다. 그것은 나뉘지 않습니다다. 영원합니다. 이 절대적인 깨어 있음의 장 속에서, 우리는 그것이 공간을 초월해 있으므로 무한하고, 시간의 그 어떤 시점도 초월해 있으므로 또 무한하고 영원하다는 것을 알게 됩니다.

그리고 그 충만함 속에서, 나뉨짐이 없기에, 그것은 공간과 시간의 모든 지점에 존재하며, 이 속에서 우리는 신성한 완전함과 완벽한 조화 상태를 봅니다. 그렇게 무한한 이 깨어 있음에 집중하면서, 이제 우주의 구조를 탐험하기 시작합니다. 그리고 이 편재하는 깨어 있음과 무한하게 현현하는 창조물들이 완벽하게 하나라는 것과, 상대적인 영역에서만 구분이 있다는 것을 압니다.

이 무한한 우주적 '마음'에 자리 잡고, 이 무한한 '존재'와 이 영원한 '마음'이 가장 순수한 수준으로 현현되면서, 그 의지의 작용으로, '창조자'가 되는 것을 바라봅니다. 그 무한함의 영역에서 움직이면서, 이 무한한 '마음'과 '존재'의 창조자적 본성이 우주 전체와 모든 창조물을 현현시키고 유지하는 시원적 근원으로 존재합니다.

이 무한하고 절대적인 '마음'으로부터 맨 처음 나오는 것은 소리와 생각과 소리 진동입니다. 이 안에 '씨앗 소리seed sound'와, 지금까지 있어왔고, 지금 있으며, 그리고 앞으로 있을 모든 관념idea들이 들어 있습니다.

그리고 '신성한 마음'이라는 의식하는 존재의 무한하고 신성한 '하나임'에서 나오는 이 '시원적 생각primal thought'으로부터, 우주가 드러나고 제각기 구분지어가는 모습을 봅니다. 그리고 영원의 아침에서 나오는 이 시원적 생각과 소리 안에, 모든 사물들, 장소들, 관념들, 구조들, 형태들, 소리들, 곧, 모든 창조물 안에서 존재할 수 있고, 존재할 것이고, 또 존재했던 모든 것들을 위한 생각과 '씨앗 관념seed idea'이 있음을 봅니다.

이제 이 시원적 생각과 이 시원적 소리 – 이 둘은 하나입니다 – 가 무한 수의 현실태들로 나뉘어가는 것을 지각합니다. 그 하나에서 우리는 별을 보고, 다른 하나에서는 사과를 봅니다. 또 다른 하나에서는 우리의 개성과 자아를 보고, 다른 하나에서는 친구들을 보고, 풀과 늑대와 지구와 다른 세계들을 보게 됩니다.

이렇게 무한한 진행과정 속에서 창조자의 의지가 작용하여, 이 가장 위대한 생각으로부터 나오는 각각의 시원적 생각과 소리를 가진 '씨앗 관념 형태들seed idea forms'이 고요하고 영원한 '존재'로부터 나오게 됩니다.

우리가 이것이 점점 더 드러나는 것을 지각할 때, 우리는 이 위대한 '존재' 안에서 가장 위대한 '빛'을 봅니다. 그리고 이 시원적 생각으로부터, 그리고 가장 근원적인 소리로부터, 완벽한 빛의 형태가 완벽한 형태로 나옵니다. 그 안에 모든 창조물들이 들어 있으며, 빛에 싸인 채로 이 무한한 우주적 창조는 우리 눈앞에 나타나고 펼쳐집니다.

그리고 이 가장 위대한 '빛' 속에서, 우리는 존재할 수 있는 모든 것들의 형태를 봅니다. 이 무한한 빛의 바다 속에서 모든 형태가 현현하고, 시원적 생각과 음색tone으로부터 나오는 '사과'라는 소리와 생각의 진동에 응답해서, 우리는 사과의 아스트랄 빛의 형태를 봅니다. 마찬가지로 늑대나 나무나 별이나 하나의 세계도 이렇게 창조됩니다. 그리고 그것을 창조한 창조자의 깨어 있는 마음과의 완전한 하나임 속에도, 그리고 완벽한 창조물로서의 완전함 속에도 이 모든 것이 있습니다. 먼저 생각이 있고, 그다음에 형태가 있고, 그리고 빛이 있게 됩니다.

이제 우리는 이 무한한 빛이 확장되고 구분되어가는 것, 우리 눈앞에서 광대한 천상의 세계가 펼쳐지는 것과, 무한하고 신성한 세계들이 우리 주위 모든 방향으로 시공간을 무한하게 뻗어나가는 것을 봅니다.

그리고 우주만물을 위한 천상의 청사진에 들어 있는 구조와 빛, 그리고 우주와, 변화하고 표현되는 세계와 시공간의 세계에 있는 존재하는 모든 것들을 봅니다.

이것이 점점 더 나뉘어가기 시작하면서, 이 빛의 세계에는 각각의 것들의 완벽한 소리와 씨앗 관념이 존재하고, 각각의 소리에는 시원의 소리가 있으며, 우리가 더 깊이 들어가면, 우주만물을 현현시키면서 우리가 이 순간, 이 시간, 이 공간에서 의식하고 있는 이 깨어 있는 마음을 그 안에 부어넣고 있는 '창조자 그 자신Itself'을 보게 됩니다.

그리고 이것을 확실하게 보면서, 우리는 지금 아스트랄 빛의 세계의 순수한 천상의 형태로 지지되고 있고, 빛의 아스트랄계에 있는 형태의 청사진으로부터 발산되어 나오는 물질적 창조를 보게 됩니다. 이것은 모든 원자와 모든 전자와 모든 창조의 동력force과 물질우주의 동력을 지지하는 에너지의 기본 형태를 만들어냅니다.

우리는 이 광대한 천상의 창조로부터 나오고, 드러나고, 표현되고 있는, 분화되고 완벽한 빛의 세계를 보고, 그렇게 표현된 우주의 물질적 실체를 보게 됩니다.

우리가 우리의 별 태양을 보면, 그것은 가장 위대한 '빛'에서 나온 이 완벽한 아스트랄 태양으로부터 나오고 있으며, 그 안에 태양이라는 완벽한 관념 형태가 들어 있습니다. 이 관념 형태는 시원적 소리와 시원적 생각으로부터 나오며, 다시 이 소리와 생각은 무한한 창조자의 절대적인 의지로부터 나옵니다.

각각의 창조물들을 생각해볼 때, 그것이 한 가닥 풀잎, 한 마리 동물, 또는 우리의 개성과 몸, 또는 우리처럼 의식을 가진 사람들의 머나먼 세계이든 간에, 가장 위대한 '빛'에서 펼쳐지는 빛의 아스트랄계의 이 완벽한 형판으로부터 나오는 그 모든 것들과, 가장 위대한 생각으로부터 나오는 가장 순수한 수준의 천상의 빛, 그리고 영원의 아침에 맨 처음 터져 나오는 소리를 간직한 시원적 생각이 우리 앞에서 펼쳐지는 것을 봅니다.

우리가 더 깊이 들어가면, 우리는 무한, 무시간, 그리고 영원의 가장

자리에 있게 됩니다.

그리고 우리가 의식을 가지고 깨어 있게 하는 무한한 '마음'과 우리 존재 사이의 완벽한 합일을 보게 됩니다.

우리들 각자가 의식하게 하는 이 깨어 있음은, 모든 것들 안에 깃든 유일한 깨어 있는 '존재'와 결코 떨어져 있지 않습니다. 우리는 결코 나뉘지 않으며, 그 어떤 것으로부터도 분리되지 않습니다.

이제 우리가 주위의 모든 방향을 응시할 때, 거기서 완벽하고 신성한 질서를 봅니다. 그리고 이 위대한 '존재'가 때때로 지상세계와 다른 세계들에 아바타들 또는 신성의 화신들을 보내주었고, 그들이 이 세계들에 생명을 주고 창조된 우주만물에 새로운 봄날의 생기를 불어넣는 것을 봅니다.

우리는 우리 앞에 새로운 봄날이 와 있고, 수천 년 동안 깨어지지 않을 평화와 깨달음의 시대가 지구와 우주 전체에 창조된 모든 세계에 밝아오고 있음을 보면서 행복으로 가득 찹니다.

창조와 창조자와 '무한한 마음'의 완벽함 속에서, 우리는 이제 모든 피조물들이 '무한'으로 들어가는 입구이며, 무한하고 영원한 '존재'는 진정으로 편재하고 전지하며 시공간의 모든 지점과 창조의 모든 수준에 언제나 깃들어 있다는 것이 진실임을 압니다. 또한 우리와 모든 사물들에게는 존재하는 모든 것의 완벽한 양자적 홀로그램이 포개져 있습니다.

그러므로 우주 전체가 우리 안에 들어 있고, 창조물의 일부분인 우리의 개성들은 창조자로부터 나왔으며, 우리의 가장 높은 수준의 실현은 아무것도 아니면서도 또 여전히 고귀한 것입니다.

또한 우리는 위대한 '존재'의 무한한 빛으로 빛나는 투명한 창문들임을 압니다.

이 순간 우리가 의식을 갖고 있도록 하는 깨어 있는 '마음'은 모든 것들, 모든 시간, 모든 공간이 나오는 영원한 '존재'이자, 무한한 '자아'이며, 우주의 '마음'입니다.

　이제, 깨어 있음이 상대적인 존재로 나타나기 시작하는 그 지점에서 우리 마음을 쉬게 합니다. 이곳에서 절대계는 우주와 창조물의 상대적인 존재로 변화합니다. 우리는 이 가장 위대한 생각 속에 모든 지식의 씨앗 관념이 들어 있음을 압니다. 그리고 이 수준에서 모든 것을 알게 됩니다. 모든 지식이 거기 존재합니다. 모든 과학, 모든 예술, 모든 사실, 모든 진실이 여기에 존재합니다. 그리고 그 위대한 생각은 인간의 현실 속에 포개져 있으며 모든 지식과, 모든 과학과, 모든 진실을 뿜어내는 분수입니다. 우리는 이 지점, 우리 내면의 장소 없는 이 장소에 가서, 진실을 보고, 과학의 수수께끼를 풀어내고, 사실에 대해 알고, 현실을 지각하는 법을 배우기도 합니다.

　우리 안의 이 무한히 깨어 있는 '마음'의 날개 위에서 우리 자신이 시공간의 모든 지점들과, 보이지 않게, 완벽한 조화 속에서 통합되어 있음을 알게 됩니다. 창조자가 우리에게 준 자유의지를 조심스럽고 섬세하게, 그리고 신성한 의지에 따라서 사용함으로써, 모든 일들이 가능하고 모든 생명을 이롭게 합니다. 겸손하게 이 무한한 '존재'를 향함으로써, 우리는 공간과 시간상 멀리 떨어진 지점과 그 장소 그 시간에서 일어나는 일을 감지할 수 있습니다.

　그처럼 어쩌면 밤에 잠이 들어서 다음 날 또는 다음 해 또는 다음 세기에 일어날 일들을 지각할지도 모릅니다. 그것은 모든 시간과 모든 공간이 우리 안에 포개져 있기 때문입니다. 우리 안의 마음의 본성은 편재하는 것이므로, 창조의 모든 지점들, 시간과 공간의 모든 지점에 존재하고 있습니다.

　가장 위대한 '마음', 유일하게 깨어 있는 '존재'가 우리 모두 안에 우뚝 서 있으므로, 우리는 우주 전체가 우리에게 열려 있음을 압니다. 그리고 결코 나뉘지 않는 이 깨어 있음의 무한한 바다가 있어 우리가 깨어 있습니다. 그것이 있어 우리가 언제나 의식을 갖고 있습니다. 그리고 우리가 고요함 속에 머무른다면, 우리는 이 고요한 '마음'을 지각하고, 진실에 대해 명상하며, 공간의 어떤 지점도 볼 수 있으며, 어떤 질문에 대한 해답도 찾을 수 있습니다.

그러므로 우리 – 모든 진보한 지적존재들 – 는 무한한 '존재'와 하나가 되고, 신성한 의지를 알아내기 위해 우리의 자유의지를 사용하며, 신성한 계획에 스스로 봉사할 능력을 갖고 있습니다.

이것이야말로 우리 존재가 도달할 수 있는 정점입니다. 비록 우리가 지금 이 순간 영원한 집과 이 무한한 공간 속에 자리 잡고 있을지라도, 여기 지구 위에 사는 우리는 이 세상의 요구에 응답하도록 요청받고 있습니다.

이 깊고 변치 않는 의식하는 '존재'로부터, 이 무한한 '자각'의 날개로, 우리는 하늘로 솟아오르고, 그리고 우리는 모두 영 안에서 하나이며 이 영은 나뉘지지 않습니다. 이 무한한 '마음' 속에서 우주의 무한함 속에 잠겨 있는 아름다운 우리의 푸른 행성 지구를 봅니다.

지구는 그녀 자신이 깨어 있는 존재입니다. 우리는 이 깨어 있는 존재를 보고, 우리가 그녀의 자녀들로서 그녀와 하나이며, 그녀를 스스로 존재하게 하는 깨어 있음과 완전한 하나임을 느낍니다. 이제 지구 주위를 바라보면, 우리 태양계의 공간을 보고, 지구의 형제자매인 다른 행성들과, 아버지 태양을 봅니다. 또 우리를 둘러싼 공간이 무한한 빛과 무한한 에너지로 채워져 있으며, 비어 있는 대신 가득 차 있으며, 죽은 공간이 아니라 깨어 있는 마음임을 봅니다.

우리는 우주공간 전체가 의식을 갖고 있음을 압니다. 그리고 우리 안에 있는 깨어 있음과 같은 그 깨어 있음의 날개로, 우주공간의 무한함 속으로 솟아올라서 무수한 세계들을 보고 우리의 나선형 은하계를 보고, 더 확장되어나가서, 은하들 사이의 공간을 보고, 수십억 개의 은하계들과, 우리를 넘어 - 우리 안에서 - 뻗어나가는 무한한 세상들, 그 무한한 공간의 충만함이 우리 마음의 광활한 바다임을 봅니다.

우리는 이 우주적 '존재'와 항상 하나이고, 우주적 '마음' 속에서 항상 깨어 있습니다. 그러면 우리는 우리 의지대로 우주를 여행할 것이며, 우주의 모든 세계와 모든 행성계들을 보게 될 것입니다.

이 우주의식의 상태에 있으면서, 우리는 무한한 의식을 가진 물질우주 너머를 보고, 그들 안에 깃들인 무한한 빛의 아스트랄계들을 보며, 그 너머에서 빛의 형태들과 무한한 물질우주를 떠받치고 있는 완벽한 관념 형태와 소리를 봅니다. 그리고 우리는 창조자와 하나이자 창조물과도 하나입니다.

우리는 창조자와 창조물이 하나임을 알게 됩니다. 그리고 우리 안에서, 우리는 그것과 언제나 하나입니다. 이 합일의 상태에서 우주의 천상계와, 천사들과, '신의 화신'들과, 모든 의식 있고 깨달은 존재들에게 우리와 함께해달라고 요청하고, 지구를 바라보면서 이곳에 그들을 초대합니다. 우리는 지금의 지구를 바라보면서, 깨달음의 시대로 들어서고 있음을 봅니다. 그리고 우리 모두가 지구에 마음을 모으면서, 무한한 신에게 모든 어두운 생각들을 깨달음으로 바꾸고, 모든 이기적인 마음들에게 신성의 무한한 사랑을 보내주기를, 그리고 증오가 있는 곳은 애정과 사랑으로 바꾸고, 탐욕과 이기심이 있는 곳은 이타심과 관용으로 바꾸어주기를 요청합니다.

무지와 증오와 탐욕 속에서 방황하는 지상의 모든 힘들이, 지식과 사랑과 평화의 빛으로 빛나는 모습을 우리는 봅니다.

지구와 그녀의 자녀들이 겪는 현실의 한가운데에서, 우리는 동터 오르는 아름다운 황금색 빛을 보고, 평화의 장미정원으로 바뀌는 지구를 봅니다. 지구가 이곳에서 앞으로 나아갈 때, 지구는 창조의 왕관, 그리고 우주에서 평화와 지식의 진정한 보고 가운데 하나가 됩니다.

이 평화로운 상태에서, 모든 사람들은 인류에 대한 약속이 실현되는 시간이 왔음으로, 그리고 그 시대를 목격하고 그 현실을 이끌기 위해 여기에 있다는 기쁨으로 가슴이 벅차오릅니다.

천상계와 아스트랄계와 외계의 존재들과, 지구 위의 모든 선한 사람들이 우리의 의지를 실행하는 데 함께하면서, 우리가 깨달음의 시대와 평화가 지속되는 수천 년의 기간들을 실현해갈 때 우리는 신성한 '존재'에게 헌신합니다.

지금 고요히 앉아서, 우리는 천사계와 천상의 존재들, 그리고 우리 조상들과 다양한 세계로부터 온 존재들로 가득한 아스트랄계가 우리와 함께하고 있음을 봅니다. 그리고 우리와 함께하는 외계사람들과, 이 행성에서 의식 있는 생각과 기도로 우리와 함께하는 사람들이 있음을 봅니다. 우리는 이런 생각을 가슴에 품고, 이 평화의 시대로 들어가면서 지구가 황금빛으로 물들어가고, 모든 전쟁과 모든 고통이 끝나는 이 비전을 우리 안에 간직합니다.

불공평은 공평에, 가난은 풍요에 길을 비켜줄 것이며, 우리는 파괴로부터 아름답고 완벽한 시대로, 그리고 완벽한 구조와 완벽하고 깨달은 사회질서를 갖는 시대로 들어갈 것입니다.

우리 안에서 이 모습을 보면서, 지금 우리는 이 일이 실현될 것임을 확신합니다. 무한하고 신성한 세계들은 물론, 물질계와 외계의 세계들이 우리와 함께하고 있습니다. 낡고 타락한 방법들이 끝나고 낡은 질서는 바뀌며 새로운 세상이 펼쳐질 시간이 이미 도래했고, 이 시대는 하나임과 평화, 그리고 지구 위의 수천 세대의 아이들이 깨달음으로 살아가게 될 세상으로 기록될 것입니다.

CHAPTER 36

외계존재와의 접촉 프로토콜 5단계

접촉 프로토콜에서 가장 중요한 사항은 마음을 가라앉히고 조용히 의식에 집중하는 시간을 갖는 것이다. 이것은 다음과 같은 단계로 이루어진다. 우선, 고요히 앉아서 여러분을 '깨어 있게' 해주는 명상기법을 시작한다. 두 번째, 그 깨어 있음을 자각하고 그것을 확장하는 과정으로 들어가서, 그것이 바로 여기 개인적인 공간에 한정되지 않음을 느끼는 우주적인 인식이다.

모든 안정적인 태양계에는 행성들이 있다. 그리고 그들 모든 태양계에는 생명체들, 곧 '신성한 마음'에 대해 알 수 있는 존재들이 있다. 따라서 우리를 둘러싼 우주공간을 응시할 때, 우리는 깨달은 깨어 있는 '존재'를 보고 있으며, 우리가 언제나 편재하는 의식을 갖게 하는 이 '마음'을 그들과 공유하고 있다는 것, 그리고 이것이 행성 간 평화의 토대가 된다는 것을 알게 된다. 세상의 평화를 위한 조건은, 그리고 모든 존재의 깨달음을 위한 첫 번째 요점은 바로 자신 안에 이 우주 마음, 곧 하나의 영이 들어 있다는 사실과, 이것이 그들에게 자각의 빛을 비춰주고 있다는 사실을 인식하는 것이다.

그러므로 우리는 영 안에서 언제나 하나이며, 이 위대한 '영'은 언제나 하나이고 나뉘지 않는다.

우리는 여기 와 있는 이 존재들을 환영한다 – 그들이 물질화된 우주선, 또는 메시지 또는 음색, 또는 빛, 또는 우리 주위에서 빛나는 에테르적인 우주선 또는 그 어떤 모습으로 나타나든지 말이다. 하지만 무엇이 보이고 들리든 간에, 우리가 무엇을 아는가만큼 중요하지는 않다. 그리고 우리는 우리가 깨어 있음을 알고, 우리와 마찬가지로 깨달았고 의식을 가진 이 존재들이, 우리가 그들을 보고 있을 때마저도 그들의 마음의 눈으로 우리를 보고 있음을 안다. 또한 이 하나임의 신성한 눈은 모든 지적인 생명들이 공유하고 있다.

지구를 대표하는 사절단으로서, 우리는 겸손하게 그들을 여기에 초대하면서, 이때 그들이 안전하고 적절하게 나타날 수만 있다면, 어떤 형태나 모습이나 방법을 취해도 된다는 점을 항상 그들에게 알려주고 있다. 지금 지구는 아주 위험한 곳이며 그들의 안전이야말로 가장 중요하다는 점을 생각하면서 말이다. 우리 모두의 이 내면의 눈으로 그들이 우리를 볼 것이고, 또 우리도 그들을 쉽게 보리라는 것을 안다. 우리 모두는 깨어 있기 때문이다. 그리고 이 깨어 있음은 편재한다.

시간이 흐를수록, 영적으로 깨달은 사람들과 우리가 정치적인 또는 지도자의 지위에 있다고 여기는 사람들과의 구분이 없게 될 것이다. 깨닫지 않았다면 지도자가 되도록 허락되지 않을 것이다. 이것은 마치 철인왕의 시대와도 같을 것이다.

지하와 물속에도 외계존재들이 있는데, 이들은 에테르 형태로 점점 더 많이 머물면서, 필요할 때 응답할 준비가 되어 있다는 사실을 기억하기 바란다. 따라서 지구 바깥에서 오는 것보다는 지하에서 솟아오르는 우주선 또는 우주선의 에테르체를 더 자주 보게 될 것이다.

한번은 콜로라도로 원정을 갔을 때, 우리는 발 바로 아래에서 진동을 느졌다. 그러더니 우주선 한 대가 우리를 둘러싸고 있었고, 체감온도는 10도에서 15도가 올랐다. 우리는 반투명한 에테르 형태의 우주선 한가운데 있었지만, 그 형태와 크기와 그 안에서 움직이는 존재들을 볼 수 있었다.

그들의 전자공학기술은 물질을 빛의 횡단점을 지나 변형시키고 고체를 아스트랄에 가까운 에테르 형태로 바꿀 수 있으므로, 그들은 고체를 곧바로 지나고, 마치 거기 아무것도 없는 것처럼 산을 곧바로 지나서 갈 수도 있다.

인간의 비밀프로젝트들도 그렇게 하는 기술을 갖고 있다. 그들은 전혀 감지되지 않으면서도 거기에 존재할 수 있다.

때문에 사실상 대부분의 사람들은 외계비행선이 거기 있다는 사실을 알지 못할 것이다. 일부는 알겠지만, 대부분은 그렇지 못할 것이다. 그리고 그들이 물질적인 3차원 시공간으로 더 완전히 들어올수록, 그들의 우주선은 지금의 인간의 기술들에 더 취약해지며 공격에 노출되기 쉽다.

그들의 추진시스템과 전자장치들은 정말로 강력하다. 그들이 완전히 물질화되면, 우리는 그들이 다가오도록 하지, 그들에게 달려가지는 않는다. 이것은 안전하지 않으며, 현명하지 않은 행동이다.

작은 집단으로 프로토콜을 할 때, 사람들은 흔히 몸을 뻗고 누워 잠이 들어서, 꿈꾸는 상태가 된다.

이 상태에서는 내적인 방해물들이 느슨해져서 외계존재들을 더 잘 보게 된다. 그들은 에테르나 아스트랄 상태에 가까운 형태로 더 많이 있어서, 자각몽을 꾸는 동안 활성화되는 우리의 아스트랄체와 아주 쉽게 상호작용할 수 있다는 점을 기억하기 바란다.

이 상태에 있거나 아니면 우리가 깨어 있으면서 우주적인 자각에 집중할 때면, 외계존재들은 더 가까이 올 것이다. 왜일까? 우리가 작은 자아, 두려워하는 자아, 그리고 우리의 에고에만 연결되어 있지 않을 때가 그들에게 더 안전하기 때문이다.

크리슈나Krishna가 전쟁터에서 아르주나Arjuna에게 말했다.* "'이것'이 조금만 있어도 모든 두려움은 사라지리라." 여기서 '이것'이란 무한한 '마음'을 가리킨다.

그 상태에서는 두려워할 이유가 없다. 따라서 우리가 깨어 있는 존재들인 그들과 연결될 수 있기 때문에 그들은 우리에게 더 편안해진다. 이것은 아름다운 경험이다.

* 힌두교 3대 경전의 하나인 《바가바드기타(Bhagavadgita)》의 내용.

그리고 우리가 우리 자신의 우주적인 측면, 곧 우리의 보편적이고 유일한 측면에 연결되어 있기 때문에 그들은 우리에게 연결될 수 있다. 그러나 이 측면은 우리 존재의 핵심이기도 하다. 그러므로 이것에 연결됨으로써 우리는 그들과 연결될 준비가 되고, 받아들이게 되며, 연결될 수 있다.

그들과의 접촉에서 유일한 가장 큰 결정요인은 우리의 의식 상태다.

접촉 프로토콜에서 가장 중요한 사항은 마음을 가라앉히고 조용히 의식에 집중하는 시간을 갖는 것이다. 이것은 다음과 같은 단계로 이루어진다. 우선, 고요히 앉아서 어떤 것이든지 여러분을 '깨어 있게' 해주는 명상기법을 시작한다. 두 번째, 그 깨어 있음을 자각하고 나면 그것을 확장하는 과정으로 들어가서, 그것이 바로 여기 여러분의 개인적인 공간에 한정되지 않음을 느끼고 바라보는데, 이것이야말로 우주적인 인식이다.

세 번째, 그 우주적인 깨어 있음의 날개를 타고, 자신을 우주공간에 깨어 있도록 하거나 우주공간을 보도록 ㅡ'원격투시'ㅡ 놔둔다. 여러분은 우주공간을 자유롭게 살펴봐도 되고, 아니면 자신의 마음이 어느 외계우주선으로 끌리도록 놔두어도 된다. 단지 그것을 상상하는 것이 아님을 유의하라. 그것이 실제로 드러나서 여러분의 시야에 나타나도록 하고, 여러분은 실제로 그것을 지각하게 된다. 네 번째, 외계존재 또는 그들의 우주선을 보게 되면, 여러분의 내면의 깨어 있음에 다시 연결해서 외계존재와 연결하고, 그들의 눈에서 빛나는 내면의 깨어 있음을 본다.

그리고 이 하나가 된 상태에서, 어떤 식으로든 안전하고 적절한 방법으로 여기 여러분과 함께하도록 그들을 초대한다.

더 고도의 기법에서는 행성 간 센터 또는 위원회에 연결하고, 그렇게 할 수 있는지 알아보고 허락을 구한 다음 말한다. "그들이 오도록 허락하거나 또는 그들을 여기로 데려다주십시오."

다섯 번째, 그런 다음 그들에게 여러분의 정확한 위치를 안내하고 보여준다. 그것은 여러분이 우주공간에서 지구를 확대zoom in하는 것과 거의 같으며, 그들의 마음이나 그들의 유도시스템 또는 그 둘 다에 연결하여 시각적으로 여러분의 정확한 위치를 보여준다. 그들의 기술은 그들의 의식에 연결되어 있기 때문이다. 이 방법으로 그들이 우주를 여행한다는 것을 기억하기 바란다. 이것이 그들의 유도시스템이 작동하는 방법이자 그들이 우주선을 조종하는 방법이다. 그것은 모두 마음과 연결되어 있다. 그들의 마음, 몸, 그리고 우주선은 모두 완벽하게 통합되어 있다. 우주선 그 자체는 하나의 생체기계로서 깨어 있으며 기계장치와 연결된 의식을 가진 지성을 지니고 있다.

여러분은 작은 집단을 이루어 한두 시간 동안 이 프로토콜을 실행할 수도 있다. 많은 사람들이 함께할 때 이것은 아주 강력하다.

한번은 어떤 원정에서 한 에테르 형태의 외계존재가 나타났었는데, 우리는 이 존재에게 수정 하나를 주었다. 그 아름다운 수정을 건네주려고 손을 내미는 순간, 내 손은 우리 눈앞에서 모습을 바꿨다. 내 손은 길어졌고 손가락이 세 개만 있는 마치 외계인의 손처럼 보였다!

우리 모두가 그것을 보았다. 마치 그것은 내 손과 그의 손이 하나가 된 듯했다. 우리 모두가 내 손이 완전히 변하는 모습을 목격했다.

이 존재들이 나타나는 방법은 정말이지 놀랍다. 또 그것은 대단히 기이해 보이기 때문에 충격적일 수도 있다. 우리가 이 원정들에서 실제로 보고 겪은 정말로 신기한 일들은 공상과학영화에도 모두 담기가 어려울 것이다.

우리가 별들 아래서 함께 모일 때는, 이 놀라운 시간을 함께하고 있음을 기억하고, 우리가 언제나 이 하나임의 상태에 연결되어 있음을 알며, 또 우리가 보았던 그 시간을 향해 지금을 함께 헤쳐나갈 것임을 기억하도록 한다.

CHAPTER 37

물방울과 바다는 하나

그들의 개성은 서로 다르고, 지적능력과 몸도 서로 다르지만, 그 깨어 있음 자체는 유일하다. 그러므로 우리는 모두 하나이며 언제나 하나였다. 그리고 우리는 분리되었던 적이 결코 없었다. 이 합일성을 이해하고 경험한다면, 그 누구와도 하나가 될 수 있고, 동물들과 나무들과 별들과 외계존재들과, 그리고 비밀정부와 백악관과 모든 곳에 있는 사람들과도 하나가 될 수 있다.

여기 멋진 말이 있다. "지식은 한 점에 불과하지만, 어리석은 사람들이 그것을 잔뜩 부풀려버렸다."

마음을 직접 지각하기는 아주 간단하지만, 우리가 토론할 수 있도록 그 모두를 어떻게 표현하느냐에 대해서는 복잡한 사항들이 있다. 우리는 지금 공간 속의 이 지점에 앉아 있고, 동시에 이 지점에 포개져 있는 것은 시간과 공간을 넘어서 있다. 이 활동은 무한함으로부터 뿜어 나오며, 상대성 자체는 무한하며 창조 자체는 한계가 없다. 무한한 '마음'이 시간이나 공간에서 그 끝이 없는 것처럼, 우주 그 자체도 시간이나 공간에서 끝이 없다. 창조물은 내적인 무한 '마음'의 무한한 외적 현현이며, 이 모든 것들이 함께 위대한 '존재'를 이룬다.

이것을 알겠는가?

고요히 앉아서 마음의 미묘하고 무한한 본성을 경험하고, 우리를 둘러싼 현실을 보는 일은 무척 쉽다. 우리는 깨어 있으면서 가볍게 집중하는 것에서 시작해서, 단순히 존재하면서 자신의 내면에서 깨어 있음을 관찰하고 보아야 한다.

우리는 의식과 에고를 동일시하는데, 그것은 의식이 우리 안에서 반짝이고 있기 때문이지만, 의식은 동시에 자아self마저도 넘어서 있다. 주위에 있는 사람들의 눈을 들여다보라. 그들이 깨어 있음을 보라. 그리고 그들이 서로 다를지언정, 의식 자체는 똑같다 - 그들 안에 깨어 있는 정신질료는 하나다. 곧 우리는 '영' 안에서 모두 하나다.

그들이 의식하도록 해주는 그것은 우리를 깨어 있게 해주는 것과 동일한 깨어 있음이다. 그들의 개성은 서로 다르고, 지적능력과 몸도 서로 다르지만, 그 깨어 있음 자체는 유일하다. 그러므로 우리는 모두 하나이며 언제나 하나였다. 그리고 우리는 분리되었던 적이 결코 없었다.

이 합일성을 이해하고 경험한다면, 그 누구와도 하나가 될 수 있고, 동물들과 나무들과 별들과 외계존재들과, 그리고 비밀정부와 백악관과 모든 곳에 있는 사람들과도 하나가 될 수 있다.

어떤 장소도 우리를 가로막지 않는다. 어떤 존재도, 어떤 장소도 낯설지 않다. 우주 전체가 우리의 집이다.

그리고 이것은 머릿속으로만 깨달아지는 것이 아니다. 경험된다.

우리가 여행했던 그 모든 세계들, 그 모든 내면의 상태들, 그 하나하나 모든 것들을 여러분은 틀림없이 경험하게 될 것이다…….

우리의 개성은 무한함이 스스로를 표현하는 창문들이다. 언젠가는 우리는 의지대로 이 물방울을 바다로 돌려보내고, 또 의지대로 그 물방울을 재구성해서 다시 개성을 갖는 법을 배우게 된다.

이것이 우리의 영적인 여행을 거치면서 우리가 배우게 되는 것이다. '무(無)가 되어라. 그리고 물 위를 걸어라.'

따라서 개성이라는 물방울은 바다와 하나가 될 수 있고, 그러면 우리가 바다가 된다. 동시에 우리가 여전히 그 개별적인 물방울들임을 알아차릴 수 있다 – 합일의식의 상태 안에서.

우리는 이것을 우리 자신에게서 지각할 수 있을 뿐만 아니라, 모든 것들과 모든 존재들과 발밑의 땅이 모두 깨어 있는, 무한한 '존재'라는 것도 알게 된다.

우리는 모든 창조물과 모든 존재가 신성하다는 것을 깨닫는다. 그것은 깨어 있는 '존재'인 영은 바로 존재하는 모든 것들의 뼈대이기 때문이다. 그것들이 마치 서로 다르게 작용하고 드러나는 듯 보일지라도, 언제나 완벽하게 하나다.

우리에게 주어진 과제는 차이 속에서 하나임을 보면서도 그 차이를 즐기는 일이다.

우리는 온 세상의 많은 곳들을 원정하면서 최악의 날씨들을 만났지만, 우리가 앉아서 명상과 기도를 하면, 몇 분 만에, 온 하늘이 개곤 했다 – 그것은 이 의식의 수준 위에서 일어나는 열림opening이었다. 이런 일은 아무리 날씨가 나쁘고 폭풍이 몰아치는 날씨에도 거의 이해할 수 없이 수백 번이나 일어났다.

이렇게 질문할 수도 있다. "하나임과 이원성은 상호작용하는가?"

이들은 공존한다. 이들은 서로 배타적이지 않다. 달리 말하면, 상대계와 변화계, 시간과 공간과 물질, 그리고 무한한 정적의 절대계는 모두 같다. 분리는 없으며, 따라서 이원성도 없다.

자, 상대적인 것에는 구분이 있다. 우리는 개별적인 몸을 가졌고, 남성과 여성이 있으며, 다른 에너지들이 있고, 다른 요소들이 있다. 하지만 동시에, 그것과 공존하고, 그 모든 것에 퍼져 있고, 그 모든 것에 스며 있는 이 완벽한 성스러운 합일과 깨어 있음이 있다.

사물들의 차이와 이원성을 보고, 동시에 모든 이원성에 스며 있는 하나임을 보는 데에는 균형이 있다.

그러므로 이것은 양자택일의 문제가 아니다.

모든 것들은 무한하고 절대적이며 구분되지 않은 순수한 '마음'으로부터 만들어지고 나온다. 하지만 그것은 이런저런 것들로 지각된다. 우리의 임무는 우리가 차이들을 보고 있을 때조차도, 그것을 이거다 저거다가 아닌, 모두를 하나로 보게 되는 곳까지 진화하는 것이다.

프린스턴 대학의 로버트 얀 박사가 했던 것처럼 기계시스템이나 장치들을 가지고 했던 실험들도 마음이 물질과 연결되어 있음을 보여주고 있다.

어떻게 이런 일이 일어날까? 그것은 물질적인 객체 자체가 마음이며, 깨어 있음이기 때문이다 – 그 물체로서 변화하고 공명하고 있는.

여기에는 연습이 필요하지만, 하나임을 깨닫는 일은 잡힐 듯 말 듯, 잡힐 듯 말 듯 해진다 – 거기 잡힐 듯 말 듯 할 것이 없음을 알게 될 때까지 말이다. 그것은 모두 하나다. 물방울과 바다는 물방울로 따로 있을 때마저도 하나다.

가끔씩 다른 이들과 함께 조용히 앉아서 그저 바라보면서, 그들이 깨어 있고 우리도 깨어 있다는 사실을 의식하는 것은 큰 공부가 된다.

모든 차이들은 제쳐놓고 깨어 있음 그 자체로만 남아 있으면서, 우리 안의 그 깨어 있는 상태로 들어가서, 자신이 자아와 개성으로부터 자유로워져서 타인의 깨어 있음과 연결될 수 있음을 보라. 그리고 하나가 되라.

이런 점에서 우리는 모두 하나의 존재다. 우리는 진정 영 안에서 모두 하나이며, 따라서 우리 내면에서 진실한 자비심을 찾아내고 공감할 수 있다.

이런 생각을 확장하면서, 지구 위의 모든 사람, 그리고 천사와 같은 존재나 아스트랄의 존재나 세상을 떠난 사람이거나, 또는 다른 행성에서 육체를 가지고 물질적으로 존재하는 외계의 사람들이거나 간에, 우주의 지각 있는 모든 존재들, 모든 깨어 있는 존재들이 이러한 자각을 가질 수 있으며, 그래서 하나임의 상태에 들어갈 수 있다는 사실을 생각해보라. 이것은 초월적이고도 완전한 의도적인 하나임이다.

이런 상태는 '작은 평화'라고 부를 수도 있을 정치적 평화를 넘어서는 것이다.

나는 지금 가장 위대한 평화, 내면적이고 영적인 완전한 평화를 말하고 있다. 그러한 수준에서 우리는 우리 모두가 '영' 안에서 하나라는 사실을 깊이 이해하기 때문이다.

이렇게 해서 모든 분쟁의 씨앗은 사라지게 되는데, 그것은 각자의 차이에 집중하는 대신, 사람들이 단지 지성화나 철학적 관점으로만이 아닌 깨달음의 진정한 경험으로서 하나임에 집중할 것이기 때문이며, 이것이야말로 존재의 깨달은 상태이다.

오, 신이시여, 이 얼마나 아름다운 일인지요!

필요한 모든 것은 우리에게 주어져왔다. 그것은 모두 우리 안에 있다. 내가 하고 있는 모든 일은 여러분이 그것을 이해하게 하는 것이며 그러면 여러분은 그것을 스스로 할 수 있다.

모든 것이 하나인 동시에 상대성도 있다. 우리는 여기 앉아 있다. 우리는 별개의 몸을 갖고 있다. 이곳에는 공간과 시간과 별들과 상대적인 거리가 있다. 그들은 공존한다. 그들은 조금도 서로 배타적인 개념들이 아니라, 사실 완벽하게 통합되어 있다.

그러므로 절대와 상대 사이의 미묘한 어감의 차이에 대해 이해하는 것이 정말 중요한데, 이것이 우리들 영혼이 가로질러가고 있는 여정이기 때문이다. 또한 이러한 이해와 경험에 능숙하게 되면, 우리는 무한한 자각의 이 상태로부터 이 존재계로 무언가를 나타나게 할 수도 있게 된다.

고요한 무한의 자각과 그 절대적인 '무한함'이 어떻게 상대계로 나타나는지를 근본적으로 경험하고 이해하지 않고서는, 한 존재로서의 우리의 과업은 완수되지 않는다.

형태를 가진 모든 것들에는 아스트랄의 빛이 있다. 그리고 순수한 관념 형태와 자각이 있는데, 이것은 인과의 수준the causal이다 - 이 수준은 그 관념적인 '씨앗 형태seed form' 안에 들어 있는 우주론의 수준이다. 무한한 '자각Awareness'은 이 씨앗 관념을 드러낸다. 이것은 관념 형태이며 사고 진동thought vibration인데, 사과를 예로 들면 사과의 형태와 모양을 아직 갖지 않은 것이라고 할 수 있겠다. 형태가 없이 단지 생각의 정수만을 가진 것을 사과라고 여길 수 있겠는가?

이것은 좀 추상적이다. 동의한다. 하지만 이제 이 관념적인 사고 진동으로부터 사과의 빛과 형태와 모양과 색깔이 나오는 것을 보라. 점점 더 구별되고 더 많이 드러나며, 미묘한 아전자기에너지들로 나타나는 아스트랄의 형판을 보라. 이 에너지들은 사과의 원자와 분자와 그 밖의 것들을 구성하고 형성하는 영점에너지와 자기력과 그 밖의 다른 힘들이다.

이 과정, 이 신성한 건축술은 모든 것에 존재한다 - 은하든 별이든 사람이든 말이다. 그리고 이것이 의식하는 마음이 어느 물체의 '사고인과적thoughtcausative' 수준을 창조하고, 다시 아스트랄의 형태를 드러내고, 또다시 물리적인 대상을 드러내는 방법이다.

핵심은 순수 의식이다. 깊고 고요한 비국소적 '마음'으로, 우리는 어떤 대상에 연결되어 그것을 비물질화하거나 다시 물질화하거나, 시공간 속의 지점들을 가로질러 옮길 수도 있다. 이것이 능숙한 요기들이 어떤 물체를 비물질화했다가 순간 이동 장치처럼 다시 물질화시키는 방법이다. 우리는 자각을 통해 어떤 물체에라도 연결될 수 있으며, 자각과 정신질료가 어떻게 물질이 되는지를 이해한다면, 그 물체에 영향을 미칠 수 있다. 우리가 만들어놓은 지적인 구조물들을 제외하면 그 어떤 것에도 분리는 없다. 우리는 자신만의 새장을 만들며 우리만이 그 문을 열 수 있다.

그러므로 우리는 그런 습관화된 지성화를 버리고, '통합된 상태', 곧 하나임의 상태를 고요하게 경험해야 한다. 그리고 의지와 '이것은 있으리라(this will be)'라는 능동적인 믿음이 섬세하게 작용하여 힘을 보태주면, 거의 모든 일이 가능할 것이다. 무슨 말인지 알겠는가? 이것은 있으리라. 이것은 있다, 그리고 그것은 있을 것이다.(This is, and it will be.) 그것이 무엇이든 틀림없이.

우리네 삶은 이렇게 창조되어왔다. 우리가 여전히 몸에 연결되어 있다는 사실은 바로 이 때문이다. 이렇게 생각해보자. 우리가 집을 한 채 짓는다. 우리는 자신의 의식하는 마음으로부터 나오는 그 집에 대한 관념idea을 갖고 있어서, 그것을 보았고 그것을 그렸으며, 그렇게 그것을 지었다.

이것은 창조적인 과정이며 창조자 – 신성한 '존재' – 는 우주 전체를 이런 식으로 창조했다. 그리고 우리 안에는 같은 능력이 깃들어 있다.

그래서 흔히 다음과 같은 말을 한다. "자신의 진정한 자아를 아는 사람은 진실로 신에 대해 아는 사람이다."

이런 질문이 생긴다. 아스트랄의 세계에는 서로 다른 수준들이 있는가?

절대적으로 그렇다 – 물질에 다른 계층들이 있는 것처럼 말이다.

우리는 맨해튼의 하수도 속에 있을 수도 있고, 아름다운 정원에 있을 수도 있다. 우리 자신이 그곳을 선택한다.

빛의 세계에는 더 낮은 세계와 더 높은 세계가 있고, 서로 다른 지위가 있으며, 서로 다른 수준이 있다. 그리고 누군가 이 세상을 떠나서 아스트랄체로 있게 되면, 바하이교의 가르침처럼 된다는 점을 기억하기 바란다. "비슷한 것은 비슷한 것을 찾느니, 같은 무리들에게서 즐거움을 얻으리라."

이 말은 그들과 비슷한 의식 수준과 성향을 가진 사람들에게 끌리게 된다는 의미다. 그리고 그들은 자신의 부류들이 꼭 마음에 들지 않을 수도 있다. 이해되는가?

사람들이 지옥에 대해 말할 때면, 그것은 다른 한쪽의 마음 상태다. 이것은 여러분과 꽤나 비슷한 사람들과 함께 있는 여러분 자신의 마음 상태 때문이다. 이런 세계들은 '사고 형태thought forms'를 통해 만들어지며, 그 존재들 또는 사람들이 끔찍한 생각을 하고 있다면, 그들은 주위에 끔찍한 현실을 창조하고 있는 것이다.

우리는 앉아서 장미정원 또는 고문실을 시각화할 수도 있다. 이해되는가? 이것이 그 실상이다.

이와 비교적으로 '아름다운 천상계'와 지고의 천사계를 창조하는 아스트랄의 더 순수하고 순수한 수준들이 있다. 마음과 생각과 에너지의 이 정제과정은 우리가 아바타 – 창조자의 상태인 신의 지위 – 의 수준에 오를 때까지 계속된다.

이 정제단계에는 셀 수 없이 많은 급수가 있다 – 그것은 끝이 없다. 이곳이 바로 아스트랄계다. 그 너머에는 이른바 관념/인과의 세계가 있는데, 이것은 상대적인 존재의 본질이다. 어떤 수준에서는 아스트랄체 형태로 있을 필요조차 없는 상태로 진화할 수도 있고, 그러면 바로 이 사고/의식의 지점까지 와 있는 것이다. 이것은 더없이 확장되고, 아름답고, 또 신성하다.

예를 들면, 내가 임사체험을 했을 때, 나는 몸의 형태를 갖지 않았다.

나는 개성을 갖고 깨어 있는 이 순수하고 의식 있는 빛의 지점에 있었다 – 그곳은 인과의 세계였다. 나는 곧바로 이 인과계로 갔고 그러고는 무한한 '마음'으로 들어갔다.

아스트랄계의 정서적인 느낌은 아주 충만하고 그 빛과 색상은 무척 아름답다 – 그것은 천상의 것이다.

하지만 그것을 넘어서 있는 존재 상태인 인과적인 상태는 더 순수한 주파수다. 이것은 더 본질적이고, 덜 구분된 것이며, 마음과 영의 순수함에 직접 연결되어 있다.

이렇게 질문할 수 있다. "그렇다면 이 우주론에서 환생은 어느 단계에서 이루어집니까?"

이것은 자주 받는 질문이다. '진리가 그대를 자유롭게 하리라. 그러나 먼저 그대를 분통 터지게 하리라.'라는 말을 기억할 것이다. 그래서 지금 나는 여러분을 분통 터지게 하려고 한다.

사실은 이렇다. 환생에 대해 널리 알려진 가르침들은 널리 알려진 다른 종교적인 정설들의 가르침들과 다를 바가 없다.

환생에 대한 진실은 그것이 사실이며 동시에 절대적으로 틀렸다는 것이다. 우리가 막 경험한 것을 기억해보라. 모든 개성은 고유한 창조물이다. 그리고 이것은 한번 창조되면, 영원히 고유한 것으로 존재한다. 우리의 개성이 그렇고, 이것은 영원히 지속된다.

또한 우리 모두에게서 깨어 있는 마음은 우리 모두에게 있는 동일한 마음이다.

자각의 이 비국소적인 측면에 연결됨으로써, 모든 사람들은 지금 지구 위에 있는, 또는 지구 위에 살았던, 또는 지구 위에 살게 될, 또는 우주 어느 곳에 존재해왔던 그 어떤 개인의 인생이라도 경험할 수 있다.

그러므로 환생이라는 표현은 부적절한 명칭이다. 사실, 그것은 개성과 무한함이 하나임을 깨닫는 것이다. 무한한 '자아self'라는 우리 각자의 이 일면은 또한 우리 각자를 경험하고 있다. 그렇게 해서 한 개인의 자각은 이 확장된 비국소적 자각에 연결되어서 다른 이의 인생을 경험할 수 있게 된다. 사실상 우리 모두는 언제나 하나의 '존재'이기 때문이다.

나는 자신이 클레오파트라였었다고 장담하는 사람들을 다섯 명쯤 만났다! 어떤 의미에서 그들이 옳다. 우리 안의 깨어 있음은 보편적이기 때문이다. 이런 식으로 어느 원형이 되는 인물 - 또는 클레오파트라처럼 사회 또는 역사 속에서 우상으로서 중요한 영향을 미쳤던 누군가 - 은 다른 관련된 영혼들에 의해 충분히 경험될 수 있다.

그러나 누군가 죽어서 무(無)로 녹아 들어갔다가 2030년 뉴욕 브루클린에서 아무개로 환생할까? 아니다. 환생에 대해 사람들이 이해하는 내용은 완전히 틀리고, 이것은 더 추상적이고 비국소적이며 아주 복잡하기 때문에 아직 가르쳐지지 않은 심오한 진실이 있다.

개별 영혼을 가진 사람들이 비슷한 성향을 가진 사람들, 또는 대단히 중요한 공명주파수를 가진 사람들과 공명하는 일은 가능하다. 한 사람이 육신의 삶을 끝내고 자각의 매트릭스의 무(無)로 녹아 들어갔다가, 다른 존재 또는 사람으로 되는 것처럼은 아니다. 그것은 전혀 그렇지 않다. 이것은 훨씬 더 심오한 것이다. 그리고 그 심오한 진실은 우리가 항상 모든 존재들이라는 것이다. 우리가 선택하기만 하면, 과거, 현재, 또는 미래의 어느 개별 존재와 그의 삶을 경험할 수 있다 - 완전하게 말이다.

여러분은 자신이 누군지 아는가? 여러분은 우주 전체가 자신 안에 포개져 있으며, 그러므로 여러분 안의 깨어 있는 '마음'이 편재하고 그것이 공간과 시간을 초월한다는 것을 아는가? 또 여러분은 어떤 존재의 영혼의 모든 경험을 완전하게 경험하고 그것과 완전한 자비심으로 공명할 수 있는가?

우리들 안에는 무한하고 영원한 의식하는 '존재'가 있다. 그래서 우리 자신 안의 마음과 의식의 본성을 이해하면, 어떻게 우리가 밤에 잠이 들어 이완된 상태에서 공간과 시간의 구속을 넘어, 다음 주에 일어날 일, 또는 천 년 전에 일어났던 일을 보거나, 백만 년 전에 살았던 누군가의 삶마저도 완전히 경험할 수 있는지가 아주 쉽게 이해된다.

우리는 지금 인류의 성숙을 향해 가고 있고 이런 내용들에 대한 더 심오한 이해가 필요하다. 그래야 사람들이 개미로 태어나지 않기 위해 어떤 의식을 받들어야 하는 것과 같은 미신과 어리석음에 빠지지 않는다!

물론 떡갈나무나 개미나 개가 되어보는 것이 어떤 경험인지 알고 싶다면 그렇게 할 수도 있다. 다음 생까지 기다릴 필요도 없다!

내가 돌고래들과 헤엄칠 때 그들이 나를 받아들인 이유는, 나를 그들의 하나로 보기 때문이다. 그들은 나를 한 마리 돌고래로서 말 그대로 경험한다. 나는 돌고래가 된다.

우리가 몸을 버리고 다음 수준으로 갈 때, 우리는 모든 기억들을 가질 것이고, 지상에서 함께했던 모든 사람들을 기억할 것이며, 모든 창조의 세계와 모든 의식의 수준들을 거치면서 이 개성으로서 진화해갈 것이다. 우리가 바란다면, 언젠가는 바다로 돌아가는 물방울이 될 것이다.

기억하시라. 신이라는 무한한 바다로부터 우리는 나왔고, 그 무한한 바다로 우리 모두 돌아가게 될 것임을. 이것이 우리들 영혼의 목적이자 여행이다.

한 개인으로서의 존재를 경험하는 것은 다시 무(無)가 되고 다시 무한하게 되는 지복을 배우기 위한 것이며, 존재함을 즐기고 창조의 충만함을 즐기는 법을 배우기 위한 것이다.

CHAPTER 38

외계비행선을 움직이는 원리

> 우주선은 공간의 한 지점에서 다른 지점으로 거의 순간적으로 이동한다. 그리고 분명 빛의 속도보다 빠르게 움직인다. 하지만 그것은 아직 무한 속도는 아니다. 따라서 지구에서 수천 광년 떨어진 곳으로 가는 데는 사실상 며칠밖에 걸리지 않는다. 그것은 비교적 비국소적인 형태로 있기 때문이지만, 순수 의식과 같이 완전히 비국소적이지는 않다.

신성한 존재들의 도움과, 지상의 기도하는 사람들과, 그리고 자신들의 노력에 힘입어, 영혼은 한 단계에서 다음 단계로 나아갈 수 있다. 이것은 무한하게 나아가는 과정이다.

그렇게 하는 데 수많은 고통을 헤쳐나가야 하기도 하는데, 이것은 모든 집착들을 놓아버려야 하기 때문이다. 고통과 집착은 동의어다.

그러므로 견고하게 부여잡은 신념이나 관념 또는 슬픔은 바로 고통이다.

누군가는 현명하게도 지옥을 회한의 상태에 있는 것이라고 묘사했는데, 자신이 이 무슨 짓을 했는지를 실감하고, 더 중요하게는 하지 않은 일이 무엇인지를 알아차렸기 때문이다. 진정한 후회는 자신이 한 일에 관한 것이기보다는(여러분이 도끼살인자였거나 그런 부류의 사람이지 않한), 자신이 하지 않았던 일과 더 많이 관계가 있다. 곧, 자신이 쏟지 않았던 노력, 베풀지 않았던 친절, 주어야 했던 때 이기적이었던 시간들. 이런 것들로부터 후회가 생긴다.

우리는 사실 우리가 소홀히 하는 일에 더 많이 신경을 쓰는 것이 긍정적이고 세상에 도움이 되는 일임에도 불구하고, 오히려 우리가 했던 일에 주의를 맞추고 그것을 걱정하는 이상한 습관을 가졌다.

이런 태만의 죄는 거의 항상 저지름의 죄를 능가한다. 그러므로 좋은 일을 하고, 사랑하고, 나누고, 희생하는 기회를 놓치지 말고, 더 좋은 세상을 만들거나 사람들을 사랑하거나 친절을 베푸는 기회를 잡기 바란다.

모든 창조된 개별존재들은 자신들만의 고유한 자아와 조화되는 어떤 최적 수준의 봉사의무와 최적의 역할을 가진다.

내가 말한 것이 '다르마Dharma'라고 부르는 것, 곧 우리의 바른 일과 바른 길이다. 이것은 각자가 가진 정말로 위대한 무언가에 비하면 아주 평범할지도 모르겠지만, 그 일은 우리가 모든 잠재력을 찾아내고 그것을 적용하기 위해 자유의지를 사용하는 정도에 달려 있다.

내가 말하고 있는 우주적 자각의 상태는 언제나 존재했으며, 그리고 영원히 언제나 존재할 것이며, 언제나 무한하다. 그리고 우주는 언제나 존재했고, 언제나 존재할 것이며, 무한하다. 그래서 우주가 유한하다거나 그 시작 또는 끝이 있다는 생각은 사실 옳지 못하다.

'절대계'의 영원성, 곧 깨어 있는 우주의 '마음'은 그 당연한 결과로 나타나듯이, 무한하고 영원한 창조성을 갖고 있다. 그러므로 우주공간에 대해서도, 우리가 그것을 물질적으로 생각할 때, 거기에 끝은 없다. 그것은 무한하다. 우리가 정의상 우주라고 생각하는 것의 가장자리에 도달했다 한다면, 그 가장자리 너머엔 무엇이 있을까? 그것은 무한하다.

어린아이였을 때, 나는 항상 이런 것들을 골똘히 생각하곤 했다. 나는 이런 것들을 생각하며 별들을 바라보았고, 별들을 보고 감지하고 느끼면서 돌아다녔다.

내가 우주만물의 천상의 형태인 우주알cosmic egg – 별개의 모양과 형태를 가진 – 을 보았을 때도, 그것 또한 영원하고 무한했다. 이것은 역설이다…….

만일 천상의 시각으로 밤하늘을 본다면 엄청난 양의 빛을 보게 될 것이다! 모든 것은 역설적이며, 또 완전하게 그러하다…….

아스트랄/천상의 지각으로 보면, '텅 비고 어두운 우주공간'의 깊은 곳일지라도 그 안으로부터 빛나는 빛으로 밝혀지고 있음을 직접 보게 된다. 이해되는가?

우리는 각각의 행성들과 별들이 무한한 천상의 빛의 바다에서 돌고 있는 모습을 보게 된다. 그러므로 이것은 빛 위의 빛이며, 속으로부터 모두 빛을 내뿜는 빛의 세계들이다 – 마치 별빛이 실제로는 속으로부터 나오듯이 말이다.

이렇게 물을 수도 있다. 모든 가능한 현실들은 동시에 아니면 평행적으로 존재하는가, 그리고 그들은 서로 소통하는가?

이 질문에 대한 대답은 전적으로 지각하는 사람의 자각 상태에 달려 있다.

달리 말하면, 모든 것이 서로 안에 포개져 있는 우주의 고도로 통합된 양자 홀로그램의 관점에서 보면, 대답은 '그렇다'이다. 그리고 하나의 홀로그램처럼, 우주의 한 부분을 취하면 그 속에 우주 전체가 들어 있다. 아무것도 결코 분리되어 있지 않다. '신성한 합일성'은 모든 것들에 스며들어 있다.

따라서 우주의 가능한 모든 현실들은 동시에 펼쳐지고, 그들 사이의 연결은 이 비국소적인 정신질료, 곧 모든 것들에 내재하는, 의식을 갖고 지적으로 통합하는 측면을 통해 이루어진다. 의식을 가진 지성이야말로 이들 다양한 영역들의 궁극적인 통합자다. 지적인 이해 수준에서는, 우리는 다양한 차원들 또는 평행우주를 이야기하지만, 사실 그들은 서로 안에 모두 포개져 들어 있다. '하나님의 눈'으로 보면, 우리는 마음의 비국소성을 통해 이 완벽한 통합을 보게 된다.

지각의 또 다른 수준에서는, 그들이 전혀 연결된 것처럼 보이지 않는 다고 말할 수도 있다. 예를 들어, 분명 바로 지금 버지니아의 이곳에 앉아 있는 우리와 인도에 앉아 있는 누군가는 연결되지 않았다고 말할 것이다. 우리가 그들을 만지지도 못하고 그들이 우리의 말을 듣지도 못하므로, 그것이 맞다고 말할 것이다.

또 다른 수준에서는, "우리는 모두 지구 생물권 안에 있어요. 그래서 우리는 땅을 만지고 있고, 같은 공기로 숨 쉬고 있고, 그래서 우리는 연결되어 있어요."라고 말하기도 할 것이다.

이런 생각들은 모두 그들이 실제로 작동하는 방식과는 대조적인 지적인 생각들이다. 그들이 실제로 작동하는 방식은 더 순수한 공명장들이 결국 더 거친 것들을 만들어내고, 그들이 빈틈없이 연결되는 것이다. 이 공명장들은 의식을 가진 지성에 의해 비국소적으로 연결되고 서로 공명한다.

무언가가 공간의 A지점에서 B지점으로 순간 이동하는 것은, 공간 속의 모든 지점들이, 또는 모든 두 지점들이, 또는 공간 속의 무한 수의 지점들이 완벽하게 통합되어 있기 때문에 가능하다. 에너지, 물질, 공간, 시간과 차원들이 정신질료에 의해 비국소적으로 통합되기 때문에, 공간과 시간의 모든 지점들은 공간과 시간의 다른 모든 지점들에 연결된다. 그리고 우주의 물질수준보다 더 순수한 수준들인 아스트랄, 사고, 인과 수준과 그 너머의 수준들은 아스트랄 영역에서 인과 영역 이상으로 갈

수록 점점 더 비국소적이다.

따라서 거기에는 '상대적인 비국소성'이 있다.

모든 이들이 비국소성을 비국소적인 것 아니면 국소적인 것으로 생각한다. 이것은 고정되고 선형적인 것이 아니면 모두가 비국소적이라는 생각이다.

실제로는, 비국소성에는 상대성이 있다. 일단 몇 가지 원리들만 깨달으면 우주의 아키텍처는 절묘할 정도로 아름답고, 복잡하면서도 여전히 단순하다.

무언가를 '비물질화'시켜서 공간상의 다른 지점에 다시 나타나게 하려면, 우리는 상대적인 비국소성에 접근한다. 여기서 물질적인 객체는 변화해서 그 회전수와 주파수가 신비주의자들이 아스트랄 또는 에테르 에너지라고 부르는 것에 가깝게 실제로 바뀌어간다.

그리고 이 영역이 선형적인 물질적 시공간보다 덜 고정적이고 덜 선형적이기 때문에, 이 물체는 사실상 곧바로 그곳에 나타난다. 이것은 비국소적인 결절nodal 공명을 거치면서 이루어진다. 곧, 공간의 A지점과 B지점이, 고정된 시공간에 비해 더 비국소적인 우주의 어느 수준을 통해 서로 공명하고 회전하면서 접근하는 것이다.

그러므로 빛의 속도를 넘어서 있는 –이 빛의 횡단점– 공명장과 주파수로 들어갈수록, 에너지의 에테르 또는 아스트랄장에 점점 더 가까운 영역으로 들어가게 되는데, 그럴수록 점점 더 비국소적으로 된다.

가장 완벽한 비국소성은 순수한 구분되지 않은 '마음'이다. 그리고 가장 덜 비국소적인 것은 고정된 물질적인 시공간의 물질우주이지만, 그들은 모두 통합되어 있으며 언제나 하나이므로, 어느 물질적인 개체를 옮기고 전자적으로 그 상태를 변화시킨다면, 그것은 점차 비국소적 형태로 바뀌어간다. 그러면 공간의 한 지점에서 다른 지점으로 순간 이동할 수 있다.

이렇게 하는 것은 인과의 영역에서 가능하다. 이 수준은 생각/소리/진동이 작용하는 수준이면서 에테르적인 순간 이동보다도 빠르다.

그러므로 여기에는 상대적인 속도와 상대적인 비국소성이 있으며, 이것은 어떤 물체 안에 포개져 있는 에테르, 아스트랄, 또는 인과 상태의 영역들 가운데 얼마나 더 순수한 영역으로 그 물체를 가지고 가느냐에 달려 있다.

예를 들어, 외계비행선 – 아니면 실제로 빛보다 빨리 날 수 있는 인간이 만든 비행선 – 은 우리가 고속도로에서 시속 80, 90, 100킬로미터로 점차 속도를 높이듯이 가속하지 않는다.

그것은 우리가 '안정된 시공간 물질형태'라고 부르는 공명장으로부터, 그것을 넘어가는 주파수와 공명 속으로 단 한 번의 공명점프$_{\text{resonance jump}}$로 양자적 도약, 양자적 점프를 해서 옮겨간다.

그곳에서 우주선은 공간의 선형벡터 밖에서 움직이며 공간의 한 지점에서 다른 지점으로 거의 순간적으로, 그리고 분명 빛의 속도보다 빠르게 간다. 하지만 그것은 아직 무한 속도는 아니다.

따라서 지구에서 수천 광년 떨어진 곳으로 가는 데는 사실상 며칠밖에 걸리지 않는데, 그것은 비교적 비국소적인 형태로 있기 때문이지만, 순수의식과 같이 완전히 비국소적이지는 않다.

비행선은 물론 그 안의 모든 것들을 순수하게 인과적인 주파수 형태로, 또는 아주 정제된 아스트랄 주파수로 축소시킬 수 있는 문명이라면, 그 여행을 훨씬 더 짧은 시간 안에 할 수 있을 것이다.

마음에 연결되어 있는 순수한 '사고 형태'는 우주의 한 지점에서 다른 지점으로 정말 순간적으로 갈 수 있다 – 아무리 먼 거리라도 말이다. 그것은 무한한 자각의 완벽한 비국소성에 아주 직접적으로 연결되어 있다.

그러므로 비국소성에는 상대성이 있다.

우리는 기술 없이도 이것을 자각몽 속에서 경험하기도 한다. 자각몽 속에서 우리는 영혼 또는 아스트랄체로 움직이고 날아다니는데, 이것은 육신이 느끼는 것보다 더 사실적이거나 혹은 그 이상이다. 그래서 침대에서 잠을 자는 동안에도, 선형 시공간의 좌표를 손쉽게 벗어나서 지상의 다른 지점에 가 있을 수 있다. 이 상태에서는 지구 또는 우주의 다른 곳에서 일어나는 일을 실시간으로 보거나, 시간좌표를 벗어나 미래로 가서 내일 또는 일 년 뒤에 일어날 일을 보기도 한다. 이것을 예지적 자각몽이라고 한다.

예지, 또는 과거에 일어난 일을 보는 것이나, 지금 다른 곳에서 일어나는 일을 보는 것은 의식이 편재하기 때문에 가능한 일이며, 우리는 몸과 개별 의식을 가진 상태에서도 더 순수하고 더 미묘한 마음의 수준을 경험하는 법을 배울 수 있다.

비슷한 방법으로, 진보한 외계문명의 기술적인 통신수단은 이 원리를 사용한다. 그들은 생각과 상호접속하는 통신장치를 갖고 있으며, 여기 공간의 한 지점에서 백만 광년 떨어진 지점에 순간적으로 갈 수 있다. 그런 기술적인 장치는 '순수한 생각' 그 자체와 접속하고 있어서, 정상적인 전자기적 영역을 벗어나서 아전자기 또는 더 순수한 에너지의 영역으로 들어간다.

하지만 거대한 우주선 전체가 우주공간을 움직일 때는, 우주선이 물질적인 선형 시공간 우주에 머물기 때문에 항력계수 coefficient of drag라 부르는 것이 생기게 된다. 우주선이 선형 시공간상에서 다른 공간으로 순간이동할 때는, 더 순수한 아스트랄계와 물질계 주파수의 사이에 있는 틈에서 약간의 항력이 생겨 즉각적인 순간 이동을 막는다.

우주선은 이 물질우주에 다시 나타나기 위해서 물질우주와 어느 정도의 연결을 유지해야 한다. 이런 이유 때문에 우주선의 속도가 무한하지는 않다. 짧은 거리에서는 그런 시공간을 지나는 이동이 순간적으로 일어나지만, 광대한 우주적 거리에서는 시간과 공간의 영역이 관여한다.

일부 극도로 진보한 외계기술들은 실제로 이마저도 필요로 하지 않으며, 이 정도의 기술을 사용하는 우주선이라면 가히 천상의 우주선이라 할 만하다. 그들은 매우 순수한 천상의 형태로 머무를 수 있으며, 다양한 수준의 아스트랄 에너지를 통해 나타나서 다시 완전히 물질화될 수 있다. 모든 외계문명들이 이러한 우주론을 활용 가능한 기술로 통합한 수준에 이른 것은 아니다.

네바다 주의 51구역에는 '드림랜드Dreamland'라고 불리는 지역이 있다.

그렇게 불리는 이유는 그들이 빛의 속도보다 빠르게 움직이는 실험을 할 때, 비행선의 탑승자는 일정 시간 동안 자각몽 같은 상태에 있게 되기 때문이다. 거기에서는 깨어 있지만 꿈 같은 상태에 있게 되고, 에너지 형태는 플라스마 또는 에테르 상태처럼 되며, 시간과 공간은 전혀 달라진다.

CHAPTER 39

극도로 진화한 외계문명들

나는 실제로 외계비행선들이 추락한 곳에 있었던 사람들과 면담했다. 그들은 이 우주선들이 마치 스스로를 치료하려는 것처럼 움직이고 있었다고 말했다. 그들은 순환계와 면역계처럼 보이는 것을 갖고 있었고, 의식을 갖고 있었다. 우린 지금 우주선에 대해 말하고 있다! 뉴멕시코에 추락했던 비행선의 하나는 깊은 상처를 입었고, 그것은 스스로 치료하려 하고 있었다.

록히드마틴의 스컹크 웍스에서 오랫동안 일했던 한 사람이 외계존재와 아스트랄 상태로 접촉했던 경험을 이야기해주었다. 그도 우리의 증인이다. 그가 앞으로 나선 것은, 이해할 수 없어서 여러 해 동안 혼란스러웠던 것을 내가 설명해주길 원했기 때문이었다.

1960년대에 그는 유체이탈을 하는 방법을 배웠는데, 이것은 육체를 떠나 아스트랄체로 돌아다니는 것으로 거의 대부분의 사람들이 날아다니는 꿈을 통해 경험하는 것이다. 그는 이것을 이완된 명상 상태에서 의식적으로 하는 법을 배우고 있었다.

어느 날 밤 그가 이 기법을 연습하고 있을 때, 그의 선생님이 말했다. "당신은 준비가 되었어요, 할 수 있을 겁니다."

그래서 그는 누워서 이완했고 갑자기 자신의 몸을 떠났다. 그는 집 천장을 지나 하늘로 올라갔고 지구 대기권 높은 곳에 있던 어느 외계우주선에 부딪쳤다.

그는 실제로 우주선과 충돌했고 그 탑승자들도 그를 보았다고 말했다.

그들은 그를 보더니 텔레파시로 말했다. "세상에, 왜 자신이 어디로 가는지 보지 않았나요?!!" 그는 이 '천상의 실례'에 당황했고, 몸으로 다시 돌아왔다!

그는 자신이 육체를 갖고 있지 않았고 감지하기 어려운 아스트랄체의 상태였지만, 그가 만난 우주선은 그의 아스트랄 형체와 같은 종류의 밀도를 갖고 있었고, 그것과 상호작용했다는 사실이 도무지 이해 안 된다고 했다. 탑승자들이 그를 보았고, 그도 그들을 보았지만, 그가 주위를 날아다니던 다른 영혼들을 마주친 사건이 아니었다. 이것은 우주선이었다!

나는 말했다. "이런 대답을 좋아하지 않으시겠지만, 선생께선 우주항공 엔지니어였기 때문에 이걸 이해하실 거라고 생각합니다."

외계비행선들, 특히 우리가 무기를 가지고 조준해서 파괴하려 하고 있는 지구 주위의 비행선들은, 비물질화된 형태로 대부분의 시간을 보내면서 빛의 속도보다도 더 빠르게 공명하고 있다.

이것은 그들이 물질화되지는 않았다는 뜻이지만 – 그들은 단단한 물질 상태가 아니다 – 다른 행성에서 온 물리적이고 물질적인 우주선이며 살과 피를 가진 존재들이 타고 있다. 만일 꿈속에서 그 하나와 마주친다면, 그들은 우리를 볼 것이다. 그들은 그 에너지 주파수 수준에 있는 것을 아주 쉽게 볼 수 있는 에너지 형태로 있기 때문이며, 우리도 그들과 우주선과도 상호작용할 수 있다.

그렇다고 그들이 천사 같은 존재이거나 외계존재가 아니라는 뜻은 아니다. 이것은 그들이 외계존재이며, 그리고 간차원적 – 비록 정확한 용어는 아니지만 '차원'이라는 말을 쓰고자 한다면 - 이라는 뜻이다. 지금 우리는 하나의 연속체인 에너지와 현실의 전체 스펙트럼에 대해 이야기하고 있다. 비록 그 연속체에 있는 어느 단계들을 어떤 이들은 별개의 차원이라고 부르기도 하지만 말이다. 서로 다른 화학물질들이나 물과 토양의 서로 다른 밀도들을 구분하는 것처럼, 거기에는 서로 다른 주파수를 가진 층들이 있다.

그곳에는 여러 단계gradation 들이 있지만, 자외선에서부터 적외선까지 걸쳐 있는 전자기 스펙트럼처럼, 그들은 연속적인 하나의 스펙트럼 안에 존재한다.

이 사람은 몸을 떠난 경험을 했고, 그동안 의식을 갖고 있었으며 깨어 있었다. 전혀 환상이 아니었다. 또 그가 이 뜻하지 않은 유체이탈을 하면서 외계비행선을 만났을 때, 그 우주선은 그의 아스트랄체와 비슷한 밀도를 갖고 있었다. 그것은 여전히 외계의 것이었으며, 완전히 물질화되지 않은 것뿐이었다.

물질적인 눈으로 보면 그 사람은 물론 우주선이나 외계존재들도 보이지 않았을 것이다 - 과학자들이 '중성미자광neutrino light'이라고 부르는, 아스트랄의 영역에서 발산되는 미세한 에너지를 보도록 훈련받지 않았다면 말이다.

과학자들은 이런 종류의 빛을 포착하는 기술적인 센서를 개발했지만, 이 기술은 NRO 사람들이 훔쳐갔고, 외계비행선들이 비물질화되어 있을 때 그들을 찾아내서 더 쉽게 조준하고 파괴하기 위해 우주로 보내졌다.

이것은 또 다른 이야깃거리다.

무언가 잠깐 동안이나마 비물질화되면, 그 물체의 공명주파수는 거의 아스트랄 에너지에 가까운, 에테르적인 준플라스마quasiplasma 에너지 형태로 옮아간다.

다시, 아스트랄 영역에는 서로 다른 단계들이 있다. 원자와 전자기에너지의 물질적 존재와 상호접속하는 더 거친 수준의 아스트랄 영역에서부터, '지고의 천상계'라고 부르는 가장 순수한 아스트랄의 영역까지 있다. 만일 우리 과학이 충분히 정제되었다면, 아스트랄계의 모든 수준에 기술적으로 접속할 수 있다.

아스트랄계의 더 순수한 영역들로 들어가는 입구는 매우 엄하게 지켜지고 있는데, 그 수준을 이용하기 위해서는 큰 깨달음이 요구되기 때문이다. 그 영역들은 진화한 외계존재들과 천상의 존재들과, 신과, 그리고 지상의 모든 것을 초월해 있는 힘들이 지키고 있다.

우주에는 우리보다 수십만 년에서 수백만 년 또는 그 이상 기술적으로 앞선 외계문명들이 있는데, 이들은 그 문명 전체가 우주의식, 신 의식, 또는 합일의식 또는 그 이상의 의식 수준에 있다. 그들의 기술은 의식의 수준과 비례하며 그들이 물질 우주와 우주의 이들 더 순수한 아스트랄과 인과의 수준들을 이해하고 그것에 접속하도록 해준다.

그들은 물질화되고, 또 비물질화되고, 형태와 모습을 바꿀 수 있는 지극히 깨달은 마스터처럼 나타나기도 하고, 지극한 깨달음이 느껴지는 풍모를 가졌다.

별들을 여행할 수 있는 외계문명들 모두가 그 정도의 발전과 진화 수준에 있지는 않다. 지금의 우리보다 아주 조금 앞선 문명들도 있다. 그들은 평화로워서 이미 행성의 평화를 이루었거나, 아니면 그들의 행성을 떠나도록 아직 허락되지 않았을 수도 있다. 그들은 여전히 격리상태일지도 모른다.

우주에는 다른 행성계로 가려는 우리의 노력을 막는 질서가 있는 것처럼, 그들이 자신들의 행성을 떠나지 못하도록 막는 질서가 있다. 하지만 일단 평화로운 존재 상태를 이루게 되면, 활동이 점점 더 자유로워지기 시작한다. 기술과 물질과학은 의식의 과학에 점점 더 많이 뿌리내리게 된다.

극도로 진화한 외계문명들은 그들의 모든 우주선과 물질적인 필요를 생각과 연결된 소리의 진동 – 생각의 소리 진동 – 으로 만들어낸다. 달리 말하면 생각의 구성요소는 소리 진동이다. 이 방법으로 진정 천상의 것인 이 우주선들이 만들어진다 – 이들은 아스트랄 에너지의 가장 순수한 수준에서 만들어져 나온다. 그들이 물질 차원으로 나올 때, 그 구성요소들은 너무도 순수하며, 그 속으로부터 빛나는 천상의 빛이 충만해 있다.

이 때문에 내가 가까이 가서 보았던 완전히 물질화된 일부 우주선들이 이 세상의 것이 아닌 빛을 내고 있었던 것이다. 이것은 정말로 순수하고 천상의 것이면서도, 완전히 물질화되어 '고체'가 되기도 한다.

나는 아주 진보한 외계비행선들을 연구했던 사람들로부터 그것들이 놀라울 정도로 정교하다는 말을 들어왔다 – 가장 낮은 수준의 것들조차도 이음새가 없다. 단 한 군데도 없다. 그것들은 어떻게 만들어질까?

물론 그들은 철광석 덩어리를 구해서 합금하고 그것을 조악하게 두드려서 어떤 형태로 만들지 않는다! 사실 그들은 내가 '인프라 울트라사운드infra ultrasound'라고 부르는 것으로 만들어진다. 물체는 아스트랄의 수준에서 우주선의 형판을 구성하기 위해 아스트랄의 매트릭스를 조립하고 조작하여 만들어진다 – 그렇게 해서 완전하게 성형된 형태가 물질적인 물리적 분자들로 나타난다.

이 제조법을 사용하여 이 분자들이 나타날 때 '에테르'와 '아스트랄'의 에너지 수준은 우주선에 지성을 불어넣는다. 그들은 아원자 수준에서 기술적으로 구조화될 수 있으므로, 그것에는 조직화된 지성과 생명이 부여된다. 그러므로 그들은 실제로 지성을 가진 생체기계들이다. 그들은 대단히 정교해서 자기통합능력과 지성을 가질 정도의 수준이다.

　나는 실제로 이 외계비행선들이 추락한 곳에 있었던 사람들과 면담했다. 그들은 이 우주선들이 마치 자신이 부상당해서 스스로를 치료하려는 것처럼 움직이고 있었다고 말했다. 그들은 순환계와 면역계처럼 보이는 것을 갖고 있었고, 의식을 갖고 있었다. 우린 지금 우주선에 대해 말하고 있다!

　뉴멕시코에 추락했던 비행선의 하나는 깊은 상처를 입었고, 그것은 스스로 치료하려 하고 있었다. 이 증인은 그것이 우리가 몸의 한 부분을 베여서 상처가 아물어가는 과정과 같다고 말했지만, 이 비행선의 경우에는 시간이 소요되지 않고 바로 그 증인의 눈앞에서 스스로를 치료하고 상처가 아물고 있었던 것이다.

　따라서 우리는 지금 초나노 기술의 수준을 다루고 있다. 이 수준에서 아스트랄과 에테르 에너지는 이 영역으로 들어가서 원자와 분자들을 조직한다. 그런 우주선은 일종의 인공지능을 가졌으며, 마치 생체기계처럼 생명력을 갖고 있다.

　이것은 우리들 할아버지의 올즈모빌Oldsmobile*이 아니다.

　그렇다면 그들에게 왜 이런 기술과 우주선이 여전히 필요한 것일까?

　사실 우리처럼 그들도 이런 것들이 필요 없다. 아스트랄적으로 우리는 원하는 어디라도 갈 수 있다! 그러나 그들이 물질적인 방법으로 물질우주와의 접촉을 원한다면, 그들에게는 물질적인 면이 필요하다. 그래서 그들은 이것을 선택했고, 이것을 이용한다.

　이것은 선택의 문제가 된다.

*제너럴 모터스의 자동차 브랜드. 미국에서 가장 오래 살아남았던 자동차 브랜드라고 한다.

CHAPTER 39 극도로 진화한 외계문명들 • 419

그들은 우주선 없이 그 어디에라도 나타날 수 있다. 그러나 인간도 그렇게 할 수 있다. 현재 우리에게도 비행기나 배 또는 자동차 또는 외계 복제비행선마저도 필요 없이, 지구 위의 한 곳에서 다른 곳으로 순간 이동할 수 있는 능력이 있지만, 불행하게도 그것을 가져서는 안 되는 사람들이 사용하고 있다. 이런 일이 비밀프로젝트들에서 개발된 기술들로 이루어져왔다.

역사를 통틀어, 멀리 떨어진 다른 나라에 나타나고, 자유의지를 사용하여 다른 곳에 있는 친구를 방문하기 위해 동시에 두 곳에 물질화해서 나타나는 사람들이 보고되어왔다. 20세기에도 이런 일에 대한 신빙성 있는 사례들이 있다.

그러므로 인간들이 그렇게 할 수 있다면, 외계존재들은 왜 못하겠는가?

하지만 물속이나 우주공간과 같은 어려운 다른 환경들 속에서 물질적으로 존재하고자 한다면 기술적인 수단과 우주선은 필요해진다. 그래서 아주 진보한 외계존재들도 비행선을 갖고 있다.

샤리와 내가 전이성 암을 갖게 되었던 1997년 영국에서 창문을 지나 들어왔던 외계존재의 이야기를 기억하는가? 그는 하늘에서 왔다. 그는 별처럼 빛나는 한 점의 빛으로부터 왔는데, 그것은 우주선이었다. 그는 거의 아스트랄 형태로 왔지만, 모두의 눈으로 볼 수 있었다. 그것은 천상의 지각으로 본 것이 아니었다. 그것은 물질적인 빛이었고, 창문을 지나 들어와서 벽난로 옆으로 가더니, 밝게 빛나는 외계존재로 나타났었다.

이 외계존재들은 지구와 같은 물질 세상에서 오고, 거기에는 생물학적인 사람들이 있는데, 그들은 물질과학을 발전시켜서 의식, 아스트랄의 영역과 인과/사고 진동의 영역들과 같은 우주론의 고차원의 수준들을 이용할 정도로 의식이 충분히 진화했다.

그들은 인과/사고 진동, 소리 진동과 기타 천상의 과학들에 대한 이해를 바탕으로 사물을 창조해내기 위해 물질과학을 이용하고 있다. 하지만 그들이 여기에 물질적으로 있기를 원한다면, 그들은 물질 우주선과 물질 몸으로 여기에 있을 것이다. 그들의 의식 수준은 영적인 상태로 여기 있을 수도 있지만 – 현재 인간도 멀리 떨어진 공간 어딘가에 영적인 상태로 있을 수 있다 – 여전히 물질과학을 이용할 것이다.

인간들은 영적인 상태로 먼 곳에 있는 장소들을 볼 수 있는 능력을 갖고 있기는 하지만, 물질 몸으로 차에 앉아서 《내셔널 지오그래픽》 잡지를 보는 것도 여전히 멋진 일이다!

하지만 승무원이 타고 있는 외계의 많은 비행선들은 안전상의 이유 때문에 실제 외계존재들 대신 로봇 생체기계인 휴머노이드들이 타고 있다는 점도 명심하길 바란다.

그러므로 상대적인 비국소성이 있으며, 그들이 현실이라는 연속체상에 함께 있다 할지라도 그 상대적인 상태와 단계gradation에 따라 기술은 서로 분명하게 다르다. 이것은 모델-T*와 멋진 BMW 7 시리즈 사이의 차이와도 같다. 여기에는 공통성이 있지만 분명 차이가 존재한다 – 그리고 아주 뚜렷한 차이가 있다.

우주 탐사는 사실상 끝이 없는 일인데, 이것은 3차원 물질우주에만 해당되는 말이 아니다.

*포드사의 초기 자동차.

문명이 진화하면 그들은 아스트랄계와 그 안의 더 순수한 수준들을 발견하고, 그다음에 거기에도 더 거칠고 더 순수한 수준들이 있는 인과계로 건너 들어간다. 단계들의 수는 사실상 무한하며, 그 각각은 자신들만의 응용기술과 과학과 그 밖의 것들을 갖고 있다.

내 경험으로는 우리처럼 막 떠오르고 있는 세계와 접촉하고 있는 외계문명들과 관련된 모든 일을 감독하고 계획하는 고도로 조직된 행성

간 그리고 종간(種間) 조직이 있다. 이것은 고도로 질서정연하다. 그러므로 우주는 무정부 상태가 아니다!

지금의 진화단계에 있는 우리마저도, 적어도 국제항공여행을 위한 국제적 조직과 공조체계 같은 것들을 갖고 있지 않은가 말이다.

거기에는 지구와의 상호작용을 통제하고 조직하는 고도로 기능적인 행성 간 외교활동이 있으며, 이 일은 아주 오랫동안, 틀림없이 기록된 인간의 역사 이전부터 이루어져왔다.

개인적으로 인간들은 가능한 가장 높은 수준의 진화단계에 도달했다 - 그 어떤 창조물보다 더 높이 말이다.

그러나 집단적으로는 앞으로도 엄청나게 많이 진화해야 한다. 인류가 가진 잠재력은 우주의 그 어떤 종족이 가진 잠재력과도 동등하다. 고도의 의식을 가진 깨달은 개인들과 이에 따른 사회구조로 진화해갈 우리의 잠재력은, 우주에 존재했거나 앞으로 존재할 그 어떤 문명과도 동등하다. 우리가 아직 그곳에 도달하지 못했다는 사실은 우리의 여행이 아직 끝나지 않았음을 의미할 뿐이다.

이 때문에 나는 지구 위의 생명들이 - 특히 인류가 - 아주 소중하게 여겨지고 큰 사랑과 보살핌을 받고 있으며, 지켜봐지고 보호받고 있다고 생각한다. 그곳에는 우리가 조만간 성장해서 미친 원시인들처럼 서로의 머리를 때려대는 일을 그만두고, 문명화된 방식으로 살기 시작하리라는 크나큰 기대가 있다.

또 진정으로 지금은 그런 일이 일어날 시간이며, 이 땅 위에 평화는 영구적으로 굳게 세워질 것이다. 그리고 영구적으로 - 수십만 년 동안 - 평화와 깨달음의 시대가 지속될 것이다.

이 시대는 하나의 우주적인 주기다. 그리고 이 우주적 주기는 지구와 다른 행성들에게도 파문을 일으키고 있다. 참으로, 우주에는 우리와 비숱한 수준으로 발전하였거나 우리보다 기술적으로 덜 발달한 행성들도 있을 것이다.

하지만 이것을 알아야 한다. 우리에게 와 있는 이 주기는 지상과 천상에서의 우주적 평화가 이루어지는 주기다 – 지구와 온 우주에 평화가 도래할 주기다. 우리는 가장 큰 잠재력의 시기, 그리고 가장 큰 도전의 시기에 살고 있다.

인간은 스스로를 폄하해서는 안 된다 – 우리의 능력에 있어서 말이다. 우리는 우주의 다른 어느 지적 종족들보다 열등하지도 않고 우월하지도 않다. 우리는 절대적으로 동등하다 – 우리 안에도, 그들 안에도 우주가 포개져 있기 때문이다. 우주적인 개념인 '사람man'은 완전한 깨달음과 자각을 위한 동등한 잠재력을 갖고 있다. 모든 지적 존재에게는 '무한함'이 있으며 그 모두의 응용과 놀라운 과학이 있다는 것에 대한 깨달음과 자각이다.

나는 여기에 와 있는 외계문명들이 아주 특별한 목적과 역할들을 갖고 있음을 확신한다. 그 가운데 하나는 그들에게 평화적이고 그들과 열린 마음으로 접촉하려는 인간들과 교류하는 일이다. 이것이 CE5 접촉 시도가 그토록 많은 성공을 거두었던 이유다. 외계존재들과 평화적으로 접촉하려는 모든 노력은 더없이 존중된다. 지구 위 60억의 사람들 가운데, 이런 일에 대해 아는 사람은 많지 않으며, 또 이 가운데서도 그들과 접촉하기 위해 선도적이고 긍정적인 행동을 실제로 하는 사람들은 아주 드물기 때문이다. 인류가 평화롭게 그들과 접촉할 시간이 되었다.

CHAPTER 40

자각몽으로 본 미래 지구의 재앙

나는 색깔이 입혀진 세계지도를 보는 반복적인 꿈을 꾸었는데, 그 지도는 파란색, 노란색, 오렌지색, 빨간색으로 칠해져 있었다. 파란색의 지역은 격변의 지구물리학적 영향이 덜한 지역이었고, 노란색은 조금 더 많은 곳이었으며, 오렌지색은 큰 피해를 입은 곳이었고, 빨간색은 재앙이 생긴 곳이었다. 빨간색의 지역들은 대규모로 파괴되거나 땅덩어리 전체가 사라져버린 곳이었다.

현실의 본질을 이해하지 않고서는 미래의 본질을 결코 이해할 수 없다. 우리가 미래에 대해 말할 때, 우리는 가능한 미래에 대해서만 이야기할 뿐이다. 비록 그 세부사항들과 타임라인들은 변하겠지만, 그 메타 주제가 무엇인지는 알고 있다. 이것이 가장 중요하다.

우리가 최고천(最高天)의 영역에서 이미 만들어져온 새로운 세상의 청사진을 이해한다면, 지상에 오게 될 다음 몇 세기의 양상에 대해 알 수 있다. 떡갈나무는 도토리 안에 항상 들어 있다. 그리고 우리가 도토리 안에 무엇이 있는지 지각하고 이해한다면, 그 떡갈나무가 수백 년 동안 성장해갈 모든 단계를 알 수 있는 것이다.

그리고 '가능한 미래'가 존재함으로써 이 모든 것이 촉진된다 – 존재하는 큰 '계획'과 마주치면 지구 위 인간의 자유의지가 작용하기 때문이다. 모든 사람들이 집단적으로 하고 있는 모든 것이 이 시대의 표현되는 모습과 표현될 시점 선택에 영향을 주고 있다. 우리는 지난 100년 동안 이미 우주적인 평화를 이루고, 가난을 없애고, 프리에너지와 반중력 여행 수단을 사용하고, 평화적으로 우주로, 별들 가운데로 나아갈 수도 있었다. 그러나 우리는 자유의지를 잘못 사용했고, 또 무지 때문에 그곳에 이르지 못했다.

자신들이 영매라고 말하는 사람들은 이렇게 단언한다. "이 날에 이러이러한 일들이 일어날 것이다." 그들은 거의 항상 틀린다. 그들은 자기기만적이거나 사기성이 짙은 사람들일 뿐이다. 대단히 중요한 신성한 계획과 그것이 지상에서 드러나는 것 −사람들을 통해 일어나야 하는− 사이에 이루어지는 상호작용 때문에, 여기에는 너무도 많은 변수들이 있다. 이 과정은 우리 자유의지의 작용으로 촉진되기도 하고 방해받기도 한다.

여기에는 이미 수립되어온 어떤 계획, 곧 미래의 청사진 또는 아키텍처가 있다. 나는 지금 만들어지고 있는 이 아름다운 모습의 청사진을 묘사해주고 싶다. 아마도 지금은 일부 기초와 주춧돌만 놓이고 있지만, 신성한 '건축가'가 이 청사진에 무엇을 그려놓았는지를 이해할 수 있다면, 그 전체 모습이 어때 보일지를 잘 그려볼 수 있을 것이다.

하나의 커다란 주제는 존재의 모든 수준에서 하나됨과 합일의 수준들이 증가하고 있다는 것이다. 최소한 50만 년 동안의 인간의 평화가 지속되고 약속이 이루어지는 시대가 열렸으며, 우리는 그 여명을 보고 있다.

우리는 영적인 영역과 과학이 완전하게 합의하는 모습을 볼 것이다.

행성 전체를 이롭게 할 이 놀라운 과학들과 그 응용법을 완전하게 설명하게 되면서 깨어지지 않을 풍요와 평화의 시간이 보장될 것이다.

평화적인 목적으로 사용될 때 이 과학들은 물질적 빈곤을 끝낼 것이며, 또 공평하고 지속되는 평화를 위한 영구적인 토대가 되어줄 것이다.

그렇게 될 때에만 우리는 항성 간 우주공동체interstellar community의 합당한 일원이 될 것이다. 지금 세상이 돌아가는 상황은 바뀔 것이다. 그렇게 되어야 하기 때문이다. 하지만 쉽지는 않을 것이다. 100년 또는 150년 전에는 쉬웠을 테지만, 우리는 그 문을 지나쳐버렸다. 괴팍함과 반항으로, 그리고 옳은 일 하기를 거절하면서, 우리는 아직 평화를 이루지도 못했고 칼을 쟁기로 바꾸지도 못한 채 지금 이 새로운 세기를 맞았다.

그런 이유로 변화는 어렵거나 아니면 정말로 재앙 같을 수도 있다. 나는 이것을 아주 솔직히 말한다. 나는 미래에 대한 막연한 환상을 갖고 있지도 않고, 여러분도 그래서는 안 된다.

그리고 이 점에서 아직 아무런 노력도 기울여지지 않았다. 우리의 도덕이 타락할 때조차도, 절망과 낙담밖에는 보이지 않을 때마저도 그랬다. 사실 모든 일들이 아직 가능하고, 그리고 모든 일이 지금 진행 중이다.

현 시대의 위기를 무시하지 않는 것이 중요하면서도, 우리의 시선을 이 먼 지평을 향해 분명하게 고정시키는 일이 필수적이다 - 지구 위에 세워질 필연적인 문명에, 그리고 우리가 그것을 창조하는 일을 거들기 위해 여기 있다는 지평이다. 우리는 계속 앞으로 나아가면서 바른 일을 하고 진실을 말해야 한다. 어떤 사람들은 그 진실을 듣고 싶어 하지 않는다 해도 말해주어야 한다. 내 청소년기에 꾸었던 자각몽 속에서 나는 마치 UFO처럼 하늘을 떠다니고 있었다. 나는 한 번도 가보지 못한 세상의 어딘가에 있음을 알았고, 그곳은 미국의 서부해안이었다. 나는 로스앤젤레스 유역 위에 떠 있었고 다운타운의 빌딩들을 보았다. 내가 보았던 빌딩들은 그 당시에는 없었지만 모든 것들이 그때 있는 것으로 보였다. 보나벤처 센터Bonaventure Center가 가장 큰 빌딩이었는데 당시에는 없었던 것이다. 때는 낮 시간이었고 지상에 엄청난 변화가 생기고 있었다.

갑자기 태평양 쪽에서 거대한 쓰나미가 밀려왔다. 보나벤처 센터의 높이를 1인치라고 한다면 이 쓰나미는 그 높이가 2~3인치는 되었다 - 로스앤젤레스에서 가장 큰 빌딩의 높이보다 두세 배나 더 큰 것이었다.

이 쓰나미는 밀려 들어와서 로스앤젤레스 유역을 완전히 휩쓸었다. 그리고 이 일이 일어나는 동안, 나는 이상한 평온함을 느꼈다. 두려움은 전혀 없었다. 나는 마치 우리가 지금의 행보를 바꾸지 않으면 일어날 수 있는 사건들을 보여주는 영화를 보는 것처럼 그냥 보고 있었다.

이 꿈을 꾸었던 때가 1970년쯤이었다 - 그때는 지구온난화와 우리가 갑작스러운 환경재앙을 겪을지도 모른다는 사실에 대해서는 별 말들이 없던 때였다.

꿈속에서 나는 엄청난 지구물리학적 변화들과 환경변화들이 일어나는 광경을 보았다. 그리고 그것들은 갑작스럽고 재앙과 같은 모종의 사건으로 이어졌다. 그 꿈이 계속되면서 나는 주위를 둘러보았고 내가 볼 수 있는 가장 멀리까지 바라보았는데, 하늘은 수천 개의 외계비행선들로 가득 차 있었다. 그들은 우리를 돕기 위한 노력을 기울이고 있었다.

우리가 사는 지금 시간은 심각하고 급작스러운 환경재앙이 늘어가고 있다. 비밀프로그램들에는 이와 같은 엄청난 지진과 지구변화를 초래할 수 있는 '스칼라' 무기시스템이 있다.

이 프로젝트들이 고의적이고 계획적인 악의를 갖고, 빙하의 해빙과 여러 재앙과 같은 환경변화들을 막아줄 지구를 살리는 에너지 기술들을 장악하고 있다는 사실은 의심의 여지가 없다.

그러므로 이것이 놀라운 비밀기술들 때문이든지, 아니면 우리 사회와 산업의 어리석음의 결과 때문이든지 간에, 우리는 지금 주류 과학계와 국방부조차도 갑작스러운 기후변화와 환경변화에 대한 경고를 내놓고 있는 시점에 있다. 공포를 조장하기 위해 이런 말을 하는 것이 아니다 -

지금껏 이런 내용을 공개적으로 말하지 않았던 이유는 이 때문이다. 그러나 이제 우리는 이것이 유감스럽게도 더욱 개연성이 높아지고 있는 하나의 가능한 미래임을 알아야 할 필요가 있다.

그 뒤로 나는 색깔이 입혀진 세계지도를 보는 반복적인 꿈을 꾸었는데, 그 지도는 파란색, 노란색, 오렌지색, 빨간색으로 칠해져 있었다. 파란색의 지역은 격변의 지구물리학적 영향이 덜한 지역이었고, 노란색은 조금 더 많은 곳이었으며, 오렌지색은 큰 피해를 입은 곳이었고, 빨간색은 재앙이 생긴 곳이었다. 빨간색의 지역들은 대규모로 파괴되거나 땅덩어리 전체가 사라져버린 곳이었다.

오스트레일리아 대륙 전체가 빨간색이었고, 아시아의 많은 지역들도 그랬다. 가장 진한 파란색이었던 지역은 미국 고위도의 중서부지역과 고원지역이었는데 캐나다 쪽으로 뻗어 있었다. 진한 오렌지색과 빨간색은 모든 해안 지역들에 있었고, 특히 태평양의 불의 고리에 걸쳐 있었다.

유럽의 일부, 특히 피레네Pyrenees 산맥과 알프스의 일부를 따라 올라가면서, 나는 모든 가스파이프들이 폭발하는 모습을 보았고, 그와 함께 모든 마을들과 지각이 부서지는 것을 보았다. 땅덩어리들이 가라앉고 새로운 땅이 생기거나 바다에서 솟아올랐다. 이 모든 일들이 수천 년의 세월 동안 일어난 것이 아니라 하룻밤 사이에 생긴 일이었다.

또 다른 자각몽에서는 지구가 돌면서 정상적인 축이 기울어서 태양이 한곳에 머물러 있는 것처럼 보였고, 밤이 되자 별들이 아주 이상한 방식으로 움직이는 것을 보았다. 기후변화는 엄청났고, 미국의 중심부를 가로질러 로키 산맥에서부터 애팔래치아 산맥까지 수많은 토네이도 같은 폭풍들이 휩쓸고 있었다.

대부분의 큰 도시들은 극심한 혼란에 빠지거나 파괴되었다.

중대한 변화가 일어나는 경우를 대비해 −그리고 이것은 핵시대 때부터 발전되어왔다 – 정부는 '정부유지계획Continuity of Government plan'이라 부르는 시스템을 갖고 있다. 예를 들어 여기 버지니아의 지하시설들에는 계속적으로 가동되고 있는 대리정부parallel government가 있다.

내 친한 친구 한 명이 그 대리정부의 직책을 맡고 있었다. 그 친구는 어떤 사건 – 핵전쟁이나 대규모 환경재해 등 – 으로 미국 정부가 와해되는 경우, 정부각료 가운데 한 명의 직위를 이어받게 되어 있었고, 이 시설에서 일하고 있었다. 실제로 이 시설은 한 개 이상이 있다. 버지니아 주 웨더Weather 산에 오래된 시설이 하나 있고, 우리 집에서 그리 멀지 않은 곳에 최첨단의 시설이 또 하나 있다.

통치할 사람들이 남아 있으리라는 생각으로 이 시설을 만들었지만, 그러기는 대단히 어려울 것이며 큰 혼란이 있게 될 것이다.

또 다른 꿈에서는, 우주로부터 지구로 다가오는 소행성 하나를 보았다. 그것은 우리가 외계존재들을 뒤로 물러서버리게 만들었기 때문에 아무런 방해 없이 지구를 향해 오고 있었다.

소행성 가운데 하나가 지구와 충돌했고, 또 하나가 오고 있었는데, 우리는 그것이 훨씬 더 큰 피해를 주리라는 것을 알았다. 우리는 단파 라디오로 사람들에게 경고하고 있었고 북미 또는 유럽 전역에서 전화를 사용하지 못한다는 것을 알았다. 첫 번째 충돌이 워낙 강력해서 미시시피 서쪽의 교각과 도로 같은 모든 기반시설이 붕괴되었다. 미국본토사령부CONUS는 군대를 서쪽으로 움직여서 임시교각들을 세우고 사람들을 돕기 위한 작전을 수행하고 있었다. 그러나 또다시 다가오고 있는 소행성은 그보다 몇 자릿수는 더 큰 위력을 가진 것이었으므로, 우리는 그저 앉아서 지켜보는 수밖에 없었다.

대기권 한편에 불이 나타나더니 그 아래 지역의 모든 것들이 타버렸다. 이 일이 생긴 뒤에, 지상에는 여전히 사람들이 있었는데 짧은 암흑시대 속에서 살고 있었다. 이것이 몇 달 동안인지 몇 년 동안인지는 말할 수 없지만, 두세 달에서 7년 사이라는 느낌이 들었다.

그런 뒤 나는 다시 우주로 나갔고, 지구를 보면서 하나의 불빛을 보았다. 그것은 영적인 불빛이기도 했고 전기적인 불빛이기도 했으며, 노르웨이나 스칸디나비아 지역에서 나오고 있었다. 그것은 무척 독특했다. 시간은 지난 세기의 마지막과 21세기의 초반이었다. 그것은 더 이상 확실하지 않았다.

나는 1970년대로 돌아갔던 것도 기억하는데, 일어났던 사건들이 커다란 글자로 쓰여 있는 신문 헤드라인을 보고 있었다 - 그 사건들의 일부는 9/11처럼 실제로 생긴 일들이었지만, 다른 것들은 아직 일어나지 않은 사건들이었다. 또 그것은 거의 뉴스영화 같았다. 음향은 엉터리였지만 천연색이었고 무척 실감 났으며, 헤드라인들이 많은 햇수의 시간을 따라 행진하고 있었다. 시간은 고정되지 않았다. 시간은 상대적이며 공간도 그렇다. 그리고 이 모든 일들이 우리가 무엇을 하느냐에 따라 일어날 수도 있고 안 일어날 수도 있다. 우리가 이미 피해간 사건들이 있는가 하면, 그렇지 않은 것들도 있다. 모든 것은 진행 중이다. 우리는 개별 인간들과 크고 막강한 기관들이 하는 것, 인간의 집단행동이 창조하는 것과 신성한 계획 사이의 상호작용의 본질을 이해해야 한다. 우리가 무책임하고 눈이 먼 단 한 세대 동안에 어머니 지구를 파괴하도록 허용되지는 않을 것이기 때문에, 불가피한 어떤 일들은 일어나게 될 것이다. 지구는 수십만 년 동안 지적인 생명을 진화시키기 위해 여기에 있다.

그녀는 우리를 사랑하며 무척 인내심이 많지만, 그 인내력에는 한계가 있다. 그리고 우리가 바뀌지 않으면, 지구는 그 짐을 벗어던질 것이다.

어떻게 벗어던질까? 그것은 마치 개가 몸을 흔들어 벼룩을 떨어내는 것과도 같다. 말 그대로 뒤흔들 것이다. 그것은 전적으로 우리가 의식적으로 그리고 기꺼이 그 짐을 덜어주고, 우리가 하는 방식을 바꾸기 위해 자유의지를 사용하고자 하는가에 달려 있다.

그러므로 그 어떤 일들도 절대적으로 불가피한 것은 아니다. 가능성이 있는 일들일 뿐이다. 그리고 우리가 상식과 지혜가 요구하는 일들을 하기를 거부했기 때문에 가능성이 더 커지고 있다.

유감스럽게도, 늘어나는 전쟁, 비밀활동들, 그리고 비밀을 강요하는 무자비함 같은 현재의 상황은 우리가 가야 하는 방향과 정반대로 가고 있고, 그래서 지금의 난제들이 쉽게 해결될 조짐이 보이지 않는다.

인간들이 하고 있는 일들은 이 상황에 도움이 되는 것도 있고 해를 끼치는 것도 있지만, 외계존재들이 우리를 돕기 위해 하게 될 일도 있다. 그들은 분명히 우리에게 해를 끼치기 위해 여기에 있는 것이 아니다. 그들이 해를 끼치고자 했다면 지금 벌써 모두 끝났을 것이다. 이 상황이 어떤 결말을 가져올지에 있어서 모든 개인들에게는 자신의 역할이 있다. 이것이 그토록 복잡한 것은 이 때문이다.

체르노빌Chernobyl 사건은 사실 더 악화될 수도 있었다. 최근에야, 사람들은 체르노빌 상공에서 상황을 안정시키고 최악의 결과가 생기지 않도록 돕는 것으로 보이는 외계비행선의 사진을 공개했다.

나는 앞에서 했던 내 이야기들을 듣고 사람들이 이렇게 말할까 봐 좀 걱정된다. "닥터 그리어가 이런 일이 절대적으로 일어날 거라고 말했어요."

내가 말하는 것은 이것이 아니다. 나는 이 일들이 일어날 가능성이 있으며, 일부는 가능성이 매우 높다고 말하고 있다. 그리고 아직, 집단적으로 우리가 선택하기만 한다면 그런 결과에 영향을 미칠 수 있다. 너무 늦은 것은 결코 아니다.

전에도 이런 일이 일어났던 것일까?

그렇다. 우리는 이런 일을 전에도 겪었다. 아틀란티스Atlantis의 전설과 태평양의 레무리아Lemuria와 무Mu 대륙에 대해서 들어봤을 것이다. 그곳에 대륙들이 있었고 기술적으로 우리와 같은 수준이거나 그 이상의 문명들이 있었다는 것은 사실이다. 그곳에 있는 흔적들은 그것이 정통 과학, 정통 고고학, 정통 인류학, 그리고 정통 종교에 위배되기 때문에 그동안 억눌려왔다.

'광신은 목표를 잊어버렸을 때 더 많은 노력을 쏟아부으면서 생긴다.'라는 말이 기억나는가. 과학적으로나 종교적으로나 많은 사람들이 진리의 목표를 잊어버렸다. 따라서 통제자들은 권력욕, 통제드라마, 거짓 신념체계와 부패에 이끌리고 있기 때문에 정보는 대중들에게 온전히 전해지지 않는다. 40만 년 이상 지속되었던 지난 주기 동안에 문명들이 사라졌고 인간사회가 재형성되기까지 오랜 시간이 지났다. 지금의 새로운 주기에, 밤이 아무리 어두울지라도, 이미 새벽이 되었다. 새날은 이미 왔다. 그리고 이 변화의 시간이 지나고 나면 다음 50만 년 동안에는 문명이 사라지지는 않을 것이다. 우리가 이 변화를 이룬다면 말이다.

그곳에서 수십만 년 동안 하나의 진보한 문명이 이어질 것이다. 어느 정도 깨달았다가 다시 무지와 전쟁과 또 다른 석기시대로 떨어져버리는 여러 문명의 성쇠는 없을 것이다.

지구가 궤도를 가진 이후로, 지구의 과거 역사에는 이런 시대와 똑같은 시기가 없었다. 얼마나 믿기 어려울 만큼 아름다운 일인가.

그러니 우리 주위의 혼란과 광기에 너무 위축될 필요는 없다. 나는 단지 좀 걱정스럽고 임박해 있을지도 모를 -정확한 시간은 지금 이 순간부터 10년 뒤 또는 20년 뒤의 언제라도 될 수 있다- 미래의 가능한 일들을 알려주기 위해 이런 말을 하고 있을 뿐이다.

우리가 현명하다면 이런 최악의 일들은 피하게 될 것이다.

나의 한 경험에서는 외계비행선을 타고 멕시코를 내려다보고 있었다.

나는 거대한 화산 포포카테페틀을 보았는데, 이 산은 세계에서 네 번째로 큰 화산이며 아주 위험한 화산이다.

내가 처음 그곳에 갔을 때 사람들에게 말했다. "이 화산은 점점 더 활성화되고 있습니다." 그리고 얼마 지나지 않아 포포카테페틀 산은 더 자주 분출하기 시작했다.

사람들이 물었다. "그걸 어떻게 아셨어요?"

나는 포포카테페틀은 태평양 불의 고리의 매우 불안정한 부분에 있기 때문에, 외계비행선들이 그것을 안정시키고 조사하기 위해 화산 속을 들락날락하고 있다고 설명해주었다. 꿈속에서 그 지구대변동 사건이 일어나는 동안에, 나는 수없이 많은 달걀 형태의 빛나는 물체들이 그 화산이 있는 푸에블라 전역과 화산 주위의 지하로부터 나오는 모습을 보았다. 그들은 마치 바다 밑바닥에서 물 위로 솟아오르는 공기방울처럼 위로 떠올랐다. 수천 개의 빛나는 물체들이 줄을 지어 하늘로 올라가서 점점 멀어진다고 상상해보라. 아름다운 광경이었다.

내가 보았을 때는, 지구의 인구가 크게 감소해 있었다. 지금 인구에 비해 아주 조금에 불과했다 – 얼마나 조금인지는 나도 모른다. 그리고 남은 사람들은 특별한 교훈을 배웠다.

그 교훈은 앞으로 배우게 될 것이다. 문제는 이 사건이 얼마나 심각해야 이 행성 위의 사람들이 그 교훈을 배우게 될까 하는 것이다.

지금까지 제1차 세계대전도, 제2차 세계대전도, 히로시마도, 9/11도, 그리고 환경재앙이라는 망령도 우리의 집단적이고 괴팍스러운 행동을 바꿔놓지 못했다.

그러나 어떤 일이 일어나든지, 이런 변화를 먼 지평에서 보면, 그것이 앞에서 말한 것처럼 심각할지 또는 덜 심각할지에 관계없이, 남은 사람들은 뼈아픈 교훈을 배우고 정말로 겸허하게 잘못을 깨달을 것이며, 전쟁무기들을 내려놓기로 맹세하고, 이 놀라운 신과학들과 기술들을 영구적으로 평화적인 목적으로만 사용하게 될 것이다. 그리고 그 교훈을 다시는 되풀이해서 배우지 않겠노라는 것을 배우게 될 것이다. 이 교훈은 지구 위의 모든 사람들의 마음속에 아주 깊게 각인될 것이다.

지금 우리는 그런 충격적인 변화를 겪지 않고도 이 교훈을 배울 수 있다. 인간들은 그렇게 변하도록 강요받지 않는 한, 이 깨달음의 변화에 대해 아주 완고하고 반항적으로 행동할 거라는 사실을 빼면 말이다.

우리는 지금껏 덜 심각한 사건들에는 눈 하나 깜짝 안 했고 변화를 꾀하려고도 하지 않았고, 그래서 북미 아메리카 원주민들의 말처럼 '우리는 변화의 시간에 있다'. 그리고 그들이 '위대한 정화'라고 부르는 그 시간에 와 있다.

내가 묘사한 사건들은 인간이 자초한 혼란과 재앙일 뿐만 아니라 자연재해이기도 할 것이다. 그것들은 불의 시련으로써 인간의 마음과 가슴을 정화하여, 우리가 지금껏 해온 파괴적인 행위를 다시는 하지 않겠노라 맹세하도록 할 것이다. 우리는 종교나 인종이나 이념이나 자신이 가진 것과는 다르다는 이유로 서로를 날려버리지는 말아야 함을 배울 것이다 – 이런 것들은 수천 년 동안 인간 문명의 골칫거리가 되어왔던 말도 안 되는 어리석은 짓이다. 우리는 그런 생각을 버리게 될 것이며, 이야말로 영구적인 변화가 될 것이다.

그때에야, 잿더미 속에서 날아오르는 불사조처럼, 우리는 이 행성 위에 영구적으로 평화로운 진보한 문명을 빠르게 재구성할 것이다. 우리는 이미 지구 위에 있는 이 놀라운 기술들 모두를 응용하게 된다. 필요한 모든 것은 인류에게 이미 주어져왔고 지금 여기에 있다. 다음 50만 년을 위해 필요한 모든 것이 실제로 이미 여기에 있다. 이것이야말로 정말로 좋은 소식이다.

CHAPTER 41

지구문명의 재편과 미래 청사진

여러분은 세상의 어디에라도 있을 수 있으며, 아주 적은 비용으로 필요한 모든 것을 가질 수 있다. 에너지에 비용을 들이지 않고도, 그 어떤 기후에서도 원하는 모든 광원과 조절된 기온을 누릴 수 있으며, 자동으로 제어되는 환경에서 필요한 모든 종류의 음식을 재배할 수도 있다. 석유화학제품과 비료와 살충제 없이 최고 품질의 풍부한 음식을 모든 사람이 얻을 수 있다.

양자물리학에서 '상전이phase transition'*라고 부르는 개념이 여기서 유용할 것 같다. 헬륨이 담긴 용기를 절대 0도**까지 냉각시키면, 그것은 끓기 시작해서 아주 격렬하게 흔들린다. 혼돈과 무질서는 분자들 일부가 정연하게 정렬되기 시작할 때까지도 증가한다. 용기 안의 1퍼센트 정도만의 분자가 −99퍼센트가 아닌 단지 1퍼센트 정도의− 정렬되는 지점이 되면, 전체 장(場) 곧 모든 분자들은 일관된 상태에 도달하는데, 이것을 실제로는 초유동성 superfluidity이라 부른다. 이제 헬륨은 이런 마술 같은 성질을 갖게 되는데, 그것은 아주 다르게 작용하며 전체 분자장이 일관성을 갖게 되

* 물질이 다른 상(相)으로 상태를 바꾸는 현상.

** 열역학상의 최저온도인 섭씨 −273.15도.

다. 그러나 이 특이한 일관성을 갖게 되는 순간의 직전에는 혼돈과 격렬함이 극에 다다른다. 우리는 지금 인류의 역사에서 바로 그 '상전이'의 순간에 있다. 앞으로 더 혼란스럽고 더 무질서해 보이는 상태가 계속될 것이다. 그러나 이 일관성이라는 섬들이 만들어지고 있는 것을 우리는 볼 필요가 있다. 우리는 이 일관성이라는 섬들이 되고 비전이 되어야 한다. 그리고 충분한 수의 인류가 그렇게 될 때, 상전이는 일어날 것이고 인간사회라는 장은 빠르게 변형될 것이다.

그러면 우리의 좋은 미래는 어떤 모습일까? 운 좋게도 천상의 건축가는 우리에게 아름다운 청사진을 남겨놓았고, 우리 모두는 우리 안에 말려 있는 그 청사진을 갖고 있으며, 또 우리가 끈기 있는 시선으로 응시하기로 한다면 우리는 그것을 볼 수 있다.

우리는 앞날을 내다보는 법을 배워야 하는데, 우리가 그 비전을 보고 이해하는 만큼, 우리가 그것을 실현하고 창조하기 위한 수단이 될 것이기 때문이다. 인간은 여전히 '인간'으로 남으려고 하겠지만, 지나친 폭력과 전쟁은 끝이 날 것이다. 대전(大戰)과 엄청난 역경은 과거의 것이 된다. 처음에는 광견들의 목줄을 붙들어 매면서 미약하나마 평화가 온다. 이 정치적인 평화는 인구 대다수의 더 높은 수준의 의식과 깨달음으로 퍼져나간다. 궁극적으로 타인에게 해를 끼치지 않는 행동을 보장하는 유일한 길은 깨달음뿐이다. 이것이 평화와 깨달음이 함께 가는 이유다.

상전이가 일어난 뒤의 처음 몇십 년 동안에, 지구 위 문명은 재편되고 재건되며 평화적이고 비폭력적인 방법으로 변형된다. 다수의 사람들이 성장하고 깨닫게 되는 사회에서 지긋지긋하고 초라한 가난과 질병은 더 이상 남아 있지 못하게 된다.

다음 100여 년 동안 우리가 이 신기술들로 문명을 재건하면서, 영속적인 평화가 도래하고 가난은 없어지며 지구의 풍요로움은 늘어간다. 이 기술들이 평화적인 목적으로 응용되고, 지구 위의 모든 나라들과 사람들이 그것을 무기화하려는 그 어떤 시도도 결코 용납하지 않겠다고 맹세하면서, 우리는 지구 역사의 그 어느 때와도 같지 않을 인류애가 꽃 피는 모습을 보게 된다. 모든 마을과 모든 공동체들은 물건의 제조, 깨끗한 물, 교통수단, 유기농 자연식품의 재배와 그 밖의 목적을 위한 무한하고 공해 없는 에너지 생산 수단을 갖게 될 것이다.

상상해보라. 여러분은 세상의 어디에라도 있을 수 있으며, 아주 적은 비용으로 필요한 모든 것을 가질 수 있다. 에너지에 비용을 들이지 않고도, 그 어떤 기후에서도 원하는 모든 광원과 조절된 기온을 누릴 수 있으며, 자동으로 제어되는 환경에서 필요한 모든 종류의 음식을 재배할 수도 있다. 이런 기술은 지금 존재한다. 석유화학제품과 비료와 살충제 없이 최고 품질의 풍부한 음식을 모든 사람이 얻을 수 있다. 오늘날의 먹을거리를 보면 그것을 재배하고 운송하는 일은 엄청나게 석유화학적인 힘든 과정이다. 따라서 프리에너지가 바로 핵심이다.

3분의 2의 면적이 물로 덮여 있는 지구는 염분만 제거한다면 모두에게 충분한 양의 물을 갖고 있다. 물론 에너지시스템이 없다면 염분을 제거하지 못한다. 에너지가 무료이고 풍부하다면, 이것은 가능한 일이 된다.

물건을 제조하는 일은 풍부하고 깨끗하며 아주 저렴한 일이 될 것이다. 우리가 가진 물건을 제조하는 데 드는 총비용 가운데 가장 큰 비용은 원자재를 구해서 운반하고, 제작하고, 포장하고, 여러분에게 배송하는 데 들어가는 에너지 비용이다.

대부분의 것들이 에너지와 관련되어 있다. 그 비용에서 에너지가 차지하는 부분이 0이 된다면 어떤 일이 생길까? 자연과 조화를 이루며 풍요롭고 오염 없이 지속 가능하게 사는 완전한 신세계가 도래한다.

이런 기술적인 진전 덕분에, 주당 노동시간은 대부분 선택적으로 일하는 15~25시간으로 줄어들며, 사람들의 남는 시간은 창조적인 일과 레크리에이션, 교육과 그 밖의 긍정적인 활동에 사용된다.

이 기술들이 사회경제에 미치는 혁신적인 영향으로 더 이상 일주일에 40~60시간을 일할 필요가 없어지며, 사실 그렇게 일하는 것은 사회적으로도 해롭다. 그러면 사람들은 부득이하게 생존차원의 호구지책에 매달리는 대신, 신이 주신 기술과 천부적인 재능에 가장 일치하는 것에 기여할 자신의 다르마, 곧 자신의 소명을 찾아내게 된다.

그렇게 사람들이 더 높은 수준의 의식과 깨달음을 추구하는 문명은 결국 가능해진다.

거대 도시와 교외지역으로 나누어지는 시대는 끝나게 된다. 지구는 마을들로 이루어진 세상이 된다.

왜 그럴까?

피닉스에서 파리까지 3~4분 만에 갈 수 있다면, 그렇게 밀집되고 제멋대로 뻗어나가는 도시들에 모여 살 필요가 없어진다. 어떤 사람들은 더 큰 공동체에서 살기로 선택하겠지만, 거대 대도시에 살아야 할 경제적 필요가 없어진다. 외계복제비행선 기술을 이용하여 공중으로 다니는 교통은 빠르고, 효율적이다.

반중력시스템으로 떠서 다니는 교통은 지구의 가장 오지의 장소들을 환경에 미치는 영향은 거의 없이 충분히 살 만한 곳으로 바꿔준다.

한 자각몽 속에서 나는 지금 시카고가 있는 위도의 지역이 야자나무가 자라는 아열대지역이 돼 있는 모습을 보았다. 지금의 극지방과 캐나다 지역도 살기 좋고 편안한 기후로 바뀔 것이다.

지구의 기후는 전체적으로 훨씬 따뜻해질 것이다. 그러나 대규모의 지구물리학적 변화가 일어날 가능성이 있음을 기억하기 바란다.

이 새로운 프리에너지 기술로, 물을 포함한 자원의 100퍼센트 재순환이 실현 가능해진다. 물은 하수도나 땅으로 흘려보내기보다는 모아서 재순환할 수 있다.

나는 지금 새로 발명되어야 할 것들이 아니라 현존하는 기술들을 말하고 있다.

1970년대에 아치볼드 매클리시Archibald MacLeish가 우리는 이미 물건의 제조과정에서 폐수가 단 한 방울도 나오게 하지 않을 기술을 갖고 있다고 말한 것을 기억한다. 그러나 우리가 에너지를 생산하는 데 화석연료를 사용한다는 사실을 생각할 때, 모든 오염원을 없앨 만큼의 에너지양은 빠르게 수익체감점(收益遞減點)*에 도달하게 된다.

지금 나는 첫 100년 또는 200년의 초기 몇십 년에 대해 이야기하고 있다. 우주론에 대해 말하면서 언급했던 과학으로 그 어떤 물품이나 상품을 우리를 둘러싼 공간의 구조로부터 물질화할 수 있다는 것을 마음으로 그려보라.

*재화를 생산할 때 생산요소 투입이 일정 수준을 넘으면 투입에 따르는 한계생산성이 상대적으로 줄어드는 지점.

이 기술은 실제로 이미 존재한다. 따라서 충족되지 못할 물질적인 필요가 무엇이 있겠는가?

단 하나도 없다. 그리고 이것은 중요한 메시지다. 모든 물질적 필요는 충족될 것이다. 그리고 이렇게 된다면 인간의 상태는 욕구와 두려움에서 휴식 상태로 개선되기 시작하고, 고도의 영적인 추구로 옮겨갈 수 있다.

주거 역시 엄청나게 바뀌게 된다. 반중력장치가 있다면 피라미드가 건설되었던 것처럼 재료를 필요한 자리에 옮겨놓을 수 있다는 점을 생각해보라. 우리는 지구에 거의 해를 끼치지 않는 재료로 건물을 지을 수 있다. 지금 사용되는 많은 화학물질을 필요로 하지 않게 할 기술이 있게 된다. 에너지가 무료이므로 냉난방에는 화학적으로 독성을 가진 물질을 건강하지 않은 방법으로 밀봉하는 구조가 필요치 않게 된다.

이 기술들 덕분에 주택을 짓는 일은 사실상 훨씬 비용이 적게 들 것이며 건축방법은 급진적으로 바뀌게 된다.

이런 건물들을 건축하는 일은 많이 달라진다. 활용 가능한 프리에너지 장치를 얻자마자 내가 하고 싶은 일 가운데 하나는, 콜로라도 주 크레스톤에 있는 고원 사막에 시범주택을 건축하는 것인데, 그곳의 기온은 겨울에는 영하 29도까지 떨어지지만 뜨거운 여름에는 29~32도까지 올라간다.

고대인들이 살았던 모습을 보면, 그들은 마을에서 함께 모여 살면서 마을 주변의 땅을 경작, 레크리에이션의 목적으로 이용하거나 그냥 자연 상태로 놔두었음을 알게 된다. 사회적 동물인 인간은 미래에 그런 마을에서 첨단 기술로 자급자족하는 방식으로 살기를 선택하게 될 것이다.

오늘날 우리는 마치 전이성 암과 같은 모습으로 살고 있다. 하나의 도시와 그 주위의 흉물스러운 맥맨션McMansion*의 팽창으로 천편일률적인 교외의 모습을 보라.

심리학적으로 사람들은 이웃과 친구들과 어울려 살면서 상업시설이나 사회적 장소에 걷거나 자전거를 타고 갈 수 있는, 조금은 집약적인 마을환경에서 더 행복해한다.

* 교외의 밀집한 부지에 특색 없이 무미건조하고 비슷한 모양으로 지은 대형 주택을 일컫는 용어.

바로 지금 우리는 모든 자연의 아름다움을 게걸스럽게 먹어치우고 그것을 포장하여 번화가, 맥맨션 단지, 그리고 교외지역으로 바꿔버렸다.

바로 지금 우리는 주택이나 건물을 지을 때 온갖 전깃줄을 연결해야만 한다. 하지만 미래에는 전력이 필요한 모든 것에는 프리에너지를 이용하는 장치가 들어가게 된다. 집에 전깃줄은 필요 없어지고, 모든 것은 무선으로 사용된다.

따라서 건물의 비용과 복잡성은 크게 낮아진다. 건설은 더 단순해지고, 더 깨끗해지며, 더 자연스러워짐으로써, 덜 비싸고, 더 아름다워진다.

이런 방법으로 우리는 이 의식과 이 신기술들로 지구를 재건설한다. 이 토대 위에서 평화롭고 풍요로우며, 사람들은 자유롭게 더 깨달은 행동을 추구하는 문명이 번영하게 된다. 경제질서와 제조업의 구조, 그리고 산업구조는 완전히 바뀐다. 이 모든 변화를 거치면서 지구촌의 화폐는 통일되며, 국경은 있으되 그것은 점점 덜 중요해진다.

의학에 있어서는, 지금 우리가 싸우는 대부분의 문제들은 생활방식과 관련되어 있다. 어떻게 먹고, 어떻게 살고 운동하는지가 건강의 90퍼센트 이상을 결정한다. 유전학은 중요하지만, 그런 변수들을 고려한다면, 사람이 어떻게 사는지가 정말로 결정적인 요소다.

육체를 갖고 사는 우리에게는 항상 많은 일이 일어난다 – 그 원인이 유전적인 것이든 사고이든, 아니면 나쁜 식습관이든 말이다.

진보한 전자기 기술은 정교한 전자기 치유와 진단시스템에 사용되도록 설정할 수 있다.

비밀프로젝트들에는 사람들의 팔다리나 손상된 척수를 완전하게 재생하는 기술이 존재한다. 그것들은 지금 존재한다. 하지만 그들이 이 기술들을 내놓게 되면, 그들은 프리에너지시스템의 비밀도 내놓아야 한다. 이들은 기본적으로 같은 영역의 물리학에 속해 있기 때문이다. 하지만 미래에 이 새로운 물리학이 널리 알려지면, 우리는 새로운 의학도 갖게 될 것이다.

암에서부터 에이즈와 그 밖의 감염성 질병들처럼 지금은 치료하기 어려운 질병들은 – 심지어 심각한 부상까지도 – 치료된다.

바로 지금 우리는 대중들에게 어떤 것이 옳다 그르다를 말해주는 것마저도 거대한 의료 비즈니스시스템에 좌지우지되는 아주 타락한 세상에 살고 있다. 이것은 1억 달러 규모의 제약회사의 투자가 적절한 성과를 올리느냐 아니냐에 더 많이 관련되어 있다. 건강 또는 진실과는 별 관계가 없다.

이것은 돈과 권력의 남용에 관계된 것이다.

과학적인 치유는 우리가 지금 이룬 것보다 더 광범위하게 발전할 것인데, 그것은 우리가 여기에다 그동안 감춰져왔던 새로운 전자기시스템과 과학에 관한 지식을 덧붙일 것이기 때문이다.

바로 지금, 여기 미국에서 우리는 사람들이 직면한 많은 건강 문제들과 질병들에 대해 매우 비효율적인 의료시스템에 막대한 금액의 돈을 쏟아붓고 있다. 이 상황은 바뀔 것이다. 미래의 의학은 첨단 기술을 사용할 뿐만 아니라, 동시에 더 전일적인 의학이 된다.

자연적으로 유전자에 새겨진 인간의 수명은 120년쯤 된다. 미래에 사람들은 110년, 115년, 120년까지 아주 건강하게 살게 된다.

태어나는 시간이 있고, 살아가는 시간이 있으며, 그리고 모두 내려놓고 몸을 버려야 할 시간이 있다. 육체를 갖고 영원히 살 필요는 전혀 없다. 지상에서의 삶은 소중하지만, 빛의 아스트랄계에서의 삶 또한 그러하다. 사후세계의 아름다움을 이해하고 나면, 우리는 이쪽의 삶을 떠나는 일을 그리 염려하지 않을 것이다.

이 점에 있어서도 나는 의학이 바뀌리라고 생각한다. 우리는 엄청난 비율의 건강관리비용을, 불가피한 일을 늦추기 위해 흔히 비인간적인 처치를 하면서 인생의 마지막 60일 동안에 소비한다. 그러나 미래에는 좋은 인생을 살다가 기계들이 아닌 사랑하는 사람들이 지켜보는 가운데 평화롭고 편안하게 죽음을 맞이하는 데 더 많은 관심을 쏟게 될 것이다.

언제 몸을 버리고 옮겨가야 할지를 알게 해주는 영적인 은총과 지혜가 있다.

나는 이 영적인 지혜가 의료과학과 병행되리라고 믿는다.

그러므로 우리는 인간의 자연수명을 최적화할 것인데, 이것은 질 높은 인생을 노년까지 살게 될 거라는 뜻이다.

지금 우리는 과학과 영성을 구분하고 있다. 고도로 숙련된 의사는 또한 고도로 영적인 존재가 되어야 함에도 말이다. 앞으로는 의사가 능숙한 치유기술을 갖고 있는 동시에 영적으로도 깨어 있어서, 필연적인 경우에 사람들의 이런 전이과정을 도울 것이다.

이 물질세계에서 빛과 의식의 세계로 건너가는 과정은 샤리가 했던 것과 매우 비슷할 것이다. 그것은 아름다운 과정이다. 다른 세상으로 건너가는 모든 사람들은 그들의 의식 상태와 살아온 인생행로에 따라 가능한 한 최상의 수준으로 옮겨가도록 영적인 도움을 받아야 한다.

진정한 영성이 성장해갈 때, 엄청난 비용과 고통을 감수하면서 삶의 마지막 몇 초에 필사적으로 매달리는 일은 더 자비로운 전이과정으로 바뀌게 된다. 더 물질적이면서 덜 영적일수록, 우리는 신경증적으로 삶도 죽음도 즐기지 못한다.

미래에는 이 정도 수준의 풍요로움으로 의학과 치유뿐만 아니라 모든 아이들의 교육도 온전히 이루어질 것이다. 우리는 진정으로 교육하는 법을 배울 것이며, 초기 연령에서부터 그것을 시작할 것이다. 4~6세 때부터 명상과 영적인 기법들을 가르치면서 아이들의 놀라운 잠재력은 발현된다. 시간이 지나면서 지금은 온전히 사용하지 못하는 두뇌능력을 활용하게 되고, 평균 IQ는 놀라울 만큼 높아진다.

미개발 국가들에서는 가난과 영양실조가 어린이들의 정신적, 육체적 성장을 크게 저해하고 있다. 가난이 없어지면서 – 이 신기술이 없이는 불가능하다 – 이 어린이들의 마음도 꽃피기 시작할 것이다.

개발된 국가들과 개발도상국들에서는, 중금속, 페인트의 납 성분, 대기오염과 같은 많은 화학물질과 독성물질들이 심각한 문제이지만, 이 또한 없어진다. 지금의 시대는 가족의 결속이 아마도 최악인 시기다. 이혼율은 50퍼센트를 넘었다. 일부 소수 집단의 대다수 어린이들의 집에는 아버지가 없다.

내 견해에 이것은 진정으로 영적인 문제다. 나는 사람들이 가족에 대해 다르게 생각하기 시작하리라고 생각한다. 바로 영원한 책무로 말이다.(이런 점에서 내가 굉장히 보수적인 사람처럼 말한다고 생각할지도 모른다. 이것은 보수 대 진보의 문제가 아니다. 나는 그것을 영적인 관점에서 보고 있다.)

사람들이 이 세상으로 아이들을 데려오기로 결정할 때, 이것은 영구적인 책무가 되어야 한다. 모든 아이들은 계획하고 원했던 아이여야 한다. 따라서 우리는 보편적으로 용인되는 가족계획을 할 것이며, 부모가 될 사람은 그들이 또 다른 영혼을 돌볼 수 있을 만큼 영적인, 물질적인 그리고 사회적인 책임에 대한 준비가 됐을 때 아이들을 갖게 될 것이다. 나는 이것이 점차 사회의 공통가치가 되리라고 생각한다. 나는 사람들이 이해할 수 없는 상황들마저도 점점 더 사랑하고 인내하게 되어서, 만일 부모가 갈라섰다든지 아이들이 고아가 되었다든지 좋지 않은 일이 생겼을 때, 그들과 그들의 아이들을 돌보는 더 넓은 마음을 갖게 되리라고 생각한다는 점도 말하고 싶다.

그리고 이혼이 금지되어야 한다고도 생각하지 않는데, 이혼은 아주 드문 일이 될 것이다. 이혼과 같은 문제를 만드는 원동력인 이기심이 줄어들 것이기 때문이다. 행복과 사랑, 아이들의 양육에 초점이 모아져야 한다.

사람들은 성숙하게 연결될 배우자를 찾는 법을 배우며, 그렇게 되면 서로에게 충실하고, 또 아이들을 갖게 될 것이다. 아이들에게는 그들을 지원하고 사랑을 주며 필요한 훈육을 베풀 부모와 대가족이 있어야 한다. 모든 아이들은 깨달음을 향해 보호하고 돌보고 양육해야 할 신성한 신뢰trust로 보게 된다. 지금껏 우리는 지긋지긋한 가난과 가족의 해체 때문에 그런 것에 가치를 두는 문화를 갖지 못했고, 그것을 북돋는 사회적, 경제적 질서도 분명 갖지 못했다.

한 아이를 이 세상에 데려오면, 우리가 그것을 아는지 모르는지(혹은 그것을 좋아하는지 아닌지!)에 관계없이, 영구적인 결속이 만들어진다. 우리가 다른 세상으로 간 뒤에도, 우리는 가족과 함께 있으며, 우리 가까이에 자녀들과 손자들과 증손자들이 함께 있을 것이다. 여기에는 끊이지 않는 줄이 있으며 그들 개별 영혼들은 ―그들은 창조의 일부이다― 진화와 깨달음의 모든 수준들을 거쳐 영원히 나아간다. 사람들은 한 영혼을 이 세계에 데려오는 일이, 의식을 가진 한 사람의 삶을 창조하는 일이 얼마나 특별한 사건인지를 점차 이해하게 될 것이다.

이 점을 이해하고 나면, 그들은 이 성스러운 의무 또한 이해하고 인생의 고난들을 헤쳐갈 인내심을 갖게 된다.

동성애자들을 이해하고 그들에게 관대한 사람들에게 나는 갈채를 보낸다. 그 이유는 그것이 출생의 시기에 생기는 인간존재의 자연스러운 변형이라고 확신하기 때문이다. 성별과 성적 취향에 집착하는 많은 이들의 완고함은 과거의 일이 될 것이다. 이것은 이미 그렇게 되고 있다. 여러분이 정말로 게이들, 레즈비언들, 페미니스트들이 9/11을 초래했다고 믿는 부도덕한 소수 집단에 속한 사람이 아니라면 말이다! 우리 시대의 도덕적인 문제들은 무엇이든지 간에 그런 주제들과는 아무런 관계가 없다. 이것은 우리가 정말로 걱정해야 하는 진정한 도덕적 문제들로부터 다른 곳으로 우리의 주의를 흩트리는 것이다.

CHAPTER 42

육체란 영적 진화를 위한 초고속도로

> 한편으로는 육체가 가진 조건과 그것에 고착된 고통으로 인해, 우리는 빠르게 영적인 자유와 깨달음을 얻을 수 있다. 지상에 존재하면 빠른 진화의 기회를 얻을 수 있다. 지상에서의 삶이 소중한 이유다. 깨달음에 이르고 지고의 의식 수준에 도달하며 한 영혼으로서 성장하는 능력은, 그 어떤 존재 상태보다 지상에서의 삶에 훨씬 더 많이 농축되어 있다. 이것은 물질 우주의 수수께끼다.

지구온난화와 환경, 그리고 석유전쟁의 지정학적 결과 같은 문제들은 내버려두더라도, 이 기술들의 독점이 초래한 인위적인 가난으로 인한 세상의 고통은 수억 명의 사람들을 죽음으로 몰고 갔다. 이 비밀정책은 수십억 명의 사람들이 교육의 기회나 품위 있는 삶을 위한 기본적인 수단마저도 없이 절망과 무지 속에서 살도록 강요했다.

이 고통 하나만 보더라도 현행 질서가 변화하고, 이 기술들과 놀라운 신과학이 공개되는 것은 지극히 타당한 일이다. 대부분의 사람들이 우리가 이 길을 계속 간다면 환경적으로, 경제적으로, 지정학적으로 끔찍한 대재앙을 겪게 되리라고 걱정하는 동안에도, 세계인구의 대부분은 이미 가난과 절망이라는 지옥 속에서 살아가고 있기 때문이다. 그들에게는 바로 지금이 이미 재앙이다. 이것을 생각해보자. 아이젠하워 주간(州間) 고속도로시스템을 우리가 시작하기 전에 이미 이 도로시스템은 필요 없었다. 미래에는 도시 사이의 모든 교통은 지상에서 반중력 자기시스템을 통해 이루어지며, 그러면 도로를 유지하고 건설하는 데 드는 수천억 달러의 예산은 교육과 건강과 그 밖의 유용한 목적으로 사용된다.

게다가 지금 콘크리트로 덮여 있는 막대한 지역의 부동산과 경작 가능한 땅은 농업과 레크리에이션을 위해 사용하게 된다.

우리가 지금 에너지, 연료, 교통과 도로에 쓰고 있는 자원들은 인류문명의 진정한 발전을 위해 사용된다. 우리는 또 매년 1조 달러 이상을 군산 활동에 쏟아붓고 있다 – 이것은 세계경제활동의 엄청난 부분을 차지한다. 이 자원들 대부분은 다른 목적을 위해 사용된다.

그러므로 멋진 행성을 만들기 위한 자원이나 돈이 없지는 않다. 단지 그 모두가 잘못 쓰이고 허비되었을 뿐이다.

일단 이런 역학관계가 바뀌면, 우리가 상상할 수 있는 모든 일이 실현 가능해진다. 모든 기술이 이미 여기에 있다. 그 일을 할 수 있는 지식이 있다. 이 행성 위에는 그 일을 할 수 있는 지혜로운 사람들이 충분히 있다. 그런데 왜 그런 일이 일어나지 않았을까?

오늘날 종교계의 구도와 제도들은 크게 변형되어가고 있고 그 대부분이 변질되어버렸다. 과거에 랍비, 사제, 목사, 물라와 같은 사제직이 폭발적으로 증가했던 이유는 극소수의 사람들만이 읽을 수 있었기 때문이었다. 그러나 보편적 교육의 시대에는 문맹이 사라진다. 오늘날에도 대부분의 사람들이 읽고 쓸 수 있다. 따라서 집권화된 사제직은 더 이상 필요 없어진다. 이들에 대한 필요는 사실상 이미 끝났다 – 우리는 지난 150년 동안 그들을 필요로 하지 않았다.

가까운 미래에는 모든 사람들이 자신의 영적인 발전을 위해 독립적으로 진리를 찾고, 읽고, 공부하고, 명상하고, 기도하는 책임을 지니게 된다. 영적인 교사들은 있을 테지만, '성직자'나 '랍비' 또는 '이맘Imam'*의 지위를 갖는 사람들은 없어진다. '달라이 라마'도 마찬가지다.

이런 종교적 구조들은 과거에는 간혹 좋은 목적을 위해 기여하기도 했지만, 권력과 통제력을 남용하는 사람들에 의해 오용되어왔

*이슬람 종교지도자에 대한 경칭.

다. 이런 역학관계는 지구 위의 그 어떤 종교의 본래 목적 - 그 어떤 종교라도 - 또는 그 어떤 창시자의 본래 목적과는 전혀 관계가 없다.

자신을 기독교도나 유대교도, 불교도, 아니면 다른 종교인으로 규정하는 것은 괜찮다. 하지만 성직자는 일반인으로 바뀌고 분담하게 된다. 사회는 영적인 진리를 찾고 영적인 현실을 경험하며, 영적인 교사들의 - 모든 영적인 교사들의 - 모든 가르침들에 귀 기울이게 된다. 영적인 교사들은 한데 모여 상담에 응하거나 서로의 역할을 교대하며 하나의 집단으로서 공유하겠지만, 거기에 집권적인 사제나 성직자들은 더 이상 없다.

분명히 위대한 역량이나 경험을 가진 사람들이 가르치거나 타인들과 나누어야 할 것이다. 항상 그렇게 될 것이다. 우리에게는 언제나 교사들이 있을 것이다. 그러나 유급의 직업적인 사제직이 있으리라고 생각하는 시대는 끝났다. 그 이유는 그것이 오용되어왔고, 또 이제는 사람들이 읽을 수 있고 스스로 진리를 탐구할 수 있게 되었기 때문이다. 다른 누군가에게 진리의 의미를 해석해달라고 하는 것은 사실상 오류가 많다. 우리는 자신의 진리를 타인과 서로 나눌 수는 있지만, 결국 자신만의 진리를 자신만의 방법으로 만들어간다. 사제들이 우리를 위해 그런 일을 해주는 것은 영적인 아동화다 - 그런 관계를 유지하는 것은 우리 자신의 영적인 책임감을 포기하는 짓이다. 사람들은 자신의 진화에 대해 영

적인 책임감을 가질 필요가 있다. 그렇다고 해서 영적인 공동체나 조직들 또는 종교들이 없을 거라는 의미는 아니다. 오히려 그들은 크게 변할 것이다. 그들이 진정으로 깨달음과 영성을 추구한다면 – 권력을 모으고 사람들을 통제하는 대신 – 그들은 모든 이들에게 영적으로 자율권을 줄 것이기 때문이다. 인간생활의 이 영역은 영적인 진화의 경험과 신성과 성스러움에 대한 진정한 이해에 초점을 맞추게 된다. 지금의 중요한 '종교적 문제'라고 말하는 것들은 변화하고, 모든 위대한 예언자들, 아바타들, 그리고 영적 교사들이 여기에 와서 우리에게 주고자 했던 실제적인 목적에 다시 초점을 맞추게 된다. 곧, 신성한 '존재'가 현존한다는 것과, 그리고 이 신성 안에서 기도하고 명상하면서 그것을 자신들의 삶 속에서 깨달을 수 있다는 것에 대해 말이다.

종교의 타락은 자신들의 영적인 힘을 포기해버린 대중들과, 힘을 남용하기 쉬운 사제직들 둘 다와 직접적으로 관련되어 있다.

그리고 사제직들 가운데도 멋진 사람들이 많음에도 불구하고, 거기에는 항상 선동적으로 몰고 가는 사람들이 있어서, 그가 짐 존스Jim Jones*이든, 성전(聖戰)이나 종교재판을 부추기려는 사람이든 간에, 심약한 사람들에게 영향을 미치고 그들을 자신의 통제 밑에 두려고 한다.

이런 종류의 광신주의와 사고방식은 국적과 이념에 얽매여 대규모 전쟁과 파괴를 일삼는 일이 끝나면서 그 진상을 드러내고 함께 물러나게 된다. 그리고 영구적으로 사라진다.

변화를 이루어내고 진리를 좇는 종교집단들은 다른 집단들을 깊고 변함없이 존중하게 된다. 사람들은 시간이 지나면서 진리는 하나이며, 종교적인 차이란 중요하지 않거나, 그것이 본래의 영적인 가르침들에 대한 오해 또

* 1978년에 300여 명의 어린이를 포함한 900명 이상의 신도들을 희대의 집단자살 · 타살로 몰고 간 미국 사이비종교 '인민사원(Peoples Temple)'의 교주.

는 왜곡과 거짓에 기인한다는 사실을 발견하게 된다.

  우리는 결국 보편적인 영성을 키워나갈 것이다. 사람들이 깨어 있다면 단순히 이 종파와 저 종파를 나누는 쇼비니즘에 사로잡히지는 않는다. 그 이유는 그들이 깨어 있다면, 그들은 정말로 거기에는 아무런 차이도 없다는 것, 곧 모든 랜턴이 다르게 생겼을지라도 거기서 나오는 빛은 모두 똑같다는 사실을 깨닫기 때문이다. 그 랜턴이 붓다이든, 크리슈나이든, 그리스도이든, 모하메드이든, 또는 다른 모습의 신성의 화현이든 말이다. 사람들은 그 빛을 찾기 시작하며, 랜턴의 형태 때문에 생긴 증오와 분열로 인해 나뉘지 않는다.

  사람들이 죽음이라고 부르는, 영체와 영혼이 육체와 분리되는 순간에 일어나는 일에 대해 내가 이해하는 바는, 의식이 계속 유지된다는 사실이다. 이것은 내가 경험한 것이고 임사체험을 했던 다른 사람들로부터도 알게 된 것이다. 그때, 여러분의 개별성은 계속된다 – 모든 기억과 모든 지식을 갖고 있다. 그러나 여러분은 갑자기 자유로워진다. 마치 새장을 떠난 새와도 같다. 빛의 세계 그 이상인 아스트랄계의 광활한 우주가 여러분의 새 집이 된다. 여러분은 지상에서 도달했던 진화와 의식의 수준에 상응하는 수준으로 상승한다. 그리고 지상에서 연결되었던 사랑하는 사람들과 친구들과 함께하게 된다.

  그러한 영의 형태에서 여러분은 아스트랄계의 더 높은 수준의 깨달음을 향해 우주론의 모든 수준을 통해 계속 성장하고 진화한다. 이 아름다운 빛의 세계를 천국이라 부를 수도 있겠다. 여러분은 깨달음에서부터 '바다'로 녹아들기까지, 여러분의 선택에 의해 영원히 그 길을 계속 간다. 그리고 여전히 '여러분'은 항상 존재한다 – 시간은 환상이다. 개별성이라는 물방울은 무한의 '신성한 마음'이라는 바다로 녹아들어 갈 수도 있고, 그 영역에서 상호작용하며 한 개성으로 계속 있을 수도 있다.

당신이라는 독특한 창조물인 개별성은 파괴되지 않는다. 모든 것 안에 깃들어 있는 깨어 있는 '존재'는 하나이며, 항상 있어왔고, 또 항상 있을 것이다. 그러나 여러분 개인의 영혼도 영원히 존재한다. 우리는 모두 신이 창조한 부분들이다. 우리의 개별적인 자각은 물방울이 바다와 하나가 되는 시간까지 계속된다 – 우리는 그곳에 남을 것인지 아닌지를 스스로 결정한다. 그곳에서는 아름다운 연속성이 일어난다. 여러분의 아이들, 사랑하는 사람들, 조상들, 부모들을 여러분은 보게 될 것이다. 여러분은 그들을 알 것이며, 그들은 당신을 반겨줄 것이다.

여러분이 도달한 능력과 앎과 의식의 수준에 있는 다른 이들을 보게 될 것이고 그들의 영혼과 인연을 맺게 될 것이다.

임종의 순간에 기억해야 할 중요한 사항이 있다. "여러분이 알았던 것들을 모두 잊어버리라. 내려놓으라. 그리고 그 가장 위대한 '빛' 속으로 들어가라."

우리가 그 순간에 얼마나 높은 수준에 이르게 될지를 알지는 못하지만, 이것만은 말할 수 있다. 가능한 최선의 결과를 가져오기 위해서는, 여러분이 아는 모든 것들, 여러분이 했던 모든 일들, 자신에 대해 생각하는 모든 것들을 가능한 한 모두 내려놓고, 오직 그 가장 위대한 빛, 그 신성한 빛으로 온전히 들어가야 한다.

사람들이 이곳에서 다른 세상으로 옮겨갈 때 부여잡는 것은 자신의 집착들이다. 물질적인 것이든, 자기중심적인 것이든, 또는 자신이 안다고 생각하는 것이든 말이다. 그러므로 집착을 버리고 순수해지고, 또 자신의 자아를 신성한 빛 속으로 완전히 내던지려는 의지가 여러분을 존재의 가능한 가장 높은 수준으로 데려간다.

죽은 뒤에 이런 수준에 도달하는 것과, 살아 있을 때 명상 상태에서

신 의식, 합일의식에 도달하는 것에는 어떤 차이가 있을까?

그것은 여러분이 여기서 도달한 의식의 수준에 달려 있다. 몸을 떠나서는 수십억 년에 걸쳐 도달할 만큼의 높고 특별한 경험과 수준을, 여기 지상에서 사는 동안 이루는 일이 가능하다.

반면에 대부분의 사람들은 몸에서 자유로워지면 엄청난 기쁨과 자유와 축복과 새로운 능력들이 나타나게 된다. 마음속에서, 우리는 모든 것을 드러나게 할 수 있다. 그곳에서 성(城) 하나를 시각화하면, 그 성은 이 영역에서 실제로 나타난다. 그곳에서는 무엇이든 아무런 한계가 없다.

물론 이 행성 위에는 그런 일을 할 수 있는 사람들이 있어왔다. 매우 드물기는 하지만 그런 일이 일어났다. 하지만 아스트랄 영역과 사고의 인과영역에서는 이것이 쉽게 이루어진다.

한편으로는 육체가 가진 조건과 그것에 고착된 고통으로 인해, 우리는 보다 빠르게 영적인 자유와 깨달음을 얻을 수 있다. 지상에 존재하면 빠른 진화의 기회를 얻을 수 있다. 지상에서의 삶이 소중한 이유다. 깨달음에 이르고 지고의 의식 수준에 도달하며 한 영혼으로서 성장하는 능력은, 그 어떤 존재 상태보다도 지상에서의 삶에 훨씬 더 많이 농축되어 있다. 이것은 물질 우주의 수수께끼다. 이것이 물질 우주가 존재하는 이유이자, 우리가 육체를 가진 이유다. 그리고 이것이 우리에게 고통이 따르는 이유다. 몸을 갖고 존재하는 것은 특별한 수준들로 아주 빠르게 진화해갈 수 있는 엄청난 기회를 만들어낸다.

여기서 '빠르게'라는 말은 시간을 의미하며 시간은 상대적이다. 그리고 아스트랄계에 들어가면 시간은 완전히 달라진다.

우리가 다른 쪽의 세계에 들어가서 그 상태에 있을 때, 그것은 정말 아름답고 평화로워서, 무한한 집을 찾아 위안을 얻고 싶은 욕구가 몸을 갖고 있을 때만큼 크지는 않다. 그러나 여기 지상에서는 일상적으로 고통을 겪을 기회들이 즐비하다. 어떤 의미에서 육체를 가진다는 것은 우리에게 영적 진화를 위한 초고속도로를 열어준다 – 우리가 선택하기만 하면 말이다!

따라서 고통과 희생에 내포된 수수께끼는 영적인 발전과 지상에 있는 동안 깨달음의 저 높은 수준까지 올라가는 능력과 직접적으로 관련되어 있다. 몸을 가지고서 한 생을 헤쳐가면서도 그 기회를 잡지 못할 수도 있다. 그렇다 하더라도 배워야 할 교훈들은 여전히 남아 있다.

지구는 하나의 위대하고 거대한 학교이며, 배워야 할 교훈들과 그 교훈들의 여러 수준이 있다. 우리는 선택하기만 하면 그 교훈들을 이용할 수 있다. 이것은 우리가 육체를 가진 존재 상태에서 출발해서, 영적인 지식과 경험을 가진다면, 엄청나게 높은 아스트랄 또는 그보다 더 순수한 천상의 아스트랄 수준이나, 또는 순수지식의 인과영역으로까지 곧바로 넘어 들어가거나, 또는 무한한 '존재'에까지도 완전히 도달할 수도 있다는 의미다.

대부분의 사람들은 우리가 있는 곳의 바로 다음 단계의 상태 – 물질세계로부터 아스트랄과 에테르의 세계로 – 에 머물기로 선택한다. 그곳이 더 친근하기 때문이다. 그곳에서는 형체가 있다. 그들은 더 편안함을 느끼며, 그곳은 아름답다. 또 거기에는 엄청난 자유가 있다. 그러나 우리 모두는 결국 그 수준마저도 넘어서는 앎에 도달하게 된다.

그러나 이런 우주론을 이해하고 이 삶에서 그것들을 경험했다면, 임종의 순간에 진화의 전 영역을 경험하기가 가능하다.

영적인 발전의 더 순수한 수준에 대해 알고 경험할 기회를 갖는 일이 정말로 중요한 것은 바로 이런 이유에서다. 그렇게 하면 여러분이 몸을 떠날 때, 신성한 세계들로 나아갈 수 있는 가능성이 엄청나게 커지기 때문이다.

이렇게 물을 수도 있겠다. "그렇다면 유령은 뭐죠?"

유령은 몸을 떠났지만, 이 세계에 강한 집착이 아직 남아 있어서, 지상의 어떤 장소 또는 사람에게 가까이 들러붙어 있는 사람이다.

언젠가 응급실에서 일할 때, 끔찍하게 횡사한 약물중독 환자가 있었다. 그날 밤 늦은 시간 응급실이 텅 비어 있을 때, 나는 간호사들과 센터 스테이션에 앉아 있었다. 갑자기 이 사람이 숨을 거둔 처치실에서 심전도계가 저절로 켜지고, 방 뒤쪽의 캐비닛 문이 열리고 링거주사기구들이 날아다니기 시작했다!

전형적인 폴터가이스트poltergeist였다. 우리 모두는 그 사람이라는 것을 알았고, 그는 물질계와의 아스트랄적/정신적/감정적인 접속을 통해 이런 사건을 일으키고 있었다. 앞에서 기술한 우주론을 이해한다면 폴터가이스트 현상의 물리학을 이해할 것이다.

이 화나고 혼란스러워하는 사람은 분명히 격분하고 있었다. 그래서 나는 신성한 현존으로 마음을 돌려서, 그 영혼을 보고 그를 신에게로 연결시키면서, 그에게 떠나줄 것을 요청하고 다른 세계에 있는 그의 집단에게로 배웅했다. 그리고 그는 떠났다.

사람들은 이렇게 묻는다. "그 영혼은 어떤 수준으로 갔을까요?"

그것은 예측할 수 없다. 이 세상에서 다른 세상으로 가는 사람의 진화는 그쪽 세상은 물론 이곳에 있는 더 깨달은 상태의 사람들의 도움을 받는다. 그래서 세상을 떠난 사람들의 영적인 성장과 깨달음을 위해 기도하는 일이 대단히 중요하다.

사후의 상태에서 진화하기 위한 세 가지 중요한 방법이 있다고 한다. 첫째는 여기 이 세상에 있는 사람들의 기도를 통해서이고, 두 번째는 저 세상에 있는 깨달은 이들의 안내를 통해서이며, 세 번째는 세상을 떠난 사람들의 이름으로 여기서 선행을 베푸는 일이다.

내가 본 바로는, 미래에는 이것이 일상적인 지식이 될 것이며, 사람들이 저세상으로 갈 때는 그들 주위에 신에게 전적으로 헌신하면서 그들을 신과 연결시키고, 그들이 천상세계와 깨달음의 가능한 한 최고의 단계에 가 닿도록 도와줄 사람들이 있을 것이다.

사람들이 말하는 지옥이란 아스트랄계의 하위 수준을 말하는데, '하위'라는 말은 더 거친 수준이라는 뜻이다. 비슷한 성향과 행동특성을 가진 사람들, 그리고 공통적인 에너지를 가진 사람들은 함께 모이게 된다. 물론 그들이 자신이 했던 모든 행위를 뒤로하고, 용서를 구하고 모든 것들을 내려놓고서, 순수하고 신성한 '존재'를 향한다면, 그들은 발전할 수 있다.

만일 어떤 영혼이 신성에 진심으로 굴복하고, 그가 했던 행위들을 내버리고, 사죄와 용서를 구하면서 그 가장 위대한 '빛'을 향한다면, 모든 것은 순식간에 초월될 수 있다.

결국, 우리는 타인의 상태를 비판할 수는 없다. 그래서 "비판받지 않으려거든 비판하지 말라."라는 말이 있는 것이다.

우리는 모든 영혼이 교육될 수 있고, 그들이 깨달을 수 있는 존재들이라고 보아야 한다.

죽음의 순간에 마지막 숨을 내쉴 때, 고난 속에서 때로는 파괴적인 삶을 살았던 사람도 그들이 보고 행했던 모든 것을 내버리고 가장 위대한 '빛'을 향해서 아주 높은 수준으로 올라갈 수도 있다.

그러므로 함부로 비판하지 말아야 한다.

동시에 무척 올바르고 영적이라고 자타가 인정하는 사람들이 죽음의 순간에 큰 자부심과 자만으로 가득 차 있으면, 그들은 자신들과 가장 위대한 '빛' 사이에 거대한 베일을 창조하게 된다. 그러므로 이 세상을 떠나는 순간에, 우리에게는 겸손과 은총과 타인의 영적인 도움이 필요한 것이다.

CHAPTER 43

진정한 아카식 레코드

공간과 시간의 모든 지점은 공간과 시간의 다른 모든 지점으로 들어가는 입구다. 공간의 어느 주어진 지점에 부호화되면, 그곳에서 일어났던 모든 일들은 알아낼 수 있는 하나의 서명이 남는다. 아카식 레코드는 의식 있는 지성의 구조 속에 들어 있어서, 모든 곳에 있으며 어디에서도 접근할 수 있는 것이다. 미국의 서부에서, 나는 그곳에 살았던 고대의 원주민들을 실제로 보고 들었다.

우리는 지도를 그 장소로 착각한다. 내가 여러분에게 워싱턴 D.C.의 지도를 줄 수는 있겠지만, 그것이 워싱턴 D.C.라는 장소 자체는 아니다. 모든 것은 우리 안에 포개져 있다. 우리가 지금 육체를 갖고 창밖을 바라보고 있다 해도, 실상은 마음의 본성, 곧 우리를 깨어 있게 하는 우리 안의 의식은 편재하며, 공간과 시간과 우주론의 모든 단계들을 넘나든다. 이것이 유체이탈을 하고 있을 때 여러분이 '어딘가에 가고 있지' 않다는 의미는 아니다. 여러분은 이미 모든 곳에 있기 때문이다. 여러분은 이미 편재한다 – 이것이 마음의 본성이다. 하지만 그것을 이용하는 여러분의 개성은 그것을 하나의 입구 또는 여행으로 지각할 수도 있다.

아주 강력한 체험 상태에서, 몸은 비물질화되는 단계까지 변화할 수 있다. 몸은 변화하여 사라져서 에테르 상태가 되거나 존재의 아스트랄 상태가 되었다가 다시 나타나기도 한다. 우리는 외계비행선이 완전히 에너지의 아스트랄 형태로 변하는 모습을 본 적이 있다. 블랑카피크에서 내가 빛의 영역으로 들어갔을 때가 기억나는가. 이때 내 몸은 밀도가 희박해져서, 어느 순간엔가 내가 실제로 들어 올려졌다는 생각이 들었다. 그곳에 있던 다른 이들은 어떤 각도에서 내가 부분적으로 사라지는 것을 목격했으며, 나를 투과해서 보기도 했다.

물질 몸과 물질 세상은 우리의 의식과 아주 가깝고 직접적으로 연결되어 있다. 홀로그램적인 양자우주는 의식을 가진 지성의 통합적인 작용으로, 공간과 시간의 모든 지점들과, 우주론의 모든 수준과 차원과 단계에 있는 모든 지점들을 다른 모든 지점들과 연결한다.

지각의 어느 한 수준에서는 거리와 분리를 지각하는 것이 정상이지만, 또 다른 수준에서는 거리와 분리가 비국소성 속으로 사라져버린다.

그러므로 우리는 더 비국소적인 방식으로 의식에 연결됨으로써 다른 '영역들'이라 부르는 것에 접근할 수 있다. 사람들은 때때로 주문, 노래, 명상과 같은 방법들로 이렇게 했다. 이런 행위들은 마음을 안정시키고, 물질적 3차원 세계의 고정된 지각의 한계를 초월하여 그 너머의 것을 보게 해주기도 한다.

어떤 이들은 영적 존재들이나 사람들의 오라를 보거나, 식물을 보고서 그것이 치유에 어떻게 쓰일지를 감지할 수 있다.

이런 것들은 모두 우리 안에 들어 있는 선물이며, 우리가 이 능력을 개발하는 정도에 달려 있다.

물방울에는 바다 전체가 깃들어 있다. 따라서 이 물방울들인 우리 각자에게는 온 대양이 출렁이고 있다.

창조는 결코 끝나지 않는다. 남녀가 결합할 때 두 사람의 유전학적인 고유의 현실은 새로운 사람을 형성하고, 새 유전자들에 암호화된 내용들은 이 새로운 존재, 이 새로운 영혼의 가능성이 된다.

창조는 그 자신 안에서 항상 창조되고 있다. 무한한 존재는 더 의식적이고 지적인 생명을 끊임없이 창조하고 있다.

공간은 부족하지 않다! 우주는 무한하다. 그러므로 있을 수 있는 존재와 영혼의 수에는 한계가 없다. 또한 그 각자는 자신 안에 '의식하는 마음' 전체를 갖고 있으며, 모두가 결국 이 신성을 깨닫고 바다로 돌아가는 물방울이 될 것이다.

이 '시원적인 영혼'과 시원적인 '가장 위대한 빛'에는 창조될 수 있는 모든 것이 존재한다. 그러므로 창조될 수 있는 모든 것을 위한 가능성은 창조되어왔고, 또 창조될 것이며, 우주론의 그 수준에서 언제나 존재해 왔다.

새로운 사람이 창조될 때, 그곳에 언제나 있었던 신성한 매트릭스로부터 그는 현실화된다.

지금껏 있었던, 지금 있는, 그리고 앞으로 있을 모든 존재들이 모인 가운데 신성한 '존재'와 함께할 그곳에 도달할 수 있는 의식의 상태가 있다.

나는 샤리가 떠나기 일주일 전에 이 상태를 경험했다. 나는 수없이 많은 목소리들이 "우리는 영 안에서 모두 하나라네."라고 노래하는 소리를 들었었다. 창조자에게서 나오는 완벽한 인과적 관념 형태로 있는 모든 존재가 그곳에 있었다. 그것은 놀랍도록 아름다웠고, 내 평생 가장 아름다운 경험들 가운데 하나였다.

그러므로 우리는 신으로부터 나왔고 신에게로 돌아갈 것이다. 이 세상 또는 다른 모든 세상에 태어난 모든 생명은 언제나 창조의 일부였다.

그 자신의 의지로 생겨나는 무한한 '마음'은 소리의 형태로 순수한 인과적 사고를 만들어내고, 여기에서 우주 전체가 생겨난다.

소리는 형태나 빛보다 더 근원적이며 그것들에 앞선다. 그래서 허밍, 주문, 만트라, 기도, 생각(반복적인 생각)이 초월의 강력한 수단이 되는 것이다.

각각의 그리고 모든 창조된 것들은 그만의 음색을 갖고 있으며, 그 안에 자신만의 소리 진동을 갖고 있어서, 그것의 아스트랄 형태에 모습을 갖춰주며, 이것은 물질적인 객체 그 자체를 만들어내는 형판의 역할을 한다.

이해할 수 있겠는가? 의식의 어느 수준에서 이것을 경험하고, 생각의 소리 요소를 사용하면, 여러분은 사물을 옮길 수 있고, 그것이 나타나게 할 수 있으며, 물질세계에 영향을 미칠 수 있다.

미래에 우리는 이 더 깊고 더 순수한 수준들로부터 성분들을 조합해서 물건을 만드는 법을 배울 것이다. 소리와 생각의 수준에서 작동하면 아스트랄 형태를 모아서 완벽하게 물질적인 3차원 세상에 가져올 수 있다.

산스크리트는 인도유럽어족의 뿌리인 고대 언어다. 그 전통의 베다에서는 이름과 형태에 대해 이야기한다.

그들은 물체의 소리 진동에 대해 언급하고 있는데, 이 소리 진동이 그 물체의 형태를 만들어낸다. 사실 어떤 기법을 숙달한 사람은 특정 의식 상태에 들어가 소리와 사고 진동으로 물체를 현실로 나타나게 한다 – 사과든 반지든 그 어떤 것이라도 말이다.

우주론의 수준들 가운데는 모든 지식의 씨앗 형태가 머물러 있는 수준이 있다. 취향과 관심에 따라 여러분은 이 의식의 수준으로부터 지식을 전해 받을 수 있다.

군에 몸담고 있는 한 친한 친구는 그들이 공간의 '백색소음white noise'이라고 부르는 것으로부터 정보, 사건 또는 대화 내용들을 추출하는 기술이 오래전에, 분명히 1960년대나 1970년대에 발명되었다고 말했다. 메릴랜드에 있는 화이트옥스White Oaks 해군시설에서 개발된 첨단 전자시스템을 이용해서, 어느 주어진 장소에서 지금까지 말해졌거나 행해졌던 모든 내용들을 추출할 수 있다. 초극비의 세계에서 개발되어온 기술들은 정말이지 경악할 만한 것들이다.

공간과 시간의 모든 지점은 공간과 시간의 다른 모든 지점으로 들어가는 입구다. 공간의 어느 주어진 지점에 부호화되면, 그곳에서 일어났던 모든 일들은 알아낼 수 있는 하나의 서명signature, 곧 하나의 정수essence가 남는다. 진정한 아카식 레코드Akashic record는 의식 있는 지성의 구조 속에 들어 있어서, 모든 곳에 있으며 어디에서도 접근할 수 있는 것이다.

미국의 서부에서, 나는 그곳에 살았던 고대의 원주민들을 실제로 보고 들었다. 나는 드럼 소리와 탬버린 비슷한 소리와 주문 소리를 들었다. 여러분이 그 주파수에 동조하고 나면, 그것은 마치 항상 거기서 상영되고 있는 영화와도 같다.

우리 인생을 통틀어 우리가 말하고 행동한 모든 것들이 언제나, 영구적으로 암호화되고 있다. 그것은 마치 광물로 된 바위처럼 영구적이지만, 의식과 영의 수준에서 그렇다.

CHAPTER 44

위대한 주기와 지구의 운명

인류가 '광견들의 목줄을 붙들어 매는' 평화, 곧 정치적 평화에 이르는 데는 오래 걸리지 않을 것이다. 풍요와 지속 가능한 문명으로 지구를 재편하는 일은 빠르게 그 뒤를 이을 것이다. 모든 사람이 묻는다. "그다음에는 어떤 일이 이루어질까요?" 아주 많다. 우리가 지구 위에 살고 있더라도 모든 놀라운 세상들, 모든 순수한 천상계들에 대한 지식이 사람들에게 활짝 열릴 것이다.

우리 앞에 열린 이 위대한 주기 속에서, 우리는 거기에 수백 개의 작은 주기들이 있음을 알게 된다. 앞으로 천 년쯤 지나면 지구는 확장된 더 큰 주기에 들어가 있을 것이며, 또 다른 아바타가 올 것이다. 그리고 또 천 년쯤 지나면 또 다른 주기와 아바타가 올 것이다.

이 '신성의 화신'들은 우리의 운명을 완전히 실현하고 지구 위에 황금시대를 세우도록 인류의 잠재력에 힘을 실어줄 것이다. 이 평화의 시대는 정치적 평화나 물질적인 평화를 훨씬 더 넘어선 것이다. 이때는 점점 더 많은 사람들이 진정한 깨달음을 얻고 신 의식을 갖는 시대가 될 것이다. 우리가 육신을 가지고 이 세상에 살더라도, 우리 안의 신성은 완전하게 실현될 것이다.

다음 몇백 년을 위한 중요한 주제는 신성한 문명, 곧 영적으로 깨달은 문명을 지구 위에 세우는 것이다. 지금 시대에는 깨달은 사람이 극히 적은 반면, 이 주기가 끝날 무렵에는 지구 위의 모든 남성과 여성과 아이들, 그리고 이 세상에 오는 모든 아이들이 깨달음의 상태에 있을 것이다.

사실 이 세상에 태어나고 있는 아이들은 이미 높은 의식 수준을 갖고 태어날 것이다. 하지만 나는 지금으로부터 수천 년 뒤를 이야기하고 있다.

인류가 '광견들의 목줄을 붙들어 매는' 평화, 곧 정치적 평화에 이르는 데는 오래 걸리지 않을 것이다. 풍요, 가난의 종식과 지속 가능한 문명으로 지구를 재편하는 일은 빠르게 그 뒤를 이을 것이다.

하지만 이 행성 위에서 인간들이 깨달음의 상태에서 살아가게 될 과정 – 이 상태는 공통된 경험이자 커다란 염원이다 – 은 다음 50만 년의 중요한 주제다.

모든 사람이 이렇게 묻는다. "그다음에는 어떤 일이 이루어질까요?"

아주 많다. 비록 우리가 지구 위에 살고 있더라도 모든 놀라운 세상들 – 모든 순수한 천상계들 – 에 대한 지식이 사람들에게 활짝 열릴 것이다.

그리고 지구는 우주 전체라는 왕관을 장식하는 가장 멋진 보석들 가운데 하나가 될 것이다. 이것이 지구의 운명이자 인류의 운명이다.

잠시 상상해보라. 우리는 결국 기술기반의 의식과 의식기반의 기술을 갖게 된다. 지금은 우리가 물질적이라고 보는 과학은 의식에 관한 지식으로 온전히 통합된 과학으로 이해된다. 그때는 치유, 교통, 에너지생산, 제조, 생물학, 농업과 같은 모든 영역에 의식의 과학이 응용된다.

이 의식의 과학은 물질적 기술과 과학에 힘을 더해준다. 우리가 기울이는 모든 노력은 의식적인 자각에 대한 지식을 실천에 옮기는 시작점이 된다. 그리고 그곳에는 커다란 기쁨과 놀라운 발견들이 있을 것이다.

지구 위에서의 평화의 초기 단계에는 외계문명들과의 초기적인 열린 접촉이 진행될 것이다. 우리가 혼자가 아니라는 사실과 혼자였던 적이 결코 없었다는 사실을 모두가 알게 된다. 지구 위에서 사라져버린 진보한 문명들이 있던 주기들과 수천 년 동안의 인류의 진정한 역사가 널리 알려질 것이다.

외계문명과의 초기 관계는 우주에서의 분쟁이 아닌 평화를 바탕으로 이루어진다. 우리는 공개적으로 우주의 다른 사람들과 사절단을 교환하게 될 것이다.

외계에 기원을 두는 과학들, 곧 생체기계, 인공지능, 물질과 마음의 비국소성, 광활한 우주를 가로지르는 의식기반의 기술을 사용하는 통신 시스템에 대해 점점 더 많은 과학자들과 지도자들이 이해하고 받아들일 것이다.

인류 대다수는 이 외계사람들과 인류가 영 안에서, 순수 '마음' 안에서 하나임을 깨닫게 되며, 의식에 관한 지식에서 파생되는 과학이 사람들 사이에 널리 공유되기 시작할 것이다. 우리는 다른 외계문명들과 함께 우주로 나아가 다른 세계를 탐험하기 시작할 것이다 – 우선적으로 우리가 가장 쉽게 연결할 수 있는 사람들과 함께 말이다. 우리는 함께 우주여행에 나선 동료로서 그들과 유기적인 관계로 나아갈 테지만, 이 모든 것이 단번에 이루어지지는 않을 것이다.

우리가 가장 먼저 넘어야 할 문턱은 바로 우주적 평화다.

우주문명들과 관계 맺는 데에는 수많은 단계들이 있을 텐데, 이것은 전적으로 지구 의식의 진화수준에 달려 있다. 의식의 진화와 깨달음의 더 높은 수준으로 올라갈수록, 우리는 그 수준에 있는 문명들과 교류하게 된다.

모든 행성에는 그런 의식 수준을 이끄는 선구자들이 항상 있어서, 결국은 사회 전체가 그 방향으로 나아가게 된다. 인류는 하나의 종족으로서 더 높은 의식 수준으로 진화할 것이며, 그 수준의 우주적 자각을 가진 다른 세계들과 교류하게 된다.

그리고 행성 간의 문화와 기술 교류도 있게 된다.

지구는 특별하고 아름다운 문화로 발전해가며 우주 문화의 일원이 될 것이다. 이 새로운 시대의 첫 번째 천년은 평화와 고도로 풍요로운 세계 문명으로 기록되는 한편, 그 뒤를 이은 천년은 우주문화가 성장하는 시대로 특징지어질 것이다. 결국 우리는 우리의 지혜로 얻은 것을 다른 세계들과 적절히 나누는 방향으로 나아갈 것이다. 지금 우리를 방문하고 있는 외계문명들도 그랬던 것처럼, 그들은 우리도 그 길을 지나왔다는 것을 배울 것이다. 그리고 우리가 이미 평화로운 세상을 이룬 문명들의 방문을 받고 있는 것처럼, 우리는 성숙의 문턱을 넘어가고 있는 문명들의 특사와 후견인이 될 것이다.

우리 사회가 만든 물질적인 것들마저도 아주 높은 품질을 가지므로, 문명들은 그것에 맞추어 자신들의 의식을 끌어올릴 것이다. 이것은 마치 아름다운 예술작품이나 일몰을 보는 것과도 같다. 그것이 설령 물질적인 것일지라도, 그때 모든 것은 천상의 물건 같을 것이며, 그 장인정신과 디자인은 너무도 아름다울 것이다.

우리는 그 자체의 생명과 의식을 가진 기술들을 발전시킬 것이다. 우리가 만드는 거의 모든 것들에는 지적이고 의식적인 질이 깃들일 것이다 - 비록 우리가 지금은 '무생물'로 보는 것이라 할지라도 말이다.

우리는 그 어떤 것도 사실은 무생물이 아니라는 것을, 살아 있지 않은 것은 아무것도 없다는 것을, 그리고 생명력과 의식하는 지성을 지니지 않는 것은 없음을 알게 될 것이다. 모든 것은 생명을 갖고 있고, 모든 것이 생명이며, 모든 것이 깨어 있다 - 모든 바위, 모든 무기물, 모든 원자와 모든 광자조차도.

이것은 단지 지식화되는 것이 아니라 깨달아질 것이며, 물질과학에게는 심오한 암시가 될 것이다.

도시들은 스스로 빛을 내뿜는 천상계 같은 구조들로 진화할 것이다. 모든 것은 그 안에 특별한 생명에너지와 의식을 갖게 된다. 그리고 미래의 수천 년 뒤에, 지구는 삶의 모든 측면에서 신성한 천상의 모습을 발현하는 인간문명을 가진 아름다운 생명권이 될 것이다.

인간의 몸은 우리가 성취하고 있는 내적인 상태를 보여줄 것이다. 우리는 수명이 다하도록 질병이 존재하지 않는 완벽한 수준에 도달할 것이다. 질병은 매우 희귀해진다. 그리고 누군가 다음 단계로 옮겨갈 때가 되면, 그것은 선택이 될 것이며, 우리는 의식적으로 몸을 떠나게 될 것이다.

이 50만 년의 주기가 끝날 즈음에는 지상에서의 삶의 모든 양상이 신성한 것이 된다. 외계의 사람들, 천사들과 천상의 존재들, 인간들 모두를 동시에 지각할 수 있으며 함께 서로 상호작용할 것이다.

우리가 지금 사는 세상은 워낙 두꺼운 베일에 가로막혀 이들 다른 세계들을 지각하지 못하지만, 그때가 되면 천상계를 지각하고 알게 될 것이다.

미래의 우리는 안전감을 느끼기 위해 무지에 매달릴 필요가 없어질 것이다. 자신의 무지 뒤에 더 이상 숨지 않는다. 우리는 맹인의 상태에서 더 이상 편안함을 찾지 않고, 눈을 뜬 자유로움과 기쁨을 만끽하게 된다. 우리는 외계의 존재들을 환영하고 별들을 여행할 뿐만 아니라, 천상의 존재들도 보게 될 것이며, 열린 마음으로 그들을 벗 삼을 것이다.

우리는 지구 위의 모든 존재가 이 상태의 천상의 지각능력과 의식을 갖게 된 시대를 보고 있으며, 우리 문명 전체가 이런 세상을 창조하기를 선택하는 순간이 올 것이다. 우리는 우주선과 거기 탄 모든 이들이 신 의식 수준에 있게 될 그런 형태와 천상의 재질을 가진 우주선을 만들 것이다.

이 수준에 존재하면서 우리는 한 문명으로서 우주를 여행하면서, 신 의식을 가지고 진화한 사람들로서 다른 문명들을 가르칠 것이다.

오늘날 우리가 목격하고 있는 일부 모습들은 우리의 미래를 보여주고 있다. 물질적이면서도 신성한 의식 위에 굳게 세워진 지극히 진화한 외계문명을 목격한 사람들은 희미하게나마 인류의 미래를 본 것이다.

비록 지금은 우리에게 우리 미래의 모습을 보여주는 문명들이 있기는 하지만, 우리가 이 신 의식의 신성한 수준에 완전히 뿌리내린 채로 우주의 한 시민이 되어 우주로 나아갈 때, 우리는 그들이 언젠가 이르게 될 역동적인 힘을 가진 본보기가 될 것이다.

그리고 이 아름다운 주기는 계속되며 결코 깨어지지 않는다.

그런 세상이 그려지는가? 이것이 바로 인류의 운명이다. 이것은 천상의 것이다. 이것은 신성한 것이다. 우리는 그들에게 우주의식의 수준에 들어 있는 '외계존재'가 되리라.

CHAPTER 45

지구와 인류를 위한 신성한 계획

다가오는 시간에 난관과 어둠과 혼란이 있다 해도 걱정할 필요는 없다. 우리가 보고 있는 이 비전은 이미 보장되었기 때문이다. 누가 무엇을 한다 해도, 이 신성한 계획과 지구와 인류의 운명은 실현될 것이다. 창조의 깊은 수준에서 인류를 위한 이 계획이 존재한다는 것을 보라. 우주의 평화, 풍요, 무지와 질병의 종식, 그리고 모든 이들의 깨달음의 성장을 위한 이 계획을.

50만 년이라는 세월은 사실 그다지 긴 시간이 아니다. 엄청나게 길어 보이지만 삶이 영원함을 이해하면 시간은 좀 달리 지각될 것이다. 지금의 시대를 응시하며 현 상황을 깊이 생각해보면, '우리가 얼마나 원시적인가' 하는 가슴 아픈 연민을 느끼게 된다. 그러면서도 깨달은 존재들인 우리 후손들이 살게 될 지구의 미래에 대한 가능성을 우리 안에서 보게 된다.

그때쯤이면 우리 모두는 다른 세상에 가 있다. 그러나 우리는 이 세상과 우리 뒤를 이을 모든 세대들을 키우는 누룩이 되어 있을 것이다. 우리는 영구적으로 지구와 그녀(지구)의 사람들과 그녀의 자녀들에게 연결되어 있다. 우리는 지구가 그 황금시대의 정점에 오를 때까지, 지구의 사람들 한 가운데서 그들을 안내하고 이 비전과 지식을 키워나갈 것이다.

이 일시적인 혼란의 시기에 결코 낙담하지 말기 바란다. 여러분의 시야를 저 먼 지평에 고정시키고, 그 지평이 그다지 멀리 있지 않음을 알라. 그것은 이미 여기에 있으며, 우리 안에 포개져 있기 때문이다.

그러므로 다가오는 시간에 난관과 어둠과 혼란이 있다 해도 걱정할 필요는 없다. 우리가 보고 있는 이 비전은 이미 보장되었기 때문이다. 누가 무엇을 한다 해도, 이 신성한 계획과 지구와 인류의 운명은 실현될 것이다. 이 현실은 이미 존재한다. 잠시 시간은 잊어버리고, 시간의 길이도 잊어버리라. 그리고 창조의 깊은 수준에서 인류를 위한 이 계획이 존재한다는 것을 보라 – 우주의 평화, 풍요, 무지와 질병의 종식, 그리고 모든 이들의 깨달음의 성장을 위한 이 계획을. 지구는 그 자체로 우주를 떠다니는 아름다운 우주선이 될 것이다. 선형적인 시간의 수준에서 보면, 이 놀라운 세상이 저 앞에서 우리를 기다리고 있지만, 사실 그것은 이미 여기에 있다. 여러분은 그것을 볼 수 있다. 그리고 느낄 수 있다.

어떤 의미에서 우리는 반쯤은 빛의 아이들이다. 빛이 거기 있지만, 반만 있고 나머지는 지금의 어둠 속에 가려 있다. 하지만 '신은 함께 일하는 사람들을 사랑한다'. 우리는 이 비전을 공유하고 어떤 식으로든 이 좋은 미래를 실현하기 위해 일하는 사람들과 함께 모여서 시간을 보낼 수 있다.

혼돈을 직시해야 하지만, 거기에만 초점을 맞춰서는 안 된다. 부정성 안에 머물기는 쉽다. 하지만 우리를 둘러싼 것들에는 아름다운 것이 정말 많고, 긍정적인 일들이 무척 많이 일어나고 있다. 우리는 선하고 아름다운 것들에 머물도록 연습하고, 그것을 끌어와서 세상 속으로 가져갈 수 있다. 이것은 쉽지 않은 일이다. 이 세상은 점점 더 거칠고 파괴적으로 가고 있기 때문이다. 하지만 이런 현실은 진실에 더 확고하게, 그리고 더 깊은 비전에 연결하도록 우리의 등을 떠민다.

우리는 깨달음을 선택할 용기를 가져야 하고, 자신의 진화와 인류의 진보에 대한 책임감을 가져야 한다.

지금 우리는 가장 흥미진진한 시간대에 살고 있다. 우리는 오래된 세계와 새로운 세계 둘 다를 완전하게 경험할 마지막 세대다. 그곳에 너무 가까이 있어서 정말로 보기는 어렵지만, 우리는 그 중심이 되는 아름다운 자리에 있다. 우리를 앞서 갔거나 다음에 올 그 어느 세대도 이와 같지는 않을 것이다. 우리는 변화의 세대다. 이것은 놀라우면서도 아름답기도 하다. 우리는 이 특별한 시대와 비할 데 없는 이 기회를 기뻐하고 놀라워해야 한다.

우주의 평화를 이루기 위한 목적으로, 이 시대의 역경을 뚫고 노력을 기울이는 일은 수천 년 동안 존경받고 기억될 것이다. 우리가 이 기회를 붙잡는다면, 우리는 다른 어떤 세대도 미처 하지 못했던 인류에 대한 봉사를 실천하는 것이다. 그리고 이것이 우리가 여기에 있는 이유다.

CHAPTER 46

집단명상 : 지구를 위한 기도

우리 안의 이 단순한 깨어 있는 마음은 편재하며, 전지하며, 영원합니다. 광활한 우주공간으로 더 확장되어가면서, 우리는 태양계 전체와 우리 앞에 있는 아름다운 푸른 지구를 보고, 그녀가 의식을 지니고 있으며, 개별적인 존재이고, 깨어 있으며, 또 우리로 하여금 의식하게 하고, 자각하게 해주는 똑같은 자각의 빛을 갖고 있음을 바라봅니다.

여기 우리 고요하게 앉아서, 자신의 내면으로 마음을 모읍니다. 눈을 감고 숨을 깊이 들이쉽니다. 숨을 들이쉬면서 우리가 마음을 모으는 것과 우리의 의식이 확장되는 것을 바라봅니다. 숨을 내쉬면서 깊이 이완되고, 모든 부정성과, 긴장과, 두려움을 내려놓고, 깊은 평화 속으로 들어가는 자신을 느낍니다. 우리는 빛과 생명을 들이마시며, 허파가 완전히 팽창될 때 마음도 확장됩니다. 숨을 내쉬면서 모든 것, 모든 집착을 내려놓고, 평화 속에 완전히 집중하기 시작합니다.

여기 우리 고요하게 앉아서, 숨이 들어오고 나가는 것을 바라보면서, 우리가 고요한 의식의 광활한 바다에 마음을 모으는 것을 지켜봅니다.

긴장하지 말고, 부드럽게, 호흡을 바라보는 깨어 있음을 보도록 합니다.

여러분이 깨어 있음을 관찰하고, 이 깨어 있음이 고요함을 관찰합니다.

이제 이 고요하고 안정된 상태로 깨어 있는 마음이 모든 소리와, 생각과, 느낌과, 모든 지각들을 관찰하고 있는 것을 봅니다. 마음 그 자체는 여전히 고요합니다.

고요한 자각의 광활한 바다로 깊이 빠져듭니다. 더 깊이 들어가면서, 모든 지각들이 멀어지고, 더 멀어지고, 고요해지는 것을 봅니다. 이 깨어 있음의 바다 속으로 여러분은 더 깊이 들어가고 있습니다.

다른 지각들을 밀쳐내 버리지도 말고, 깨어 있음을 알기 위해 애쓰지도 않으면, 단순히 깨어 있으면서 깨어 있음 그 자체를 지각하기는 쉽습니다. 아무런 노력도 하지 않고, 단지 깨어 있으면서 우리 안에 있는 그 의식하는 고요한 마음을 알아차립니다.

이제 고요한 자각의 바다로 더 깊이 들어갑니다. 여기에서 모든 지각들은 표면 위의 물결처럼 멀리 멀어져갑니다. 그리고 여러분은 이 광활한 깨어 있는 마음이 모든 방향으로 무한하게 확장되는 것을 느낍니다. 이 깨어 있음이 편재한다는 것을 봅니다. 깨어 있는 마음에는 공간이나 시간의 한계가 없습니다. 그래서 깨어 있음은 무한하고, 영원합니다. 이것이 우리가 호흡과, 우리 자아와, 보이는 것과, 소리와, 생각들을 지각하게 하는 깨어 있음의 진정한 본질입니다. 우리는 이 깨어 있는 '존재', 이 '마음'이 우리 내면에 항상 그리고 영원히 있음을 알면서 기쁨과 평화를 느낍니다.

이제 지각에 대한 모든 집착과 자아로부터도 자유로워지면서, 이 깨어 있음의 무한한 성질이 보편적임을 봅니다. 여기 있는 모든 이들이 깨어 있고, 우리가 각자의 개성을 갖고 있지만, 자각의 빛은 하나이며, 이 깨어 있음도 하나이며, 우리는 여러 몸을 가진 하나의 존재이며, 모든 영혼과 의식하는 마음을 비추는 하나의 빛입니다.

우리는 이 광활한 깨어 있음이 발아래 땅속으로 스며들어 가고 우리 위 하늘로 퍼져가는 것을 봅니다. 편재하는 이것은 모든 곳에서 깨어 있습니다. 이 광활하고 무한한 자각의 날개로 날아오르면서, 하늘로 높이 확장되고, 지구 전체가 깨어 있음의 빛으로 빛나고, 지구 너머의 우주공간과 태양계 행성들이 모두 깨어 있는 마음의 바다 속에서 회전하고 헤엄치고 있는 것을 봅니다.

우리 안의 이 단순한 깨어 있는 마음은 모든 것들에 스며 있는 깨어 있는 마음과 같은 것이며, 편재하며, 전지하며, 영원합니다.

광활한 우주공간으로 더 확장되어가면서, 우리는 태양계 전체와 우리 앞에 있는 아름다운 푸른 지구를 보고, 그녀가 의식을 지니고 있으며, 개별적인 존재이고, 깨어 있으며, 또 우리로 하여금 의식하게 하고, 자각하게 해주는 똑같은 자각의 빛을 갖고 있음을 바라봅니다.

태양과, 그리고 모든 행성들은, 각자의 의식적인 정체성을 갖고 있으며 모두가 독특한 존재들입니다. 우리 태양계의 공간에 퍼져 있는 그들 안의, 모든 원자 속의, 모든 광자 속의 깨어 있음은 우리 안에 있는 깨어 있는 마음과 똑같습니다.

우리가 더 확장되어가면서, 우리의 태양계를 넘어서, 우리 은하계를 통과하여 날아서, 10만 광년이라는 광대한 공간을 지나 확장하면서, 은하계들 사이의 공간으로 가서 아름다운 나선 형태의 우리 은하를 바라봅니다. 우리의 은하는 깨어 있고, 순수한 의식으로 빛나며, 별들과 행성들과 무수히 많은 깨어 있는 존재들로 시시각각 모습을 바꿔가고 있습니다.

이제 은하들 사이의 우주공간을 바라보면서, 수십억 개의 은하계와 그 각각이 가진 수십억 개의 행성계와 지적인 생명들로 가득한 행성들이 있는 무한하고 끝이 없는 우주의 모든 방향으로 시선을 펼칩니다.

이제 아무런 노력도 하지 않고, 이 광활한 우주의 자각 속으로 들어가서, 모든 창조물에 스며 있는 무한한 평화와, 무한하고 끝없는 자각을 찾아내고, 이 우주적인 마음, 이 편재하는 자각은 언제나 나뉠 수 없으며, 우리로 하여금 지금 여기서 그리고 항상 의식하게 만드는 동일한 깨어 있음임을 봅니다.

이렇게 깨어 있으면서, 우리는 이제 이 끝없는 우주에는 진보한 외계 생명체들이 있다는 것과, 그들 모두도 우리처럼 깨어 있음을 지각합니다. 이렇게 연결되면서 우리는 하나입니다. 우리는 하나의 의식하는 '존재'가 있어 모든 생명 속에서 빛나고 있음을 압니다. 그리고 그렇게 우리는 그들과 연결됩니다. 우리가 우주와, 은하계들과, 우리 은하와, 우리 태양계와, 지구 주위를 바라보면서, 천상의 아름다운 우주선을 타고 있는 외계의 사람들이 있는지 찾아봅니다.

외계 사람들이 보이면, 그들을 들여다봐도 되는지 허락을 구하고, 그들을 보면서 이곳 지구에 함께 모여 우주 평화의 시대를 축하하고, 지구 위에 깨달음의 문명이 세워짐을 축하해주도록 초대합니다.

이 존재들 하나하나를 보면서, 우리는 그들이 고도로 진화한 영적인 행성 간 위원회와 연결되어 있음을 압니다. 우리의 은하계를 보여주면서 이곳에서 우리와 함께하도록 그들을 초대합니다. 그리고 우리의 태양계를 보여주고, 우리의 별 태양에서 세 번째 행성인 이 아름다운 행성 지구를 보여줍니다.

우리가 그들의 마음과 그들의 유도시스템에 연결되면서, 우리의 정확한 위치를 보여줍니다. 더 가까이 확대하면서, 이곳에 원을 그리고 앉은 우리들을 보여주고, 우리 내면의 보편적으로 깨어 있는 '존재', 곧 모든 존재들이 공유하는 이 보편적인 '마음'으로 우리가 그들과 하나임을 인식하면서, 우주적 평화의 정신으로, 지금 이곳에 있는 우리에게 초대합니다.

이제 우리를 인식하고 있는 이 존재들을 마음의 눈으로 보면서, 이 시간에 함께 명상하고 기도해주기를 요청합니다. 지구를 위해, 평화와 깨달음의 장소로서 이 운명적인 시간을 향한 지구의 변화를 위해 함께 기도해주기를 요청합니다.

이제 서로의 손을 잡습니다. 우리가 서로 연결될 때, 외계의 존재들, 천상의 존재들, 위대한 '예언자들', 그리고 깨달은 이들이 모두 우리와 함께 있음을 봅니다. 그리고 오른쪽에 앉은 사람에게 하나임과 평화와 사랑이 담긴 황금빛의 아름다운 아스트랄 빛을 보냅니다.

마음속에서 우리는 그것에 엄청난 에너지를 실어서, 이곳에서 위로 올라가는 빛의 원기둥을 쏘아 보냅니다. 하나의 봉홧불처럼, 지구의 사랑과, 우리가 나누고 있는 하나임과, 그리고 우리가 세우고 있는 평화의 시대를 실어서 우주로 보냅니다.

이 빛 기둥은 모든 존재들이 평화 속에서 우리와 함께하도록 부르는 것입니다. 그리고 그것이 모든 세계, 모든 별, 모든 가슴과 모든 생명에 연결되는 것을 봅니다. 이 아름다운 황금색 빛은 퍼져나가 온 우주로 흩어집니다.

그리고 또 이 빛이 우리 아래의 땅속을 가로질러 지구 전체로 퍼지는 것을 봅니다. 이 평화와 하나임과 사랑의 빛은 온 누리에 퍼져서, 모든 가슴이 반짝이고, 모든 마음이 깨어나며 모든 어두운 곳이 빛으로 밝혀집니다.

이 빛나는 상태에서, 우리는 위대한 '존재'에게 지구에 평화를 주기를, 그리고 모든 이기적인 마음을 사랑과 너그러움이 솟아 나오는 샘으로 바꿔주기를 요청합니다. 그리고 증오와 원한이 있는 모든 곳에 평화가 이루어지는 것을 봅니다. 탐욕이 있는 모든 곳에서는 이타심과 관용을 봅니다. 그리고 분리와 슬픔이 있는 모든 곳에서 하나임과 사랑의 기쁨을 봅니다. 우리가 이렇게 할 때 물질계와 천상계와 신성의 모든 깨달은 존재들이 우리와 함께하면서, 이 비전을 뿜어내고, 지구에 혼돈이 끝나고 평화의 시대가 오는 것을 봅니다.

이제 우리 앞으로, 지구와 조화 속에서 살게 해줄 놀라운 신기술과 과학으로 지구 위에서 평화롭게 함께 살아가는 수천 세대 인류의 모습이 펼쳐지는 것을 봅니다. 그리고 우리는 풍요로워져서 모든 질병과 가난, 그리고 모든 부당함과 모든 결핍이 사라집니다.

이 평화와 번영의 토대 위에서, 우리는 모든 인류의 가슴이 깨달음을 추구하는 것을 봅니다. 이러한 수준에서 우리는 광활한 우주공간에서 환영받고, 우주적인 종족이 되며, 행성사회의 가족이 되었음을 환영받습니다.

앞으로 이어질 몇 세대를 바라보면서, 우리가 깨달음의 방향을 향해 나아가도록 지금 이 순간 위대한 '존재'에게 요청합니다. 그리고 그 순간 우리는 지구에 사는 모든 남성과 여성과 아이들이 우주의식, 신 의식의 상태에 있게 되는 시대를 봅니다. 바로 신성한 과학과 깨달음이 번성하는 시대입니다.

우리는 위대한 '영'에게 인류가 평화를 이루고 깨달음으로 들어가도록, 우리가 통로가 되고 도구가 되게 해주기를 요청합니다.

우리는 천상의, 외계의, 그리고 신성한 존재들이 우리와 함께하고 있음과, 우리가 혼자가 아니며 결코 혼자였던 적이 없었음을 압니다. 그리고 우리는 이 '위대한 존재'에게 우주의 평화와 우주적 문명을 세우는 데 우리 모두가 함께 일하게 해주기를 요청합니다.

이것을 우리 아이들과 그 아이들의 아이들에게 소중한 선물로 남깁니다. 또 우리는 이 아름다운 비전이 이미 실현되고 있으며, 이런 세상을 만들고 이 현실이 드러나도록 하는 데 필요한 모든 지식, 과학, 지혜를 창조주가 이미 우리에게 주었음을 확신합니다. 그리고 우리는 이 신성한 문명을 세우는 데 우리의 삶을 바칩니다.

나마스떼.

감사의 글

이 책을 위해 직접 도움을 주신 아래의 사람들과,

　오랫동안 우리의 작업을 지원해준 헤아리지 못할 만큼 많고 많은 사람들께 마음 깊이 감사드립니다.

　노엄 플레처Norm Fletcher는 시간을 바쳐 책을 위한 모든 테이핑작업에 전념해주었습니다.

　조안 코렌빌트Joan Korenbilt와 비키 롱호퍼Vicki Longhofer는 편집 작업에 많은 도움을 주었습니다.

　브라이언 오리어리Brian O'Leary는 추천의 글을 써주었습니다.

　론 러셀Ron Russell은 표지디자인을 해주었습니다.

　조엘 하워드Joel Howard는 그래픽 작업을 해주었습니다.

　잔 브라보Jan Bravo는 모든 곳에 정성 어린 지원을 아끼지 않았습니다.

　그리고 우리 증인 가운데 한 분이 그렇게 불렀듯이, '참모총장'의 역할을 해주는 나의 아내 에밀리Emily의 지원과 사랑과 도움에 감사합니다.

옮긴이의 글

UFO 현상은 가히 인류역사를 통틀어 최고의 미스터리라고 불러도 될 것입니다. 최근 들어 인터넷을 통해 유포되는 관련 동영상들과 UFO를 목격했다는 기사가 부쩍 늘어가고 있습니다. 물론 진위가 의심되는 것들도 많지만, 미국과 같은 서구권 국가들에서는 이미 UFO 현상을 중심으로 하위문화가 형성되어서 많은 UFO 커뮤니티는 물론 전문 TV채널까지 생겨날 정도입니다.

조사에 의하면 미국인의 80%가 그것이 실재하며 각국의 정부들이 이 사실을 감추고 있다고 믿는다 합니다. 국내에도 오래전부터 UFO 현상을 연구하거나 관심을 기울이고 있는 분들이 많이 있고 관련 연구단체나 동호회도 늘어가는 추세이기는 하지만, 우리 사회에서 "UFO"라는 말을 꺼내는 일은 아직도 조심스럽습니다. 그 이유에 대해서는 독자 여러분이 잘 알고 계실 것입니다.

이미 이 주제가 단지 늪지대 가스, 구상번개, 이상기상현상, 또는 풍선, 새 떼 등으로는 설명할 수 없고, 또 많은 UFO 연구자들이 생겨나면서 "UFO학(UFOlogy)"이라는 학문분야까지 형성될 정도로 중요한 이슈가 되어 있지만, 이 분야에 대해 공개적으로 연구하고 그 결과를 어떤 의문의 여지도 없이 밝혀 대중에게 알려주는 일이 아직도 이루어지지 않고 있습니다. 물론 1960년대부터 각국에서 이런 노력들을 기울여왔고 최근 들어 UFO 관련 비밀파일들이 조금씩 공개되고는 있지만, 진실의 전모를 파악하기에는 그 수준이 부실하기 그지없습니다.

이런 상황에서, 이 주제에 대한 사람들의 태도는 다양해 보이는데, 한쪽 끝에는 외계존재들을 신격화하면서 숭배하는 집단이 있는가하면 다른 한쪽에는 그들을 철저히 부정하거나 또는 '악마' 같은 존재로까지 생각하는 안티집단들도 있습니다. 이런 극단적인 태도들에는 위험해 보이는 종교적 패러다임들도 관여하고 있어서 사람들을 오도하는 양상까지도 보이고 있습니다. 이것은 좀 걱정스러운 모습임에 틀림없습니다. UFO 이슈에 대해서는 더 이성적이고 과학적인 접근방법이 필요함에도 말이죠.

또 한편으로 그냥 지나치기엔 이상한 현상은 외계인들이 지구를 침략할지도 모른다는 깊은 두려움이 사회저변에 팽배해 있다는 사실입니다. 지난해 스티븐 호킹은 외계인들이 지구를 침공할 가능성이 있으며 그것에 대비해야 한다고 말하면서 무시무시하게 생긴 외계생물의 상상도를 내놓더니, 얼마 전에도 외계문명과 접촉하는 일은 매우 위험할 수 있다고 하면서 외계생명체가 지구를 방문하면 마치 유럽인들이 아메리카 원주민들에게 좋지 않은 결과를 초래했던 것과 비슷한 결과를 가져오리라고 했습니다.

또 NASA에서도 지구의 기후변화가 외계인의 침공을 불러올 수 있다고 공식적으로 발표하면서 "지구의 환경을 걱정하는 외계인"이라는 뜻의 "에코에일리언(ecoalien)"이라는 용어가 유행하기도 했습니다.

외계인의 침공에 대한 두려움은 역시 리얼한 첨단영상기술을 사용하는 영화에서 가장 두드러집니다. 외계인들과의 전쟁, 외계인에 의한 납치와 같은 주제들을 다룬 영화와 드라마, 다큐멘터리들은 셀 수 없이 많고 지금도 계속 만들어지고 있습니다. 잠깐 눈을 감고 "외계인" 하면 어떤 모습이 떠오르는지를 보시기 바랍니다……

대부분 무섭고 끔찍하고 혐오스러운 모습들을 떠올릴 것입니다. 왜 우리는 "외계인" 하면 그런 모습만 생각나는 걸까요? 한 번도 본 적이 없는데도 말이죠.

얼마 전 아이들과 한 대형 마트의 완구코너에 갔을 때의 일입니다. 그곳에는 아이들이 좋아하는 L상표의 블록 제품들이 있는데, 그 가운데 외계인의 침략에 맞서 싸우는 상황을 설정한 제품이 있었습니다. 그 앞에서 발걸음을 쉽게 옮길 수가 없었습니다. 많은 생각들이 오가더군요…….

자, 다시 돌아가서, 여기 흥미로운 일이 벌어지고 있습니다. 정부들은 공식적으로는 그들의 존재를 부정하면서도, 정부 입장과 결코 무관할 수 없는 과학자들이 외계인의 존재를 간접적으로 인정하고 나섭니다. 그것도 확인되지도, 확인할 수도 없는 '외계로부터의 위협'이라는 두려움을 이용해서 말입니다. 과연 베일의 뒤에 무언가가 있는 것일까요?

지난해 교황청의 천문학자들도 외계생명체의 존재 가능성을 발표했고, 그들이 실재한다는 교황청이나 각국 정부의 발표가 임박했다는 말들이 떠도는 것을 보면 UFO와 외계존재들에 관한 이슈들은 '공공연한 비밀'이 되어있는 것일까요? 이 책의 저자 닥터 그리어에 의하면 물론 그렇습니다.

정말로 존재한다면 과연 그들은 우리에게 우호적일까요, 적대적일까요? 이 중대한 질문에 대한 대답은 저자 대신, 인류의 우주탐험에 지대한 공헌을 했던 NASA 과학자 고(故) 칼 세이건에게 들어보겠습니다. 그는 우주공간의 먼 거리 때문에 외계존재가 지구에 아직 오지 않았다고 믿었지만 우리보다 발달한 외계문명들이 존재할 수 있다고 하면서 그의 책《코스모스》에 이렇게 적었습니다.

"우리보다 앞선 기술을 가진 문명이 지구로 와서 무엇을 한다면 우리는 속수무책으로 바라보기만 할 것이다. 지구 문명이 악의에 찬 외계문명과 만났을 때 어떻게 하면 좋을까 하고 걱정할 필요조차 없다.
그들이 살아남았다는 사실 자체가 동족이나 다른 문명권과 잘 어울려 사는 방법을 이미 터득했음을 입증하기 때문이다. 우리가 외계 문명과의 만남을 두려워하는 이유는 우리 자신의 후진성에서 유래한 것이다. 우리의 공포감은 우리 자신의 죄의식을 반영하는 것이다. 우리는 우리가 과거에 저지른 잘못을 잘 알고 있다."

그가 말하는 우리가 저지른 잘못이란 인류역사를 통해 좀 더 앞선 문명이 다른 문명을 파괴해왔던 경험을 말합니다.
그렇다면 의문이 생길 수밖에 없습니다. 저들은 왜 확실치도 않은 외계로부터의 위협을 자꾸 거론하거나 할리우드 블록버스터 영화로 만들면서 그것을 현실로 가져와 기정사실화시키려 하는 걸까요? 물론 세상에는 많은 음모론들이 있습니다. 그것들은 세상의 진실에 대해 타는 갈증을 느끼게 합니다. '과연 세상의 진실은 무엇일까?' '우리가 아는 것이 과연 얼마나 되며, 모르는 것은 또 얼마 만큼일까?' '우리를 진실로부터 소외시키면서 무지와 두려움이라는 어두운 방 안에서 나오지 못하게 막

고 있는 세력들이 정말로 존재하는 것일까?'

《디스클로저 프로젝트》로 국내에도 많이 알려진 닥터 그리어의 자서전적인 이 책은 놀랍고 충격적인 정보들을 담고 있으면서도, 아울러 영감 어린 희망을 보여주는 책입니다. 어릴 때부터 계속되어온 신비체험과 수행, 그리고 외계존재들과의 조우, 이를 통해 경험하게 된 우주의식과의 합일과 인류의 미래에 대한 전망, 그리고 이와는 상반되는 진실의 은폐와 두려움들에 대한 믿기 어려운 증언들이 흥미진진하게 펼쳐질 것입니다.

저자는 이 책에서 숨겨진 진실들을 단순히 폭로하는 데서 그치지 않습니다. 주제가 물론 UFO 이슈이기는 하지만 이를 통해 저자가 시종일관 강조하는 메타주제는 바로 영성과 평화이자, 희망입니다.

이 책이 UFO와 "외계인"에 대한 진실들은 물론 그림자정부와 어둠의 세력들의 실체에 이르기까지 놀라운 진실을 파헤치고 있지만, 결국 이 책이 우리를 이끌어 오르는 곳은, 작고 푸른 행성 지구에 국한되지 않는 우주의식이라는 빛의 세계이자 우주의 평화라는 최고봉인 것입니다.

저자는 지금을 위대한 도약과 변화를 위한 시대로 규정하면서 우리 앞에 기다리고 있는 황금시대에 대한 전망을 밝히고 있습니다. 따라서 지금 우리가 눈앞에서 보는 일들이 아무리 절망적이고 위태롭다 할지라도 우리의 시선을 황금시대라는 먼 지평에 고정시켜달라고 당부하고 있습니다.

한국을 포함해 8개 국어로 번역된 이 책은 UFO 이슈에 관심을 가지고는 있지만 신뢰도 높은 참고자료가 빈곤했던 국내 독자들에게 무척 반가운 소식이 될 것입니다. 또한 의식의 성장과 영성 분야에 관심을 가진 독자들과, 세상은 왜 아직도 이렇듯 절망과 적대감으로만 가득 차 있는가 하고 깊이 회의하는 독자들에게는 기쁘고도 희망찬 깨우침을 가져다줄 것임에 틀림없습니다.

더욱 중요한 것은 그림자정부나 UFO나 외계존재들 같은 것들, 그리고 무대 뒤에서 어떤 일이 벌어지고 있는지에 대해 별 관심 없는 독자들을 흔들어 깨우리라는 점입니다. 이 책을 읽고 나면 지금 세상에서 일어나는 많은 일들의 실상을 꿰뚫어 볼 힘이 생길 것입니다. 그리고 '무지'라는 가장 심각한 질병을 치유하기 위해 행동으로 옮길 것입니다.

우리가 사는 세상의 모든 문제들은 궁극적으로 무지에서 비롯되는 것들입니다. 이 무지는 또 우리 모두가 하나라는 영성에 대한 자각의 부재에서 생겨납니다. 따라서 그 해결책은 바로 깨달음과 진실의 공유와 진정한 영성이 되어야 한다는 데 깊이 공감합니다. 아인슈타인도 그 문제를 만들어낸 의식 수준에서는 결코 그것을 해결하지 못한다고 했습니다.

독자들께 부탁드리고 싶은 것은, 선입견과 편견과 의심보다는 부디 열린 마음으로 이 책을 읽으면서 저자의 메시지에 귀 기울여달라는 점입니다. 그리고 지금 세상에서는 경제질서의 붕괴, 정치적 혼란, 전쟁의 위협, 문화적 타락, 범죄의 증가, 자연재해와 같은 많은 어려운 일들이 일어나고 있습니다. 이런 부정적인 정보들은 우리의 집단적인 두려움을 강화시키고 이것은 다시 더 심각한 현실이 눈앞에 나타나게 합니다. 그러므로 가급적 TV와 뉴스를 덜 보는 것도 하나의 방법이 되겠지만, 혹여 이런 부정적인 내용의 소식들을 접하게 될 때는 바로 마음을 거둬들여서 아주 잠깐이라도 평화를 위한 명상이나 기도를 해보기를 권해드립니다.

거실에 앉아 있든 길거리에 서 있든 상관없습니다. 과학적인 실험에서 집단적인 명상과 기도가 도시의 범죄율과 전 세계의 테러 발생률을 낮추었다고 합니다. 이것을 인도의 성자 마하리쉬의 이름을 따서 "마하리쉬 효과"라고 부릅니다. 우리의 명상과 기도가 모이면 우리가 경험할 세상은 반드시 바뀌게 되어 있습니다.

지금은 다행히도 많은 사람들이 빠르게 깨어나고 있는 중요한 시기입니다. 따라서 우리가 선택할 수 있는 길은 두 가지밖에 없는 듯합니다. 잠에서 깨어나든지, 아니면 계속 자든지 말입니다. 선택은 우리 자신의 몫입니다.

돌이켜보면 이 책이 나오기까지 많은 어려움이 있었습니다. 번역과정이나 출판사를 찾는 과정에서 그랬습니다. 그러나 이 책의 한 구절이 힘이 되어주곤 했습니다. 어느 비밀조직의 내부자가 저자에게 메시지를 보내왔는데, 거기에는 이렇게 쓰여 있었습니다. "절대, 절대, 절대, 절대, 절대, 절대, 절대, 절대, 절대, 절대, 절대, 절대로 포기하지 마세요."

쉽지 않았을 출판결정을 내려주신 맛있는책 관계자분들께 깊은 감사를 드립니다. 그리고 아내가 아니었다면 저는 이 책을 접하지도 못했을 뿐더러 국내 독자들에게 소개해드리지도 못했을 것입니다.

박병오

은폐된 진실, 금지된 지식

초판 1쇄 2012년 8월 1일
　　 7쇄 2025년 6월 2일

지은이 스티븐 M. 그리어 MD   옮긴이 박병오
펴낸이 설응도   편집주간 안은주

펴낸곳 맛있는책

출판등록 2006년 10월 9일 (제 321-3100000251002006000024 호)
주소 서울시 강남구 테헤란로 78길 14-12(대치동) 동영빌딩 4층
전화 02-466-1283 팩스 02-466-1301

문의 (e-mail)
편집 editor@eyeofra.co.kr
마케팅 marketing@eyeofra.co.kr
경영지원 management@eyeofra.co.kr

ISBN : 978-89-93174-21-2 03840

Copyright © CandyBook, 2012, Printed in Korea
이 책의 저작권은 저자와 출판사에 있습니다. 서면에 의한 저자와 출판사의
허락 없이 책의 전부, 또는 일부 내용을 사용할 수 없습니다.